应用生物技术大系

生物质成型燃料技术与工程化

张百良 著

科学出版社

北京

内 容 简 介

本书系统介绍生物质资源及其特性，成型燃料的形成机理，不同生物质成型设备的结构、工作原理、设计和制造，生物质成型燃料燃烧特性及燃烧设备设计的基本原理，国内外生物质成型燃料的相关标准以及技术经济评价方法，阐述生物质成型设备和燃炉燃烧运行过程中的主要问题和解决途径，提出我国生物质成型燃料科技发展的战略及对策。本书旨在为从事生物能源技术与工程人员提供作者20多年研究的理论与实践，促进生物能源领域的进步和创新。

本书适用于生物能源、农业工程、能源工程等领域的管理人员、科研及工程技术人员，也可作为高等院校相关专业教师及研究生的教学或参考用书。

图书在版编目(CIP)数据

生物质成型燃料技术与工程化/张百良著. —北京：科学出版社，2012
(应用生物技术大系)

ISBN 978-7-03-033930-0

Ⅰ.①生… Ⅱ.①张… Ⅲ.①生物燃料 Ⅳ.①TK6
中国版本图书馆CIP数据核字（2012）第054885号

责任编辑：夏 梁 景艳霞/责任校对：钟 洋
责任印制：赵 博 /封面设计：耕者设计工作室

科学出版社 出版
北京东黄城根北街16号
邮政编码：100717
http://www.sciencep.com
固安县铭成印刷有限公司印刷
科学出版社发行 各地新华书店经销
*
2012年5月第 一 版 开本：787×1092 1/16
2025年1月第三次印刷 印张：20 3/4
字数：495 000

定价：178.00元

（如有印装质量问题，我社负责调换）

《生物质成型燃料技术与工程化》编著委员会

序　一

张百良教授是我国著名的农村能源专家之一，书中主要内容是作者20多年研究与积累的重要成果，或者说是作者们对已发表的论文、专利、生物质成型设备、获奖成果、推广实践的整理、提炼升华。

生物质成型燃料是煤的良好替代燃料，而且具有不同于煤的燃烧特性，是我国充分利用生物质资源替代煤炭的主要途径之一。该书是关于生物成型燃料技术与设备的专著，内容比较全面，主要包含了四个方面的成果：

（1）科学层面的研究，如“秸秆类生物质有机体生成机理”，“规模化湿储存技术及主要成分变化规律”，“秸秆燃烧中产生负面作用的元素检测及防止”，“生物质燃料成型机理”，“生物质成型燃料燃烧的沉积与腐蚀”等；

（2）技术发明和创新层面的研究，如“降低能耗提高能投比”，“非金属陶瓷材料降低磨损提高维修周期”，“成型关键部件系统受力分析提高滚动正压力”等；

（3）技术工程化实验研究，在数十个试点进行产业化示范，获取最佳工程参数，进行集成创新，推动了我国生物质成型燃料技术的发展；

（4）推广模式和政策方面的研究，国内大面积推广模式、机制，以及国家扶助政策、标准体系建设等方面的实践和经验总结。

在该书将要出版之际，我愿意向读者推荐这本著作，目的是使有用的内容得到更多人应用与分享，也使作者们能吸取更多人的意见和建议，使内容更加充实，不断完善。

生物质成型燃料是一项系统的能源工程。生物质原料资源分散，地区差别相对较大，因此，生物质资源化利用的原则是，要因地、因时制宜，进行全产业链和全生命周期分析。除了技术层面的问题外，制定切实有效的政策机制也是非常必要的，甚至是第一位的，有利于成型燃料企业市场化运行，促进成型燃料更大范围的推广。

我希望这本书能促进政府官员、企业、地方政府对生物质利用的深一步思考。

倪维斗

中国工程院院士

清华大学教授

2011年8月10日

序　二

当今人类正面临着化石能源资源日渐枯竭与化石能源消耗引起的日益严重的环境污染两大难题。为此，世界各国都在积极寻找环境友好的可再生能源，利用秸秆和林木废弃物原料等发展生物质能源的技术就是其中之一，已经得到业界的高度重视。

生物质成型燃料是生物质原料经干燥、粉碎等预处理后，在特定设备中被加工成的具有一定形状、一定密度的固体燃料，是煤炭的优良替代能源。在生产成本、能量投入、社会效益、环境效益、可再生性等方面都优于传统的煤炭。生物质成型燃料不仅供给洁净、经济、稳定的能源，也使因石化能源日渐短缺、价格无序上升而忧虑的人们看到新的希望。因此，该技术的应用具有重大战略意义。

张百良教授是我国著名的农村能源专家之一，该书是他与他的团队研发、应用20多年的理论与技术的结晶，既包含了理论知识、科学实验、核心技术和工程化示范，又有集成创新和应用案例、经济评价和技术标准等。通过该书，管理工作者可以学到这项技术的科学理念；企业界可应用其基本理论和经验指导生产和成型设备开发；科技工作者可借此平台研发创新技术。值得强调的是，书中的理论和技术是经过长期实践检验的经验总结和理论升华。这种坚持多年锲而不舍，产学研全过程长期结合，为我国生物能源作出了看得见、用得着的突出贡献的精神和方法都是值得肯定和发扬的，它的示范作用远远超出了这项知识和技术的价值。

在全世界都在关注能源问题的时候，《生物质成型燃料技术与工程化》应时出版了，我不仅对作者们卓越的贡献表示祝贺，更希望这本书能成为本行业科技工作者再创新的平台，将有利于快速推动我国生物质成型燃料产业的发展。

中国工程院院士
北京林业大学教授
2011年8月8日

序　三

张百良教授是我国著名的农村能源专家之一，他和他的团队在 1981 年率先开创了农村能源专业，长期坚持生物能源利用的研究和教学工作，为我国的农业工程学科建设作出了重要贡献。《生物质成型燃料技术与工程化》一书是该团队 20 多年来开展农业生物质资源的能源化利用研究的成果，包括基础理论和大规模推广应用。这是一本系统论述生物质成型燃料技术理论和实践的重要专著。

生物质成型燃料是一项战略性能源产业，不仅可以解决农林废弃物利用，保护生态环境、替代煤炭，增加农民收入问题，而且也是重要的洁净能源资源，是稳定、持续、经济地解决农村能源供给问题的绿色出路。生物质成型燃料容积热值与中质煤相当，CO_2 零排放，含硫量仅是煤的 20%左右，氧分含量高、容易点燃，燃烧速率高于煤，生产成本低，资源分布广，是新能源中唯一以化学态储存太阳能的新型能源资源。

这本书是作者对生物质成型燃料的理论研究、技术创新、工程化技术集成及技术推广的研究成果积累，主要包括“秸秆类生物质有机体生成”，“规模化湿储存技术及主流成分变化规律”，“秸秆燃烧中产生负面作用的元素检测及防止”，“生物质成型机理”，“生物质燃烧的沉积与腐蚀”等科学层面的实验研究；“降低能耗提高能投比”，“非金属陶瓷材料降低磨损提高维修周期”，“对成型部件进行系统受力分析提高滚动正压力”等技术发明和创新层面的研究；在数十个成型燃料工程试点进行示范研究，获取最佳工程参数，进行集成创新的工程化研究；还有在国内大面积推广模式、机制及国家扶助政策、标准体系建设等方面的实践和经验总结。这四个方面的研究体现了该书的理论性和实践性，反映了其重要的科学价值。

我愿意向读者推荐这本书，更希望读者和作者互动交流，完善提高该书的学术价值和应用水平，期待这本著作能在生物质能源利用以及生物基工业发展中发挥更大作用。

罗锡文

中国工程院院士

华南农业大学教授

2011 年 8 月

前　言

我与农村能源的结缘，源于一次外出学习培训。1978 年，我的老师，河南农学院农机系主任段铁城教授推荐我参加了东北农业大学举办的中美新能源讲习班，这是我第一次参加国际新能源技术研讨会，会上讨论的新能源技术让我耳目一新，引起我浓厚的兴趣，回学校后当年我就争取到一个新能源项目。追忆往事，这大概就是我一生走向农村可再生能源研究领域的开端吧。

1980 年又一契机，我到河北、河南、安徽、湖北农民家里进行用能状况调查，当时农民“夏无三炊薪，冬无御寒柴；每天两顿饭，户户度日艰”的情景深深触动了参与考察的每一个人的心。新中国成立 30 年了，农民如此的生活状态使我感到揪心，当时内心激起了一种强烈的社会责任感，本能地产生了办教育、搞科技的决心，要努力培养热爱农村能源、了解农民的大学生，并通过研究给农民输送一些实用的技术，让买不起煤的农民，用身边的柴草也能解决自己的生活燃料问题。现在想来，这份简单朴素的情感，就成了我一生事业追求的动力、研究的起点，农村能源问题几乎成了我一生研究工作的全部。

随后，为了使农村的秸秆资源更好服务于农民，我访问了欧洲几个国家，参观了不少农民家庭和农场，当我看到秸秆成型燃料在这些国家的农场主、教授家里供热取暖的情景时，真是感慨万分、心潮澎湃，这么先进的国家，都如此利用秸秆，我们中国为啥不能呢？这些农场主家里大都用生物质棒块燃料或颗粒燃料烧壁炉，不用花钱买煤，冬天同样很暖和，国家还给生物质燃炉补贴优惠，我似乎找到了在中国发展农村生物能源的法宝，倍感兴奋。因此，在参观的过程中就筹划好了在中国发展这项技术的建议书，回国十天之内就把建议书撰写好，呈交给国家几个相关的部门，但或许是我操之过急了，也许在那时候秸秆的事情太小了，建议书如石沉大海没有引起任何反应。

值得欣喜的是 1981 年教育部同意了我们的申请，试办农村能源本科高等教育，我国第一个农村能源专业试点班在河南农业大学招生了，这成了我们追求农村能源事业的大平台，给了我们联系社会、争取支持的绿色通道，更重要的是鼓舞了我们工作的信心。是年冬我与我的同事、学生一起自筹资金启动了生物质成型机的研究项目，那时我们自建了一个太阳能棚作研究室，以 15 马力①柴油机的机体和曲柄连杆机为成型机主体，制成了一台直径 30 mm 的活塞撞击型生物质成型机，这就是我国研究的第一代棒形秸秆成型机的雏形。现在就职于亚洲开发银行农村共有能源伙伴关系秘书处的能源专家夏祖章教授就是第一个参加这个研究项目的二年级学生，作为我国首届农村能源毕业大学生的一员，他至今坚持在亚洲国家农村做能源项目研究，应该缘于当年这个专业对

---

① 1 马力=735.5 W。

他的教育和培养。30 年来，像他一样在农村能源领域工作的学生还有一大批，这是令我感到最欣慰的事。

我最不能忘记的是在成型燃料设备机理试验进入关键时刻的时候，也是我研究处在最困难的时候，我校烟草专家刘国顺教授借给了我 5000 元经费，这珍贵的研究经费就成了我一生从事这壮丽事业的助推器，从此我义无反顾地正式启动了以作物秸秆为主要原料的成型燃料系统研究工作。在接下来的工作过程中，随着生物质燃料成型技术系统研究的深入开展，原国家经济贸易委员会新能源处首先支持了这项研究工作，国家财政部、科学技术部，河南省财政厅、科学技术厅等都对这项研究给予了大力的支持，期间一些企业也陆续支持了生物质成型设备的研制。

我一直坚持产学研结合道路，我们的生物质成型燃料技术团队在科学探索、技术集成与创新、推广应用的每个阶段都取得了有实用价值的成果："生物质成型机理与成型设备研究"，"生物质燃烧特性与燃烧设备研究"，"生物质成型燃料技术与工程化"，在生物质成型燃料工程化实验过程中"三项核心技术研究"，"新材料、新工艺在秸秆类成型机上的集成创新"，"中国农林生物质成型燃料规模和模式研究"，"中国成型燃料标准体系研究"，"中国成型燃料发展技术路线选择"等，这些系统研究过程也是核心技术的突破过程。纵观国内外共同关注的几个瓶颈性问题的解决都在这一过程中取得了新的进展，而且具有中国的知识产权和特征。利用农作物秸秆原料生产成型燃料是中国特色，国外 80%以上的成型燃料采用非秸秆原料。因此，与木屑类原料相比，秸秆的物化特性决定了生物质成型设备关键部件会快速磨损，这是制约秸秆成型燃料发展的重要因素之一，也是国际研究同行高度重视的难题。为了解决成型设备关键部件的快速磨损问题，我们将其作为工程化瓶颈技术进行了研究，并取得较好的效果。一是采用新技术，不再采用原本生产饲料的环模颗粒型成型设备，选择适合国情的组合式块（棒）状、环（平）模磨成型设备，并进行重新设计和优化，使其符合秸秆成型的需求；二是采用新工艺，通过对成型过程进行动力学分析，调整电机转数和速率、优化设计模块结构和尺寸，确定最佳正压力参数，从而达到有效节约能源，提高生产率的效果；三是采用新材料，研究新型耐磨材料替代高硬质合金，简化设备加工过程，延长维修周期。

回首 30 多年来的研究历程，我深刻地体会到影响生物质成型燃料产业发展的因素不全是技术问题，还有在实验室想不到的各种"麻烦"，以及传统化石能源的价格指数的影响，简单地归纳为以下三个方面。

(1)"上面"的态度。在我国"上面"没人支持的技术就没有前途，或者预期效果显示时间很长，都可能直接影响研究进程。客观地讲，这种工程化技术通常涉及农业、工业、机械制造、商业及消费等，技术产业链很长。任何一个环节都有政策问题，而制定一项政策、法规又牵涉多部门责权和政绩，把认识和利益统一起来很难，解决这个链上的每个"结"都要付出很大的精力和代价，因此时间拖长了点也不奇怪，我十分理解，但这种发展是以拖延时间作代价的。

(2) 中国生物质成型燃料的发展速度快慢，不完全是它自身价值和这项技术水平本身决定的，也受石油、煤炭价格、环境意识、消费者观念等因素的影响。20 多年前的煤炭价格是每吨 100 多元，消费煤炭等化石能源很少支付资源成本和环境成本。那时，由于原料和加工技术所限，生物质成型燃料的价格高于煤炭，几乎没有消费用户。2005年的煤炭价格达到每吨400多元，生产1 t生物质成型燃料差不多有50元的利润，成型燃料开始有些起色。从2005年起，国际油价大幅攀升，国内油、煤价格也接踵上涨，且只升不降。同时，秸秆焚烧对环境的污染相当严重，国家开始强制禁止秸秆焚烧，秸秆出路问题首次被国家提到日程。2011年7月“十二五”规划的“绿色能源示范县”建设把生物质成型燃料的地位推向高潮，它与大中型沼气、生物质气化两项完全由政府扶植起来的技术并列进入试点县的骨干技术队伍行列。已进行建设的试点县中，绝大多数县都选用了生物质成型燃料技术，有的设计了几十万吨的规模来发展这个产业。秸秆成型燃料再次被列为“重点实用技术”进入农村能源的市场，不是因为它的价值提高了，而是社会需求发生了急剧的变化。

(3) 低层次低水平扩张给生物质成型燃料产业化发展带来了严重的负面效应。生物质成型燃料技术属于农业工程学科，这方面的技术从研究到应用应经过四个主要阶段，即科学研究阶段（发现、探索），技术研究阶段（技术发明、创造），工程化研究阶段（技术集成与再创新），技术扩张并取得效益阶段。这是一项技术由科学构想到投入实际应用所遵循的发展规律，超越这个规律就会付出代价。我国不少工程类技术产业化发展中没有很好地遵循这一规律，对已出现的新技术不进行严格的工程化试验，不在技术集成与再创新上下工夫，而是出于某种需求过早地低水平扩张，甚至一哄而起，带来严重的负面效应。生物质成型燃料也没逃脱这个命运，不适宜的宣传和引导，使一些不识技术“庐山真面目”的个人和企业一哄而起搞生物质成型燃料产业。2006～2007年，我国的成型设备及工艺并不成熟，工程化试验阶段的任务没有完成，技术上也有不少问题，设备和产品都还没有标准化，但就在这样的情况下，一个中型城市，竟然在不到一年时间内建起了93个生物质成型燃料设备公司，99%的模仿与粗制滥造。在此期间，中介公司、研究中心、研究会和专家论坛铺天盖地，都在讲宏观，都在鼓动企业投资办企业，这是我国旧有的老毛病，结果导致一哄而起，2008～2009年多数小企业赔了、垮了，坚持下来的企业屈指可数，真可谓“其兴也勃焉，其亡也忽焉”。

在此期间，全国对生物质利用的讨论已远远超出了行业的范围。全国成立了几十个生物质能研究中心，从中国科学院、中国工程院到高等院校，从农业、林业到煤炭石油乃至IT产业等都涉及生物质能的研究。从正面理解这是一个社会进步的表现，大家都关心生物质能源问题，关心中国的能源前途问题是求之不得的好事。但冷静观察分析，其中确有许多不健康的因素，我很担心生物质成型燃料产业沿着低水平低层次扩张的道路走下去，这样会使企业蒙受损失，一蹶不振，也会使社会对这项产业产生误解，落个“不适宜”的坏名声，以后再想“东山再起”，就难上加难了。我下定决心尽力避免朝向“悲剧”的发展，所以利用各种机会和河南农业大学作为全国成型燃料协作组牵头单位的条件，积极推进生物质成型燃料走健康发展的道路。在国内召开的“全国生物质工作会”（国家发展和改革委员会），“中国生物质技术论坛”（中国工程院、清华大学），中国“十二五”能源发展规划研讨会（中国能源研究会），以及中国农业工程学会、中国农业机械学会、中国农村能源行业协会等各类可再生能源研讨会上，一方面，积极建言献策，竭力宣传中国生物质成型燃料产业应坚持健康的、科学的发展道路；另一方面，全面介绍中国生物质成型燃料的形势和特点，并从技术上讲清楚当前存在的几个重要技术问题：

(1) 生物质资源是生物质成型燃料产业发展的前提，不同类型的资源要求不同的成型设备和工艺，实践证明，中国大多数秸秆类生物质不适合用于生产颗粒成型燃料。

(2) 生物质成型设备关键部件的磨损速度快与维修周期短的问题是当前影响成型燃料技术发展的首要障碍。提高关键磨损部件的使用寿命与可换性，加快耐磨损材料和工艺创新应是解决快速磨损问题的努力方向。

(3) 秸秆资源的规模化储存，尤其是秸秆湿储存技术已成为成型燃料产业化发展的主要瓶颈问题之一。

(4) 生物质成型燃料与煤的燃烧特性不同，燃煤炉具改烧生物质成型燃料必须按照生物质燃烧特性进行设计和改造，新设计生产的生物质燃烧设备必须符合生物质成型燃料的燃烧特性，从结构上解决高温结渣、低温沉积腐蚀的问题。

上述这些重要的技术问题明确告诉我们，我国的生物质成型燃料还处在初级阶段，我们是在技术工程化阶段没有完成、管理上没有标准、市场发育不成熟的条件下仓促将该项技术推进到产业化阶段的。因此，稳定、有序、科学地发展生物质成型燃料产业应是所有相关部门、企业和研究人员应该遵循的首要方针。对此我们进行了核心工程技术的攻关，把经过试验的专利、技术研究成果毫不保留地提供给企业，使非金属材料、新工艺、新设计成果很快应用于新一代产品。同时，在《科学时报》、《光明日报》、《农民日报》以及《农业工程学报》、《农业机械学报》、《太阳能学报》发表数十篇论文，用科学的理论提高产业队伍的水平，引导这项产业健康地发展。

另外，在生物质成型燃料产业发展的过程中出现了一种新的现象，一些企业把木质的颗粒燃料加工出口，并同时在国内申请财政补贴。我曾明确指出这是战略性错误，原因在于：我们消耗着从国外买来的化石能源和自己的生物质资源，承受了化石能源利用过程产生的污染，而最终却把生产出的优质的清洁能源送给了别国，因此，不利于我们民族发展的长远利益。

我认为在中国发展生物质成型燃料不是权宜之计，它是一项战略性产业。为了科学地发展我国的生物质成型燃料产业，必须有一个明确的方向，我们通过5年的实践和不断的探索找到了这个方向：我国生物质成型燃料最可靠的资源是秸秆，因此，以秸秆为原料的成型燃料生产应以块状或直径30 mm以上的棒状为主，不能走以颗粒为主的技术路线。这是今后我国发展生物质成型燃料技术和产业应坚持的方向。

撰写本书的基本出发点是希望它能成为生物质成型燃料研究的理论和实践基础，为今后该领域的科技工作者的创新提供一个平台。基于此，本书主要包含三部分内容：第一部分是我们过去二十几年研究的历程、经验和教训；第二部分是理论创新与应用，本书用了较多的篇幅阐述了成功或失败设计的理论根据，提醒后来研究者借鉴我们过去的研究经验，不要重复过去老路；第三部分是提供了生物质成型燃料发展所涉及的基础理论知识。

倪维斗院士、尹伟伦院士、罗锡文院士为本书写了序言，他们站在国家经济社会可持续发展的高度，评价了这项技术和本书的价值，并提出了希望和要求，我们对三位院士给予的鼓励和不吝指教表示由衷的感谢。

参与撰写本书的作者都是本学科毕业的学生和老师，是一批在生物能源研究上作出成就的教授或年轻博士，负责写作的内容是大家多年研究课题的成果。他们集中了自己有关生物质成型燃料研究方面的技术和优秀研究成果贡献于本书，使本书内容大显增色，可以说，没有他们创造性的工作，本书是不可能出版的。张百良教授主持、组织了全书的写作，负责统稿终审。杨世关博士（南京大学博士后，华北电力大学生物质发电成套设备国家工程实验室副教授）主持了第1章“绪论”和第8章中“生物质成型燃料评价及标准”部分的写作，并负责全书编辑工作；宋安东博士（山东大学博士后，河南农业大学教授）主持了第2章“生物质资源特性”的写作；李继红（南京大学博士，华北电力大学生物质发电成套设备国家工程实验室讲师）主持第3章“生物质资源”的写作；李保谦（河南农业大学教授）主持了第4章“秸秆收集、储存与粉碎”和第6章“生物质成型技术与装备”的写作；徐桂转博士（河南农业大学副教授）主持了第5章“生物质成型燃料成型机理与影响条件”及第8章“生物质成型燃料评价及标准”的写作；樊峰鸣博士（国能生物发电集团有限公司高级工程师）主持撰写了第7章“生物质成型燃料燃烧特性及设备”；张百良教授撰写了第9章“生物质成型燃料科技发展战略研究”；马孝琴博士（浙江大学博士后，河南科技学院教授）、赵青玲博士（华北水利水电学院副教授）参加了第7章7.1节“生物质成型燃料燃烧动力学”，7.2节“生物质成型燃料燃烧过程的沉积与腐蚀”和7.3节“生物质成型燃料燃烧过程结渣”的写作；苏同福博士（河南农业大学博士后，河南农业大学副教授）负责第4章4.2节“秸秆储存”的写作；赵兴涛博士负责第6章6.5节“成型设备快速磨损问题”的写作；李春杰硕士（焦作大学讲师）负责第4章4.1节“秸秆机械化收获”的写作；施江燕（北京奥科瑞丰机电技术有限公司）负责第6章6.1.4小节“环模辊压式棒（块）状分体模块成型机生产应用案例”的写作；牛振华硕士（安阳职业技术学院）负责第6章6.4节“螺旋挤压式成型机”的写作。任天宝博士负责全书附录整理并协助总编辑工作。

为了使这本著作更有实践价值，我们还特别邀请了国内在此领域有影响的几家企业，他们分别是“北京奥科瑞丰机电技术有限公司”，“山东多乐采暖设备有限责任公司”，“北京老万生物质能科技有限责任公司”，“河北光磊炉业有限公司”等。这些都是长期与我们实行产学研有机结合的优秀企业，他们为本书提供了一些理论和实践相结合的宝贵资料和素材，可以使读者在书中寻找理论依据的同时，也能找到成功的典范，进一步提升本书在技术产业发展中的指导作用。

本书凝聚了作者30多年来关于生物质能源的研究和实践，虽然其间经过了太多痛苦的记忆与波折，但不懈的坚持终于换来了这本专著的出版，这是对作者多年心血付出的最好心灵慰藉。在我看来，本书的出版不仅仅是生物质成型技术的总结，更是科技工作者奋斗足迹和经验的记述与分享。“坚持不懈、锲而不舍，从基础研究做起，从产业中寻找前程”是本书成功问世的基本经验，也是最有价值的贡献。

20多年来，在为农村能源奋斗过程中，作者之所以一刻未敢懈怠，主要是想给农民贡献一套好技术和好设备，实现自己投身农村能源事业之初那份最朴素的愿望，使中国农民也能在温暖的屋舍中度过寒冬。当初并没有著书立说的想法，致使将分散的资料整理成书遇到了很多困难，这使得本书难以避免地存在一些技术或学术上的缺憾和不足，因此，我与所有作者并没有将本书的出版视为该项工作的终点，而是做好了在虚心吸纳更多读者的意见，接纳更多同行的参与的基础上进行再版的准备。期待本书得到不断充实和完善后再版成功，更欢迎广大读者批评指正，不吝赐教。

张百良

2011年8月25日

目　　录

第1章 绪　　论

1.1 生物质成型燃料概述

生物质成型燃料是生物质原料经干燥、粉碎等预处理后，在特定设备中被加工成的具有一定形状、一定密度的固体燃料，见图 1.1。生物质成型燃料和同密度的中质煤热值相当，是煤的优质替代燃料，很多性能比煤优越，如资源遍布地球，可以再生，含氧量高，有害气体排放远低于煤，CO_2 零排放等。

图 1.1　各种形状的生物质成型燃料

生物质的成型主要有两种方式：一种是通过外加黏结剂使松散的生物质颗粒黏结在一起；另一种是在一定温度和压力条件下依靠生物质颗粒相互间的作用力黏结成一个整体。目前，生物质成型燃料主要通过后一种方式生产。松散的生物质在不外加黏结剂的条件下能够被加工成具有固定形状和一定密度的燃料，是许多作用力共同作用的结果。通过近十多年来对生物质成型机理的系统研究，目前已经形成了对生物质的成型过程中各种力作用机制的相对完整的认识。图 1.2 是对生物质成型过程中原料颗粒的变化及产生的作用力总结。

生物质成型过程中的黏结机制之一在于固体架桥作用的形成。在压缩过程中，通过化学反应、烧结、黏结剂的凝固、熔融物质的固化、溶解态物质的结晶等作用均可形成

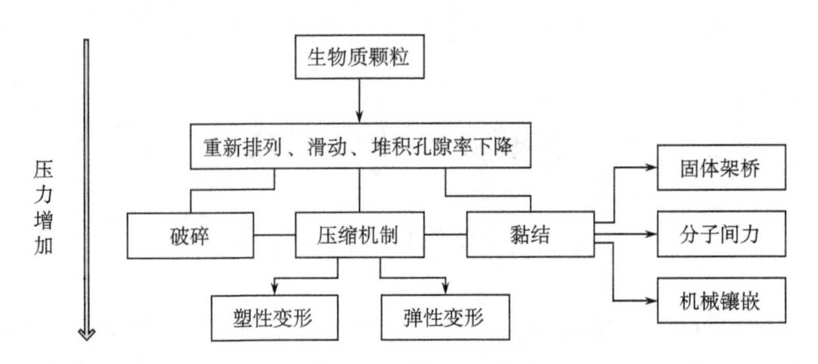

图 1.2　生物质成型过程中作用力的形成过程及机制

架桥作用。在压缩成型过程中，压力也可降低颗粒的熔融点并使它们相互靠近，从而增加相互之间的接触面积并使熔融点达到新的平衡水平。

颗粒之间的相互吸引归功于范德华静电力和磁力。范德华静电力对颗粒间的黏结作用的影响是很微弱的，通常发生在微细颗粒之间；同时，对于微细颗粒，当有磁力存在时颗粒间的摩擦力也有助于颗粒黏结。

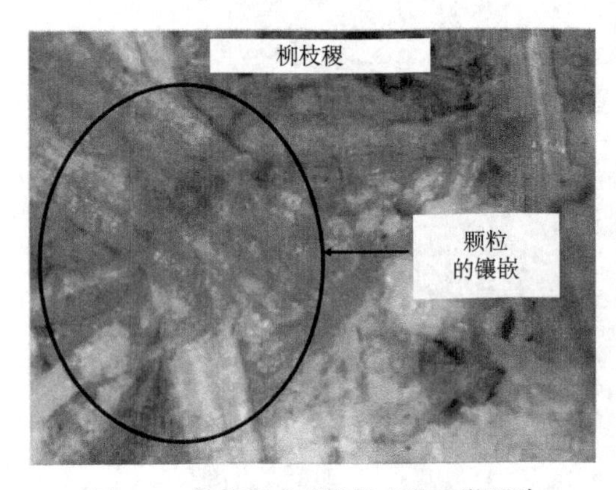

图 1.3　柳枝稷成型燃料光学显微照片

纤维状、片状或块状颗粒之间也可以通过镶嵌和折叠黏结在一起。颗粒间的镶嵌可以为成型燃料提高机械强度用以克服压缩后弹性恢复产生的破坏力。Kaliyan 和 Morey（2010）利用光学显微镜观察到了柳枝稷成型燃料横切面上存着的镶嵌现象，见图 1.3。

生物质的化学组成，包括纤维素、半纤维素、木质素、蛋白质、淀粉、脂肪、灰分等对成型过程也都存在影响。在高温条件下压缩时，蛋白质和淀粉发生塑化起黏结剂作用。成型时的高温和高压条件会使木质素软化从而增强生物质的黏结性。低熔融温度（140℃）和低热固性使得木质素在黏结过程中发挥了积极的作用。生物质成型过程中的高压力可以将生物质颗粒压碎，从而将细胞结构破坏，使得蛋白质和果胶等天然黏结剂成分暴露出来。

针对秸秆的压缩成型，笔者对秸秆的成型机理进行了研究。秸秆的力传导性极差，通过对成型过程中各种作用力之间相互关系的研究，提出了弥补该缺陷的预压方式。在工程应用中，通过成型设备结构设计使预压的受力方向与成型压力的方向保持垂直，这样在一定压力和温度条件下更有利于被木质素携裹的纤维素分子团错位、变形、延展，从而使其相互镶嵌、重新组合而成型。

将松散的生物质加工成成型燃料的主要目的在于改变燃料的密度。制约生物质规模化利用的一个主要障碍就是其堆积密度（bulk density）低，通常情况下，秸秆类生物质的堆积密度只有 80～100 g/cm^3，木质类生物质的堆积密度也只有 150～200 g/cm^3。

过低的堆积密度严重制约了生物质的运输、储存和应用。虽然生物质的质量能量密度(mass energy density)与煤相比并不算很低，但是生物质堆积密度低导致其体积能量密度(volume energy density)很低，与煤相比这是其很大的一个缺点。表1.1和表1.2分别给出了生物质与煤的能量密度的对比及生物质和化石燃料的能量密度(Reed和Bryant，1978)。图1.4是生物质与油、木材、木屑比较的体积能量密度。

表1.1 生物质与煤的能量密度比值

生物质的特性	生物质与煤体积能量密度比值	生物质与煤质量能量密度比值
含水率50%、密度1 g/cm^3	0.25	0.33
含水率10%、密度1 g/cm^3	0.57	0.66
含水率10%、密度1.25 g/cm^3	0.72	0.66

表1.2 几种燃料的能量密度对比

燃料	含水率/%	密度/(g/cm^3)	低位热值/(kJ/g)	低位热值/(kJ/cm^3)
生物质	50	1.0	9.2	9.2
	10	0.6	18.6	11.2
生物质成型燃料	10	1.0	18.6	20.9
	10	1.25	18.6	26.1
木炭	0	0.25	31.8	8.0
烟煤	—	1.3	28.0	36.4
甲醇	0	0.79	20.1	15.9
汽油	0	0.7	44.3	30.9

注：表中所列数值是从各种燃料的取值范围内选取的代表值。

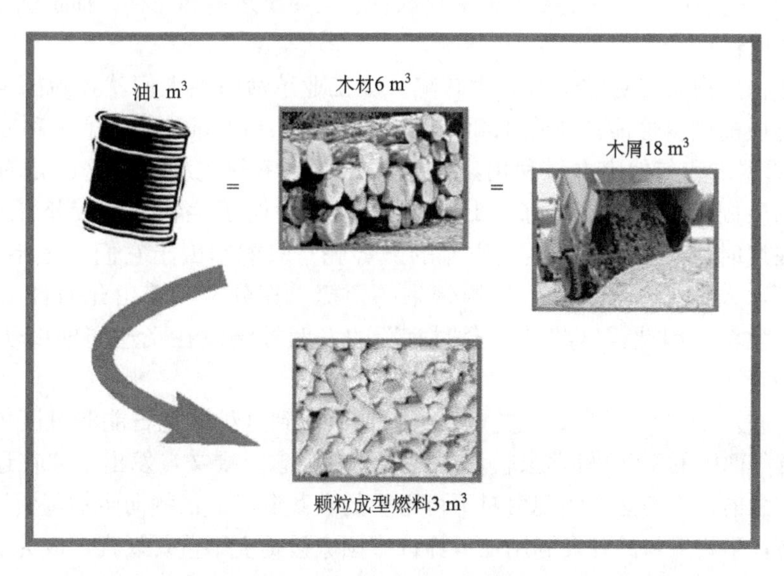

图1.4 颗粒成型燃料与油、木材和木屑的体积能量密度对比

生物质的分子密度并不低，可以达到1.5 g/cm³，这是生物质成型燃料密度的理论上限。但是，植物体内有大量的运输水分和养分的中空导管存在，使得生物质的密度显著下降，硬木的密度通常为0.65 g/cm³，软木的密度为0.45 g/cm³，农作物秸秆和水生植物的密度更低。生物质在存放过程中，单个的生物质个体与个体之间存在有大量的空隙，使得其应用的堆积密度更低。通过压缩消除颗粒之间的空隙，并将植物体内的导管等生物结构空间填充就可以改变生物质的密度，这正是生物质压缩成型的出发点。

密度的改变不仅解决了制约生物质规模化利用在运输、储存和应用方面面临的体积能量密度过低的瓶颈，同时，对生物质的燃料特性也产生了积极的作用。生物质自身的结构比较疏松，加之其挥发分含量高且易于析出的特点，使得生物质的燃烧过程极其不稳定，前期大量挥发分快速析出极易造成气体不完全燃烧热损失，后期松散的炭骨架又易于被热气流吹散随烟气排出炉外，导致固体不完全燃烧热损失。由于密度和结构的改变，生物质成型燃料燃烧过程中这两个影响燃料燃烧效率的问题都得到了一定程度的解决，从而改善了燃烧性能。

1.2 国际生物质成型燃料发展历程及启示

1.2.1 发展历程

在人类大规模开发利用化石燃料之前，生物质一直是人类赖以生存和发展的主要燃料，为什么后来逐渐“没落”了呢？认真研究一下人类能源发展史，相信可以得出多种答案。最根本的原因在于生物质没有及时适应人类生产和生活方式的变革和发展。工业革命以来，工业化的生产方式和城市化的生活方式需要集中消耗大量的燃料，这要求燃料应具备两个基本特点：一是便于集中获取；二是便于运输和储存。而这两个方面恰恰是生物质的“软肋”。

为了弥补生物质自身的这些天生缺陷，在工业革命时期人们就开始探索通过压缩来改变生物质的燃料性能。早在1880年美国人William Smith发明了一项专利，将加热到66℃的锯末和其他废木材利用蒸汽锤加工成致密的成型块，这应是有记载的最早的“生物质固体成型燃料”了；1945年日本人发明了生物质螺旋挤压成型技术。这些发明在当时为何没能挽救生物质能的颓势呢？只能归因于它们“生不逢时”。工业革命时期，人类正陶醉于化石能源带来的便捷，充分享受着由化石能源开发利用提供的舒适生活，因此，这些“不合时宜”的发明被淹没在飞速向前的历史车轮中也就不足为奇了。

然而，进入21世纪以来，人类愈发清醒地认识到这种对化石能源过度依赖是不可持续的，英美两国的14位科学家联合在《科学》杂志上撰文，发出了“在还没有被冻僵在黑暗中之前，人类必须实现由对不可再生的碳基资源的依赖向生物基资源转变”的呼吁。目前，生物燃料的开发利用在世界许多国家被提上了重要议程，成为了一个时代潮流，那么，背后的推动力是什么呢？

1. 人类忧患意识的增强

在支撑了人类200多年的强劲发展之后，地球上的化石能源资源渐近枯竭。根据《BP世界能源统计2011》（图1.5），全球石油的储产比仅剩下46.2年，天然气58.6年，煤118年（BP，2011），石油和天然气的剩余年限是很多当代人可以亲眼见证的时间长度，这迫使当代人不得不考虑40多年后该如何应对化石能源的枯竭。

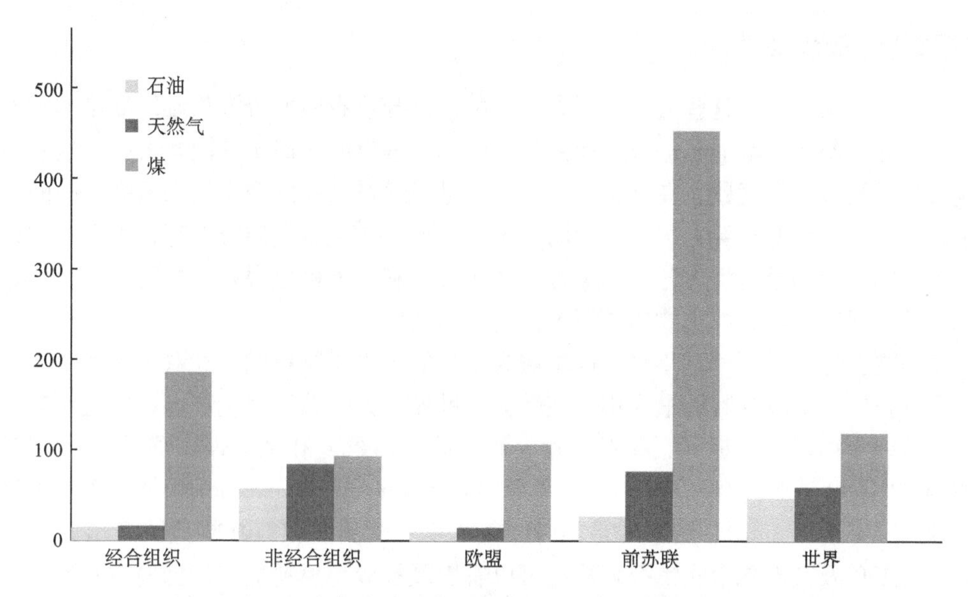

图1.5　2010年年底化石能源储产比（BP世界能源统计2011）

而且，当我们频繁遭受“厄尔尼诺”现象侵袭的时候，当代人真真切切体会到了“人类同住一个地球”的含义，当充斥在各种媒体上的“低碳”、“京都议定书”、“哥本哈根宣言”这些词汇冲击着我们眼球和耳膜时，许许多多普通人开始明白了小小的CO_2气体分子的神通和威力。在工业化以来，短短250余年间人类就排放了大约1.16万亿t的CO_2，这可能是全球大气CO_2浓度由280 ppm①升高到379 ppm的最主要原因。

当然，对于燃烧化石能源释放的CO_2是不是导致全球气候变暖的原因还有一些争论，本章无意讨论这些争论，对待这一问题，我们应该学学巴菲特的态度。一次，有位记者问巴菲特CO_2是否是导致全球气候变暖的原因，巴菲特说了这样一段话：“气候变暖看来的确是这么回事，但我不是科学家。我不能100%或90%地肯定，但如果说气候变暖肯定不是个问题也是很愚昧的。一旦气候变暖在很大程度上越来越明显时，那时再采取措施就太晚了。我觉得人们应该在雨下来之前就做好防护准备。如果犯错的话，也要错在和大自然站在一边。”

这种忧患意识，应该是人类推动具有CO_2零排放特性的生物燃料发展的一个根本性的原因之一。

---

① $1\ \text{ppm}=10^{-6}$。

2. 能源供应方式的变革

长期以来，被大型能源企业或集团控制的集中式的供能方式统治着世界各国的能源供应市场，这种被国家集团或大型企业所垄断的能源供给方式长期以来由于缺乏民主属性而广受诟病，从而催生了“分布式能源”这一新的能源供应方式的诞生。分布式能源的发展为资源具有分散性特点的生物质能的发展提供了重要机遇。

3. 能源安全观念的改变

美国、中国、印度这些能源消耗大国，由于自身化石能源资源均难以满足本国发展需求，因此，都要依赖能源进口，而由于影响能源进口的不确定性因素太多，这些国家普遍面临着能源安全问题。在这种形势下，立足于通过增强能源自给来提高本国的能源安全就成为这些能源消耗大国不约而同作出的选择。与化石能源分布存在着巨大的区域性差别不同，生物质对世界各个国家和地区而言，基本上可以说是一视同仁。上述这些能源消耗大国都有丰富的生物质资源可供转化和利用。

正是在上述背景下，近年来，以木屑为原料的生物质颗粒燃料在欧美等地得到了快速发展。目前，颗粒燃料的最大市场在欧美，世界十大颗粒燃料生产国分别是瑞典、加拿大、美国、德国、奥地利、芬兰、意大利、波兰、丹麦和俄罗斯，这十个国家 2007 年的颗粒燃料生产量达到了 850 万 t。多年来，Bioenergy international 每年都发布颗粒燃料地图（pellets map），图 1.6 是 2008/2009 年度欧洲的颗粒燃料地图及瑞典和芬兰颗粒燃料工厂及其产能分布情况，从中可以看出颗粒成型燃料加工厂已遍布欧洲。近年来颗粒燃料在瑞典得到了快速发展（图 1.7），目前已经成为欧洲颗粒燃料最大的生产

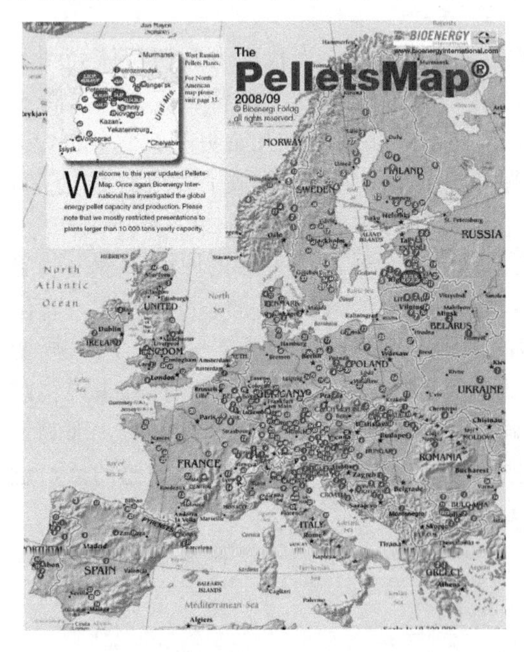

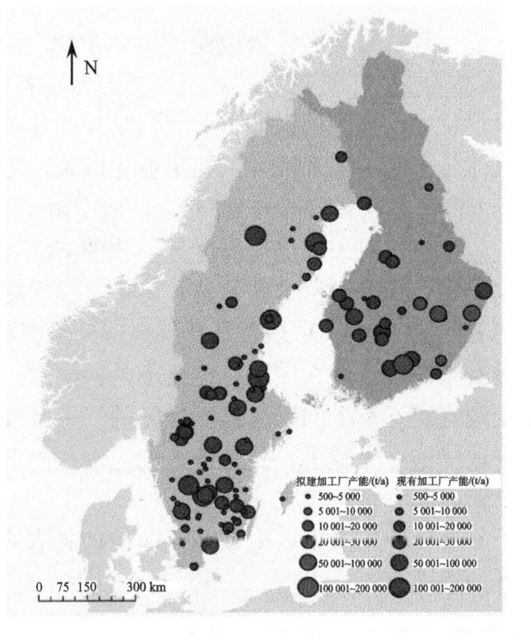

图 1.6　欧洲颗粒燃料地图（左）及瑞典和芬兰颗粒燃料工厂及产能分布（右）（见附录 7）

和消费国，紧随其后的是德国和奥地利。瑞典之所以能够领跑颗粒燃料的发展，主要得益于三个因素：充足的便于利用的原料，有利于生物燃料发展的税收体系，以及广泛的区域供暖网络。

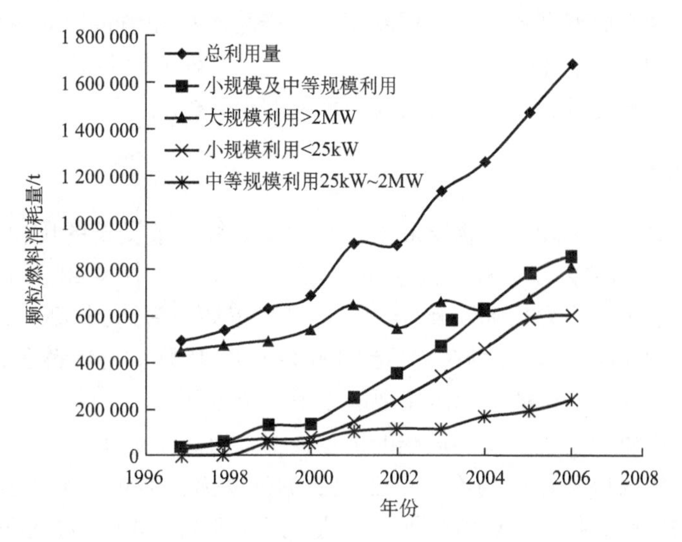

图 1.7 瑞典颗粒成型燃料年消耗变化

颗粒燃料之所以在欧洲得到快速发展，固然得益于其高森林覆盖率所能提供的丰富的原料资源。例如，瑞典的森林覆盖率达到 66%，是世界上人均森林面积最多的国家之一，德国的森林覆盖率也在 30%以上。同时，另外一个不容忽视的重要原因就是欧洲对开发利用生物燃料的重视。作者 2006 年在参观德国的一个生物质成型燃料厂的过程中恰好遇到一对夫妇利用自家轿车将花园修剪下来的树枝拉到燃料厂，并放在原料堆上（图 1.8），这从一个侧面反映了普通民众良好的资源节约和环境保护意识。

图 1.8 德国某成型燃料厂原料堆（左）及居民往燃料厂运送修剪树枝照片（右）

在生物质成型燃料产业发展过程中，欧美国家非常重视标准的建设。美国材料与试验协会（ASTM）在 1985 年成立 E48 生物技术委员会，其生物转化子委员会制定了包含生物质燃料特性测试和分析方法的 9 个标准；美国农业和生物工程协会制定了生物质产品收割、收集、储运、加工、转化、应用术语和定义标准；颗粒燃料研究所制定了产品标准，这些标准形成了美国生物质成型燃料标准体系。欧洲标准化委员会（CEN）自2000年设立了生物质固体燃料技术委员会（CEN/TC335），并委托瑞典标准委员会开始建立涉及生物质成型燃料生产、样品测试、产品储存和销售及质量保证的30个技术条件的固体生物质标准体系，并在欧洲各国试行。此外，欧洲很多国家，如瑞典、德国、意大利等国各自也都建立了生物质成型燃料的相关标准。

1.2.2 几点启示

由上述可以看出，国际上生物质成型燃料的发展经历了漫长的历史，直到20世纪80年代全世界的市场销售量一直徘徊在400万～500万t，中国10万t左右，进入21世纪以来，世界的生产能力达到5000余万t，燃料市场销售达到3000万t左右，中国的生产能力也达到500万t，市场销售达到300余万t。国际成型燃料发展过程对我国成型燃料的发展能提供的有价值的启示主要有以下三个方面。

(1) 影响生物质成型燃料发展进程的不是技术，而是资源和市场。当社会需求程度小时，技术只能作为储备，成为不了产业发展的推动力。通过研究瑞典、德国、奥地利、美国不同的发展进程，就可清楚地看出这一点。因此，我们的企业在决定规模化发展成型燃料时，首先要了解社会需求有多大，再者要研究有没有资源保证，能否使产品持续供给。从国家宏观层面看，支撑我们国家经济社会发展的主要能源在30年内还是煤、油和天然气，生物质能及其他可再生能源还是处在补充能源的地位，从长远看是技术储备，但是它带给人们信心和希望。目前我们的生物质资源允许消耗量是3亿t左右，成型燃料达到1亿t时就要认真审视它与周围诸多社会因素的协调关系，生物质资源在分布上有很大的不平衡性，因此生物质成型燃料企业的建设第一位要考虑的是资源。

除了资源量的考虑以外，还要考虑资源种类。欧美之所以大力发展以木屑为原料的颗粒燃料，与其高森林覆盖率能够提供丰富的林产加工剩余物有关。我国可用作生产成型燃料的林产加工剩余物的量很少，这不仅是因为我国森林覆盖率比较低（根据2004～2008年进行的全国森林资源清查结果，全国森林面积19 545.22万hm^2，森林覆盖率20.36%），可以利用的林产资源相对较少，还因为在现阶段我国林产品加工剩余物多被用于生产各类板材，能被用于生产燃料的部分亦占少数。因此，我国生物质成型燃料产业的发展主要应依靠年产量在7亿t左右的农作物秸秆，这是我国的资源现实情况。

(2) 成熟的工程化技术。产业在工程化阶段的重要任务是集成单个先进技术再创新。研究国际上几个成型燃料技术先进的国家发展历程可以看出，他们在工程化阶段花费了很大的经费和时间代价，国家资助基本上都在这个阶段。因此不论哪种设备都有详细的工程化试验数据积累，每个重要部件的生产加工、维修换件都有成熟的依据。这对我们是很好的启示。2005～2008年我们不由自主地走向了低水平扩张的道路，一个省级市一年就建90多个企业，结果又一窝蜂垮台。从经济上讲他们没有考虑社会的实际需求，没有市场对象，眼里盯的仅仅是国家的补贴。从技术上讲就没有经过工程化试验阶段，在设备技术都不成熟的情况下起哄进入市场发展阶段，这是违背技术发展规律的，“低水平扩张，大起大落”与严格的工程化试验基础上的发展是水火不容的发展理念，我们应严肃对待先进国家的这一启示。

（3）有比较完善的标准体系是产业健康发展的保障。目前先进国家的成型燃料企业已经有了一套适应自己国家需要的技术标准（体系），美国甚至从收集机械化开始都有完善的标准，他们用市场和标准两个武器严格地把握产品的质量和进程，研究其标准的制定时间，大都在工程化试验的后期，与成熟的设备一起进入市场。我们目前还在无序发展阶段，目前仅有 2 个产品约束性标准，其他 7 个是试验性标准。但是在无标准可依的条件下，我们的设备照样堂而皇之地进入市场，而且生物质产品同样受到国家的补贴，这种状态是不能持续的。

1.3　中国生物质成型燃料发展历程和问题

1.3.1　发展历程

根据中国生物质成型燃料的发展特点，可以将中国成型燃料的研究和产业化发展分为三个阶段。

第一阶段是 20 世纪 70 年代末至 80 年代初，是技术引进和试验阶段。由农业部牵头从韩国、泰国、中国台湾等引进了十余台螺杆挤压型成型机，分别在辽宁、湖北、贵州、河南等省进行试验、改进。最后因三个方面原因这种设备没有作为燃料成型机坚持下来。一是当时的煤比成型燃料便宜；二是螺杆特别是螺旋头磨损太快（大部分在 40 h 左右，有的企业使用特殊合金堆焊，维修周期也不超过 60 h）；三是没有市场需求，且设备不配套。

第二阶段是 20 世纪 80 年代中期到 20 世纪末，为国家开始投资、积极开展研究阶段。1979 年初，国家经济贸易委员会资助原河南农学院开展以秸秆为原料的活塞式棒状成型机的基础研究，这是国家几个部委首次对生物质成型燃料开展资助。80 年代后期林业部门也开始了以木质原料为主的成型燃料研究，国内出现了几种以棒状燃料为主的实验装置，但当时也是因为国家没有在经费上给予足够的支持，设备技术问题较多，企业不愿意介入，市场需求很弱，因此一直处在技术研究阶段，市场年供给量不大于 3 万 t。

第三阶段是发展阶段。20 世纪末至今，化石能源价格不断飙升，国际上石油上涨到 100 多美元/桶，比 10 年前上升 10 倍，国内虽然也进行相应调整，但涨多降少；煤炭由每吨 80 多元，上升到每吨 800 多元，并且由此带动了各种产品价格上升，CPI、PPI 居高不下。全社会都提出了疑问：能源价格上升是因为资源问题吗？油和煤消耗尽了以后怎么办？就在这样的环境条件下，各国政府纷纷制定战略规划和方针政策，大量投资新能源产业。2010 年中国总投资超过了美国，居世界第一位。多项激励政策出台鼎力支持新能源产业，教育战线也增设新的新能源专业，为今后新能源发展培养战略型人才。2010 年国家几项拉动生物质成型燃料发展的政策兑现，2011 年又启动了绿色能源示范县建设工作，成型燃料又成为这个标志性项目的主要技术。这种背景使成型燃料的地位大大提高，市场供给能力很快上升到 400 多万 t，国内企业重组，准备上市，大规模发展的势头再次来临。

1.3.2 存在的问题

中国生物质成型燃料已有20多年的历史，作者经历了全部研究和发展的过程，总结历史经验教训，结合我国城乡能源发展实际，认为中国的成型燃料产业还存在以下几个必须解决的问题。

1. 技术问题

目前国内加工木质原料的环模设备从设计到制造基本上都沿用了颗粒饲料成型机的技术，生产厂家没能根据生物质成型燃料的特定要求对设备进行实质性改进，因此用于燃料生产就存在维修周期很短、成本耗能都比较高的问题。秸秆类成型燃料加工主要问题是成型系统和喂入机构磨损太快，块状成型机产品加工质量不高，密度较低，表面裂缝太多，运输、储存、加料过程中机械粉碎率远远超过行业标准；棒状燃料机构比较复杂，生产率较低，能耗较高。

生物质成型燃料应用过程还存在结渣和沉积腐蚀的问题。秸秆中含有较多的氯、钾、钙、铁、硅、铝等成分，特别是氯和钾，其含量比任何固体燃料都高得多。这些元素的存在，使得结渣和沉积腐蚀问题非常严重。生物质成型燃料在锅炉内燃烧时，当炉温达到780℃以后，部分金属和非金属氧化物熔化，并和未燃尽燃料混搅在一起形成结渣，阻挡空气进入炉膛，这已成为生物质锅炉被迫停止运转的最主要的原因。

生物质灰分中的共晶钠和钾盐在大约700℃的条件下就能汽化。在650℃左右时，这些碱金属的蒸气就开始凝结到颗粒上面，一些细尘粒也接踵而来，在锅炉系统的水冷壁和空气预热器的表面上沉积下来，造成受热面的沾污，其厚度可达10～30 mm以上，严重影响传热效率，图1.9所示为从生物质锅炉省煤器上剥离下来的沉积物。同时，由于生物质中氯元素含量很高，锅炉受热面存在严重的氯腐蚀问题，这是导致生物质燃料锅炉停机维修周期短的主要原因。

图1.9 生物质燃烧形成的沉积物

2. 产业发展不成熟

中国的生物质成型燃料产业还处于初级阶段，主要表现是：无序发展，原料和产品价格都处于议价交换阶段；设备没有标准，没有衡量设备实际状况的技术检测和鉴定；没有独立的标准体系；收获、运输、储存与加工机械化程度差别大；秸秆原料多数是花生壳、玉米芯等农副产品加工剩余物，玉米秸秆等大宗秸秆资源还没得到充分利用；成型燃料使用对象以乡镇锅炉、茶炉、热风炉为主，农户使用比例很小；与化石燃料相比，国家在生物质燃料基础设施建设、人才技术培训、科学研究、制造装备等方面的投资可以说是微不足道的，生物质成型燃料企业 80%以上是个体经营，缺乏现代化企业管理意识，没有抗风险能力。这些现象和问题严重制约着生物质成型燃料产业的发展。

3. 政策引导待加强

目前，国家出台的与生物质成型燃料相关的政策，其引导作用还没有完全表现出来，补贴方法也不成熟，还存在不少负面反应。

1.4 中国生物质成型燃料技术路线的选择

1.4.1 选择原则

中国生物质成型设备的研究与生产已走过了 20 多年的历史，其研究目标一直是以解决农业生物质资源的能源利用问题为主线。20 世纪 70 年代引进了螺杆挤压机型，80 年代开展了棒状液压活塞冲压成型机研制，21 世纪初多家企业开展了环模、平模成型机研制，2005 年以后各类成型机并出，2008 年组合式块状成型机在市场上占了上风，在漫长发展过程中，不少研究单位及企业停止了工作，极少数坚持了下来，总结过去经验和教训，我们摸索出了中国规模化发展成型燃料的技术路线及应坚持的几条基本原则。

1. 资源许可原则

中国生物质中主要是农林生物质资源，每年农业生物质产生约 7 亿 t，其中允许作能源资源利用的资源，在目前经济和技术条件下有 2 亿～3 亿 t，林木采集、加工副产品是个变数，每年产生的资源量也是 3 亿 t 左右，可用来作能源资源使用的不到 1 亿 t。这是国家在 2020 年以前的大盘子，而且，这些资源也不可能全部供某一种生物质转化技术使用。因此具体到某个企业组建生物质成型燃料加工厂时，就必须首先考虑资源的供给数量和种类，数量是基础，种类是技术选择的重要依据。

我国地域辽阔，农业作物种类大不相同。东北玉米生长期较长，表层含木质素较高，矿物质也比较多，因此外壳硬度大，内芯水分多，玉米棒外苞纤维长而厚。这些特点都使它不易脱水，粉碎难度增大，粉碎耗能很高，有的甚至与成型耗能差不多。西部地区，如甘肃、山西、河北西部、内蒙古等地作物收获后秸秆水分很低，自然干燥几天就可以直接成型加工。南方作物资源进行成型加工遇到的首要问题是水分高、空气湿度大、脱水难，其次是稻谷秸秆纤维多。棉花秆也是如此，外皮纤维长，不能揉搓，内部木质素高。这些特点提示我们两点：一是任何成型机都不能包打中国“天下”，中国的成型机必须在结构上有地域适应性；二是成型机的设计必须与粉碎机匹配，除了木质颗粒外，原料一般要采取切断法预处理，切段长度要由试验得出。压块状成型机原料长度一般为1～3 cm，颗粒状成型机原料要经切断和揉搓两道工序，长度在1 cm以下。

中国的作物秸秆的产量是按粮食产量计算出来的，预计中国2020年、2030年粮食总产量可能达到5.8亿t和5.9亿t，秸秆产量会达到8.24亿t和8.38亿t。2030年前秸秆产量每年会有所增加，但不会永远递增；而林木采伐和加工剩余物潜力很大，会随着森林覆盖率的提高相应增加。

另外农产品加工副物和部分牲畜粪便也是成型燃料的原料，中国2008年农产品加工的副产物总量为1.17亿t，相当于0.68亿t标准煤；按畜禽头数计算干物质排泄量是8.75亿t，含能量折合4.52亿t标准煤。但从实际出发决定我国畜禽粪便可利用量的是猪、牛、鸡的排泄物，可能源化利用废弃物干物质达4.68亿t，含能量折合2.82亿t标准煤；中国每年还有近千万吨的生物质“熟料”（如酒糟、糠醛、醋糟等），也是良好的成型燃料原料。总体看来中国的生物质资源是丰富的，更主要的是它可以再生。

生物质资源的能源化的程度，取决于多种因素。目前中国农业生物质资源中21%用于农村生活用能，36%用于还田，20%用于饲料，约3%用作工业原料，约20%被抛弃和焚烧。当前成型燃料利用的最大量就是焚烧和生活用燃料的一部分，大约2亿t。

2. 技术发展程度原则

技术发展程度原则是规模化发展程度的基本依据。长期实践告诉我们，中国的农业工程类产业，应特别重视高层突破，不能搞低水平扩张，更不能一哄而起。也就是在技术处于工程化试验之前，不能一哄而起，大起必然大落，这是过去多年来我们没有逾越的障碍，这既是管理问题，也是理念问题。目前我国的成型燃料生产已进入推广阶段，但我们的工程化技术试验做得并不扎实。2008年前后一哄而起的问题依然发生，数百家企业同时兴起，2010年后又有不少企业停产。主要问题表现为成型机快速磨损，燃烧锅炉结渣和沉积腐蚀，规模化生产企业的原料供给不足，储存技术没有解决。

3. 能量投入产出比原则

能量投入产出比（简称能投比）是研究、生产各种能源第一位的评价指标。它是能源中含有的能量与能源生产过程中所投入的化石能源所含能量的比值，它与能源产品的工艺和技术水平有直接关系，因此不同国家、不同时期的能量投入与产出比是不相同的，目前还没有统一的标准，也没有统一的计算方法，但大都采用全周期能耗计算方法。在目前的技术水平条件下中国几种生物质能源的能量投入与产出比见表1.3。

表 1.3　几种能源的能投比

能源种类	能投比	说明
煤	80.25	中质煤，平均热值 16 kJ/kg
生物质成型燃料	53.67	原料设计作投入能量，但加工成成型燃料后，因它是最终产品，所以按产品数量计算能量
纤维乙醇	0.8～1.4	中国试验条件下
玉米乙醇	1.25	资料来源：2006 年 8 月，美国能源部能源效率与可再生能源以及美国阿尔贡国家能源实验室，含农业生产过程投入
大豆乙醇	1.93	项目同上
甜高粱	3～4	中国条件下
秸秆气化发电	8.25	秸秆能量和收集用能不作为能量投入，如计入则为 0.24
生物甲烷气	4.4～6.5	中国试验条件下
煤甲醇	1.9	中国试验条件下

注：① 中国各类原料及收集用能都没有计入能量投入中去，仅计入化石能源，这是为了与煤比较。因为煤的生成耗能无法计算，只能从开采用能计算起。

② 中国作物秸秆的田间生成耗能没有计入，因为中国农事能量投入应计算的主要因素是机械犁、耕、耙、播、收，施肥、灌溉、除草，运输耗油，计入的能量应是化石能源，中国除小麦外机耕水平还很低，差别也较大，秸秆资源能源化利用水平很低，小于原来计作荒烧、废弃的资源数量。因此把田间能量投入计进去，目前企业不易接收，也不准确。

4. 经济合算、投入许可原则

在市场经济条件下，企业是生物能源产业的主体，企业的投入是有条件的，就是经济上要合算；国家有公益投入的责任，有为国家、民族长远利益考虑的功能，因此只要符合国家长远利益就应投入，但投资的数量、方式、时机等同样要考虑当前的经济是否有承受能力。在目前对生物质能的投入应是战略性的、基础性的，以突破技术瓶颈的科学研究为主。因此经济条件是生物能源利用的决定性因素。

5. 环境许可原则

这里所指环境主要是生态环境。如前述我国每年允许秸秆能源化利用的数量约 2 亿 t，如果过量消费能源必然带来还田、饲料等消费的减少，这样就要影响当地的生态平衡，带来严重的后果；另外，生物能源工业化生产系统中规模化储存技术是亟待解决的瓶颈，在储存工程化技术不突破的情况下进行规模化成型燃料生产，就会出现三个问题。一是大面积占地；二是严重的安全问题；三是面源污染，风吹雨淋使秸秆热值降低，腐烂释放出大量甲烷气体，污染环境。如果生产环境条件不具备而简单上马，带来的效益就可能是负值，是不可持续的。

1.4.2　国内外现有技术的比较

国外多年来应用的成型机主要有两类，一类是颗粒燃料成型机，另一类是棒状或块状成型机，这两类成型机生产的成型燃料的密度都可达到 1.0 g/cm^3 以上，颗粒燃料直径为8～12 mm，密度为1.1～1.3 g/cm³，不同规格的环模机是国外颗粒燃料成型机的主流机型，生产实现了自动化、规模化，产品实现了商业化，全部是木质原料，目前全球有近7000万t的颗粒燃料生产能力。燃炉配套，绝大多数用于生活取暖，热水锅炉等，少数用于小型发电。棒型或块型成型燃料主要在农场应用，原料是作物秸秆，绝大多数是大螺距、大直径挤压机，产品直径为50～110 mm，也有液压驱动活塞冲压式成型机，设备已实现原料收集、装料、成型，绑捆运输全套机械化，这类成型机在国外占生产能力的15%～20%。

国内成型机目前进入市场较多的有三类。第一类是颗粒燃料成型机，我国的这类设备除进口外大多数是沿用饲料环模加工设备，应用的细长加工钻头也是进口买来的，目前生产技术没有新的突破，这类产品原料与国外无大区别，基本上都是木质原料，除用于国内城市高档取暖炉外，其余大都出口。从战略上讲，出口成型燃料对中国这个能源消耗大国来说是不能提倡的，因为用国内的钢铁和高品位能源生产的绿色能源，生产过程中把污染留下了，把中国同样缺少的洁净能源出口，然后再进口煤炭及其他能源，经济、能源、环境效益都是不合算的。

目前，中国90%以上的生物质成型燃料是利用农业生物质资源。设备形式大多是立式环模成型机（主轴是垂直设置的环磨机），也有卧式环模成型机。成型孔是双片组合式方孔（30～35）mm×（35～40）mm，成型腔长度8～14 mm，喂入形式为辊压式，辊轮转速为50～100 r/min。这是我国的主流设备，也是中国自己创造的，具有自己独立知识产权的技术。因为中国主要的生产原料是秸秆，秸秆是所有生物质中含有非金属氧化物最多的原料，因此加工中磨损最快，也是最难以粉碎、耗能最高的资源，加之我国加工金属细小长孔的能力不强，所以未采用秸秆类物质生产颗粒的技术路线，而创造了辊压式环磨或平模成型技术。这类燃料因保型段短，每次喂入料量小，因此密度一般小于1 g/cm³，外观也不太好，但是适用，耗能很低，30 kW·h/t左右。多数用于户用生活炊事、取暖燃炉，或热水锅炉。第三类是棒状冲压式成型机。这类设备国内外都用于秸秆原料的加工，产品直径为50～110 mm，密度较大（1～1.3 g/cm³），维修周期很长，2000 h左右，生产率500 kg/h左右，单位耗能70 kW·h/t左右。多用于壁炉取暖、4 t以上热水锅炉。国内研究较多，有双向单头，也有双向多头。设备多用液压驱动，也有机械驱动，整体技术比较成熟，运行比较平稳。

关于螺杆类成型机，中国有两种用处：一种是加工生物质碳化用的木质空心棒料，这种产品生产总体不属于能源范畴（当然也有利用碳化过程放出的部分挥发分作燃料的）；另一种是农产品加工剩余物的“熟料”资源，我国每年生产糠醛、酒糟、醋糟、牛粪等几千万吨，在生产厂区堆积成害，这些原料含热值较低，10 MJ/kg左右，含水分较高，40%左右，国内目前生产的大螺距、大直径多孔螺旋挤压成型机适用于这类生物质加工，生产率5 t/h以上。但是产品密度很低，一般为0.3～0.5 g/cm³，远低于农业行业标准，产品需要再晾干脱水。螺杆类成型机不适合加工秸秆类生物质，因为成型螺杆维修周期近40 h。基于上述情况，螺杆类成型机没有列入农业行业标准。

1.4.3 中国技术路线的确定

根据上述原则，中国生物质成型燃料的发展宜采用以下技术路线：机械化收集—大段粉碎—湿储存—立式环模辊压块状成型—双燃室分段燃烧—中小型锅炉、热风炉、取暖炉应用。

以作物秸秆为主要原料的块状生物质成型燃料，即断面为30 mm×30 mm，直径为25～35 mm的“压块”成型机是主流机型，设备形式以立式环模为主，其次是圆柱平模机型；秸秆粉碎机以切断为主，不需揉搓；活塞冲压式成型机是适于秸秆类原料作成型燃料的加工设备，产品密度大、外观质量较高，便于商品化经营，设备稳定连续工作性能好，粉碎多用切断式，耗能低，但其生产率不高。秸秆类原料不宜采用颗粒成型机加工。

以木质生物质资源为主要原料的环模颗粒，也是我国生物质成型燃料发展的重要机型之一，适用于木质原料比较丰富、比较集中的地区。这种设备设计和工程技术方面国际上都比较成熟，但我国大型环模机械制造能力较差，国产设备大都套用饲料加工技术，成型腔表面硬度小于R_c60，用于加工秸秆类成型燃料磨损太快，修复成本高，颗粒设备及产品成本也很高，消费市场受经济因素约束在国内发展不快。作为能源资源出口对国家环保、经济并无太多益处。因此在2020年前，如无新的开拓市场的政策支持，很难成为成型燃料的主导产品。

大棒型燃料（直径50～100 mm）成型机，无论是液压驱动，还是机械驱动都是解决难于加工原料的重要设备机型。例如，高纤维棉花秆，东北高寒区玉米秆，烟秆、亚麻等。粉碎使用大段切割机，应用市场主要是工业锅炉及壁炉、暖炕等。

2030年以前，我国生物质利用的主要形式是生物质成型燃料，生物质大中型沼气和生物质汽化技术。而能够规模化利用固体生物质秸秆原料、能投比比较高、经济上合算、适用范围广泛、技术成熟、易于产业化、便于进行市场化运作的首选是生物质成型燃料。

1.5 生物质成型燃料发展前景

要分析和预测生物质成型燃料的发展前景，需将其放在当前生物能源发展的国际大背景当中。

清洁能源发展和全球气候变化是当前国际社会共同关注的焦点。全世界200多年的工业化历程中，只有不到10亿人口的发达国家实现了现代化，但全球资源和生态却为此付出了沉重代价。在此背景下，以欧美为代表的许多国家都纷纷加大了对生物质能源化利用的重视和投入。

美国抢占新能源制高点，追求能源独立，把新能源发展作为摆脱经济危机的主要政策手段。奥巴马的能源新政更是把新能源作为主攻领域之一，承诺10年内投入1500亿美元，支持新能源和可再生能源研究。2009年4月美国能源部科学办公室宣布，在年内投资7.77亿美元在全美大学、国家实验室、非营利机构及私营企业内设立6个能源前沿研究中心（Energy Frontier Research Centers，EFRC），其中20个重点项目研究可再生和碳中性能源，包括生物能源、碳捕获和封存技术等。6月美国众议院通过《美国清洁能源安全法案》，同意在2020年前投资1900亿美元发展清洁能源技术。欧盟在

2006年制定了《欧洲2030年及更长期生物燃料愿景》。俄罗斯在2009年1月批准了《2020年前利用可再生能源提高电力效率国家政策重点方向》，并着手开发北极能源。英国2009年7月发布了“低碳能源计划”和“英国低碳工业战略”、“英国可再生能源战略”、“低碳交通：更环保的未来”等几个配套计划。韩国出台了一系列绿色新政，投资454亿美元开发36个生态工程，大力发展绿色能源产业。2009年5月南非出台了“可再生能源保护价格”、“可再生能源财政补贴计划”、“可再生能源市场转化工程”和“可再生能源品交易”等财政措施。全世界60多个国家和地区出台了新能源及农业生物基产品的发展路线图或近中期发展规划。

金融危机发生后，尤其是哥本哈根会议后，可再生能源国际形势发生了一些变化，各国出于自身发展的需求，都在认真观察，对本国可再生能源发展政策进行调整，出现了一些不确定因素。美国国内对原来的可再生能源发展方向和投资效益产生了质疑，认为美国在2030年以前还是以石油、天然气、核电为主，目前大规模投资发展可再生能源不一定合算，应该根据美国煤炭优势积极发展洁净煤。美国的产业投资和鼓励政策是以地方为主的，联邦政府并没有完成媒体传说的巨额投资，但是美国低碳美元政策以及碳关税的宣传和准备工作很充分，已引起了世界关注。中国为可再生能源发展已作出了很大努力，2009年的经费投入居世界第一位，但目前还存在掌握核心技术少、技术基础差、产业基础不牢固等问题。即将推出的“战略性新兴产业规划”的实施需要时间和条件，究竟能产生多大的经济拉动作用，依然是个变数。欧洲是世界可再生能源发展的主力军，其可再生能源产量占世界可再生能源产量的47%以上，尤其是德国的政策和态度，很大程度上影响欧洲和世界可再生能源政策走向。即便如此，在金融危机的影响下，德国也对原来计划做了调整，虽然幅度不大，但也足以表明其务实的态度。总之，金融危机使各国对可再生能源的态度发生了变化，都更讲市场需求，更加重视能源投入产出效益。

为通过科学规划推进生物质的开发利用，中国政府部门和科研院所，以及国际机构先后对中国生物质的开发利用进行了规划和前瞻性的研究工作。农业部2007年制定了《农业生物质能产业发展规划（2007～2015年）》，2009年6月中国科学院发布了《中国至2050年生物质资源科技发展路线图》，2009年亚洲开发银行完成了《中国能源作物可持续发展战略与规划》。

农业生物质是我国农村重要的能源资源。目前，在我国农村能源消费结构中，生产和生活的用能比例分别为44%和56%，生产用能中煤占50%以上，生活用能中，生物质占52%，煤炭占34%。我国农村能源消费除了存在结构不合理问题之外，还面临商品能源有效供给不足、能源利用效率低、能源基础设施建设不完善等诸多问题，这些问题的存在，将严重影响我国农村现代化发展战略的顺利实施。

通过上述背景分析，我们认为，我国生物质成型燃料技术和产业的发展并非权宜之计，而是一种长期的战略性选择。这一论断的提出，既是基于对生物能源发展国内外宏观形势的观察与分析，也是依据对该项技术自身状况和特征所形成的以下几点认识和判断。

（1）生物质成型燃料技术经过近半个世纪的研究与应用实践，在技术与原料的适应性、技术与社会习俗的适应性，技术进步与经济的适应性、技术发展与化石能源的价格关系、加工技术与农业田间耕作机械化的关系，成型燃料发展快慢与社会需求的关系以及今天技术上仍存在的问题和解决途径等方面已经比较清晰。不存在科学研究层面上的突破问题。

（2）生物质资源在地球上分布广泛，总量很大，只存在收集方法和经济性问题，不存在有与无的问题。20年内，中国在3亿t用量的范围内利用这种资源，不会产生生态问题。经预测，到2020年和2030年，我国农村能源消费需求总量中，有52%和39%左右需要通过可再生能源获得。其中生物质资源要占50%以上，因此在确保农业生态良性发展，农业和农村环境有较大改善的前提下，2020年要有效利用以秸秆为主的农业生物质资源1.5亿t左右，约占当年生产的农业生物质资源总量的22%；基本消除荒烧和废弃现象；2030年有效利用2.0亿t左右，约占当时农业生物质资源量的26%。

（3）生物质成型燃料是可再生能源利用中唯一可以储存运输、供热成本最低的固体能源，中国乡镇即使将来全部实现了现代化，炊事、冬季取暖、设施农业供热、中小型热水锅炉的能源也不可能全部依赖化石能源，在化石燃料，尤其是煤的储量减少、供应困难的情况下，生物质成型燃料将是最好的替代燃料。

（4）家庭生活现代化水平是国家或地区经济和社会发展水平的终端标志。用农业生产的生物质资源解决部分我国农民家庭现代化生活用能问题将是一场具有中国特色的能源革命。已经实现了现代化的国家，其农民家庭炊事和取暖设备大体经过了3个阶段：原始阶段，以生物质直燃为主；新技术阶段，即石油、煤和生物燃料混合使用阶段；现代化阶段，主要是天然气和电，取暖辅以木块和生物质成型燃料。目前，除北方寒冷地区外，我国农村家庭基本没有取暖设施，且环境脏乱差现象严重，这种状态与农村城镇化和现代化建设目标十分不匹配。要实现中国农村生活用能及设备现代化建设，必须有适宜的技术。中国农民历史上对生物质利用就有丰富经验和适应性，成型燃料对农民是技术进步，不存在生活方式应用习惯的大幅度改变问题，容易得到广泛的应用。

参考文献

国家发展与改革委员会. 2007. 可再生能源中长期发展规划

BP statistical review of world energy 2011. http：//www.bp.com/liveassets/bp_internet/globalbp/globalbp_uk_english/reports_and_publications/statistical_energy_review_2011/STAGING/local_assets/pdf/statistical_review_of_world_energy_full_report_2011.pdf

Comoglu T. 2007. An overview of compaction equations. journal of faculty of pharmacy. Ankara，36（2）：123-133

Denny P J. 2002. Compaction equations：A comparison of the heckel and kawakita equations. Powder Technology，127：162-172

Nalladurai Kaliyan，R Vance Morey. 2010. Natural binders and solid bridge type binding mechanisms in briquettes and pellets made from corn stover and switchgrass. Bioresource Technology，101：1082-1090

Ragauskas Arthur J，Williams Charlotte K，Davison Brian H，et al. 2006. The path forward for biofuels and biomaterials. Science，311：484-489

Tom Reed，Becky Bryant. 1978. Densified biomass：A new form of solid fuel. Washington：U S. Government Printing Office

第2章　生物质资源特性

2.1　植物有机体的生成

2.1.1　作物秸秆有机体的组成和结构

1. 作物秸秆的组成

秸秆是籽实收获后纤维成分含量很高的农作物残留物，主要包括玉米、水稻、小麦、高粱、马铃薯、棉花等秸秆。分析表明，纤维素、半纤维素和木质素是秸秆植物细胞壁的主要成分，纤维素的纤丝嵌在木质素和半纤维素的不定形基质中，这三种聚合物彼此通过非共价键及共价键紧密连接，形成木质纤维素这种复合物，它占整个细胞干重的90%以上，每种聚合物的数量在不同种及不同年龄的植物间，甚至同一植物的不同部分都是不同的。软木中的木质素含量比硬木中的高，草本植物中的半纤维素含量最高。一般来说，木质纤维素中含纤维素45%、半纤维素30%和木质素25%。

研究表明，不同的农作物秸秆，其成分有很大的差异性，这种差异性是由遗传和环境因素及其相互作用而造成的。实践证明，首先环境因素对秸秆的成分有很大影响，在正常生长发育条件下，作物需要特定的环境条件以满足不同发育阶段的要求，土壤营养状况、水分、周围环境温度及其变化范围、光照的长短与强弱都影响作物物质的积累和运输，从而影响秸秆的化学成分。其次，农作物的种类和品种也影响秸秆的组成成分。另外，部位不同、收获期不同，秸秆的成分也有一定的差异。通常秸秆收割时多处于植物成熟后阶段，木质化的程度很高，一般为31%～45%，而且成熟得越老，木质化程度越高。一般作物秸秆中的成分主要包括：纤维素、半纤维素、木质素、蛋白质、灰分等（表2.1）。

表2.1　不同作物秸秆的主要化学成分（干基）

秸秆种类	干物质/%	灰分/%	粗蛋白/%	粗纤维/%	纤维素/%	半纤维素/%	木质素/%
玉米秸	96.1	7	9.3	29.3	32.9	32.5	4.6
稻草	95	19.4	3.2	35.1	39.6	34.3	6.3
小麦秸	91	6.4	2.6	43.6	43.2	22.4	9.5
大麦秸	89.4	6.4	2.9	41.6	40.7	23.8	8
燕麦秸	89.2	4.4	4.1	41	44	25.2	11.2
高粱秸	93.5	6	3.4	41.8	42.2	31.6	7.6

2. 作物秸秆的结构

一般来讲，作物秸秆由茎和叶组成。茎和叶均有三种组织组成：表皮组织、基本组织和维管组织。茎的表皮只有初生结构，一般为一层细胞，常常角质化或硅质化，以防止水分的过度蒸发和病菌入侵，并对内部其他组织起着保护作用。各种器官中数量最多的组织是薄壁组织，也称为基本组织，是光合作用和呼吸作用、储藏、分化等主要生命活动的场所，是作物组成的基础。维管组织（也称为维管束）都埋藏在薄壁组织内，在韧皮部、木质部等复合组织中，薄壁组织起着联系的作用。

在维管组织中，主要有木质部和韧皮部，二者是相互结合的。在整个维管束中也是彼此结合的。禾本科作物维管束中木质部、韧皮部的排列多属于外韧维管束。在小麦、大麦、水稻、黑麦、燕麦茎中的维管束排列成两圈。较小的一圈靠近外围，较大的一圈插入茎中，玉米、高粱茎中的维管束则分散于整个茎中。木质部的功能是把根部吸收的水和无机盐，经茎输送到叶和植株的其他部分，韧皮部则把叶中合成的有机物质如碳水化合物和氨化物等输送到植株的其他部分。

在玉米茎表皮下有机械组织，由厚壁组织与厚角组织组成，主要起着支持植株本身重量并防止风、雨袭击的作用。叶是进行光合作用的主要器官，叶的组织与茎的组织相同，分为三个系统，表皮在叶的最外层，叶肉由表皮下团块状薄壁组织细胞组成，叶脉就是维管束，禾本科作物的叶脉有维管束鞘。

绝大多数单子叶植物（如小麦、水稻、玉米、大米、高粱、甘蔗和芒草等）茎的微管束只有木质部和韧皮部，其微管束的排列有两种方式，一是微管束全都无规则地分散在整个基本组织中，越向外越多，越向中间越少，皮层和髓很难分辨，如玉米、高粱和甘蔗等（图 2.1 和图 2.2）（杨淑蕙，2009）；二是微管束排列较为规则，一般排成两圈，中间是髓，有些植物的茎在长大时，髓部破裂形成空腔，如小麦（图 2.3）和水稻（图 2.4）（贺学礼，2010）。

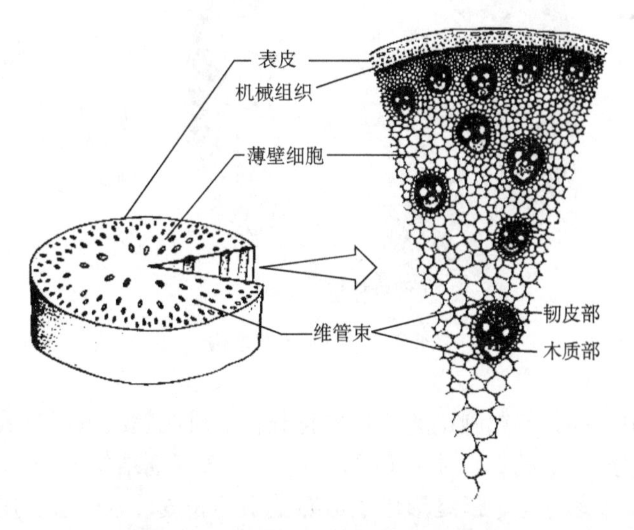

图 2.1　玉米茎的立体结构和平面结构

双子叶植物（如棉花、大豆、花生和大部分林木）茎的发育和结构与单子叶植物有很大差别，如图 2.5 所示（贺学礼，2010）。双子叶植物茎在生长季节里分生区不断分裂

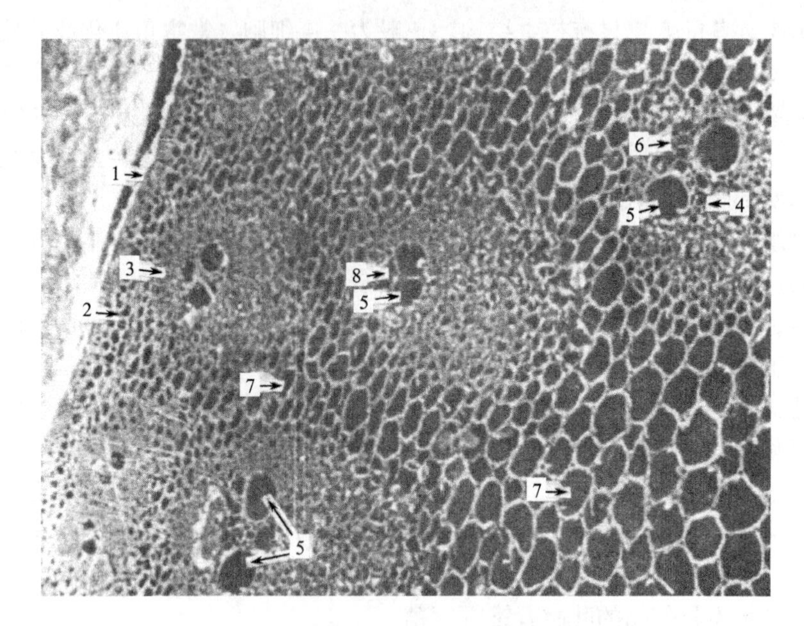

图 2.2　甘蔗茎横切面 SEM 照片×90

1. 表皮细胞；2. 皮下纤维层；3. 微管束；4. 原生导管；5. 后生导管；
6. 筛管、伴胞；7. 薄壁细胞；8. 空腔

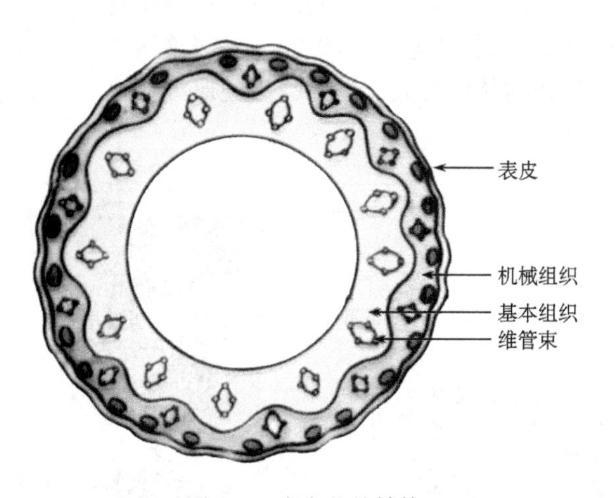

图 2.3　小麦茎的结构

产生新细胞，其中大部分新细胞迅速伸长并且分化形成成熟组织，节数增加，节间伸长（图 2.5 中左侧部分）。从图 2.5 中右侧部分茎的内部解剖结构看出，随着茎的伸长生长，茎的内部结构逐渐分化，最终形成了成熟茎中的表皮、木栓层、皮层、韧皮部、木质部、髓等主要结构。棉秆的横切面如图 2.6 所示（杨淑蕙，2009）。

作物秸秆由于作物种类的不同而有着不同的结构，以玉米和水稻这两种主要作物为例，说明作物秸秆的特点。

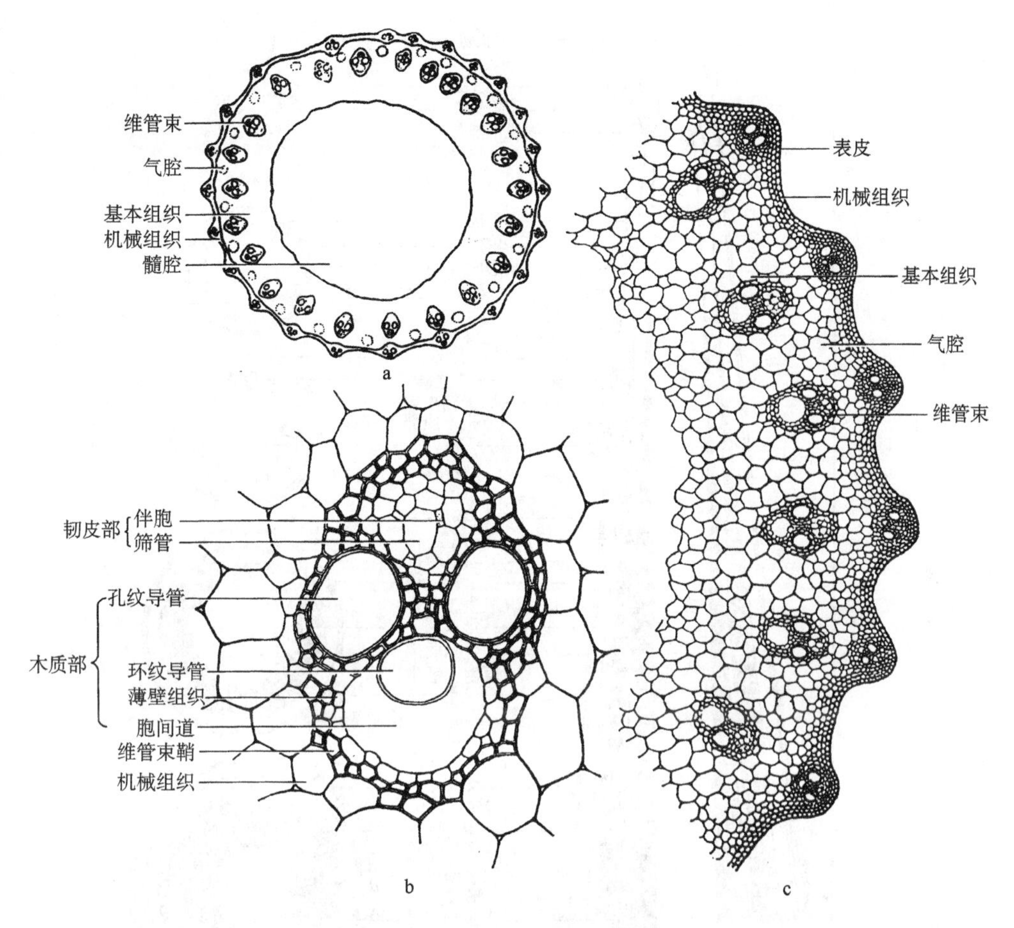

图 2.4　水稻茎横切面结构

玉米秸秆包括叶、皮、瓤等组成部分。叶主要由表皮和叶肉组成，在表皮上分布有大量的硅细胞，因此，叶中的灰分含量最高。在叶肉中有被叶肉细胞包围的维管束，纤维素含量较少，因此叶中纤维素的含量相对较低。同时叶片能够卷曲和开张，这除了与运动细胞有关以外，也与其木质化程度低有关。相对较高的蛋白质含量使叶更适合于发酵生产乙醇、生物柴油等燃料。玉米秸秆的皮分为两部分：最外层为皮层，主要是表皮细胞；内层为皮下纤维层，主要含纤维素，同时，皮部含有的灰分较少。因此，去除玉米秸秆皮部的外层，势必可以大大提高其纤维素含量，为纤维素的应用提供基础。玉米秸秆的芯部主要是大量被薄壁细胞包围的维管束，因此芯部的半纤维素和纤维素及木质素的相对含量均较高，同时大量薄壁细胞的存在使芯部秸秆疏松，具有很强的吸水能力，因此该部适宜于作为某些大型真菌发酵的载体、制取饴糖等。

从器官水平，稻草各不同形态部分为叶片、叶鞘、节、节间、穗，分别占稻草秸秆平均质量的16％～22％、36％～40％、6％～8％、28％～33％、4％～7％，依品种和产地不同而异。从细胞水平上，稻草分为纤维细胞、薄壁细胞、表皮细胞、导管细胞和石细胞。

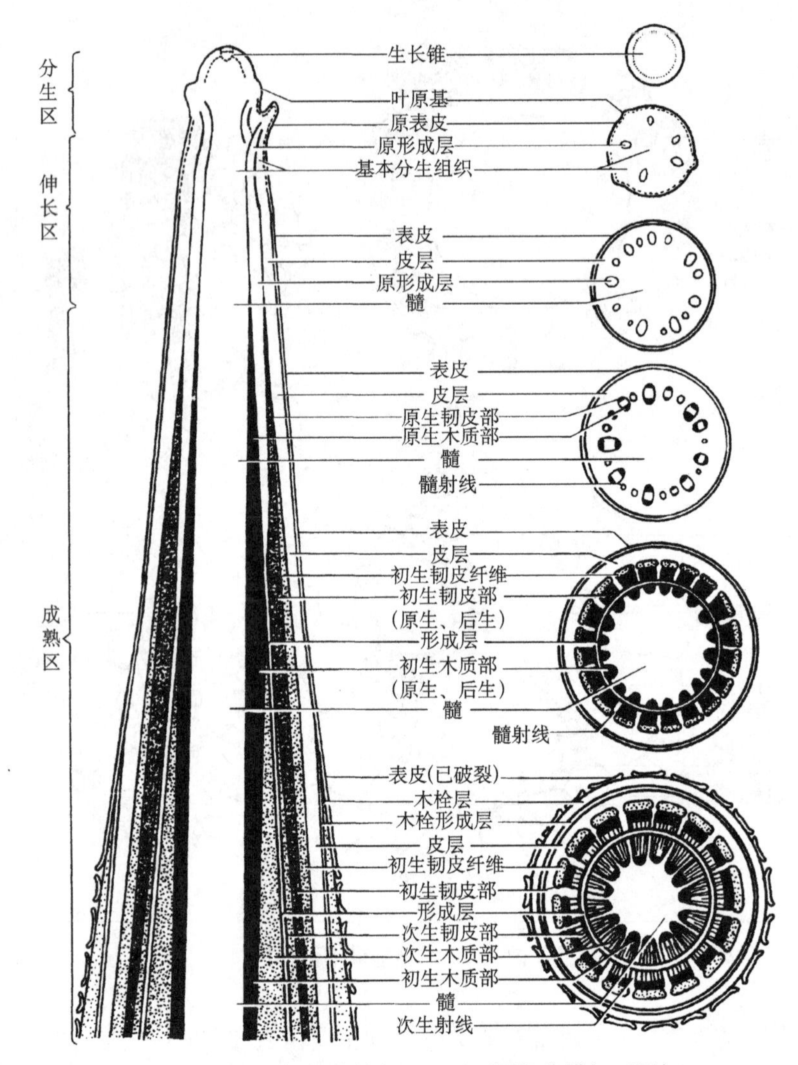

图 2.5　双子叶植物茎的伸长过程及不同部位横切面图解

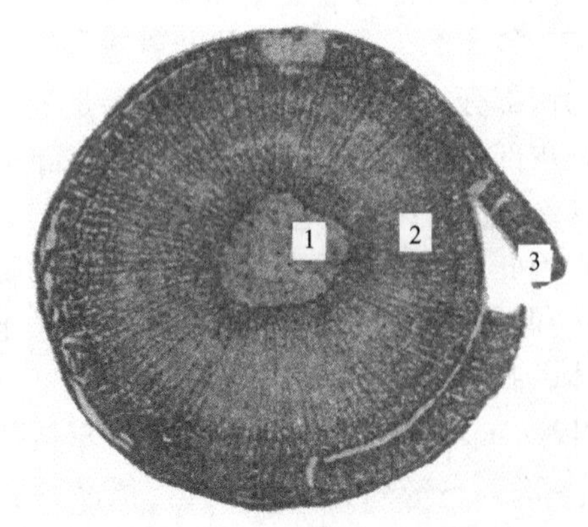

图 2.6　棉秆的横切面图
1. 髓心；2. 木质部；3. 皮部

西北农林科技大学机械与电子工程学院对棉秆、烟秆、豆秆和辣椒秆 4 种秸秆的组织结构进行了比较研究（图 2.7），发现棉秆、烟秆、豆秆和辣椒秆 4 种结构比较类似，均由韧皮部、木质部和髓心组成。韧皮部是由形成层向外分生所形成的，有韧皮纤维、韧皮射线、筛管、筛胞和薄壁细胞等，不同秸秆韧皮部细胞的数量和排列有差异；木质部是由木纤维细胞、导管、木射线和薄壁细胞等组成，木纤维细胞排列整齐，木质部是秸秆用于制造重组材的主体部分。同样，在木质部中，不同秸秆细胞的数量和排列也有差异；

髓心部分是由薄壁细胞组成，排列疏松，有明显细胞间隙，有较大的可塑性，髓心在根部分布较少，由根向上到枝条，所占比例逐渐增加（宋孝周等，2009）。

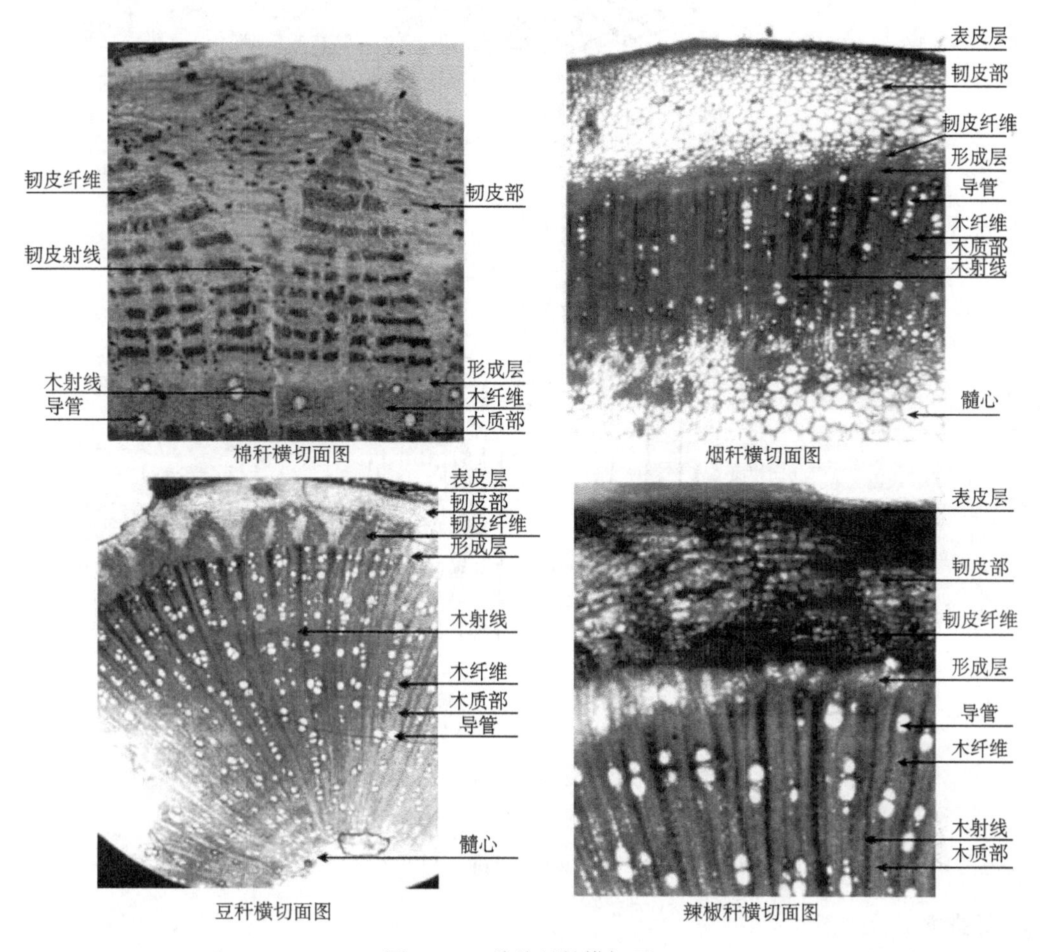

图 2.7　4 种秸秆的横切面

木材的结构与农作物秸秆的结构有很大差别。树茎的 3 个切面解剖如图 2.8 所示，在横切面（与树干的轴相垂直的切面）中，可以看到纤维细胞、导管细胞、纵向树脂道等；在径切面（通过轴心、与木射线平行的切面）中，可观察到纤维、导管、树脂道的径向切面，看到成排生长、成横向排列的木射线以及大量的纹孔；在弦切面（垂直于木射线、年轮相切的切面）中，也可观察到纤维、导管和木射线。树茎的最外层是树皮，包括内树皮和外树皮两层。树茎的最内层是树心，也称为髓心，是树茎的中心部位，是由树木的髓和第一年的初生木质部组成的。在树皮的内部是形成层，这是树木的分生组织。在形成层和树心之间是木质部，这是树木的木材部分（杨淑蕙，2009）。

2.1.2　木质素、纤维素、半纤维素的组成、结构和生物学特性

纤维素类物质是植物细胞壁的主要成分，它主要包括纤维素、半纤维素和木质素三

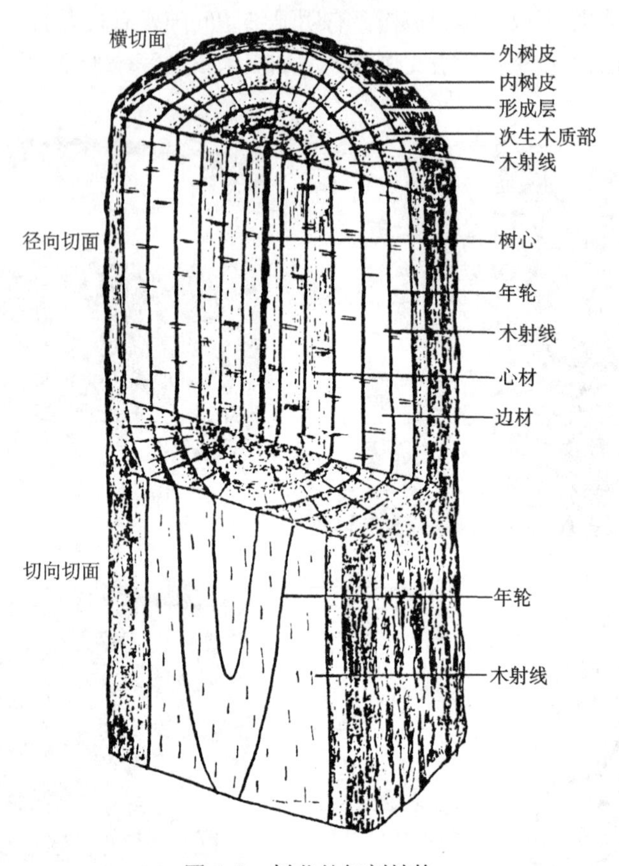

图 2.8 树茎的解剖结构

大组分，这三个组分有不同的结构、性质和功能。

1. 纤维素

纤维素是植物中最丰富的物质，又是细胞壁的主要结构成分，在作物秸秆中的含量达 40%～50%。在自然界中纤维素主要以微纤维组成的结晶形状存在。

1）纤维素的结构

纤维素分子是由 n 个葡萄糖苷通过 β-1,4-糖苷键连接起来的链状聚合体（图 2.9），基本重复单位是纤维二糖（图 2.10）（格拉泽和二介堂弘，2003）。纤维素分子的经验式是 $(C_6H_{10}O_5)_n$，其中 n 是葡萄糖苷的个数，通常称为聚合度（degree of polymerization，DP）。n 可以从 1000～10 000 甚至更大。纤维素的聚合度与纤维素的来源与是否经过加工处理有关。纤维素中相邻葡萄糖绕糖苷键的中心轴旋转 180°，因此，最末端的纤维二糖可以出现两种不同立体化学形式中的任一种，纤维素聚合链通过链内氢键形成扁平、带状的稳定结构，其他氢键位于相邻的链间使它们在很多具有相同极性的平行链中彼此强烈相互作用，结果形成很长的巨大结晶状聚合物，称为微纤丝。

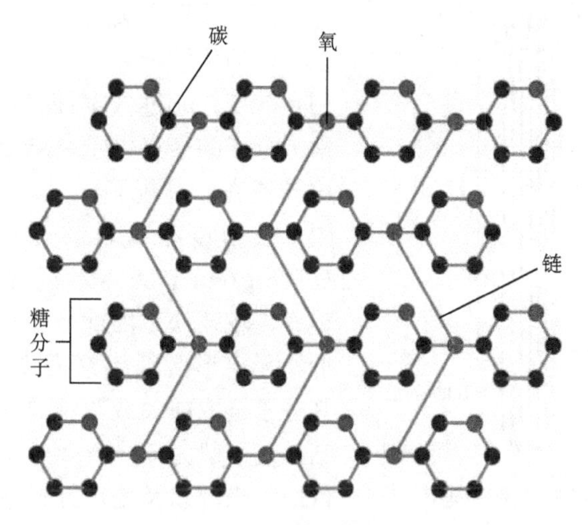

图 2.9　纤维素分子的平面直观结构

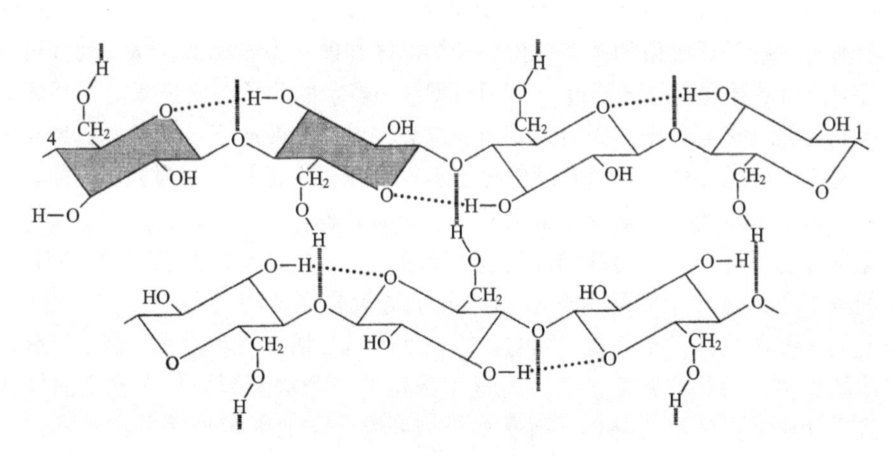

图 2.10　纤维素的结构

吡喃环内的阴影是纤维二糖单位

纤维素一般以微纤丝（microfibril）形式存在，每条微纤丝的横截面平均有 36 条 β-1,4-葡聚糖链，每条葡聚糖链由几千到上万个单糖分子组成。葡聚糖链之间相互以氢键结合形成结晶结构，直径 510 nm。在微纤丝内，糖链平行排布，链的还原性末端都指向同一个方向，每条链的起点和终点各不相同，上千条的葡聚糖链相互连接构成一条微纤丝，长度可达几百微米。微纤丝（宽 250 Å）之间连在一起形成更大的纤丝，这些纤丝在薄层中组织在一起并形成植物细胞壁不同层的框架结构。

纤维素纤丝具有高度有序区（结晶区）和少序区（不定形区）（图 2.9）。结晶区是指在纤维束中出现的一些分子间排列高度整齐的区段。结晶区之间被一些无定形区所分隔。结晶区的长度平均为 500 Å（自然纤维）、150 Å（再生纤维）。在一般的纤维素分子中结晶区和无定形区要交替 10 次以上（图 2.11a）（章克昌，1997）。X 射线衍射分析表明微纤丝内存在大量结晶区，而且纤维素的结晶具有多型性，各型之间没有本质的

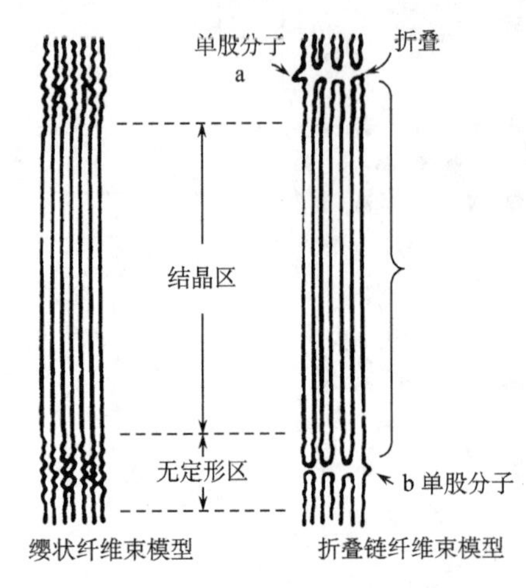

图 2.11 纤维素分子排列模型

a. 缨状纤维束模型；b. 折叠链纤维束模型

区别。其差异主要是X射线的衍射方式不同，在特定的化学条件下各种结晶型的纤维素可以相互转变。通过X射线衍射的研究，发现纤维素大分子的聚集体重，结晶区部分分子排列得比较整齐、有规则，呈现清晰的X射线衍射图，故密度很大，结晶区纤维素的密度为1.588 g/cm^3。无定形区部分的分子链排列不整齐、较疏松，因此分子间距离较大、密度较低，无定形区纤维素密度为1.500 g/cm^3，但其分子链取向大致与纤维主轴平行。纤维素的结晶度一般为30%～80%。结晶纤维素的片段依原料来源以及处理方式不同而变。

另外一种模式是折叠链纤维束模型（图2.11b）。该模型认为纤维素大分子是折叠起来并沿纤维束轴排列的。折叠起来的分子形成一个薄片。它是纤维束的基本单位。其结晶区和前一模式相似。从a到b可以容纳1000个DP，如果纤维素分子超过1000个DP，则多余的分子链就进入上下相邻的片状组织。因此，纤维素大分子链中会有相当一部分并没有折叠起来，而是单股地松散地依附在相邻两个片状结晶体上。这是纤维分子弱点所在。它容易受到损坏。例如，在光照或挤压时，这个部位的纤维素分子链会发生轻微的分解。但是，这种分解不会影响到纤维束的化学和物理性质。因为纤维束的基本单位——片状结晶体并没有发生变化。折叠链模型的第二个特点在于它认为片状组织分子链折叠部位的葡萄糖苷键（β_L 键表示）与直链上的β键在结合强度上是不同的。折叠处的结合强度要弱得多。但是折叠部位对片状晶体的完整性却是非常重要。一旦这个部位的一个键断裂，那么整个晶体就将解体。纤维束的机械强度就会降低。折叠式模型纤维分子的无定形区是在片状组织的两端，而结晶区则在片状组织的中心部位。

几十个纤维素分子平行排列组成小束，几十个小束则组成小纤维，最后由许多小纤维构成一条植物纤维束。纤维素是一种相对分子质量很大的多糖，它的相对分子质量为50 000～2 500 000。纤维素大分子之间通过氢键聚合在一起组成纤维束。氢键之间的能量达30 376 J/mol，比范德华力（8368～12 552 J/mol）要大。

纤维束在不同层的细胞壁中的分布排列是不一样的。在外层（表皮层）中纤维束的分布是互相混杂的网状分布。在主膜相应的三层中它是与细胞茎轴相横切排列。在里面三层又是以一定的角度与茎轴相交。

纤维素大分子的平均直径约0.0006 μm，长1～5 μm。纤维束的直径为0.006～0.025 μm，长为9 μm以上。木质纤维素原料成熟纤维的长度一般为0.4～1.7 mm，宽度为5.0～19 μm，长宽比为40～120（亚麻除外）。表2.2给出了部分原料的纤维形态，从表2.2中可以看出，秸秆类纤维的长度都明显地比亚麻纤维短（黄忠乾和龙章宗，1992）。不同原料部位（韧皮部与木质部）的纤维形态也不一样（表2.3）（宋孝周等，2009），4种秸秆的韧皮纤维均比各自的木质部纤维长。对比4种秸秆的木质部纤维可发现：烟秆木质部纤维最长，其次是棉秆，辣椒秆的最短；纤维长宽比是纤维长度平均值与纤维宽度平均值之比，长宽比大，纤维之间的结合能力好，棉秆木质部纤维的长宽比最大，平均为 51.80，其次是辣椒秆，豆秆的最小；细胞壁薄而腔大的纤维，有柔软性，外力作用时易溃陷、变形、压扁、增大纤维的表面积，在热压时有助于纤维之间的结合，4 种秸秆木质部纤维的壁腔比，豆秆最大，平均为 0.62，其次是棉秆，烟秆的最小。与木材相比，4 种秸秆纤维形态的各项指标与部分阔叶材接近，低于部分针叶材。

表 2.2　我国植物纤维形态对比表

原料	纤维长度/mm		纤维宽度/μm		长宽比	壁厚/μm	腔径/μm
	平均	一般	平均	一般			
水稻秸秆	0.92	0.47～1.43	8.1	6.0～9.5	114	3.3	1.5
小麦秸秆	1.32	1.03～1.60	12.9	9.3～15.7	102	5.2	2.5
玉米秸秆	0.99	0.52～1.55	13.2	8.3～18.6	75	—	—
高粱秆	1.18	0.59～1.77	12.1	7.4～15.9	109	—	—
甘蔗渣	1.73	1.01～2.34	22.5	16.7～30.4	77	3.28	17.9
芦苇	1.12	0.60～1.60	9.7	5.9～13.4	115	—	—
荻	1.36	0.64～2.12	17.1	8.4～29.3	80	6.17	3.7
龙须草	2.10	1.34～2.85	10.4	8.3～12.7	202	3.3	3.1
芒秆	1.64	0.81～2.68	16.4	13.2～19.6	100	—	—
棉花秸秆	0.83	0.63～1.01	27.7	21.6～34.3	46.4	4.3	6.8
芦竹	1.28	0.70～1.79	14.6	13.7～19.6	88	—	—
毛竹	2.00	1.23～2.71	16.2	12.3～19.6	123	6.6	2.9
慈竹	1.99	1.10～2.91	15.0	8.4～23.1	133	—	—
亚麻	18	—	16	—	1100	—	—
桉木	0.68	0.55～0.79	15.8	13.2～18.3	43	—	—
云杉	3.06	1.84～4.05	51.9	39.2～68.6	59	—	—

注：一指未测定该项目。

表 2.3　不同原料部位的纤维形态对比表

原料	纤维长度/mm		纤维宽度/μm		纤维内径/μm		纤维壁厚/μm		长宽比		壁腔比	
	韧皮部	木质部	韧皮部	木质部	韧皮部	木质部	韧皮部	木质部	韧皮部	木质部	韧皮部	木质部
棉花秸秆	1.655	1.023	17.13	19.75	8.75	13.05	4.32	3.34	96.61	51.80	0.99	0.51
烟草秸秆	5.947	1.160	44.38	28.93	24.15	21.84	4.14	3.54	134.00	40.10	0.34	0.32
大豆秸秆	1.729	0.748	20.69	19.68	9.94	12.12	4.68	3.78	83.57	38.01	0.94	0.62
辣椒秆	0.801	0.704	21.07	17.52	15.16	12.28	2.96	3.62	38.02	40.18	0.39	0.43
部分阔叶材	—	1000～2000	—	10～50	—	—	—	2.42～5.30	—	40～100	—	—
部分针叶材	—	3000～5000	—	20～50	—	—	—	2.20～12.50	—	75～200	—	—

注：一指未测定该项目。

实际秸秆在利用过程中，采用粉碎机粉碎成纤维状材料时，形态结构与表 2.3 有差异，基本是成条状的纤维集合体。例如，稻草秸秆在粉碎后，稻草秸秆短纤维较多，长度均匀度差，离散性大，差异很明显。

2）纤维素的性质

纤维素的相对密度为1.50～1.56 g/cm³。常温下，纤维素既不溶于水，又不溶于一般的有机溶剂，如乙醇、乙醚、丙酮、苯等。它也不溶于稀碱溶液中。纤维素具有很大的张力，无还原性，与碘也不起呈色反应，但溶于浓磷酸（H_3PO_4）、铜氨[Cu（NH_3）$_4$（OH）$_2$]溶液和铜乙二胺［$NH_2CH_2CH_2NH_2$］Cu（OH）$_2$ 液中。因此，在常温下，它是比较稳定的，这是因为纤维素分子之间存在氢键。

纤维素与氧化剂发生化学反应，生成一系列与原来纤维素结构不同的物质，这样的反应过程，称为纤维素氧化，生成氧化纤维素。纤维素与较浓的苛性碱溶液作用生成碱纤维素。

实际上纤维素在常温下不发生水解作用，并且比其他葡萄糖聚合物（如淀粉）抗降解。即使提高温度，其水解程度仍然极低（加热到160℃仍不分解）。因此纤维素水解只有在有催化剂存在的情况下才能进行。在一定条件下，纤维素与水发生反应。反应时氧桥断裂，同时水分子加入，纤维素由长链分子变成短链分子，直至氧桥全部断裂，变成葡萄糖。常用的催化剂有无机酸和纤维素酶。在此基础上发展形成了纤维素的酸水解和酶水解工艺。

2. 半纤维素

1）半纤维素的结构

半纤维素是一大类结构不同的多聚糖的统称。在植物细胞壁中，它位于许多纤维素之间，好像是一种充填在纤维素框架中的填充料。凡是有纤维素的地方，就一定有半纤维素存在。

半纤维素这个名词是Schultze在1891年描述植物细胞壁中的一种多糖片段时提出来的，这种多糖用稀碱溶液使之析出，但这种解释用来作为评价不同木材中半纤维素含量的标准完全不充分，因为以β-1,4-糖苷键连接的木聚糖主链和半乳糖-葡萄糖-甘露聚糖这两种多聚糖都可被稀碱溶解。但是葡甘聚糖作为软木半纤维素中量最多且最重要的组分在这种条件下不被溶解而残留下来，仍与纤维素纤丝紧密地结合在一起。半纤维素更准确的定义是指那些以非共价键方式与纤维素连接的多聚糖。

半纤维素是带有支链的杂多糖，支链中的糖类型与主链的糖类型不同。初生细胞壁中主要的半纤维素是木葡聚糖（xyloglucan），它主要是由β-1,4-D-葡聚糖构成主链，支链上有许多α-D-木糖与主链葡萄糖的（1,6）-*O*-6位置相连接。在细胞壁内，半纤维素与纤维素形成连接，与微纤丝一起构成网状结构。

半纤维素是线状多聚物，在种属间结构变化很小。半纤维素高度分支，且一般是非结晶状杂多糖。半纤维素中糖的残基，包括戊糖（D-木糖、L-阿拉伯糖）、已糖（D-半乳糖、L-半乳糖、D-甘露糖、L-鼠李糖、L-岩藻糖）和糖醛酸（D-葡萄糖醛酸），这些残基被乙酰化或甲基化修饰，半纤维素的聚合程度低于纤维素（少于200个糖基）。半纤维素的多聚糖的聚合度DP为60～200，直链或分支。三种最普遍的半纤维素简化结构如图2.12所示（格拉泽和二介堂弘，2003）。

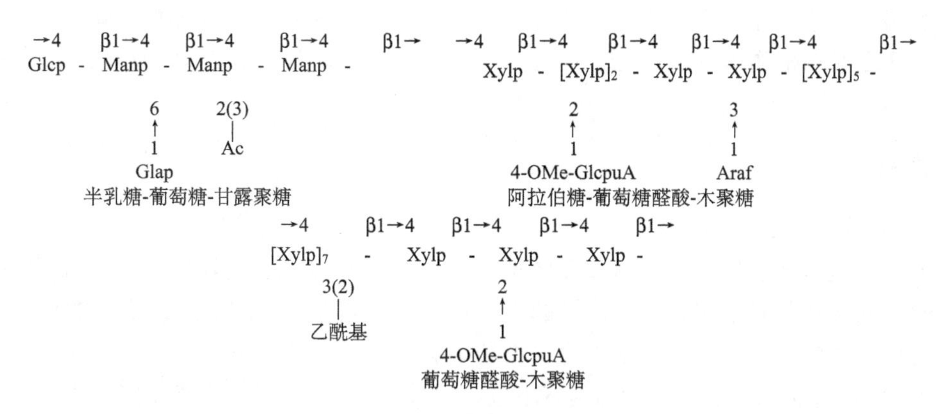

图 2.12　半纤维素的常见类型

Ac. 乙酰基；Araf. L-呋喃型阿拉伯糖；Glap. D-吡喃型半乳糖；Glcp. D-吡喃型葡萄糖；GlcpuA. D-吡喃型葡萄糖醛酸；Manp. D-吡喃型甘露糖；OMe. 甲氧基；Xylp. D-吡喃型木糖

在许多场合下，半纤维素分子不是由一个单一的糖苷聚合而成，可以由 2～6 个不同的糖苷组成。常见的半纤维素分子有：D-木聚糖、L-阿拉伯聚糖-D-木聚糖、L-阿拉伯聚糖-D-半乳聚糖、L-阿拉伯聚糖-D-葡萄糖醛酸-D-木聚糖、L-*O*-甲基-D-葡萄糖醛酸-D-木聚糖、L-阿拉伯聚糖-4-*O*-甲基-D-葡萄糖醛酸-D-木聚糖、D-葡聚糖-D-甘露聚糖、D-半乳聚糖-D-葡聚糖-D-甘露聚糖等。

L-阿拉伯聚糖常常和果胶质同时存在，所以有时果胶质也被列入半纤维素之列。大部分半纤维素的结构是 β-1,4 键，而以半乳糖为基础的则是 β-1,3 键。

半纤维素的种类和数量变化范围很广，它与植物种类、植物组织的类型及生长阶段、生长环境、生理条件、储藏和提取方法等都有很大关系。因此，很难得到各种半纤维素的标准糖组成成分。禾本科植物的半纤维素主要成分是聚木糖，软木的半纤维素以聚甘露糖为主，硬木的半纤维素以聚木糖为主。

软木半纤维素主要有三种：葡甘聚糖、半乳糖-葡萄糖-甘露聚糖和阿拉伯糖-葡萄糖醛酸-木聚糖，两种含甘露糖的聚合物中半乳糖含量差异很大，其中糖的组成（半乳糖、葡萄糖、甘露糖）分别约为 0.1∶1∶4 和 1∶1∶3，它们的主链包括 1,4 连接的 β-D-吡喃型葡萄糖和 β-D-吡喃型甘露糖单位。硬木半纤维素是葡萄糖醛酸-木聚糖，这种聚合物的主链含有 1,4 连接的 β-D-吡喃型木糖单位，它们大部分在 C-2 或 C-3 位上都被乙酰化，大约每隔 10 个木糖单位就会出现一个与主链 C-2 位结合的 4-*O*-甲基-α-D-葡萄糖醛酸（图 2.12）。

从不同植物的组成可见，植物体中半纤维素含量略少或接近纤维素，而半纤维素糖组成分中一半以上是木糖。为此，木糖的利用是开发利用半纤维素的关键。

2）半纤维素的性质

半纤维素与纤维素不同，它很容易水解。有些半纤维素的组成成分，如阿拉伯聚糖、半乳聚糖在冷水中的溶解度就相当大。半纤维素溶于碱溶液中，也能被稀酸在 100℃以下很好地水解。但是由于半纤维素是和纤维素交杂在一起，所以只有当纤维素也被水解时，才可能全部水解。半纤维素也能被相应的各种半纤维素酶分解。

半纤维素在植物体内的作用，一是起支架和骨干作用，二是起储存碳水化合物的作用。

3. 木质素

1）木质素的结构

木质素是地球上数量最多的芳香族聚合物，是结构复杂、类型繁多的一类高聚物。日本的八浜义和曾对木质素下过这样的定义：木质素是在酸作用下难以水解的相对分子质量较高的物质，主要存在于木质化植物的细胞中，强化植物组织。

木质素是苯丙烷及其衍生物为基本单位，通过C=O键或C—C键连接而成的交联网状的含有碳、氢、氧的天然酚类高分子化合物。由于含有大量酚羟基和醇羟基，通式常记为R—OH。因单体不同，可将木质素分为3种类型：由紫丁香基丙烷结构单体聚合而成的紫丁香基木质素（syringyl lignin，S木质素），由愈创木基丙烷结构单体聚合而成的愈创木基木质素（guaiacyl lignin，G木质素）和由对羟基苯基丙烷结构单体聚合而成的对羟基苯基木质素（hydroxy-phenyl lignin，H木质素）；裸子植物主要为愈创木基木质素（G），双子叶植物主要含愈创木基-紫丁香基木质素（GS），单子叶植物则为愈创木基-紫丁香基-对羟基苯基木质素（GSH）（图2.13）。稻草木质素中含有丰富的愈创木基（G型）结构单元，毛竹木质素中主要以紫丁香基（S型）结构单元为主。

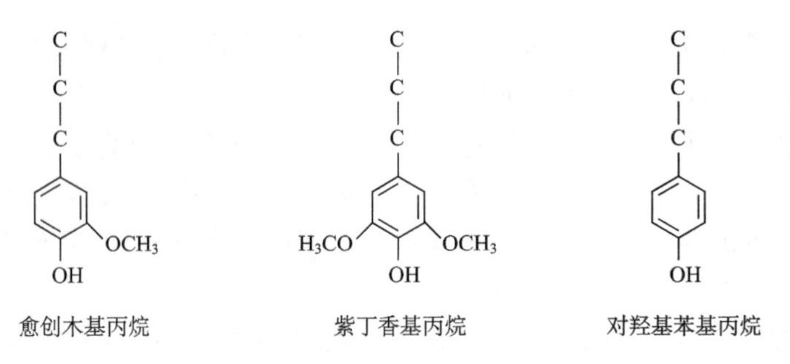

图2.13 木质素的结构单元

根据这三种结构单元的相对量，木质素可分为软木木质素、硬木木质素和草木质素。典型的软木（裸子植物）木质素所包含的结构单元主要来自松柏醇，有一些来自香豆醇，但不来源于芥子醇；硬木木质素由等量的松柏醇和芥子醇单位（每种46%）及少量（8%）的对羟基苯基丙烷单位（来自香豆醇）组成；草木质素成分包括松柏醇、芥子醇和对羟基苯基丙烷单位，其中对羟基苯基丙烷单位包含香豆酸（占木质素的5%～10%）。

木质素是由这些单基形成多支链的、聚合度比较高的三维立体结构的复杂高聚物。不同植物的木质素分子结构不同。

小麦秸秆中得到的各种木素样品主要都是由*β*-*O*-4-醚键组成（图2.14），少量常见的5-5′、*β*-5、*β*-*β*、C—C键也存在于木素结构单元之间（图2.15）（佘雕和耿增超，2009）。

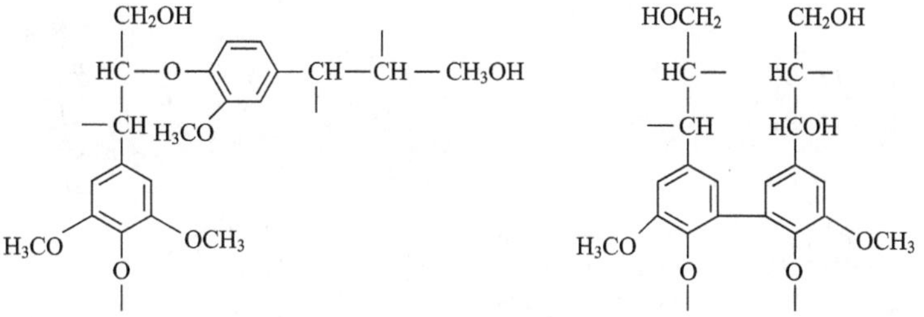

图 2.14　β-O-4-醚键结构示意图

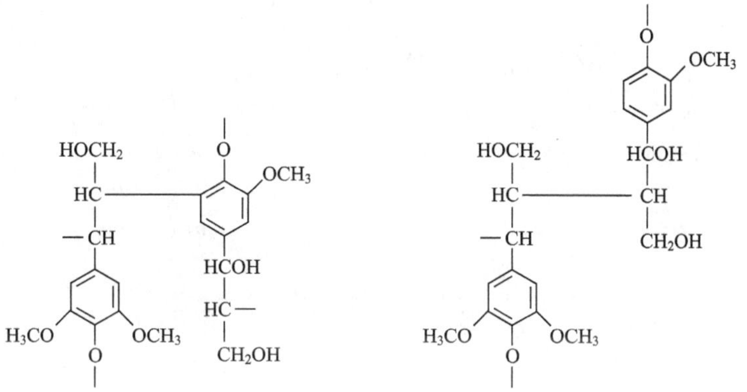

图 2.15　C—C 键结构示意图

由各种单体连接而成一些木质素的结构如图 2.16 至图 2.20 所示。

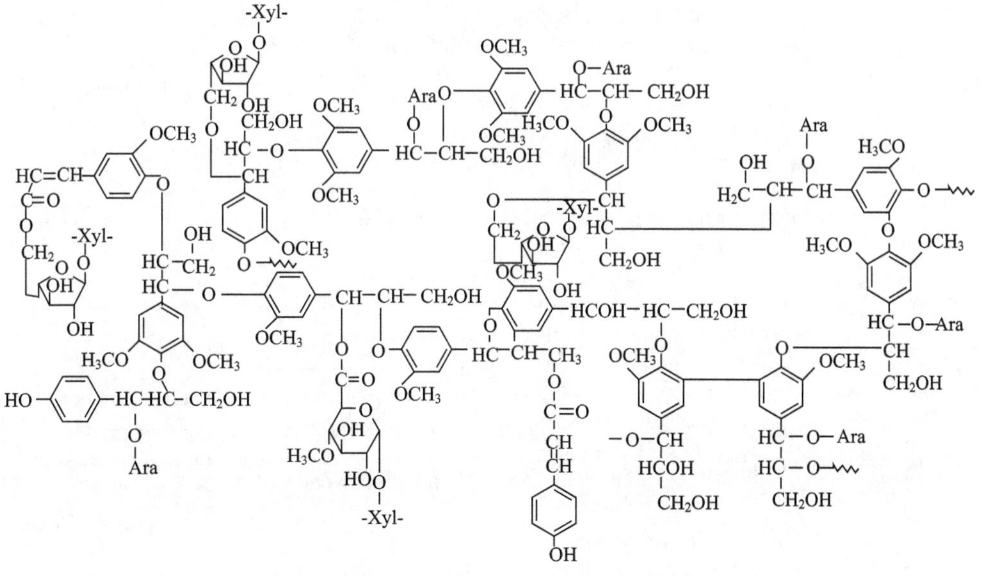

图 2.16　小麦秸秆木质素结构模型示意图

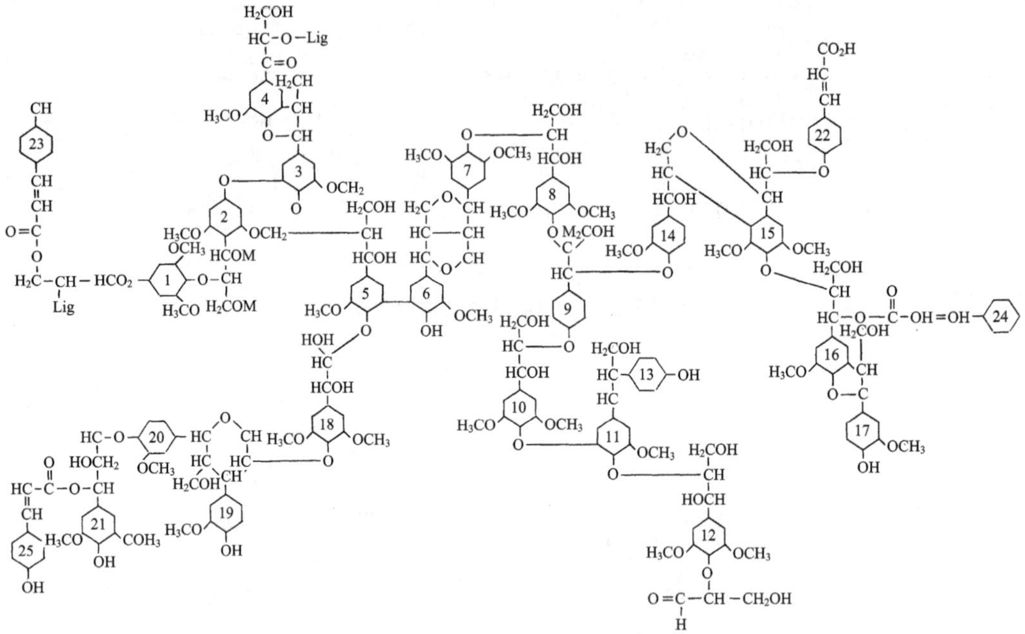

图 2.17　甘蔗渣木质素结构模型示意图

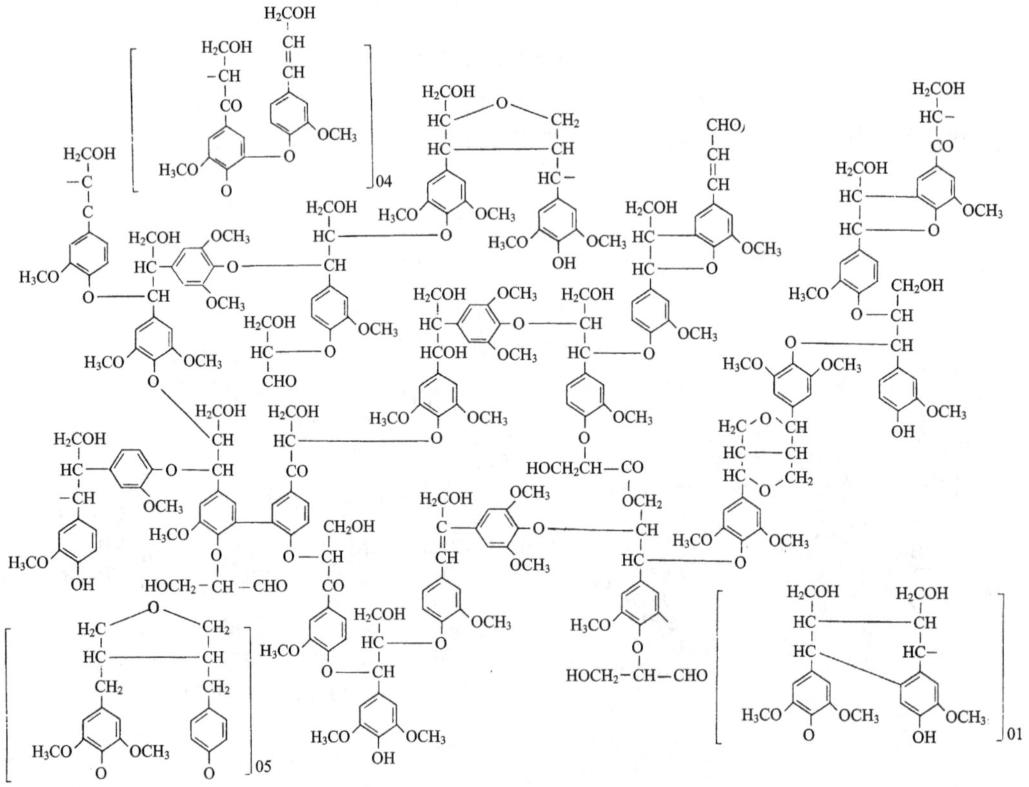

图 2.18　山毛榉木质素结构模型示意图

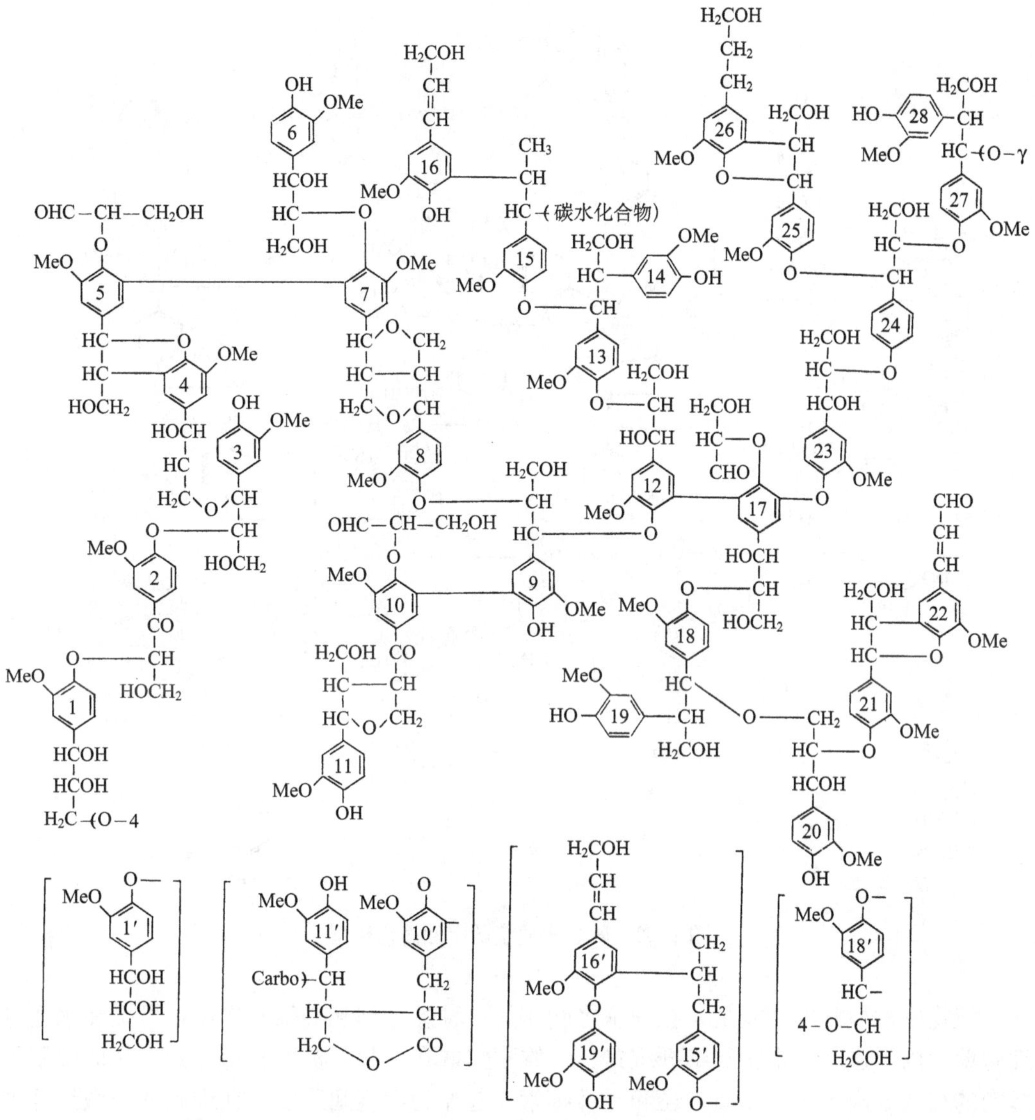

图 2.19　针叶木木质素结构模型示意图

2）木质素的性质

木质素呈白色或近白色，不溶于溶剂，质地脆弱，在高温下能溶解，其溶液呈乳白色或深褐色。它具有芳香族的特性。由于木质素中含有各种官能团，其化学性质比较活泼，如发生磺化反应，使木质素变成可溶性木质素磺酸盐，氯化作用变成可溶性氯化木质素。木质素最容易氧化，尤其在光照、高温和碱存在下，氧化更为迅速。木质素不能被动物所消化，在土壤中能转化成腐殖质。

当在一定温度和压力下，用含有 $NaHSO_3$ 和 SO_2 的溶液蒸煮木材，木质素会转变成木质素磺酸的钙盐而溶解。

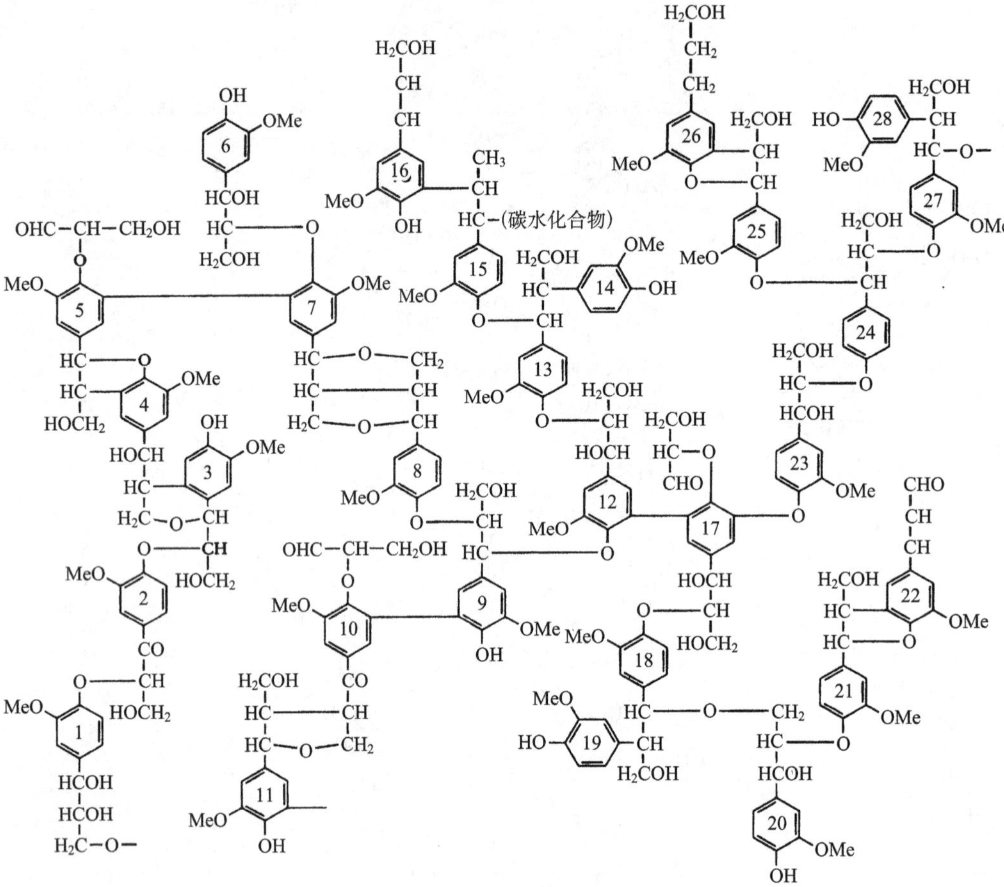

图 2.20　软木木质素的定性简化模型

植物中木质素的功能是，在细胞之间作为一种黏合剂起支架的作用，可缓和水通过细胞壁向内渗透。它常常与半纤维素、纤维素镶嵌在一起，极不容易分开，从而限制了多糖的高效分离转化。木质素还和半纤维素一起作为细胞间质填充在细胞壁与微细纤维之间，也可以把相邻的细胞连接在一起，发挥木质化的作用。细胞壁通过木质化能增加强度，抵抗微生物的侵袭，并提高细胞壁的透水性。

4. 纤维素、半纤维素和木质素结构和化学组成比较

植物细胞中纤维素、半纤维素和木质素的结构和化学组成比较见表 2.4。

表 2.4　植物细胞中纤维素、半纤维素和木质素的结构和化学组成

项目	纤维素	半纤维素	木质素
结构单元	吡喃型 D-葡萄糖基	D-木糖、甘露糖、L-阿拉伯糖、半乳糖、葡萄糖醛酸	愈创木酚基丙烷（G） 紫丁香基丙烷（S） 对羟基苯基丙烷（H）

续表

项目	纤维素	半纤维素	木质素
结构单元间连接键	β-1,4-糖苷键	主链大多数为 β-1,4-糖苷键，支链为 β-1,2-糖苷键、β-1,6-糖苷键	多种醚键和碳-碳键，主要是 β-O-4 型醚键
聚合物	β-1,4-葡聚糖	木聚糖类、半乳糖葡萄糖甘露聚糖、葡萄糖甘露聚糖	G 木质素、GS 木质素、GSH 木质素
聚合度	几百到几万	200 以下	4000
结构	由结晶区和无定形区两相组成立体线性分子	有少量结晶区的空间结构不均一的分子，大多为无定形	不定形的、非均一的、非线性的三维立体聚合物
三类成分之间的连接	无化学键结合	与木质素之间有化学键结合	与半纤维素之间有化学键结合

5. 作物秸秆主成分之间的相互连接

木质素常常与半纤维素、纤维素镶嵌在一起，极不易分开。半纤维素和木质素之间以化学键连接，其连接方式是通过阿魏酸以酯键与半纤维素链接，以醚键与木质素链接，形成半纤维素-酯键-阿魏酸-醚键-木质素的结构，如图 2.21 所示（佘雕和耿增超，2009）。

木质素与半纤维素、纤维素之间有碱稳定的化学键连接，同时认为木素与纤维素之间的化学键连接是进一步脱木素的主要障碍。范建云等（2006）研究通过对木素侧链 α 位碳原子进行^{13}C 同位素示踪，结合木素的 FT-IR 和 CP/MAS^{13}C-NMR 分析，证实了木素-纤维素复合体中木素结构单元之间主要通过 β-O-4、β-β、β-5、β-1 方式连接，另外还含有少量的松柏醇结构。木素与纤维素之间以苯甲醚键、酯键及缩醛键连接，其中缩醛键与酯键可能为主要的连接方式。

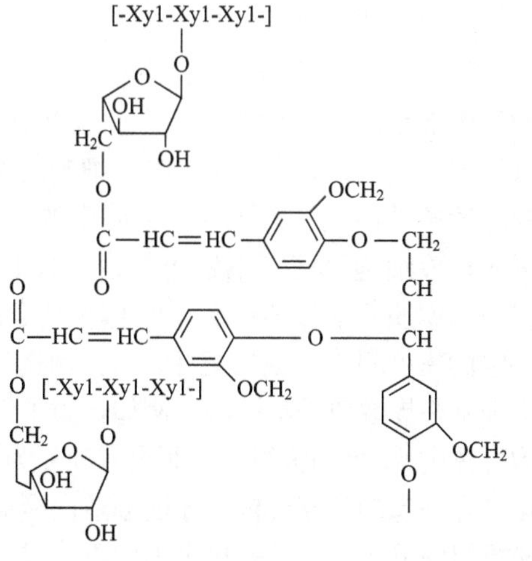

植物细胞壁中纤维素、半纤维素和木质素之间相互联结、彼此渗透，形成了网络式的结构（图 2.22）。

[-Xy1-Xy1-Xy1-]
OH
H_2C
OH
OCH_2
C—HC=HC—
O—CH_2
CH
C—HC=HC—
O
CH
O [-Xy1-Xy1-Xy1-]
OCH_2
CH_2
OH
OCH_2
OH

图 2.21　多糖-酯-阿魏酸-醚-木素桥连示意图

2.1.3　植物有机体生成的生物学过程及主要成分合成途径

1. 农作物秸秆发育过程

植物生长发育过程包括发芽、茎叶生长、开花、结果等过程，一般这一过程可分为三个时期：生长发育期、生殖生长期和成熟期。根据全干物质重量计算，整个生长发育过程呈 S 形曲线：在生长发育初期，全干物质重量增加缓慢；当幼穗开始形成时，全干

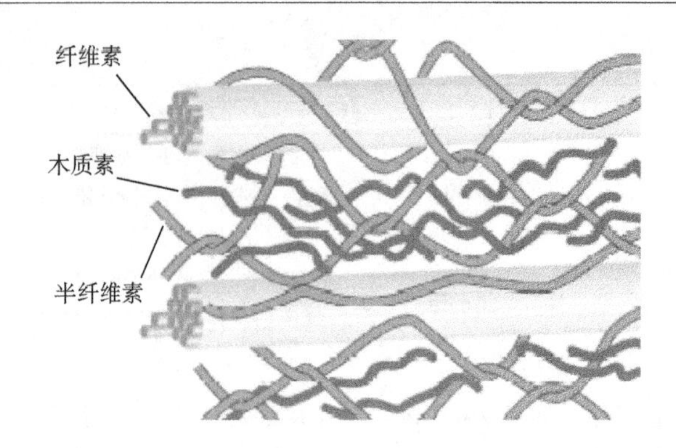

图 2.22 植物细胞壁各组成成分间网络式结构的关系图解

物质重量增加速度加快；到乳熟期，全干物质重量增加速度降低。

作物发育机理是，在作物植株的胚胎中形成卵细胞，其受精后成为合子。合子分裂，其子细胞强烈地黏附在一起，形成分生组织细胞群体，以后发育成胚。为了形成子叶，胚要积累固定数量的细胞，这个数量对每一种作物来说是特定和固定的，组成了临界数量，如小麦胚在这一时刻由 592 个细胞组成。正常发育时胚细胞形成的是球状细胞群体，沿球状体的直径因作物而异分布有 630 层细胞。为了形成球状体，群体细胞应当向三维空间分裂。现已证实，细胞分裂的方向不取决于遗传因素，标定细胞分裂方向的是细胞内的代谢产物梯度。研究表明，当分生组织细胞群体达到临界细胞数量时，由于细胞间的相互作用会出现沿群体半径的环境因子梯度：群体外围细胞截流了氧气，造成群体内部细胞氧气供应不足；CO_2 排出不畅，由于呼吸作用 CO_2 富集起来，群体内部 pH 降低，环境变酸；群体内部细胞还原糖的浓度降低，代谢产物供应不足。这些不利的环境条件活化了群体内部细胞中的水解酶，细胞中渗透活性物质浓度增加，水分加速进入这些细胞，使细胞停止分裂并伸长，逐渐失去细胞内含物，这样就形成了输导组织——木质部和韧皮部分子。作物器官的输导系统由维管束构成，维管束呈分枝状并以一定的密度贯穿于器官之中。临界细胞数量对器官来说是固定的，但同一作物的不同器官细胞临界数值是不同的。例如，为了细胞局部分化形成输导组织，小麦叶片横切面的细胞群体由 54 个细胞组成，而黑麦叶片为 59 个细胞。总之，只有具有临界细胞数量且紧密排列在一起的细胞群体，才能创造出沿群体半径的环境因子梯度和细胞局部分化，即形成输导组织分子，这就是单个细胞不能成为局部分化的原因。输导组织的形成原因和其所具有的功能之间没有任何联系。作物其他组织形成的原因与输导组织不同，但也是细胞局部分化的结果，与组织的功能没有关系。接下来的问题就是器官形成问题。作物的叶尖是由相对固定的细胞数目构成的（因作物不同而异）。像在胚中一样，叶尖内的细胞数量达到临界值时也会发生局部分化。在分化细胞中由于水解作用积累了过剩的代谢产物，这些代谢产物能输送到相邻的活细胞中。与分化细胞相接触的群体分生组织细胞得到代谢产物后进行平周定向分裂，形成了器官（茎尖、叶、花等）原基（李富恒等，2003）。

2. 纤维素的合成

自然界合成纤维素的过程可用下列方程式来表示：

$$n\ (C_6H_{12}O_6) - (n-1)\ H_6O \rightarrow (C_6H_{10}O_5)_n$$

葡萄糖＋ATP→葡萄糖-6-磷酸→葡萄糖-1-磷酸＋UDP（或 GTP）→尿苷二磷酸葡萄糖（或鸟苷二磷酸葡萄糖）→纤维素（叶雄干，2006）。

其各个反应分述如下。

（1）β-D-葡萄糖磷酸化：葡萄糖在己糖激酶作用下，生成 6-磷酸-葡萄糖。

（2）6-磷酸-葡萄糖异构化：一个在 6 位的磷酸酯键水解自由能比较低，从 6 位移动至自由能较高的 1 位，因而有自由能 $\Delta G = -7.1$ kJ/mol，在磷酸葡萄糖变位酶的催化下，形成 1-磷酸-葡萄糖，以准备形成 1,4-糖苷键的条件。

（3）1-磷酸-葡萄糖在 UDP-G 焦磷酸化酶催化下，形成具有高能键载葡萄糖基的活化分子 UDP-葡萄糖，为葡萄糖基的转移准备条件；还有一种说法是，蔗糖是植物体内碳水化合物运输的主要形式，蔗糖经蔗糖合成酶（sucrose synthase，SUSY）催化分解成果糖和 UDP-葡萄糖（UDP-G）。

（4）合成纤维素：由于纤维素是由 β-D-葡萄糖基合成的，它的 1 位和 4 位的—OH 在环面的两侧，所以，两个葡萄糖基缩合时，必须一个环面朝上，一个环面朝下，D-葡萄糖是微纤丝的末端基团，以其非还原端（4 位）与 UDP-G 缩合。植物体内的纤维素合成经过纤维素合成的起始、延伸、终止与纤维素的沉积等过程。纤维素合酶结合 UDP-G 后进而催化合成葡聚糖糖链。蔗糖合成酶（SUSY）是由质膜定位的，也可以说，纤维素的合成在质膜上进行。UDP-G 提供纤维素合酶复合体用于纤维素的合成。近年来普遍认为高等植物中纤维素合成需要一个复杂的酶系复合体。迄今已知的纤维素

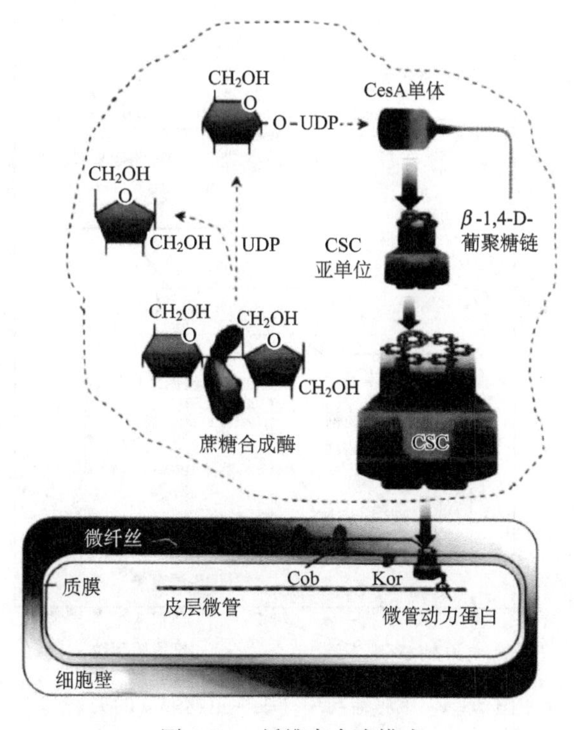

图 2.23　纤维素合成模式

合酶复合体是由 6 个亚单位组成，呈玫瑰花状（rosette）结构，每个亚单位由 6 个 CesA蛋白组成，每个 CesA 蛋白合成一条葡聚糖链，这样一个复合体就可以合成由 36 条糖链组成的微纤丝。胞质内侧观察到的纤维素合酶复合体直径大小为 40～60 nm，足以保证 36 条糖链的同时生成，生成之后的糖链立刻结晶形成微纤丝，纤维素合酶复合体在细胞膜上运动，于是微纤丝得以延伸，最后停止。纤维素合酶是一类糖苷转移酶（glycosyltransferase，GT)，一般认为它催化 UDP-葡萄糖形成葡聚糖链纤维素合酶复合体亚单位的精确组成和结构迄今还不清楚，遗传学的证据表明，每个亚单位至少含有 3 种纤维素合成酶（CesA）蛋白（图 2.23)。微纤丝在细胞壁内的排列一方面受皮层微管和微管动力蛋白（kinesin）的作用，另一方面有可能受细胞壁蛋白（如 Cob 蛋白）的影响，Cob 蛋白是编码一个植物糖磷脂酰肌醇锚定蛋白，其功能尚且不知，还有一些其他膜蛋白（如 Kor 蛋白）也可能参与纤维素的合成。另外，还有证据表明，纤维素链的起始需要谷甾醇-β-葡萄糖苷（sitosterol-p-glucoside，SG）作为引物（宋东亮等，2008)。

3. 半纤维素的生物合成

在活的植物细胞内，控制半纤维素合成的细胞器是高尔基体，如图 2.24 所示。在细胞内质网的核蛋白体上合成的蛋白质可以向高尔基体转移并进行糖苷化，合成的半纤维素包含在高尔基囊泡内并向细胞表面移动（向细胞膜移动)，在细胞膜处高尔基囊泡融合成连续的质膜，从而使半纤维素黏到细胞壁上。高尔基体之所以产生半纤维素，是由于它可产生半纤维素所需要的酶。

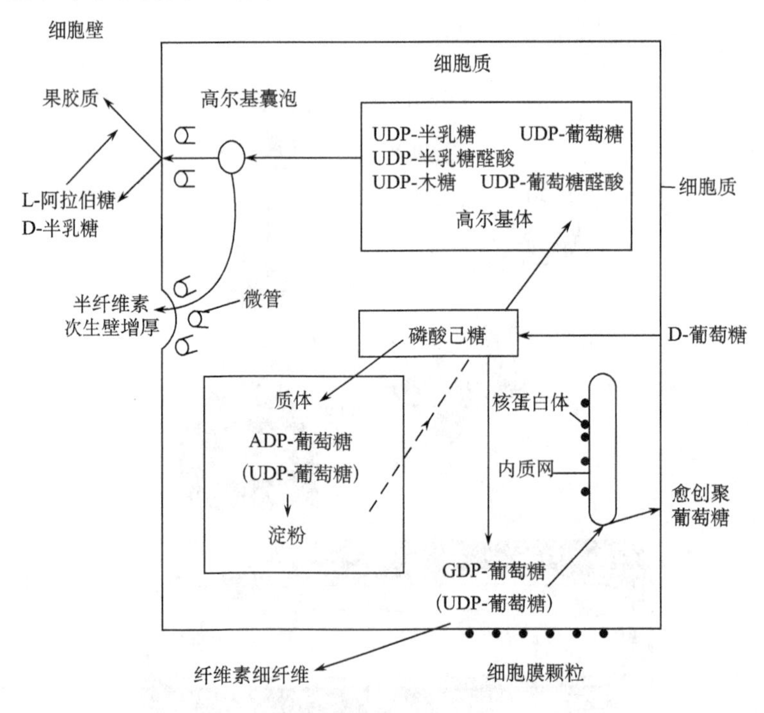

图 2.24　细胞器与半纤维素生物合成的关系

人们对半纤维素的合成了解更少，葡萄糖形成半纤维素的途径如图 2.25 所示。

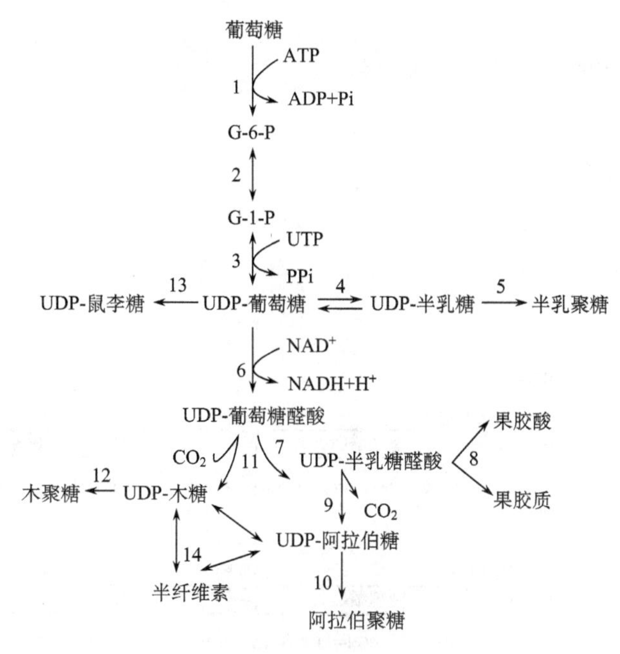

图 2.25　半纤维素生物合成途径

4. 木质素的生物合成

木质素的生物合成之所以引起重视，是因为这种特殊多聚物的合成和生物降解都依靠一系列的自由基介导的反应。目前关于木质素生物合成的途径还不完全清楚，一般认为大致可分为三大步骤：①木质素主要单体的生物合成；②木质素单体的聚合；③细胞壁中木质素的堆积（木化）。木质素生物合成过程从二氧化碳开始，经葡萄糖到松柏醇等芳香族化合物，涉及一系列酶催化反应过程，然后这些芳香化合物的一部分通过酶催化脱氢成自由基，引起随机的、非酶催化的聚合作用产生木质素，而后是木质素在细胞壁中的堆积最终形成木质化的细胞壁。

1）木质素单体的生物合成

木质素单体的生物合成途径见图 2.26。木质素单体的生物合成是在细胞质中完成的，然后转移到细胞壁中进行脱氢聚合形成木质素。木质素单体的含量、组成及总木质素含量因植物种类的不同而不同。木质素单体的合成过程极其复杂，存在多基因、多途径的交互作用，其中有几十种酶参与了木质素单体合成的调控，所涉及酶的种类、活性及比例的不同决定了不同单体的产生、不同单体之间的比例及单体的合成速率，从而决定了特定木质素的产生（蒋挺大，2009）。

第一步是从二氧化碳经植物光合作用生成葡萄糖，经过一系列酶促反应转化为莽草酸，再进一步形成苯丙氨酸、酪氨酸和色氨酸（称为莽草酸途径），其中莽草酸是脂环族化合物向芳香族化合物转化的关键环节，它也是合成芳香族氨基酸的前提，芳香族氨

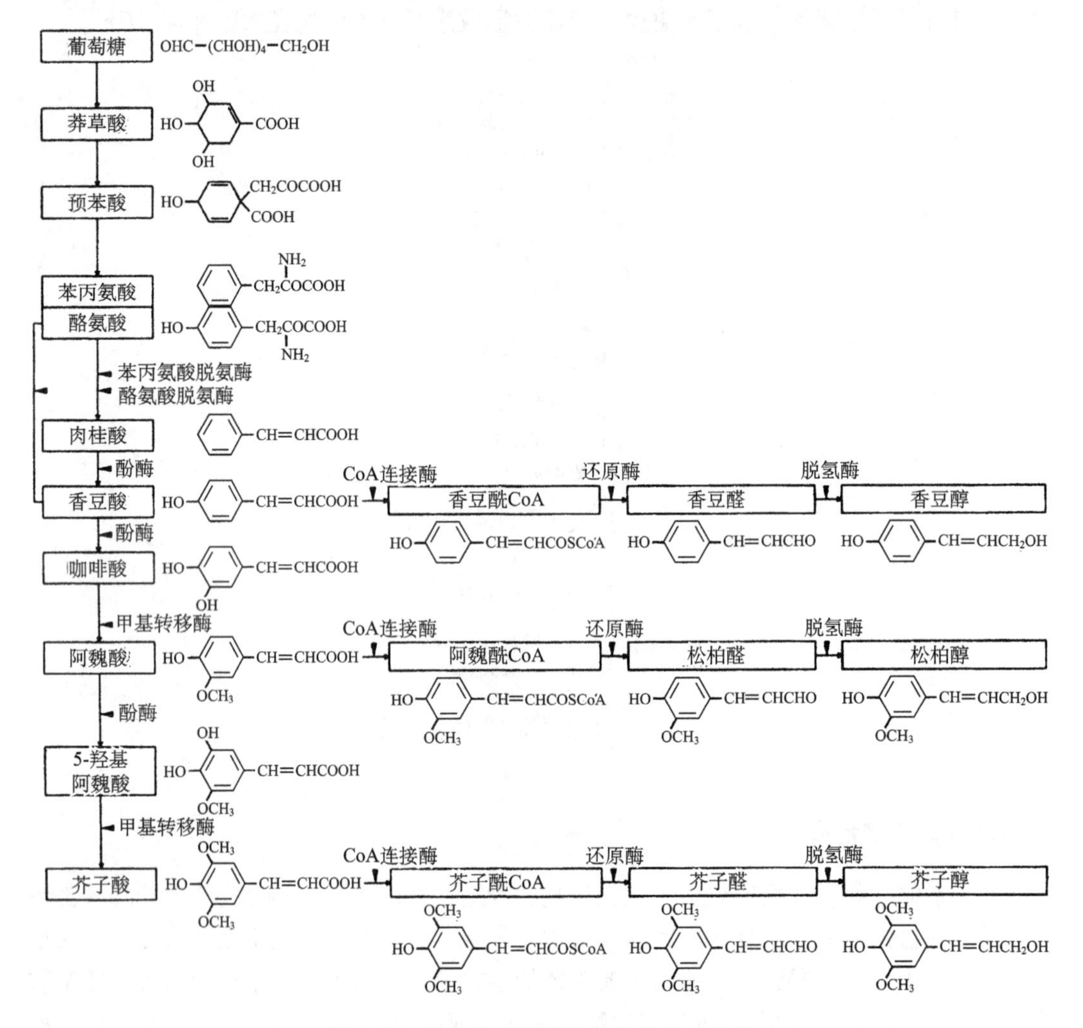

图 2.26　植物中木质素单体生物合成途径

基酸是合成蛋白质的“原料”；第二步是由苯丙氨酸或酪氨酸到羟基肉桂酸（HCA）及其辅酶A酯类（称为苯丙烷途径）；第三步是从羟基肉桂基辅酶A酯类到合成木质素三种主要单体香豆醇、松柏醇和芥子醇（图 2.27）（格拉泽和二介堂弘，2003），香豆醇、松柏醇和芥子醇的生物合成是在细胞的胞质内高尔基体或内质网中进行的；第四步是木质素单体的糖基化，香豆醇、松柏醇和芥子醇对植物体有毒而且不稳定，所以合成的这些单体常以它们的β-糖苷形式即香豆醇葡萄糖苷、松柏醇葡萄糖苷和芥子醇葡萄糖苷储存在植物的形成层细胞中，香豆醇葡萄糖苷储存在导管中，芥子醇葡萄糖苷在分化的木质部和内层韧皮部中积累。

2）木质素单体的聚合

在细胞质内合成的香豆醇、松柏醇和芥子醇从胞质内扩散出来，被小泡运送穿过质膜进入细胞壁，与漆酶/过氧化物酶相遇，产生内旋自由基经过复杂的生物反应、生物化学反应和化学反应在细胞壁内形成相应的三种木质素：对羟基苯木质素（H）、紫丁

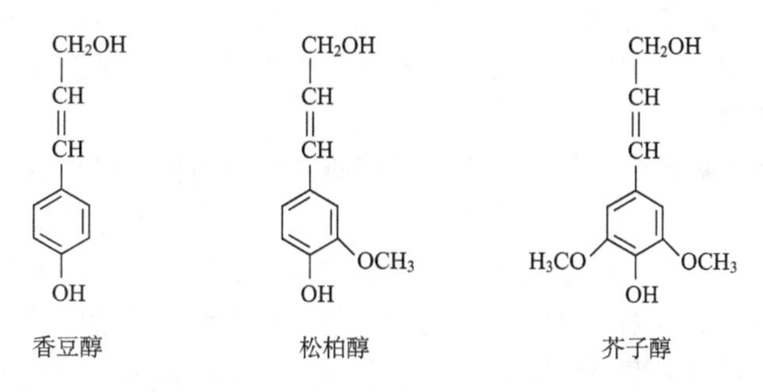

图 2.27 木质素生物合成的三种直接前体

香基木质素（S）和愈创木基木质素（G），这些木质素在植物体内通过多种键型连接在一起，聚合成一个遍布细胞壁中间层的网状木质素大分子，这个途径称为木质素合成的特异途径。

在 H_2O_2 存在前提下，过氧化物酶催化反应将松柏醇、芥子醇和香豆醇转化为苯氧自由基，每一个苯氧自由基都能形成很多高反应活性的共振结构。随机连接这种自由基产生不同醌的甲基化衍生物，这种衍生物通过加水或由于伯醇或醌基团对苄基碳发动的分子内亲核攻击转化为二聚木素。过氧化物酶催化的二聚木素的去氢化作用，可产生一些构成木质素多聚物的自由基，这些自由基之所以能形成木质素，就是通过它们之间的连接，随着这种连接，水及木质醇中的脂肪醇类和酚类中的羟基亲核进攻低聚醌中的苄基碳。同时，细胞壁多糖糖基上的羟基造成的亲核进攻形成木质素-半纤维素交联，每40个苯丙烷单位形成一个与碳水化合物连接的键。

3）细胞壁中木质素的堆积（木化）

在细胞壁中先形成纤维素和半纤维素，之后向细胞内供给木质素生物合成的前驱物质，形成木质素单体，经过反复的聚合，形成了木质化的细胞壁。

2.2 生物质物化特性

2.2.1 物理特性

生物质的分布、自然状态、尺寸、堆积密度、高位发热量、含水率及熔点等物理特性对燃料的收集、运输、储存和相应的燃烧技术有极大的影响。

1. 含水率

水分是生物质原料一个易变的因素，新鲜的木材或秸秆的含水量高达50%～60%，自然风干后为8%～20%。水分是燃料中不可燃的部分。根据与燃料的结合情况，生物质燃料所含的水分可分为两部分：一部分存在于细胞腔内和细胞之间，称为自由水，可用自然干燥的方法去除，与运输和储存条件有关，在5%～60%变化；另一部分为细胞壁的物理化学结合水，称为生物质结合水，一般比较固定，约占5%（刘荣厚，2009）。

含水率影响燃烧性能、燃烧温度和单位能量所产生的烟气体积（范鲁等，2008）。

含水率高的生物质在燃烧时水分的蒸发要消耗大量的热，热值有所下降，点火困难、燃烧温度低，产生的烟气体积较大。因此，在直接燃烧过程中要限制原料的含水量，预先对燃料进行干燥处理。

原料含水率对生物质成型技术也有重要影响。生物质体内的水分也是一种必不可少的自由基，流动于生物质团粒间，在压力作用下，与果胶质或糖类混合形成胶体，起黏结剂的作用，因此过于干燥的生物质材料在通常情况下是很难压缩成型的，甚至颗粒表面碳化，并引起黏结剂自燃。生物质体内的水分还有降低木质素的玻变（熔融）温度的作用，使生物质在较低温度下成型。但是，含水率太高将影响热量传递，并增大物料与模具的摩擦力。秸秆在热压成型时，环（平）模块状燃料含水率控制在16%～20%，其他含水率一般为8%～15%。

原料含水率的高低直接影响生物质的储存，根据作者的研究，含水率在25%以上的秸秆，如果不进行预干燥就堆积储存，易霉烂变质，失去应有的燃料特性。

2. 堆积密度

堆积密度是指包括燃料颗粒空间在内的密度（刘广青等，2009），反映了单位容量中燃料的质量，一般在自然堆积情况下进行测量。堆积密度在很大程度上影响着生物质利用反应床的几何尺度和对附属设备的选取，并对其利用的经济性有直接影响。与煤相比，生物质普遍具有密度小、体积大、含氧量高的特点。例如，纯褐煤的密度为560～600 kg/m^3，玉米秸秆的堆积密度为150～240 kg/m^3，硬木木屑堆积密度为320 kg/m^{3}左右（樊峰鸣，2005）。

图2.28中给出了部分生物质原料在颗粒尺度为15～25 mm时的堆积密度。从图中可看到，实际存在着两类的植物原料，一类是包括硬木、软木、玉米芯等在内的所谓硬材，它们的堆积密度为250～300 kg/m^3；另一类主要包括各种秸秆即所谓软材，它们的堆积密度远小于木质燃料。例如，玉米秸的堆积密度相当于木材的1/4，麦秸的堆积密度相当于木材的1/10以下。

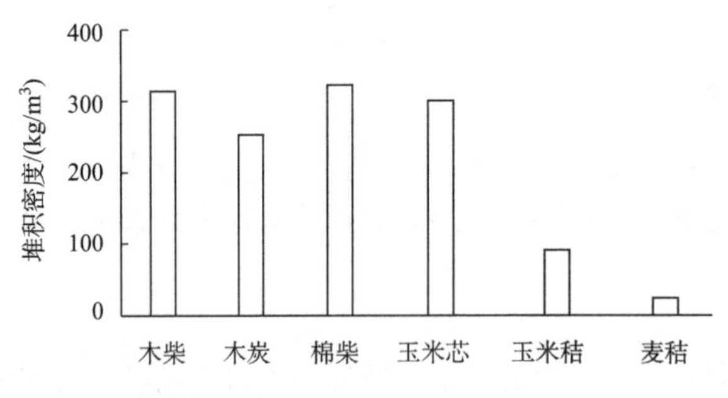

图2.28 部分生物质原料的堆积密度

堆积密度对生物质的热化学利用有重要的影响。当受热时，挥发分从空隙处析出后，剩余的木炭机械强度较高，可以保持原来的形状，从而形成孔隙率高、均匀的优良反应层，而秸秆炭的机械强度很低，不能保持原有的形状，细而散的颗粒也降低了反应层的活性和透气性。从白杨木、麦秸和玉米秸秆自然风干后的生物质原料纵剖面的显微结构，可以明显看出，木材质地紧密，而麦秸和玉米秸秆仅靠细而疏松的纤维状物质支撑着原料的形状。

秸秆内部分子间距大，堆积密度低，这些特点决定了秸秆具有较大的可压缩性(Sander et al. 2000)。但是较低的堆积密度需要占用的堆放空地更大，对生物质的存储和运输非常不利，尤其是秸秆类生物质。秸秆的堆放体积庞大，搬运、运输、码垛需要消耗较多的人力财力，运输有一定的困难，尤其是远距离大规模运输成本太高。如果除去人工费和含水率及运输损耗，成本将会更高，而且较大的体积对大型生物质燃烧系统带来一定的困难，直接制约了秸秆燃烧技术的推广和应用。

3. 生物质原料工业成分分析

生物质工业成分分析是参照煤的工业分析方法，主要测定原料中水分、挥发分、灰分及固定碳的含量。生物质原料的工业分析成分并不具有唯一性，因为所沿用的煤质工业分析方法相当于隔绝空气的热解，但按标准方法测得的工业分析成分有助于与煤炭等其他固体燃料相比较。热解开始，首先是水分蒸发逸出，然后是燃料中的有机物热解析出各种气态产物，即挥发分，生物质原料中的挥发分物质中，一部分是常温下不凝结的简单气体，如一氧化碳、氢气、二氧化碳、甲烷等；另一部分则在常温下凝结成液体，其中包括水和各种较大分子的烃类，其析出量与加热速率密切相关。挥发分析出后，剩余物为固定碳和灰分，结构松散状，气流的扰动就可使其解体悬浮起来，迅速进入炉膛的上方空间，形成飞灰颗粒（高井康雄，1988)。通常秸秆燃烧产生的飞灰量高达 5%，远远高于木质燃料产生的飞灰量，木材燃烧产生的飞灰量约为 0.5%。较多飞灰颗粒也增加了对受热面的撞击次数，加剧了锅炉受热面管子的磨损腐蚀。表 2.5 是部分生物质原料的工业分析数据。

表 2.5　部分生物质原料的工业分析

原料	水分/%	挥发分/%	固定碳/%	灰分/%	原料	水分/%	挥发分/%	固定碳/%	灰分/%
麦秸	4.39	67.36	19.35	8.90	棉柴	6.78	68.54	20.71	3.97
玉米秸	4.87	71.45	17.75	5.93	杂草	5.43	68.27	16.4	9.40
稻草	4.97	65.11	16.06	13.86	马粪	6.34	58.99	12.82	21.85
豆秸	5.10	74.65	17.12	3.13	牛粪	6.46	48.72	12.52	32.40

从表 2.5 所列的部分生物质原料的工业分析数据可以看出（刘广青等，2009)，生物质原料的挥发分远高于固定碳的含量，一般为 76%～86%（干基)，与煤炭的工业分析数据正好相反，这样，在热利用时就表现出与煤炭不一样的特点。秸秆类生物质在燃烧时，一般在 350℃，就有 80%的挥发分析出。

4. 发热量

生物质原料的发热量（热值）在生物质的热利用过程中是最重要的理化特性，决定了其进行工业利用的可行性。

生物质原料的发热量（热值）是指在一定温度下，单位质量的燃料完全燃烧后，在冷却至原来的温度时所释放的热量，单位是 MJ/kg。根据燃料中的水蒸气是否释放汽化潜热，将热值分为高位热值和低位热值，二者的公式分别为

$$Q_{GW} = 0.3491X_C + 1.1783X_H + 0.1005X_S - 00151X_N - 0.1034X_O - 0.0211X_{灰} \quad (2\text{-}1)$$

式中，Q_{GW}为高位发热量，X_C、X_H、X_S、X_N、X_O、$X_{灰}$ 分别为碳（C）、氢（H）、硫（S）、氮（N）、氧（O）和灰分的干基质量分数（%）。

$$Q_{DW} = Q_{GW} - 25(9H + W) \quad (2\text{-}2)$$

根据上面的公式，高位发热量和低位发热量之差是水蒸气的汽化潜热。由于低位热值接近于生物质在大气压下完全燃烧时放出的热量，通常计算采用低位热值，生物质的热值一般为 14～19 MJ/kg。

表 2.6 为部分生物质原料的发热值。生物质燃料的发热量与劣质煤相当。实际上各种原料的发热量差别主要是由灰分多少引起的，除去灰分后（无水无灰），各种生物质原料的发热量不会有太大的误差。

表 2.6　部分生物质原料发热值（干基）

原料	高位热值/(MJ/kg)	低位热值/(MJ/kg)	原料	高位热值/(MJ/kg)	低位热值/(MJ/kg)
麦秸	18.487	17.186	棉柴	15.830	14.724
玉米秸	18.101	16.849	木屑	19.800	18.556
稻草	15.954	14.920	树皮	19.556	18.284
稻壳	15.670	14.557	白桦	19.719	18.279

2.2.2　物化特性

1. 元素分析

燃料的元素成分是热化学转换的物质基础。生物质燃料中大部分是由碳、氢、氧、氮、硫、磷等基本元素组成的可燃质，只有少量的无机物和一定量的水分。

1）基本元素

A. 碳

碳在自然界中是一种很常见的元素，它以多种形式广泛存在于大气和地壳之中。碳的一系列化合物——有机物是生命的根本，碳是占生物体干重比例最多的一种元素。植物通过光合作用吸收二氧化碳，然后通过呼吸作用、植株腐烂分解及燃烧等方式释放二氧化碳完成碳循环。

在生物质燃料中，碳的含量大小决定着燃料发热量的大小，其完全燃烧的热化学反应方程式为

$$C(s) + O_2(g) = CO_2(g) \quad \Delta H = -393.5\text{kJ/mol} \tag{2-3}$$

燃烧热值为 393.5 kJ/mol。

在秸秆燃料中，碳的含量一般在 45%左右，煤炭中含碳量为 80%～90%。一般来说，含碳越高，燃点越高，因此秸秆比煤炭易点燃。

B. 氢

氢是所知道的元素中最轻的，在正常情况下，氢是无色、无臭、极易燃烧的双原子气体，在地球上和地球大气中只存在极稀少的游离状态氢。氢在生物质中的含量约为 6%，主要来源于水，是仅次于碳的主要可燃物质，氢燃烧可放出 142 256 kJ/kg 的热量，在生物质中常以碳氢化合物的形式存在，燃烧时以挥发分气体析出。由于氢容易着火燃烧，所以含氢越高，燃点越低。氢燃烧后主要生成水。

C. 氮

在自然界，氮元素以分子态（氮气）、无机结合氮和有机结合氮三种形式存在。大气中含有大量的分子态氮。但是绝大多数生物都不能够利用分子态的氮，植物只能从土壤中吸收无机态的铵态氮（铵盐）和硝态氮（硝酸盐），用来合成氨基酸，再进一步合成各种蛋白质，通过动物身体的利用和代谢及植物体自身的分解和燃烧转化为无机氮，完成氮循环。在生物质中，氮不能燃烧，但会降低燃料的发热量。

D. 氧

氧是地壳中最丰富、分布最广的元素，氧通过呼吸作用进入生物体，再以水或者 CO_2 的形式回到大气，水可由光合作用变成 O_2，完成氧循环。氧可以助燃，它的存在使反应物质内部出现一个均匀分布的体热源。生物质中氧含量为 35%～40%，远高于煤炭等化石燃料，因此在燃烧时的空气需求量小于煤（余叔文和汤章成，1998）。

E. 硫

硫是植物生长必需的矿物质营养元素之一，是构成蛋白质和酶所不可缺少的元素。植物从土壤中吸收硫是逆浓度梯度进行的，主要以 SO_4^{2-} 的形式进入植物体内。植物体内的硫可分为无机硫酸盐（SO_4^{2-}）和有机硫化合物两种形态，大部分为有机态硫。无机态硫多以硫酸根的形式在细胞中积累，其含量随着硫元素供应水平的变化存在很大差异，既可以通过代谢合成有机硫，又可以转移到其他部位被再次利用（谢瑞芝等，2004）。

硫在植物体中的含量一般为 0.1%～0.5%，其变动幅度受植物种类、品种、器官和生育期的影响。通常，十字花科植物需硫最多，禾本科植物最少。硫在植物开花前集中分布于叶片中，成熟时叶片中的硫逐渐减少并向其他器官转移。例如，成熟的玉米叶片中含硫量为全株硫量的 10%，茎、种子、根分别为 33%、26%和 11%。

在生物质燃料中，硫也是可燃物质，硫燃烧放出的热量为 9210 kJ/kg。其燃烧产物是二氧化硫和三氧化硫，然后在高温下与水蒸气反应生成亚硫酸和硫酸。这些物质对金属有强烈的腐蚀作用，污染大气。在燃烧过程中，硫元素从燃料颗粒中挥发出来，与气相的碱金属元素发生化学反应生成碱金属硫酸盐，在 900℃的炉膛温度下，这些化合物很不稳定。在秸秆燃烧过程中，气态的碱金属、硫、氯及它们的化合物将会凝结在灰颗粒或水冷壁的沉积物上。如果沉积物不受较大的飞灰颗粒或吹灰过程的扰动时，它们就会形成白色的薄层。这一薄层能够与飞灰混合，促进沉积物的聚集和黏结。在沉积物表面上，含碱金属元素的凝结物还会继续与气相含硫物质发生反应生成稳定的硫酸盐，而且在沉积物表面温度下，多数硫酸盐呈熔融状态，这样会增加沉积层表面的黏性，加剧了沉积腐蚀的程度。现场运行实践表明，单独燃烧钙、钾含量高，含硫量少的木柴时，沉积腐蚀的程度低；而当将木材与含硫较多的稻草共燃时，则沉积腐蚀的就很严重，而且沉积物中富含 K_2SO_4 和 $CaSO_4$。同时，在燃烧过程中，硫元素还可以被钙元素捕捉。在运行的固定床和流化床燃烧设备中可以观察到，当循环流化床中加入石灰石后，会导致回料管和对流烟道中含钙、硫物质的聚集。值得注意的是，硫酸钙被认为是在过热器管表面灰颗粒的黏合剂，能够加重沉积腐蚀的程度。

不同生物质的元素含量是不相同的，这主要是由生物质种类、生长时期和生长条件等因素决定。扣除灰分变化的影响后，碳、氢、氧这三种主要的元素分析只有细微的差别。表 2.7 给出了部分生物质原料的主要元素干燥基分析结果。

表 2.7　部分生物质原料的主要元素分析（干基）

原料	灰分/%	碳/%	氢/%	氧/%	氮/%	硫/%
麦秸	7.2	45.8	5.96	40	0.45	0.16
玉米秸	5.1	46.8	5.74	41.4	0.66	0.11
稻草	19.1	38.9	4.74	35.3	1.37	0.11
稻壳	15.8	38.9	5.1	37.9	2.17	0.12
棉柴	17.2	39.5	5.07	38.1	1.25	0.02
木屑	0.9	49.2	5.7	41.3	2.5	0
树皮	4	50.3	5.83	39.6	0.11	0.07
白桦	0.4	48.7	6.4	44.5	0.08	0

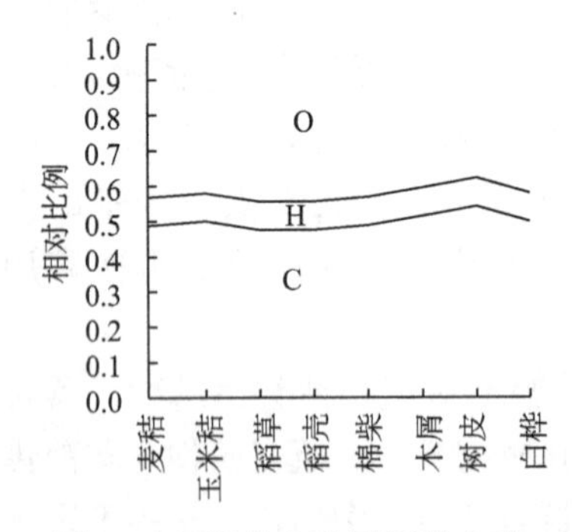

图 2.29　部分生物质原料中碳、氢、氧的相对比例

图 2.29 是以这三种元素的总量为 1 作出的相对含量曲线，两条曲线的变化是平缓的。一般认为以 $CH_{1.4}O_{0.6}$ 作为生物质的假想分子式已有相当的精度。这提示了生物质的利用工艺具有广泛的原料适用性。

2）少量元素

生物质中大量的含氧官能团对无机物质的包容能力比较强，为这一类物质在燃料中驻留提供了可能的场所，因此秸秆中内在固有无机物元素的含量一般较高。这些元素的来源主要有两个：一是秸秆本身固有的，是其在生长过程中从土壤、地下水、大气中通过生物吸附而来的；二是来自人们利用秸秆过程中混入的灰尘、土壤，其组分与燃料固有的灰分差别很大。后者常常是秸秆燃料灰分的主要组成部分（Hausen，1998）。

A. 钾

钾在地球表壳的蕴藏量占第七位，是植物生长必需的营养元素（徐靓和安莲英，2006），是以主动吸收和被动吸收两种方式进入植物体内的（龙朝，2006）。它在植物体内不形成稳定的化合物，而呈离子状态存在，主要是以可溶性无机盐形式存在于细胞中，或以钾离子形态吸附在原生质胶体表面。至今尚未在植物体内发现任何含钾的有机化合物。Tomas 等（1996）对两种稻草和麦秆中钾的形态进行了测试，结果如表 2.8 所示。

表 2.8　稻草和麦秆中钾的形态

种类	水溶性钾/%	离子交换钾/%	酸溶性钾/%	不溶性钾/%
稻秆 1	59	34	5	2
稻秆 2	89	7	0	4
麦秆 1	40	39	17	4
麦秆 2	90	6	0	4

植物体内，钾的含量常因作物种类不同而不同，有些作物体内的钾含量甚至比氮的含量还高。不同作物的钾含量如表 2.9 所示（张云生等，2002；何良胜等，2002）。一般植物体内的含钾量（K_2O）占干物重的 0.3%～5.0%。另外，同一株植物的不同器官的钾含量也有很大差异，谷类作物种子中钾的含量较低，而茎秆中钾的含量则较高。薯类作物的块根、块茎的含钾量较高。植物体内钾的含量、分布与特点如表 2.10 所示（高井康雄，1988）。

表 2.9　不同秸秆中钾的含量

名称	钾含量/%	名称	钾含量/%
玉米	0.90	麦秆	0.83
稻秆	1.76	油菜秆	2.21
麻秆	3.05	籽粒苋	7.68
豆秆	2.40	薯类茎叶	3.00～7.32
向日葵	36	烟秆	1.85

表 2.10　主要农作物不同部位中钾的含量

作物	部位	钾含量（K_2O）/%	作物	部位	钾含量（K_2O）/%
小麦	籽粒	0.61	水稻	籽粒	0.30
	茎秆	0.73		茎秆	0.90
棉花	籽粒	0.90	马铃薯	块茎	2.28
	茎秆	1.10		叶片	1.81
玉米	籽粒	0.40	糖用甜菜	根	2.13
	茎秆	1.60		茎叶	5.01
谷子	籽粒	0.20	烟草	叶片	4.10
	茎秆	1.30		茎	2.80

在秸秆燃烧过程中，秸秆中的钾汽化，然后与其他元素一起形成氧化物、氯化物及硫酸盐等，最终生成化合物的种类主要取决于燃料的组分和燃烧产物在炉内的驻留时间。但所有这些化合物都表现为低熔点。它们对受热面上沉积物的影响程度取决于两个方面：一是这些化合物的蒸气压力；二是所生成的熔融物是直接沉积在炉管表面形成一个熔化的表面，还是沉积在飞灰颗粒上形成一个很黏的表面。当钾和其化合物凝结在飞灰颗粒上时，飞灰颗粒表面就会富含钾，这样就会使飞灰颗粒更具有黏性和低熔点。灰粒的熔点和黏性主要取决于钾的凝结速率和扩散速率（宋宏伟等，2003）。

B. 钠

钠不是植物生长所必需的营养元素，故在植物体内含量不高，对内蒙古栗钙土典型草原地带植物的化学元素的研究，草中钠含量平均为 0.313%±1.065（武吉华，2004）。一般植物中的钠含量约为 0.1%。

钠与钾属于同一主族元素，燃烧过程中其运动形式相似，在沉积形成和腐蚀过程中的作用相同。

C. 氯

氯是植物所必需的营养元素中唯一的第七主族元素，又称为卤族元素，是唯一的气体非金属微量元素。氯的亲和力极强，岩石圈中找不到单质氯。地壳中的氯含量平均仅为 0.05%，被认为是岩石圈的次要组成成分。植物对氯的吸收是通过根和地上部分以离子的形态进行的，属于逆化学梯度的主动吸收过程，大多数植物吸收 Cl^- 的速率很快，数量也不少。氯在植物体中主要以 Cl^- 形态存在，且移动性很强，主要作用是调节叶片气孔的开闭，保持细胞液的浓度，调节渗透压的平衡，提高作物的抗旱能力等（邹邦基等，2004）。

氯在植物体内虽属微量营养元素，但含量甚高，常高达 0.2%～2%，主要分布于茎叶中，籽粒中较少（于丙军等，2004）。据埃泼斯坦测定，高等植物（包括作物）中氯和铁（Fe）含量居 7 种必需微量元素之首，含氯量大约是含锰（Mn）量的 2 倍，锌（Zn）、硼（B）含量的 5 倍，铜（Cu）含量的 17 倍，钼（Mo）含量的 1000 倍。一般认为，植物需氯量几乎与需硫一样多。不同植物中的含氯量见表 2.11。

表 2.11 不同植物中的含氯量

名称	含量/(mg/kg)	名称	含量/(mg/kg)
水稻	4 700～6 660	红麻	7 010
甘薯	7 590～9 270	甘蔗	6 770
大豆	780	芥蓝菜	6 570
花生	4 650	油菜	14 000
小麦	5 900	空心菜	24 920

秸秆燃烧过程中，氯元素对沉积的形成及腐蚀程度起着重要作用。首先，秸秆燃烧过程中，氯元素起着传输作用，当碱金属元素从燃料颗粒内部迁移到颗粒表面与其他物质发生化学反应时，将碱金属从燃料中带出；其次，氯元素有助于碱金属元素的汽化。氯是挥发性很强的物质，在秸秆燃烧过程中，几乎所有的氯都会进入气相，根据化学平

衡，将优先与钾、钠等构成稳定且易挥发的碱金属氯化物，这也是氯元素析出的一条最主要的途径，600℃以上碱金属氯化物的蒸气压升高进入气相，随着碱金属元素汽化程度增加，沉积物的数量和黏性也增加（胡蔼堂，1985）。与此同时，氯元素也与碱金属硅酸盐反应生成气态碱金属氯化物，这些氯化物蒸汽是稳定的可挥发物质，与那些非氯化物的碱金属蒸汽相比，它们更趋向于沉积在燃烧设备的下游。另外，氯元素还有助于增加许多无机化合物的流动性，特别是钾元素的化合物。经验表明，决定生成碱金属蒸气总量的限制因素不是碱金属元素，而是氯元素。因此，可以用秸秆中氯含量与碱金属一起来预测沉积物的特性。由现场的运行实践可知，碱金属含量高而氯含量低的燃料，在燃烧过程中形成的沉积量，要低于碱金属和氯含量都较高或者碱金属含量低但氯含量高的燃料。

一般认为煤中氯的含量超过0.25%时，在燃烧过程中就会腐蚀设备，并且在设备中产生结皮和堵塞现象。与木质燃料相比，秸秆作物中的氯含量过高，根据试验测定玉米秸秆中Cl的含量为0.5%～1%，在高温的情况下将会对设备形成高温腐蚀，缩短锅炉的使用寿命。一般情况下，燃烧木材燃料的锅炉可以使用15年左右，而燃烧农作物秸秆时一般10年左右就会报废。

D. 硅

硅在地壳中含量高达28%，仅次于氧，居第二位。硅在植物体内的存在形态主要是水化无定形二氧化硅、石英，其次是硅酸和胶状硅酸。水稻是吸收硅酸最多的植物，硅酸进入植物体内后大部分变成难溶性硅胶或多硅酸聚合体。

硅在植物的体内的含量因植物种类的不同而差异极大，禾本科植物如水稻中的硅含量一般较高，通常为10%～15%，而双子叶植物，尤其是豆科植物，含量小于0.5%。硅在植物体内的分配受器官的影响，同一植物的不同部位，含硅量有极大的差异，如水稻各器官中硅（SiO_2）含量大小依次为谷壳（15%）、叶片（12%）、叶鞘（10%）、茎（5%）、根（2%）。

在秸秆燃烧过程中，碱金属是以氧化物、氢氧化物、有机化合物的形式与硅结合形成低熔点共晶体的。单晶硅的熔点是1700℃，从不同比例的K_2O-SiO_2混合物的熔点相图可以看出：32% K_2O与68% SiO_2混合物的熔点为768℃，这个比例与含25%～35%的碱金属（K_2O+Na_2O）生物质灰的成分很相似。试验表明，以秸秆为燃料的链条炉受热面上形成的玻璃状物质以及760～900℃下流化床的床料所形成的渣块，主要成分都是SiO_2。

2. 生物质灰分的熔解特性

1）*灰熔融温度*

生物质中的少量元素是生物质燃烧后的主要灰分。在高温下，灰分会变成熔融状态，形成含有多种组分的灰（具有气体、液体或固体的形态），在任意冰冷的表面或炉壁形成沉积物，即积灰结渣。生物质灰的熔点测定按照煤灰的测定方法，根据灰的形态变化可以分为四类：变形温度、软化温度、半球温度和熔化温度。

方法：将煤灰制成一定尺寸的三角锥，在一定的气体介质中，以一定的升温速度加热，观察灰锥在受热过程中的形态变化，观测并记录它的四个特征熔融温度。

（1）变形温度（DT）：灰锥尖端或棱开始变圆或弯曲时的温度。

（2）软化温度（ST）：灰锥弯曲至锥尖触及托板或灰锥变成球形时的温度。

（3）半球温度（HT）：灰锥形变至近似半球形，即高约等于底长的一半时的温度。

（4）熔化温度（FT）：灰锥熔化展开成高度在 1.5 mm 以下的薄层时的温度。

2）燃料成分对生物质灰熔融温度的影响

燃料灰的熔点与燃料的种类和成分有关。生物质灰中的大量的碱金属和碱土金属是导致锅炉床料聚团、受热面上沉积的主要因素，生物质中的 Ca 元素和 Mg 元素通常可以提高灰分点，K 元素可以降低灰分点，Si 元素在燃烧过程中与 K 元素形成低熔点的化合物，农作物秸秆中 Ca 元素含量低，K 元素含量较高，导致灰分的软化温度较低。例如，麦秸的变形温度为 860～900℃。表 2.12 是秸秆和木材中的重要元素含量。

从表中可看到，生物质灰中的 Si、K、Na、S、Cl、P、Ca、Mg、Fe 等碱金属及碱土金属的含量比较高（表 2.12），生物质灰的熔点比较低，一般为 800～1400℃（表 2.13）。

表 2.12 秸秆与木材中的重要元素含量

元素	秸秆（干）		木块（干）	
	特殊值/%	范围/%	特殊值/%	范围/%
灰分	4.5	2～8	1.0	0.3～6
Si	0.8	0.1～2.0	0.2	<1.1
Ca	0.4	0.2～0.5	0.2	0.1～0.9
K	1.0	0.2～2.6	0.1	0.05～0.4
Cl	0.4	0.1～1.1	0.02	<0.1
S	0.15	0.1～0.2	0.05	<0.1

表 2.13 部分生物质灰的熔融温度

原料	变形温度/℃	软化温度/℃	半球温度/℃	流动温度/℃
刨花	1050	1070	1080	1100
玉米秸	1040	1060	1090	1110
棉柴	1280	1320	1400	1400
麦秸	1000	1030	1100	1150
豆秸	1300	1310	1330	1340

较高的碱金属及碱土金属含量使生物质灰易于熔化、结渣。在秸秆燃烧过程中，当碱金属与石英砂等床料反应时，就会引起床料的聚团甚至烧结。Bapat 等在研究高碱金属含量生物质在流化床上的燃烧时发现碱金属能够造成流化床燃烧中床料颗粒的严重烧结。其原因是碱金属（Na、K）氧化物和盐类可以与 SiO_2 发生以下反应：

$$2SiO_2 + Na_2CO_3 = Na_2O \cdot 2SiO_2 + CO_2 \tag{2-4}$$

$$4SiO_2 + K_2CO_3 = K_2O \cdot 4SiO_2 + CO_2 \tag{2-5}$$

形成的低温共熔体熔融温度分别仅为 874℃和 764℃，从而造成严重的烧结现象。当碱金属和碱土金属以气体的形态挥发出来，然后以硫酸盐或氯化物的形式凝结在飞灰颗粒上，降低了飞灰的熔点，增加了飞灰表面的黏性，在炉膛气流的作用下，粘贴在受热面的表面上，形成沉积，甚至结垢，受热面上沉积的形成影响热量传输，使得设备堵塞，严重时造成锅炉熄灭，甚至爆炸。图 2.30 是秸秆与其他燃料混合燃烧时在锅炉过热器表面结垢的图片（Lin et al.，2005）。

图 2.30　秸秆与其他燃料混燃时在锅炉过热器表面上的结垢图片

2.2.3　热解特性

热解是以热化学反应为基础的生物质能转换技术之一，是指生物质在完全缺氧或部分缺氧条件下热分解，最终生成木炭、生物油和不可冷凝气体的过程。三种产物的比例取决于热解工艺的类型和反应条件。生物质经过热解后转化成易储存、易运输、热值高的燃料。

1. 热解的分类

根据反应温度，生物质的热解可分为低温热解、高温热解和中温热解三类。

一般地，低温热解温度不超过 580℃，产物以木炭为主；高温热解温度为 700～1100℃，产物以不冷凝的燃气为主；中温热解温度为 500～650℃，产物中燃料油产率较高，可达 60%～80%。

按升温速率和完成反应所用的时间，热解也可分为传统热解（慢热解）、快速热解和闪速热解。慢热解又称为干馏工艺，是一种以生成木炭为目的的碳化过程，主要特点是升温速率低。根据反应温度也可分为低温干馏、中温干馏和高温干馏。低温干馏的加热温度为 500～580℃，中温干馏温度为 660～750℃，高温干馏的温度为 900～1100℃。快速热解的升温速率为 10～200℃/s，气相停留时间小于 5 s；闪速热解的升温速率更高，而且冷却速率也高。实际上快速热解和闪速热解并没有严格的区分。

2. 热解机理和过程

1）*热解原理*

生物质热解是一个十分复杂的化学反应过程，包括分子键断裂、异构化和小分子的聚合等反应。对于热解的机理，人们常常假设生物质的三种主要成分独自进行裂解。

纤维素是生物质中的主要成分，其热解行为在很大程度上体现了生物质热解的规律。纤维素热解机理源于对纤维素燃烧过程的研究。纤维素主要在325～375℃发生裂解。热重分析结果表明，纤维素在52℃时开始热解，随着温度的升高，热解反应速率加快，到350～370℃时，分解为低分子产物，其热解过程为

$$(C_6H_{10}O_5)_n \longrightarrow nC_6H_{10}O_5 \tag{2-6}$$

$$C_6H_{10}O_5 \longrightarrow H_2O + 2CH_3—CO—CHO \tag{2-7}$$

$$CH_3—CO—CHO + H_2 \longrightarrow CH_3—CO—CH_2OH \tag{2-8}$$

$$CH_3—CO—CH_2OH + H_2 \longrightarrow CH_3—CHOH—CH_2 + H_2O \tag{2-9}$$

半纤维素是木材中最不稳定的组分，在225～325℃分解，比纤维素更易热分解，其热解机理与纤维素相似（李传统，2005）。

木质素在250～500℃进行裂解，纤维素和半纤维素的裂解产物大部分是挥发分，木质素裂解的产物主要是轻质气体和焦炭，当温度高于350℃，焦炭产量随温度升高而降低，最后趋近质量分数稳定值为26%。

根据近年来对木质素热解机理的研究，当木质素发生热解时，首先是相对较弱的脂肪族的键断裂释放出较大的碳氢化合物碎片（液体产物），主要是由芳香族化合物组成，包括取代酚的混合物、水分、甲醇、乙酸和丙酮，然后碎片发生裂解和重整等二次反应。

2）*热解过程*

生物质热解过程是由外至内逐层进行，热量首先传递到颗粒表面，再由表面传到颗粒内部。在这个过程中，生物质颗粒迅速裂解成木炭和挥发分，进行两次热解反应。在第一次热解反应中，产物是碳和挥发分。其中挥发分主要由可冷凝气体和不可冷凝气体组成，可冷凝气体经过快速冷凝可以得到生物油。然后，在多孔隙生物质颗粒内部的挥发分将进行第二次裂解，形成不可冷凝气体和热稳定的二次生物油。同时，当挥发分气体穿越周围的气相组分离开生物颗粒时，也将进行二次裂解反应（马承荣等，2005；陈祎等，2006）。

根据热解过程的温度变化和生成产物的情况等，可以分为干燥阶段、预热解阶段、固体分解阶段和煅烧阶段。

第一阶段：干燥阶段（温度为120～150℃）。在这一阶段，生物质中的水分进行蒸发，物料的化学组成几乎不变，即是热解的干燥过程，含水分越多的生物质，这个过程就越长，将消耗的能源就越多。在实际生产中，这部分水蒸气并不直接排入大气，而是随木煤气进入后续设备中，最终凝结在木醋液中，降低木醋液浓度，增加木醋液的回收负荷。所以热解的原料应尽量降低水分含量。

第二阶段：预热解阶段（温度为150～275℃）。在这个阶段中热反应比较明显，原

料中的半纤维素等不稳定成分开始分解，这时从排气孔中冒出的“烟”，主要是 CO_2、CO 和少量的乙酸，产出的气体热值很低。

以上两个阶段均是吸热反应，都需要外界不断地加热。

第三阶段：固体分解阶段（温度为 275～475℃）。当温度继续上升，超过 275℃时，原料开始加快分解，进入固体分解阶段，这个阶段是热解的主要阶段，物料发生着各种复杂的物理、化学反应。

随着温度提高，分解速率加快，产生了大量的固体、气体和液体产物，如炭、甲烷、乙烷、乙烯、乙酸、甲醇、丙醇、木焦油、木醋液等，其中炭的产量最高，每吨原料可产炭 330～400 kg。由于生物质中含有氧元素，这一阶段表现出的是放热反应，可以说这一阶段不用外加热就可以使反应进行下去。这一阶段可保持到 450℃，称为热解碳化阶段。由于产品炭中还有一些挥发分没被分解出来，所以木煤气产量很低，而且热值不太高，一般为 12 552 kJ/m^3 左右。如果要使木煤气质量好，气量和热值也增加，热解过程还要继续下去，即进行煅烧阶段。

第四阶段：煅烧阶段（温度为 450～500℃），生物质依靠外部供给的热量进行木炭的燃烧，使木炭中的挥发物质减少，固定碳含量增加。煅烧阶段温度可以加到 500℃，也可以加到 600℃、700℃，乃至 1000℃以上。煅烧阶段随着温度的升高不再产生木醋液和焦油，而只是产生木煤气，其中主要是 CH_4 和 H_2，可使木煤气的热值大大提高。例如，在 1000℃下热解，木煤气的热值可达 25 104 kJ/m^3，而木炭的产量只有 220～230 kg/t。

需要特别指出的是，煅烧阶段是吸热反应，也就是说需要外加热。从能量平衡角度看，并不是热解温度越高越好。在实际生产中究竟选择什么样的热解温度，要因时、因地、因产品结构、因生产目的而定。

实际上，上述四个阶段的界限难以明确划分，各阶段的反应过程会相互交叉进行（袁振宏等，2005）。最终，生物质热解形成了木质炭、木焦油、木煤气、木醋液。

2.2.4　燃烧特性

1. 生物质燃烧过程

生物质燃料的燃烧过程是强烈的化学反应过程，又是燃料和空气间的传热、传质过程。其燃烧过程可分为四个阶段：干燥过程、挥发分的析出与燃烧、过渡阶段及焦炭燃烧。

1）干燥过程

送入燃烧室后，在高温热量（由前期燃烧形成）作用下，燃料中的水分受热蒸发汽化（生物质颗粒中的水分在 100℃左右就会很快蒸发），从燃料中逸出。这一过程即是生物质的干燥过程。

2）挥发分的析出与燃烧

随着温度的不断升高，生物质颗粒进行挥发热解过程，研究表明生物质颗粒在 150～800℃都有热解挥发分析出。挥发分的析出可以分成三个明显的阶段。在低于

280℃的温度范围内有一个明显的失重过程，它完成了生物质的半纤维素（羧基、羰基）等低分子质量物质的分解，放出大量的 H_2O、CO_2 与 CO，到达着火温度后，气态的挥发分和周围高温空气掺混首先被引燃而燃烧。在这种火焰温度的影响下，加快了燃料中纤维素的热分解过程，为 280～500℃，纤维素快速热解，出现第一个反应速率的峰值，生成了大量气体而炭的生成量较少，在此温度区域内出现了一个迅速失重过程。木质素的热解速率在 400℃以后出现峰值，因此在此温度段所发生的热解是以上几种组成成分热解叠加的结果；在热解温度高于 500℃时，半纤维素及纤维素的热分解基本结束，而木质素较难热解，其热解几乎跨越整个热解过程，因此温度超过 500℃时以木质素的热解为主，生成了 H_2、CH_4 与较多的炭。一般情况下，此阶段主要是挥发分在燃烧，其发热量占到生物质热值的 70%，焦炭被挥发分包围着，燃烧室中氧气不易渗透到焦炭表面，但是，气流运动会将一部分炭粒裹入烟道，形成黑絮，所以，通风过强会降低燃烧效率。

这提示我们，设计生物质燃炉的核心技术应是挥发分充分析出的时间和空间设计。使其在低温时析出，在高温段燃烧。这是解决沉积和结渣问题的理论基础。

3）过渡阶段

随后，燃料的温度进一步增高。纤维素的热分解速率急速下降，此时挥发分物质仍能保持燃烧火焰。木质素由于高温碳化，并通过氧化作用表面开始着火，生成炙热火焰，以较慢的速率燃烧，此时出现气相和固相两种燃烧状态并存的现象，直到燃料中的挥发分物质分解完毕，气相火焰熄灭。

4）焦炭燃烧

当挥发分的燃烧快要终了时，焦炭及其周围温度已很高，空气中的氧气也有可能接触到焦炭表面，焦炭开始燃烧，并不断产生灰烬，燃料中的木质素已全部碳化，表面生成炙热的火焰，燃烧反应速率加快，并出现第二次反应速率峰值，然后燃烧速率变慢，表面炙热火焰由红变暗，逐渐消失。但是，焦炭燃烧受到灰烬包裹和空气渗透较难的影响，阻碍了焦炭的燃烧，造成灰烬中残留余炭。

从上述说明可以看出，产生火焰的燃烧过程为两个阶级：即挥发分析出燃烧和焦炭燃烧。

综上所述，生物质燃料在燃烧过程中具有以下几个特点。

（1）生物质燃料的密度小，结构比较松散，挥发分含量高。在 150℃时，热分解开始，350℃时挥发分能析出 80%。达到着火温度时，开始燃烧，挥发分的燃烧主要在炉膛的稀相区进行。由于挥发分析出时间比较短，此时若空气供应不当，挥发分不能燃烬而排出，排烟为黑色，严重时为浓黄色烟。所以在设计生物质燃烧设备时，燃烧室必须有足够的容积，以便有一定的燃烧空间和燃烧时间。

（2）根据图 2.31 所示几种生物质的差热曲线可以发现：生物质燃料在着火以前，为吸热反应，吸收的热量称为预燃热，它包括水分的蒸发潜热、低温馏分物质热分解及其产物加热到达着火温度所需要的热量；到着火温度以后，先后进行了气相和固相燃烧，为放热反应。

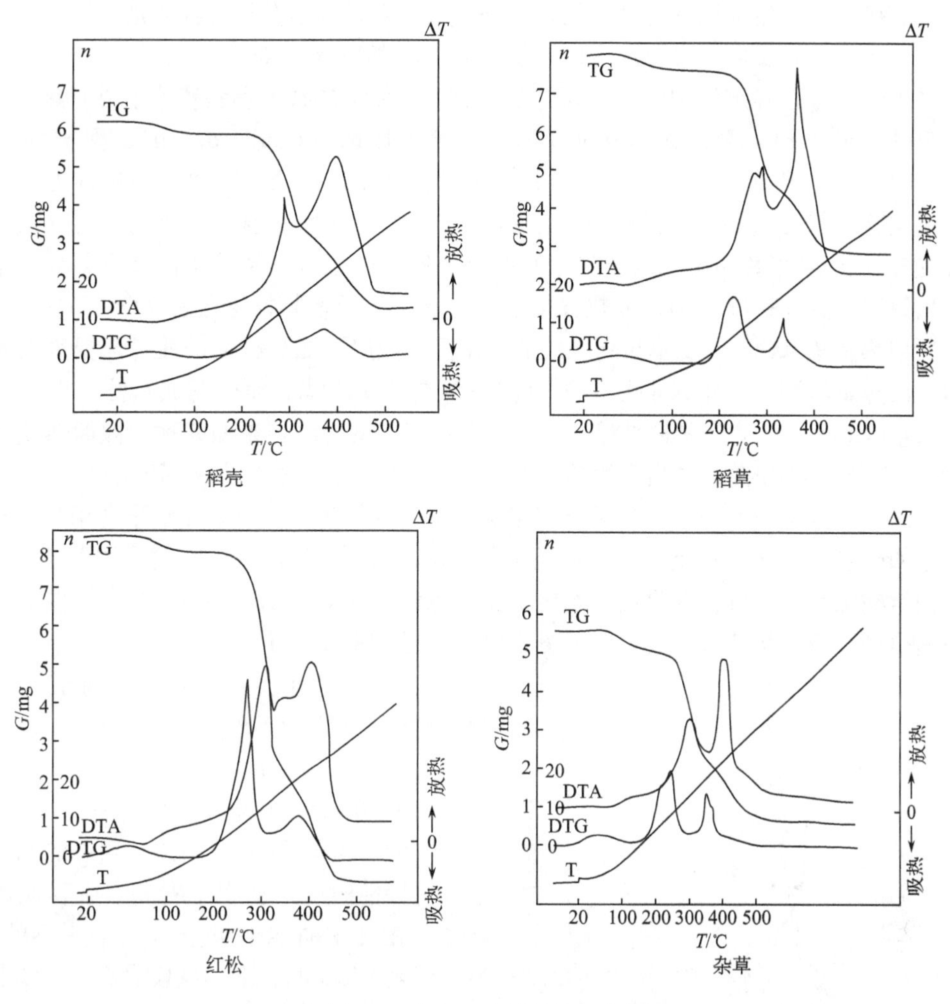

图 2.31　几种生物质的差热曲线

（3）存在两个放热峰值，两个反应速率峰值。燃料的挥发分物质主要是纤维素的热分解产物，燃烧形成第一个放热峰，由于热值比较低，形成的放热峰面积较小；焦炭的燃烧形成第二个放热峰，由于热值比较高，形成的放热峰面积比较大。在 280～500℃，纤维素快速热解，出现第一个反应速率的峰值，当燃料中的木质素已全部碳化，表面生成炙热的火焰，燃烧反应速率加快，并出现第二次反应速率峰值。

（4）生物质燃料中的挥发分物质，其热分解燃烧速率大于碳化物质的固相燃烧速率。

2. 燃烧动力学及影响燃烧效率的因素

1）燃烧动力学

生物质燃烧动力学是表征生物质在热分解反应过程中反应温度、反应时间等参数对物料或反应产物转化率影响的一个重要特性，是合理设计燃用生物质燃料的燃烧设备的基础，直接关系到生物质热化学利用；另外，通过对动力学分析可深入地了解反应过程和机理，还可预测反应速率及反应的难易程度（白兆兴等，2009）。

各国研究者在确定生物质燃烧动力学参数上所使用的技术和装置，主要有热分析仪（thermal analyser），管式炉（tube furnace）、流化床（fluidized bed）、网屏加热器（screen heater）和落管（drop tube）等。按试验温度变化情况，可分为试样处于恒定的等温实验（静态实验）和试样在一定的升温速率下逐渐升温的非等温实验（动态实验）。按反应气氛条件可分为在空气中和在惰性氮气中两种。热分析法又可分为热重法（TG）、微分热重法（DTG）、差热分析法（DTA）和差示扫描量热法（DSC）等。

所谓热重法（thermogravimetry）是指在程序控温下测量样品的质量与温度关系的技术。由热重法测得的记录曲线称为热重曲线或 TG 曲线。而微商热重法（derivative thermogravimetry）是热重曲线对时间的一阶微分，测得的记录曲线称为微商热重曲线或 DTG 曲线。利用热重法测定反应动力学的实验方法有静态法（等温法）和动态法（非等温法）。静态法是在某一恒温下测定重量随时间发生的变化。该法早期用得比较普遍，它的缺点是在研究物质分解时，经常发生在升到某一定的温度之前，物质已发生分解，使试验结果不准确，并且需要选定的温度点多而费时。随着科技的发展和测试水平的不断提高，现已将热分析动力学从静态分析推进到动态分析。

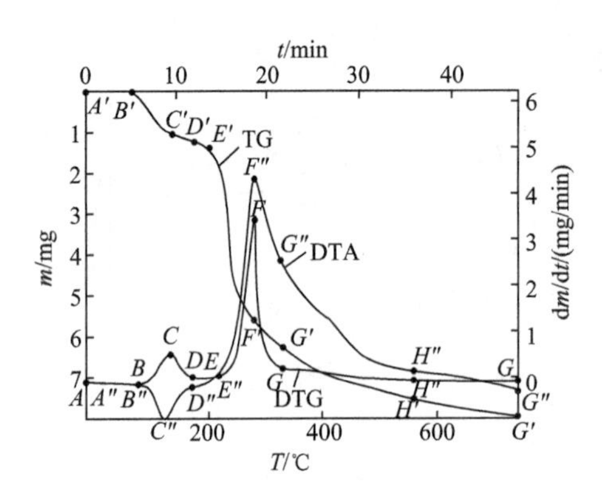

图 2.32 稻秆热重分析特性曲线

图 2.32 是在实验温度为室温至 650℃、测重量程分别选 10 mg 和 20 mg，记录仪走纸速度 2 mm/min，标准物为氧化铝粉（Al_2O_3）10 mg，升温速度分别为 10℃/min、15℃/min、20℃/min 等条件下测得的稻秆热重分析特性曲线，从图中看到，生物质的燃烧过程在 TG 曲线上可分为 3 个明显的区。第一区是 DTG 曲线上 AD 段对应的 TG 曲线上的 $A'D'$部分，该区主要发生失水反应，其特征点 B'为水分开始蒸发点；D'点表示水分蒸发完毕。第二区是 DTG 曲线上 EG 段对应的 TG 曲线上的 $E'G'$部分，该区主要是挥发分的析出和燃烧阶段，其特征点 E'表示挥发分开始析出；F'点表示挥发分析出最大失重率；G'表示挥发分析出完毕。第三区是 DTG 曲线上 GH 到最后燃尽段对应的 TG 曲线上的 $G'H'$部分，该区主要是固定炭的燃烧阶段，其特征点 H'为燃尽点。

A. 着火温度与燃烧稳定性

对于生物质，着火温度 T_e 是生物质燃料着火性能的一个重要指标，通常采用热重法或微商热重法来确定生物质的着火温度。

以上几种方法对试样的着火点分别进行了定义：TG 曲线分界点法是将试样的燃烧 TG 曲线与热解 TG 曲线的分界点为着火点。DTG 曲线分界点法是定义试样的燃烧 DTG 曲线与热解 DTG 曲线的分界点为着火点。TG-DTG 曲线分界点法是采用外推法确定着火温度。

着火温度的高低主要与生物质本身的结构、粒度和性质有关，还与四周的温度、气氛、吸散热条件、空气流速以及加热速率等条件有关，另外，不同类生物质燃料的氧化反应能力、反应活性对它也有直接的影响。

对于不同种类和不同条件下的生物质，其着火温度 T_e、最大燃烧速率 $(dm/dt)_{max}$ 以及最大燃烧速率下对应温度 T_{max} 各不相同，T_e 的大小反映了生物质燃料的着火性能或者是活化能的高低，其数值越小，表明该燃料的着火越容易；最大燃烧速率 $(dm/dt)_{max}$ 以及最大燃烧速率对应温度 T_{max} 反映了燃料着火的后续燃烧情况。$(dm/dt)_{max}$ 值越大，T_{max} 值越小，说明该燃料着火后的燃烧速率越快，燃烧稳定性越强。

升温速率对生物质的着火温度有一定的影响。根据实验结果，玉米秆和小麦秆的着火温度随升温速度的增大而减小，稻秆的着火温度随升温速度的增加而增加。在相同升温速率下，玉米秆的着火温度最低，棉秆的最高。

由于生物质大多是有机物组成，含有大量的挥发分，生物质的着火温度比煤的低。着火温度越低，着火越容易，点火时不必耗用大量燃料，靠其自身的热量就可以维持燃烧。

B. 挥发分的最大析出速率

因为秸秆自身具有挥发分含量高和含碳量低的特点，决定了其燃烧过程主要是挥发分的燃烧过程，这是一个失重的过程，挥发分析出越强烈，析出高峰出现得越早、越集中，表明燃料的析出特性越好，着火越容易。根据实验，麦秆中的挥发分的最大析出速率达到 0.1105 mg/s，远高于玉米秆和棉秆。

C. 燃烧特性指数 R

燃烧特性指数是反映生物质着火和燃尽的综合指标。为了全面评价生物质的燃烧特性，采用燃烧指数 R 来进行描述（马孝琴，2002a；2002b）：

$$R = [(dm/dt)_{max}(dm/dt)_{mean}]/T_s^2 T_h \tag{2-10}$$

式中，R 为燃烧特性指数；$(dm/dt)_{max}$ 为最大燃烧速率，mg/min；$(dm/dt)_{mean}$ 为平均燃烧速率，mg/min；T_s 为挥发分开始析出温度，℃；T_h 为燃尽温度，℃。

R 值越大，生物质的燃烧特性越好。

实验表明，燃烧特性指数 R 受升温速率的影响。一般情况下，升温速率越大，挥发分的析出越快，平均燃烧速率越大，燃烧特性指数越大，燃烧特性越好。由表 2.14 看出，三种试样的燃烧特性指数随升温速度的增加而增加，即升温速率的提高有助于生物质燃烧（马孝琴，2002a；2002b）。

表 2.14　三种试样的热失重及燃烧特性分析

编号	样品	升温速率 /(℃/min)	着火温度 /℃	挥发分析出反应温度			差热峰面积	特性指数
				E/(kJ/mol)	频率因子	相关系数		
1	玉米秆	10	209.7	95.5395	1.360×10^{9}	0.9793	2093.75	3.4026×10^{-8}
2	玉米秆	15	200.0	82.9155	8.0571×10^{7}	0.9678	2237.50	8.2146×10^{-8}
3	玉米秆	20	190.0	76.5167	2.7762×10^{7}	0.9779	2254.36	1.8150×10^{-7}
4	小麦秆	10	207.8	105.2037	1.5723×10^{10}	0.9881	2073.75	4.1428×10^{-8}

续表

编号	样品	升温速率/(℃/min)	着火温度/℃	挥发分析出反应温度			差热峰面积	特性指数
				E/(kJ/mol)	频率因子	相关系数		
5	小麦秆	15	196.5	102.5826	8.0022×10^{9}	0.9803	2161.00	8.6169×10^{-8}
6	小麦秆	20	191.9	86.4802	2.5822×10^{8}	0.9921	2171.25	1.8360×10^{-7}
7	稻秆	10	202.0	87.4934	4.4458×10^{8}	0.8749	1782.59	2.8578×10^{-8}
8	稻秆	15	215.0	66.5138	4.8952×10^{6}	0.8980	2041.25	6.3398×10^{-8}
9	稻秆	20	222.0	53.2272	2.4773×10^{5}	0.9206	2109.38	1.4143×10^{-7}

D. 差热峰面积

根据差热分析理论可得表示反应放热量与差热峰面积关系的差热曲线方程：

$$\Delta Q=\beta\int_{0}^{\infty}[\Delta T-(\Delta T)_{c}]\mathrm{d}t=\beta S \tag{2-11}$$

式中，ΔQ 为反应放热量，J；β 为比例常数，即试样和参比物与金属块之间的传热系数，J/mm²；T 为试样与参比物之间的温差，℃；$(\Delta T)_{C}$ 为差热曲线与基线形成的温差，℃；t 为时间，min；S 为差热峰面积，即差热曲线与基线之间的面积，mm²。

根据公式，差热峰面积 S 与反应放热量 ΔQ 成正比，差热峰面积越大，生物质所含的热值越高，升温速率的增大和样品粒度的减小有利于秸秆热量的释放。

差热峰面积受生物质种类的影响，不同种类的生物质差热峰面积不一样，如 $S_{玉米秆}>S_{小麦秆}>S_{稻秆}$。另外，差热峰面积也受升温速率的影响，随升温速率的提高而提高。

2）影响生物质燃烧速率的因素

生物质燃烧是一种复杂的物理化学现象，燃烧速率由化学反应和气流扩散所决定，受燃料的种类、颗粒大小、含水量、燃烧温度、燃烧时供风量及发热量等因素的影响。

A. 燃料种类对生物质燃烧速率的影响

根据马孝琴（2002a；2002b）将玉米秸秆、小麦秸秆和稻秆三种秸秆在直径、密度、质量相同或相近的成型燃料放入 900℃的马弗炉中进行试验的结果，不同秸秆的成型燃料具有不同的燃烧速率，但呈现相同的变化规律。即燃烧初期（0～5 min）燃烧速率快，中期（5～10 min）逐渐变慢，后期（10～20 min）燃烧速率最慢且趋于平稳。这是因为燃烧初期主要是挥发分的燃烧，这时挥发分浓度最大且基本上没有灰壳的阻碍作用。燃烧中期是挥发分和炭的混合燃烧。该阶段挥发分浓度较低，灰壳的逐渐加厚也阻碍挥发分向外溢出的速度。燃烧后期主要是炭和少量残余挥发分的燃烧，不断加厚的灰层使氧气向内渗透和燃烧产物的向外扩散明显受阻，降低了燃烧速率。在整个燃烧过程中，挥发分含量高的小麦秸秆和玉米秸秆燃烧速度衰减较快。又由于小麦秸秆的灰分小于玉米秸秆的灰分，其燃烧过程中灰层的阻碍小于玉米秸秆，因此小麦秸秆燃烧速率的衰减速率略大于玉米秸秆；而挥发分含量较低、灰分含量较高的稻秆燃烧速率衰减较慢。另外三种秸秆均在燃烧到 15 min 时速率趋于平稳且基本燃尽。

B. 温度对生物质燃烧速率的影响

反应速率一般随温度的升高而增大，实验表明，温度每增加 100℃，反应速率可增加 1～2 倍。温度对化学反应速率的影响表现在反应常数 k 上，可用阿仑尼乌斯经验公式表示：

$$k = k_0 e^{-E/RT} \tag{2-12}$$

式中，k 为化学反应常数；k_0 为频率因子；R 为普适气体常数，取 8.31kJ/(kmol · K)；E 为活化能；T 为热力学温度，K。

对于生物质燃料，炉膛温度对燃烧速率的影响在第一个 5 min 内，这是因为在燃烧初期秸秆成型燃料内部的挥发分浓度相同，温度起着主要作用，随后，燃料内部的挥发分浓度发生了变化，燃烧同时受温度和挥发分浓度的影响，并使挥发分浓度成了控制燃烧速率的主要因素。随着可燃物的基本燃尽，二者燃烧速率趋于一致且平稳。

C. 空气供给对生物质燃烧速率的影响

生物质的高位发热量及过量空气系数是影响燃烧温度的重要因素。适当的空气量和空气供给方式是保证生物质充分燃烧的条件之一。过多的空气供给，会吸收燃烧产生的热量，降低燃烧温度，淡化可燃气体的浓度，使化学反应减慢；过少的空气供给或空气受阻，分配不良，会使可燃气体未经燃烧而逸出。

在生物质燃烧初期（0～5 min），供风量越小，燃烧初期相对燃烧速率越大，在中期（5～10 min），供风量大的相对燃烧速率较大。这是因为由于燃烧初期秸秆成型燃料内部挥发分浓度相同，由于进风量的不同使炉温降低的程度不同造成的。

D. 气流扩散速率对燃烧速率的影响

气流扩散速率主要是指到达燃料表面的氧的浓度。

$$M = C_k(c_{gl} - c_{jt}) \tag{2-13}$$

式中，M 为单位时间内氧扩散到固体表面上的量；C_k 为质量交换系数；c_{gl}、c_{jt} 为气流和生物质表面上的氧浓度。

氧气到达生物质表面的速率受生物质颗粒的大小、气流中氧气的浓度及压力等因素的影响。燃烧过程中，气流扩散越快，氧气越能及时到达生物质表面，燃烧速率越快；但是较大的气流速率将降低燃烧室的温度，同时高速烟气还带走了较多的热量，不利于燃烧。

参 考 文 献

白兆兴，曹建峰，林鹏云，等. 2009. 秸秆类生物质燃烧动力学特性实验研究. 能源研究与信息，25 (3)：130-137

曹恭，梁鸣早. 2004. 氯——平衡栽培体系中植物必需的微量元素. 土壤肥料，4：i001-i004

陈木旺，卢廷群. 2003. 农田施肥要走出恐氯误区 . 福州农业科学，5：31-32

陈祎，罗永浩，陆方. 2006. 生物质热解机理研究进展. 工业加热，35 (5)：4-7

樊蜂鸣. 2005. 我国农村成型燃料规模化技术研究. 郑州：河南农业大学学位论文

范建云，谢益民，杨海涛，等. 2006. ^{13}C 同位素示踪法研究木素与纤维素连接键的形成. 中国造纸学报，21 (1)：1-4

高井康雄. 1988. 植物营养与技术. 敖光明，梁振兴译. 北京：农业出版社

格拉泽 AN，二介堂弘. 2003. 微生物生物技术. 陈守文，喻子牛，等译. 北京：科学出版社

何良胜，刘初成. 2002. 烟草秸秆还田的效果研究初报. 湖南农业科学，(6)：34-35

贺学礼. 2010. 植物学. 北京：高等教育出版社
胡蔼堂. 1985. 植物营养学（下册）. 北京：农业出版社
黄忠乾，龙章宗. 1992. 生物技术. 南京：江苏科学技术出版社
江涛. 2003. 要重视有机钾肥的利用. 河南科技，(5)：10
蒋挺大. 2009. 木质素. 第二版. 北京：化学工业出版社
李传统. 2005. 新能源与可再生能源技术. 南京：东南大学出版社
李富恒，赵恒田，王新华. 2003. 农作物发育过程中的量变与质变规律. 19（1）：78-80
刘广青，董仁杰，李秀金. 2009. 生物质能源转化技术. 北京：化学工业出版社
刘荣厚. 2009. 生物质能工程. 北京：化学工业出版社
龙朝. 2006. 提高烟草钾含量的技术途径. 现代农业科技，14：53-54
马承荣，肖波，杨家宽. 2005. 生物质热解影响因素分析. 环境技术，5：10-12
马孝琴. 2002a. 秸秆着火及燃烧特性的实验研究. 河南职业技术师范学院报，30（3）：42-44
马孝琴. 2002b. 生物质（秸秆）成型燃料燃烧动力学特性及液压秸秆成型机改进设计研究. 郑州：河南农业大学学位论文
彭克明，裴保义. 1980. 农业化学（总论）. 北京：农业出版社
佘雕，耿增超. 2009. 小麦秸秆木素结构模型的研究进展. 西北林学院学报，24（1）：65-169
宋东亮，沈君辉，李来庚. 2008. 高等植物细胞壁中纤维素的合成. 植物生理学通讯，44（4）：791-796
宋宏伟，郭臣民，王欣. 2003. 生物质燃烧过程中积灰结渣特性. 节能与环保，9：29-31
宋孝周，郭康权，冯德君，等. 2009. 农作物秸秆特性及其重组材性能. 农业工程学报，25（7）：180-184
田恒. 1994. 谈谈煤中氯及其危害. 煤质技术与科学管理，(3)：18-22
王道明. 2002. 果园秸秆覆盖技术. 农村经济与科技，13（115）：35
王华，林卫红. 2000. 贵州省油菜生产现状与可持续发展战略. 贵州农业学，28（2）：57-59
王正银，胡尚钦. 2000. 中国优势肥用植物资源潜力与利用. 植物资源与环境学报，9（3）：49-53
武吉华. 2004. 植物地理学. 北京：高等教育出版社
谢瑞芝，董树亭，等. 2004. 植物硫素营养研究进展. 中国农学通报，18（2）：65-69
徐靓，安莲英. 2006. 农作物秸秆中钾元素的回收与利用. 广州微量元素科学，13（1）：7-11
雅克·范鲁，耶普·克佩耶. 2008. 生物质燃烧与混合燃烧技术手册. 田宜水，姚向君译. 北京：化学工业出版社
杨淑蕙. 2009. 植物纤维化学. 北京：中国轻工业出版社
叶雄干. 2006. 植物纤维是如何形成的. 纸和造纸，25（B6）：85-94
于丙军，刘友良. 2004. 植物中的氯、氯通道和耐氯性. 植物学通报，21（4）：402-410
余叔文，汤章城. 1998. 植物生理与分子生物学. 北京：科技出版社
袁振宏，吴创之，马隆龙，等. 2005. 生物质能利用原理与技术. 北京：化学工业出版社
翟秀静，刘奎仁，韩庆. 2005. 新能源技术. 北京：化学工业出版社
张云生，顾思平. 2002. 哈尔滨市主要农作物籽实、秸秆根茬产量及其养分含量的分析. 东北农业大学学报，33（2）：125-128
章克昌. 1997. 酒精与蒸馏酒工艺学. 北京：中国轻工业出版社
邹邦基. 1984. 土壤与植物中的卤族元素（II）氯. 土壤学进展，(6)：34-36
Bo Sander，Elsamprojekt. 2000. kraftværksvej 53. emissions，corrosion and alkali chemistry in straw-fired combined heat and power plants. 1st world conference on biomass for energy and industry. Sevilla，6：5-9
Hausen Lone Aslaug. 1998. Melting and sintering of ashes. Ph. D Thesis，Department of Chemical Engineering，Technical University of Denmark
Thomas R Miles，Thomas R Miles. J R，et al. 1996. Boiler deposits from firing Biomass fuels. Biomass and Bioenergy，10：125-138
Weigang Lin，Wenli Song. 2005. Power production from biomass in Denmark. 燃料化学学报，33（6）：650-655

第3章　生物质资源

生物质成型燃料的资源来源非常广泛，主要包括农业生物质资源、林业生物质资源、城市有机垃圾资源等。认识这些资源的特性，掌握这些资源的评价与计算方法对生物质成型燃料产业的发展具有重要的意义。本章重点介绍和分析这些生物质资源的计算与评价方法，资源量及其分布特征，并对几种典型能源植物进行讨论，分析我国潜在生物质资源的状况。

3.1　生物质资源评价指标

资源是决定生物质成型燃料产业发展的基础。因此，认识和掌握这些资源的评价与计算方法无论对确定生物质成型燃料企业的生产规模，还是对规划生物质成型燃料产业的布局都具有重要意义。资源的评价首先应该建立一套资源评价指标体系，对于不同的资源，评价指标既有相同的地方，又有一定的区别。在评价各种生物质资源时，通常情况下都需要用到理论资源量、可收集资源量、可利用资源量，以及生物质的热值，本节将其定义为生物质资源评价通用指标。此外，由于资源特性不同，农业秸秆、林业废弃物、城市垃圾等都有一些仅适用于自身评价的指标，这里将其定义为专用指标。

3.1.1　生物质资源评价通用指标

1. 理论资源量

理论资源量是指某类生物质资源通过理论计算或分析所能得到的最大资源量。理论资源量是资源评价的基础。由于不同生物质资源特性的不同，其理论资源量的计算方法也不尽相同。例如，农作物秸秆资源可以通过粮食产量进行理论推算，城市有机垃圾的理论资源量可根据居民的生活水平按人均有机垃圾产生量计算，而林业生物质资源的理论资源量的评价则相对困难，因为这部分资源受累积积存量影响，又受年生物质资源产量的影响，而年生物质资源量又受到树龄和树种的影响。

2. 可收集资源量

可收集资源量是指某一区域通过现有收集方式可实际收集到的资源量。可收集资源量通常小于理论资源量。农业生物质的可收集资源量受作物收获方式、收获时间、气候等因素的影响；林业生物质的可收集资源量则受森林抚育方式、抚育时间等因素的影响；居民生活垃圾的收集资源量的影响因素则更多，如垃圾分类收集率、民众生活方式、民众环保意识等多种因素的影响。

3. 可利用资源量

可利用资源量对生物质成型燃料企业的建设和产业布局的规划具有更直接的意义。一个原因是生物质资源有多种用途或多种处理方式，这就决定了可收集到的资源量不可能完全被用于生物质成型燃料的生产；另一个原因则是虽然有些资源可以收集，但生物质资源的分散性决定了当资源的收集成本超过一定值以后，资源的收集将不具经济性。因此，可利用资源量的评价、计算与其他资源量的计算相比较，其影响因素更多，计算和评价也最为困难，但是该资源量的准确评价，对生物质成型燃料企业或产业的规划具有更大的意义。

4. 热值

将生物质加工成成型燃料的目的在于改变其能量密度，提高其单位体积的热值，从而改善生物质的燃烧特性并解决生物质秸秆工业化、规模化利用过程中存在的运输和储存瓶颈问题。因此，得到高能量密度的燃料是生产成型燃料的根本目的。从这个意义上讲，生物质的热值越高，在加工成相同密度的成型燃料后得到的能量密度就会越高。

3.1.2 秸秆资源评价专用指标

1. 草谷比

农作物秸秆资源调查与评价技术规范（农业行业标准 NY/T 1701—2009）对草谷比所做的定义是：某种农作物单位面积的秸秆产量与籽粒产量的比值（NY/T 1701—2009）。这个概念用于非禾谷类作物是不确切的，因此，谢光辉根据国外概念残渣系数（residue factor）提出了“秸秆系数”的概念，可适用于所有作物的秸秆和经济产量的比值（谢光辉等，2011 a/b）。毕于运给出的定义是：指农作物地上茎秆产量与经济产量之比，又称为农作物副产品与主产品之比（毕于运等，2009）。“经济产量”是指人们需要的有经济价值的农作物主要产品的产量。

因为草谷比是由农作物经济产量推算秸秆理论资源量的重要依据，所以对于秸秆资源的评价，它是一个非常重要的指标，要完整地理解和合理的使用该指标，作者认为需要注意以下几点。

（1）草谷比受水分影响很大，因此，在给出某种作物的草谷比时，需要标明水分。目前多数文献给出的草谷比多以晾晒风干后秸秆的含水率为基准。秸秆晾晒风干后的含水率一般为 10％～15％。

（2）准确理解几种作物的草谷比含义。水稻的草谷比是指稻草和稻谷产量的比值，因此这里的“草”不包含稻壳；棉花的草谷比是指棉秆和籽棉的比值，由于国家统计数据中棉花产量是皮棉产量，因此，采用该指标计算田间棉秆产量时需要换算成以皮棉计的草谷比，同时还要减去棉籽的产量（谢光辉等，2010）。

（3）作物的品种、收获方式和栽培环境、种植区域等对草谷比均会产生影响。中国农村能源综合区划协作组在其 1983 年编写的《农村能源调查大纲》中，提出的玉米谷草比为 0.5，即草谷比为 2，1998 年国家农业部和美国能源部联合编写的《中国生物质资源可获得性评价》中也将玉米草谷比定为 2，田宜水等 2008 年研究得出的玉米的草谷比为 1.25（崔明等，2008）。这种变化应该与栽培和育种技术提高后使得玉米的收获指数提高有很大关系。

综上所述，对于我国这样一个幅员辽阔的农业大国而言，为每一种作物确定一个能被大家广泛接受的草谷比是一件十分困难的事情，许多文献对我国秸秆资源量的评估结果存在差异的主要原因就在于所用草谷比的不同。表 3.1 归纳总结了一些重要文献所给出的草谷比情况。

表 3.1　不同文献给出的作物草谷比

作者及文献号	草谷比										
	稻谷	小麦	玉米	豆类	薯类	棉花	花生	油菜籽	芝麻	麻类	甘蔗
牛若峰[a]	0.9	1.1	1.2	1.6	0.5	3.4[b]	0.8[c]	1.5	2.2	—	0.06
谢光辉[d]	1.0	1.17	1.04	1.5[m]	0.58[e]	2.91[f]	1.14	2.87	2.01	1.22/2.23[g]	0.06[h]
农业部[i]	0.623	1.336	2	1.5	0.5	3	—	2[j]	—	2.5	0.1
田宜水[k]	0.68	0.73	1.25	—	—	5.51	—	1.01	—	—	—
张福春[l]	1.323	1.718	1.269	1.295[m]	—	1.613	1.348	2.985	5.882	1.808[n]	—
韩鲁佳[o]	0.97	1.03	1.37	1.71[m]	0.61	3.0	1.52	3.0	0.64	1.7	0.25

a. 秸秆按晾晒干重计算，含水量一般在 6%～15%；b. 秸秆与籽棉的比值；c. 花生秧与花生果的比值；d. 取文献所给出的平均值，秸秆按干重计；e. 根据文献提供的甘薯和马铃薯草谷比取平均值得出；f. 按皮棉计算的草谷比，且扣除了棉籽的产量；g. 1.22 和 2.23 分别为黄麻和红麻的草谷比值；h. 甘蔗顶梢及叶干重之和与蔗茎鲜重之比；i. 未注明秸秆含水率；j. 油料；k. 秸秆含水率以 15%计；l. 根据全国 300 个农业气象试验站作为收获资料统计分析得出的草谷比，秸秆按干重计；m. 大豆；n. 胡麻；o. 未注明秸秆含水率。

关于水稻的草谷比，考虑到牛若峰和刘天福（1986）、张福春和朱志辉（1990）计算的秸秆含水率不同，这两个文献给出的值基本是一致的；中国农业部和美国能源部（1998）、崔明等（2008）给出的值相近，而且比其他文献给出的值明显偏低。对此问题，毕于运认为影响水稻草谷比的因素除了水稻产量，水稻熟制也是一个重要的因素，相关研究结果表明连作晚稻和单季晚稻草谷比平均取值为 1.15 左右，连作早稻草谷比平均取值为 0.65 左右。而目前早稻的种植面积只是水稻总播种面积的 1/5，在不区分早、中、晚稻的情况下，把水稻草谷比取值为 0.9～1.0 较为客观。作者比较赞同这一观点。

上述文献给出的玉米草谷比，除了中国农业部和美国能源部（1998）给出 2 外，其他文献给出的值均在 1～1.4。玉米草谷比取值 2 被许多文献采用。张福春 1990 年给出的取值也仅为 1.269，目前在玉米育种和栽培技术都取得重大进步的情况下，用该值来对我国玉米秸秆资源进行评估是不恰当的，人为抬高了玉米秸秆的资源量。

随着矮秆小麦品种的大量推广，小麦的草谷比呈现下降趋势，张福春 1990 年给出的取值为 1.718，田宜水 2008 年给出的值为 0.73，采用后者较适合目前的情况。

2. 资源密度

资源密度是指某一区域单位面积所生产秸秆资源的量，表明资源的丰度及经济性。从资源收集的角度来看，这一指标越高，则秸秆资源集中度高，收集半径小，收集成本低，资源化利用的经济性好，适合规模化开发利用。资源密度较小时也并不意味着不适合利用，而只是表明不适合规模化利用，可适用于分散式利用。

3. 有效收集时间

有效收集时间是指农作物秸秆在作物收获后，在不影响下茬作物播种的前提下可供收集的时间。有效收集时间直接影响秸秆的实际可利用量。

3.1.3　林木生物质资源评价专用指标

1. 现有总储量

广义地讲，林木生物质资源现有总储量是森林内绿色植物生物量的总和。林木生物质资源现有总储量可以通过林木生物质能资源的组成以及面积、蓄积等指标进行评价。

2. 供给能力

林木生物质资源的可再生性使得林木生物质能的供给具有可持续性，根据森林和林木的生长特性，以及林业经营特点，可以通过林木年净生长量，能源树种的年产量，林木年采伐、加工剩余物和果壳生物质资源量来评价。

3.1.4　城市有机垃圾资源评价专用指标

1. 垃圾可燃成分含量

利用垃圾生产成型燃料，又称为垃圾衍生燃料（refuse derived fuel，RDF），其生产过程是首先将生活垃圾进行破碎，分拣出可燃物，再加入添加剂干燥，最后将其挤压成型，制成 RDF，因此，RDF 生产主要利用的是垃圾中的可燃成分。近年来，随着生活水平的提高，垃圾中的可燃成分在不断增加。例如，表 3.2 所示的北京市近年来垃圾成分的变化情况代表了这种发展趋势。

表 3.2　北京市垃圾成分变化

年份	纸张/%	塑料/%	织物/%	玻璃/%	金属/%	厨余/%	草木/%	灰土/%	含水率/%	低位热值/(kJ/kg)
2008	10.9	13.1	1.2	1	0.4	66.2	3.3	3.5	62.9	5083
2006	11.1	12.7	2.46	1.76	0.27	63.4	—	6.57	—	—
2005	9.75	11.76	1.69	1.7	0.33	63.8	1.26	9.71	60.13	4627
2004	7.55	11.26	1.83	1.51	0.54	54.55	3.04	19.63	56.19	3710
2002	4.56	7.3	1.83	1.36	0.63	47.78	—	36.54	—	—
1989	6.04	1.88	1.74	3.79	0.76	32.6	1.17	52.19	—	—

2. 垃圾分类收集率

对垃圾实施源头分类收集是实现垃圾资源化和减量化的重要基础。目前，我国一些大城市都在推进垃圾的分类收集工作。以北京市为例，该市按照“大类粗分”的原则，将垃圾分为可回收物、厨余垃圾和其他垃圾三类。到2010年年底，全市生活垃圾分类收集率达到50%，垃圾资源化率达到30%。

3. 垃圾累积堆存量

我国垃圾生产量近年来呈不断增加趋势，城市生活垃圾累积堆存量已达70亿t，占地约80万亩①，近年来还在以平均每年4.8%的速度持续增长。

3.2 生物质资源的计算方法

3.2.1 秸秆资源计算方法

1. 理论资源量

理论资源量一般根据农作物产量和各种农作物的草谷比按照下式进行估算：

$$P = \sum_{i=1}^{n} \lambda_i \cdot G_i \tag{3-1}$$

式中，P为被分析地区农作物秸秆的理论资源量，t/a；i为不同种类农作物秸秆的编号；G_i为被分析地区第i种农作物的年产量，t/a；λ_i为被分析地区第i种农作物秸秆的草谷比，其计算公式如下：

$$\lambda_i = \frac{m_{i,\mathrm{S}}(1 - A_{i,\mathrm{S}}\%)/(1 - 15\%)}{m_{i,\mathrm{G}}(1 - A_{i,\mathrm{G}}\%)/(1 - 12.5\%)} \tag{3-2}$$

式中，$m_{i,\mathrm{S}}$为第i种农作物秸秆的重量，kg；$m_{i,\mathrm{G}}$为第i种农作物籽粒的重量，kg；$A_{i,\mathrm{S}}$为第i种农作物秸秆的含水量，%；$A_{i,\mathrm{G}}$为第i种农作物籽粒的含水量，%；15%为秸秆风干时的含水量；12.5%为国家标准水杂质率。

2. 可收集资源量

可收集农作物秸秆的资源量主要受作物品种、收集方式、气候等因素的影响，并与收集技术与收集半径等因素有关，可按下式进行计算：

$$P_\mathrm{c} = \sum_{i}^{n} \eta_{i,1} \cdot (\lambda_i \cdot G_i) \tag{3-3}$$

式中，P_c为被分析地区农作物秸秆资源可收集量，t；$\eta_{i,1}$为被分析地区第i种农作物秸秆的收集系数。收集系数可通过实地调查作物割茬高度占作物株高比例和秸秆枝叶损失率，按下式计算：

① 1亩≈0.067 hm^2，余同。

$$\eta_{i,1}=[(1-L_{i,\mathrm{jc}}/L_i)\cdot J_i+(1-L_{i,\mathrm{sc}}/L_i)\cdot(1-J_i)]\cdot(1-Z_i) \tag{3-4}$$

式中，L_i 为第 i 种农作物的平均株高，cm；$L_{i,\mathrm{jc}}$为机械收获时，第 i 种农作物的平均割茬高度，cm；$L_{i,\mathrm{sc}}$为人工收获时，第 i 种农作物的平均割茬高度，cm；J_i 为第 i 种农作物，机械收获面积占总收获的比例；Z_i 为第 i 种农作物，在收获及运输过程中的损失率。

3. 可利用资源量

秸秆有多种用途，可用作肥料、饲料、燃料以及材料等。因此，实际可利用资源量低于可收集资源量，可按下式进行估算：

$$P_{\mathrm{e}}=\sum_{i}^{n}\eta_{i,2}\cdot\eta_{i,1}\cdot(\lambda_i\cdot G_i) \tag{3-5}$$

式中，P_{e} 为被分析地区农作物秸秆资源可利用资源量，t；$\eta_{i,2}$为第 i 种农作物秸秆的可利用系数，按下式计算：

$$\eta_{i,2}=1-\sum_{j}^{m}\mu_{i,j} \tag{3-6}$$

式中，j 为秸秆的利用方式，主要是指除能源用途之外的其他用途，$j=1,\ 2,\ \cdots,\ m$；$\mu_{i,j}$为第 i 种农作物秸秆第 j 用途使用量占可收集资源量的比例，需要根据综合实地调查结果得出。

4. 人均秸秆资源占有量

通过计算人均秸秆资源占有量可以根据人口密度评价一个地区的秸秆资源丰富程度，其计算方法如下：

$$p_{\mathrm{e}}=\frac{P_{\mathrm{e}}}{10R} \tag{3-7}$$

式中，p_{e} 为被分析地区人均可利用秸秆资源占有量，kg/人；R 为被分析地区乡村人口总数，万人。

5. 可利用资源密度

可利用资源密度大表明秸秆资源集中度高，收集半径小，收集成本低，资源化利用的经济性好，适合于规模化开发利用，其计算公式为

$$\overline{P_{\mathrm{e}}}=P_{\mathrm{e}}/S \tag{3-8}$$

式中，$\overline{P_{\mathrm{e}}}$为被分析区域农作物的资源密度，t/hm^2；$P_{\mathrm{e}}$ 为被分析区域农作物秸秆的可利用资源量，t；S 为分别取被分析区域的国土面积、耕地面积或农作物播种面积，hm^2。

6. 收集成本

$$C_i=C_{i,1}+C_{i,2} \tag{3-9}$$

式中，C_i 为某一地区第 i 种农作物秸秆的收集成本，元/t；$C_{i,1}$为某一地区第 i 种农作物秸秆的收购成本，元/t；$C_{i,2}$为某一地区第 i 种农作物秸秆的运输成本，元/t。

秸秆运输成本的计算公式为

$$C_{i,2}=c_{i,2}\cdot L \tag{3-10}$$

式中，$c_{i,2}$为某一地区第 i 种农作物秸秆的单位运输成本，元/(t · km)；L 为运输距离，km。

3.2.2　林木资源量的计算方法

林木生物质资源主要包括木质利用资源和油料利用资源。可用作生物质成型燃料原料的主要是木质利用资源。这类林木资源主要来源于薪炭林，林木采伐剩余物、造材剩余物、加工剩余物等林业生产的“三剩物”，灌木林平茬复壮、经济林修剪和林业经营抚育间伐过程产生的枝条和小径木，还有造林苗木截干、城市绿化树和绿篱修剪等。林木生物质资源量的估算可以用不同林种的面积、可取薪柴系数以及单位面积产柴量等指标计算得出；也可以通过分类计算薪炭林，林业生产和更新剩余物以及灌木林、竹林等其他林木生物质资源来计算。公式如下（刘刚和沈镭，2007）：

$$\mathrm{FR}=\sum_{i=1}^{n}\mathrm{Qf}_i\cdot r_i \tag{3-11}$$

式中，FR 为林木生物质资源量，t；Qf_i 为第 i 种林木资源量，t；r_i 为第 i 种林木相应的折算系数，r_i 的取值可参考表 3.3。

表 3.3　林木生物质资源计算相关参数

参数	薪炭林	采伐剩余物	森林加工剩余物	抚育间伐量	四旁树	竹材加工剩余物	小杂竹、灌木、果木等
r_i/%	100	40	34.4	8*	100	34.4	10
折重/(t/m^3)	1.17	1.17	0.9	0.9	2**	5**	

* 单位为 m^3/hm^2；** 单位为 kg/株。

3.3　我国生物质能源资源

3.3.1　农业生物质能源资源

我国是一个农业大国，有丰富的农业生物质资源，且资源总量大，但是资源的分布很不均匀。农业生物质资源量计算中，理论资源量一般不把畜禽粪便计算在内，因为圈养的畜禽都以粮和秸秆为主，在计算总的生物质资源量时，再计算粪便的干物质资源量就造成了重复计算。

1. 农作物秸秆资源

为了便于对秸秆的资源量进行分析和评价，而且考虑到对秸秆进行能量折算的方便性，本章在综合分析文献的基础上，选取以干物质计的作物草谷比（表 3.4）为分析和评价的依据。

表 3.4　计算所采用的草谷比

稻谷	小麦	玉米	豆类	薯类	棉花	花生	油菜籽	芝麻	麻类	甘蔗	甜菜	烟叶
1.0	1.17	1.04	1.5	0.58	2.91	1.14	2.87	2.01	1.808	0.06	0.43	0.71

根据《中国统计年鉴 2010》发布的作物产量，以表 3.4 的草谷比，对我国 2009 年的秸秆资源量进行计算，同时，考虑到秸秆草谷比地区间的差异，本章又根据谢光辉（2011a；b）总结出了按地区取值的草谷比（表 3.5），并以此为依据重新计算了我国 2009 年秸秆分地区产量和总产量，两种草谷比取值条件下的计算结果分别见表 3.6 和表 3.7。

表 3.5　中国不同地区秸秆草谷比

地区	稻谷	小麦	玉米	豆类	棉花	花生	油菜籽	甜菜	烟叶
华北	1.560	1.250	1.227	1.170		0.850	2.570	0.300	
东北	0.973	1.000	0.905	1.495				0.670	
华东	0.986	1.263	0.960	1.380	2.610	0.985	2.850		0.640
中南	1.110	1.080	1.035		3.250	1.220	3.085		0.490
西南	0.990	1.170	0.920				2.935		0.720
西北	1.040	1.257	1.243	1.560	2.850			0.180	0.750

注：表中没标出作物及没给出取值的草谷比仍按表 3.4 取值。

由表 3.6 和表 3.7 可以看出，两种取值情况下，计算得到中国 2009 年秸秆总资源量分别为 7.048 亿 t 和 7.116 亿 t，两种计算方法仅相差了 680 万 t。由于本计算采用的谷草比均是以秸秆干物质计，所以，本计算所得秸秆量亦为干秸秆量，如果按秸秆含水率 15%计算，则相当于秸秆总资源量分别为 8.29 亿 t 和 8.37 亿 t。这两个值与农业部科技教育司《全国农作物秸秆资源调查与评价报告》公布的 2009 年的总的秸秆资源量 8.20 亿 t（含水率 15%）基本一致，同时与毕于运计算得出的 2005 年的秸秆资源总量为 8.418 亿 t 也比较接近。

各种农作物秸秆资源量中，排前六位的依次是：水稻秸秆 1.951 亿 t，占 27.7%；玉米秸秆 1.705 亿 t，占 24.2%；小麦秸秆 1.347 亿 t，占 19.1%，薯类秸秆 0.869 亿 t，12.3%；油菜秸秆 0.392 亿 t，占 5.6%；棉花秸秆 0.186 亿 t，占 2.6%。这六种作物的秸秆量占秸秆总资源量的 91%，各种秸秆所占比例情况详细见图 3.1。

从资源的区域分布看，河南省秸秆资源量 0.723 亿 t 最高，占 10.3%；山东省 0.577 亿 t，占 8.2%；秸秆产量在 0.3 亿～0.5 亿 t 的省份依次有：黑龙江省 0.497 亿 t，四川省 0.489 亿 t，江苏省 0.393 亿 t，湖南省 0.371 亿 t，河北省 0.364 亿 t，湖北省 0.348 亿 t。

表 3.6　2009 年中国秸秆资源量(草谷比取值不分地区)

(单位:万 t)

地区	稻谷	小麦	玉米	豆类	薯类*	棉花	花生	油菜籽	芝麻	麻类	甘蔗	甜菜	烟叶	总量
华北														
北京	0.24	36.27	93.35	2.42	4.81	0.22	2.02	0.00	0.00	0.00	0.00	0.0	0.00	139.33
天津	11.25	63.22	92.29	2.57	1.31	20.62	0.39	0.00	0.00	0.00	0.00	0.0	0.00	191.63
河北	57.45	1 438.91	1 523.83	52.40	212.89	175.94	152.75	8.60	2.03	0.13	0.00	13.2	0.47	3 638.62
山西	0.50	247.00	680.44	32.30	71.51	24.44	2.49	1.99	0.79	0.00	0.00	6.6	0.69	1 068.78
内蒙古	64.80	200.33	1 394.92	214.79	467.71	0.36	3.32	64.23	0.45	1.76	0.00	47.1	0.84	2 460.62
东北														
辽宁	506.00	5.27	1 001.62	48.15	120.93	0.28	60.96	0.23	0.16	0.00	0.00	2.7	2.24	1 748.50
吉林	505.00	1.17	1 882.40	127.50	78.30	0.57	34.78	0.00	1.64	0.09	0.00	2.8	4.72	2 639.03
黑龙江	1 574.50	136.09	1 997.03	927.74	269.27	0.00	6.69	0.84	0.48	8.09	0.00	47.3	5.89	4 973.91
华东														
上海	90.01	25.88	2.50	2.84	0.87	0.76	0.32	8.87	0.00	0.00	0.10	0.0	0.00	132.13
江苏	1 802.89	1 175.17	224.82	130.79	123.50	74.29	44.08	349.26	3.71	0.47	0.70	0.0	0.04	3 929.71
浙江	666.67	27.19	12.12	46.77	121.34	8.17	6.14	106.25	1.68	0.11	4.88	0.0	0.26	1 001.58
安徽	1 405.61	1 377.28	316.89	190.86	135.44	100.69	85.60	452.80	13.31	4.11	1.31	0.0	2.09	4 085.99
福建	515.33	1.31	15.14	27.06	336.62	0.08	28.06	4.19	0.30	0.00	3.95	0.0	10.33	942.38
江西	1 905.90	2.23	7.58	40.34	172.67	36.41	43.54	174.96	5.55	1.94	3.73	0.0	3.08	2 397.93
山东	112.01	2 395.34	1 998.36	62.82	540.36	268.08	377.21	8.82	0.29	0.12	0.00	0.0	8.30	5 771.72
中南														
河南	451.00	3 575.52	1 699.36	139.50	394.78	150.58	470.32	267.11	52.60	8.36	1.70	0.0	21.11	7 231.93
湖北	1 591.92	388.05	253.88	66.68	245.95	139.83	71.39	678.78	28.56	6.91	2.07	0.0	10.80	3 484.82
湖南	2 578.60	7.49	166.30	57.15	331.18	61.69	28.12	440.18	2.29	13.90	4.69	0.0	15.46	3 707.05
广东	1 058.10	0.28	77.69	27.11	463.36	0.00	95.33	2.26	0.46	0.12	75.21	0.0	3.81	1 803.73
广西	1 145.90	0.70	234.21	38.40	185.02	0.60	45.39	3.85	1.12	1.79	450.57	0.0	2.66	2 110.20
海南	145.93	0.00	8.27	2.80	92.25	0.00	10.09	0.00	0.51	0.18	28.75	0.0	0.00	288.78

续表

地区	稻谷	小麦	玉米	豆类	薯类*	棉花	花生	油菜籽	芝麻	麻类	甘蔗	甜菜	烟叶	总量
西南														
重庆	511.30	60.47	254.23	59.75	824.76	0.00	9.40	88.83	1.50	2.87	0.69	0.0	7.09	1 820.89
四川	1 520.20	495.26	668.72	150.45	1 340.09	4.32	68.51	573.74	0.96	11.90	5.64	0.1	18.44	4 858.33
贵州	453.17	52.09	421.41	55.35	605.64	0.27	8.34	202.04	0.00	0.17	3.86	0.0	27.71	1 830.04
云南	636.23	107.99	564.38	195.54	499.32	0.00	8.13	118.86	0.00	3.32	105.68	0.0	65.10	2 304.58
西藏	0.52	28.74	2.65	3.65	0.93	0.00	0.00	16.57	0.00	0.00	0.00	0.0	0.00	53.05
西北														
陕西	82.50	448.23	547.14	69.78	208.68	24.98	11.07	102.26	4.05	0.00	0.01	0.0	5.33	1 504.03
甘肃	3.90	305.49	325.10	50.57	555.06	27.77	0.20	95.02	0.00	0.73	0.00	8.8	0.88	1 373.49
青海	0.00	45.68	4.47	16.20	111.07	0.00	0.00	103.89	0.00	0.00	0.00	0.0	0.13	281.47
宁夏	64.55	86.07	162.64	4.89	113.27	0.00	0.00	0.00	0.00	0.00	0.00	0.0	0.15	431.56
新疆	48.32	733.77	419.53	48.35	58.00	734.54	2.05	45.11	2.33	2.91	0.00	179.9	0.07	2 274.89
合计	19 510.30	13 468.46	17 053.26	2 895.44	8 686.89	1 855.50	1 676.69	3 919.55	124.80	69.98	693.52	308.66	217.67	70 480.71

* 由于1964年后国家统计局公布的薯类产量是按5 kg鲜薯折算为1 kg粮食计算的，因此，本表薯类秸秆的产量由薯类产量乘以草谷比后再乘5求得。

表 3.7　2009 年中国秸秆资源量(草谷比分地区取值)　　(单位:万 t)

地区	稻谷	小麦	玉米	豆类	薯类*	棉花	花生	油菜籽	芝麻	麻类	甘蔗	甜菜	烟叶	总量
华北														
北京	0.37	38.75	110.14	1.88	4.81	0.22	1.51	0.00	0.00	0.00	0.00	0.00	0.00	157.69
天津	17.55	67.54	108.88	2.00	1.31	20.62	0.29	0.00	0.00	0.00	0.00	0.00	0.00	218.19
河北	89.62	1 537.30	1 797.82	40.87	212.89	175.94	113.89	7.70	2.03	0.13	0.00	9.22	0.47	3 987.89
山西	0.78	263.89	802.79	25.19	71.51	24.44	1.86	1.78	0.79	0.00	0.00	4.63	0.69	1 198.35
内蒙古	101.09	214.03	1 645.74	167.53	467.71	0.36	2.47	57.52	0.45	1.76	0.00	32.87	0.84	2 692.37
东北														
辽宁	492.34	4.50	871.61	47.99	120.93	0.28	60.96	0.23	0.16	0.00	0.00	4.15	2.24	1 605.38
吉林	491.37	1.00	1 638.05	127.08	78.30	0.57	34.78	0.00	1.64	0.09	0.00	4.44	4.72	2 382.04
黑龙江	1 531.99	116.32	1 737.80	924.64	269.27	0.00	6.69	0.84	0.48	8.09	0.00	73.70	5.89	4 675.70

续表

地区	稻谷	小麦	玉米	豆类	薯类*	棉花	花生	油菜籽	芝麻	麻类	甘蔗	甜菜	烟叶	总量
华东														
上海	88.75	27.94	2.30	2.61	0.87	0.68	0.27	8.81	0.00	0.00	0.10	0.00	0.00	132.33
江苏	1 777.65	1 268.58	207.52	120.32	123.50	66.63	38.09	346.82	3.71	0.47	0.70	0.00	0.03	3 954.03
浙江	657.34	29.35	11.18	43.03	121.34	7.33	5.31	105.51	1.68	0.11	4.88	0.00	0.24	987.29
安徽	1 385.93	1 486.76	292.51	175.59	135.44	90.31	73.96	449.65	13.31	4.11	1.31	0.00	1.88	4 110.76
福建	508.11	1.41	13.98	24.90	336.62	0.07	24.25	4.16	0.30	0.00	3.95	0.00	9.32	927.06
江西	1 879.22	2.41	7.00	37.11	172.67	32.65	37.62	173.74	5.55	1.94	3.73	0.00	2.77	2 356.42
山东	110.44	2 585.74	1 844.64	57.79	540.36	240.44	325.92	8.76	0.29	0.12	0.00	0.02	7.48	5 722.01
中南														
河南	500.61	3 300.48	1 691.19	139.50	394.78	168.17	503.32	287.12	52.60	8.36	1.70	0.00	14.57	7 062.40
湖北	1 767.03	358.20	252.66	66.68	245.95	156.17	76.39	729.63	28.56	6.91	2.07	0.00	7.45	3 697.71
湖南	2 862.25	6.91	165.50	57.15	331.18	68.90	30.10	473.16	2.29	13.90	4.69	0.00	10.67	4 026.69
广东	1 174.49	0.26	77.31	27.11	463.36	0.00	102.02	2.43	0.46	0.12	75.21	0.00	2.63	1 925.40
广西	1 271.95	0.65	233.08	38.40	185.02	0.67	48.57	4.13	1.12	1.79	450.57	0.00	1.83	2 237.79
海南	161.98	0.00	8.23	2.80	92.25	0.00	10.80	0.00	0.51	0.18	28.75	0.00	0.00	305.50
西南														
重庆	506.19	60.47	224.89	59.75	824.76	0.00	9.40	90.84	1.50	2.87	0.69	0.00	7.19	1 788.56
四川	1 505.00	495.26	591.56	150.45	1 340.09	4.32	68.51	586.73	0.96	11.90	5.64	0.09	18.69	4 779.22
贵州	448.64	52.09	372.78	55.35	605.64	0.27	8.34	206.62	0.00	0.17	3.86	0.00	28.10	1 781.85
云南	629.87	107.99	499.26	195.54	499.32	0.00	8.13	121.55	0.00	3.32	105.68	0.04	66.02	2 236.71
西藏	0.51	28.74	2.35	3.65	0.93	0.00	0.00	16.94	0.00	0.00	0.00	0.00	0.00	53.11
西北														
陕西	85.80	481.56	653.94	72.57	208.68	24.47	11.07	102.26	4.05	0.00	0.01	0.00	5.63	1 650.04
甘肃	4.06	328.20	388.56	52.59	555.06	27.20	0.20	95.02	0.00	0.73	0.00	3.68	0.93	1 456.21
青海	0.00	49.07	5.34	16.85	111.07	0.00	0.00	103.89	0.00	0.00	0.00	0.01	0.14	286.38
宁夏	67.13	92.46	194.38	5.09	113.27	0.00	0.00	0.00	0.00	0.00	0.00	0.00	0.16	472.49
新疆	50.25	788.33	501.41	50.28	58.00	719.40	2.05	45.11	2.33	2.91	0.00	75.31	0.08	2 295.47
合计	20 168.30	13 796.18	16 954.43	2 792.26	8 686.89	1 830.12	1 606.78	4 030.97	124.80	69.98	693.52	208.17	200.65	71 163.03

* 由于1964年后国家统计局公布的薯类产量是按5 kg鲜薯折算为1 kg粮食计算的，因此，本表薯类秸秆的产量由薯类产量乘以草谷比后再乘5求得。

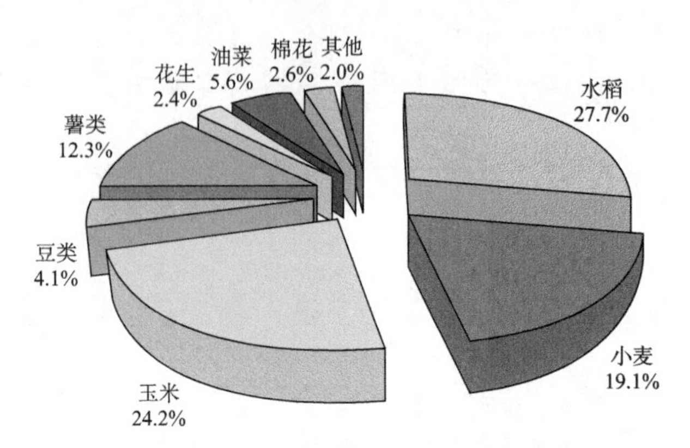

图 3.1 各种农作物秸秆占总资源量的比例

采用干物质量计算秸秆产量还有一个优点，就是便于根据秸秆资源量计算秸秆资源所具有的能量。根据不同作物秸秆的热值，本节计算得出了中国秸秆资源所能提供的理论能量达 3.99 亿 t 标准煤，同时，再考虑秸秆可收集系数，计算得出了中国可收集秸秆资源所能提供的能量为 3.33 亿 t 标准煤。详细计算结果见表 3.8。

表 3.8 2009 年我国主要农作物秸秆所含能量

作物种类	作物产量/万 t	秸秆产量/万 t	不同秸秆的收集系数	年可收集生物质资源量/万 t	能量换算系数** /(GJ/t)	年理论秸秆产能量/亿 t 标准煤	年可收集生物能资源产能量/亿 t 标准煤
水稻	19 510.30	19 510.30	0.78	15 218.03	16.30	1.09	0.85
小麦	11 511.51	13 468.46	0.76	10 236.03	17.50	0.81	0.61
玉米	16 397.36	17 053.26	0.95	16 200.59	17.70	1.03	0.98
豆类	1 930.30	2 895.44	0.80	2 316.35	16.16	0.16	0.13
薯类*	2 995.48	8 686.89	0.80	6 949.51	14.23	0.42	0.34
花生	1 470.79	1 676.69	0.80	1 341.36	15.48	0.09	0.07
油菜	1 365.71	3 919.55	0.90	3 527.59	15.48	0.21	0.19
芝麻	62.20	124.80	0.80	99.84	15.48	0.01	0.01
棉花	637.68	1 855.50	0.89	1 651.39	18.09	0.11	0.10
麻类	38.80	69.98	0.80	55.98	14.63	0.00	0.00
甘蔗	11 558.67	693.52	0.80	554.81	17.33	0.04	0.03
甜菜	11 558.67	308.66	0.80	246.93	14.23	0.02	0.01
烟草	717.90	217.67	0.80	174.13	12.71	0.01	0.01
合计	79 755.36	70 480.71		58 572.55		3.99	3.33

注：作物产量摘自《中国统计年鉴 2010》；* 薯类产量为鲜薯产量；** 基于干物质高位发热量。

从上述分析可以看出，我国秸秆资源具有几个特点：一是资源总量大；二是区域分布差异大；三是三大粮食作物水稻、小麦和玉米的秸秆占主体，占 71%。

2. 农产品加工副产物资源

花生壳、玉米芯、甘蔗渣等农产品加工副产物也是一大类适合生产生物质成型燃料的农业生物质资源。2009年，我国农产品加工的副产物总量为1.15亿t，相当于0.67亿t标准煤。其中稻壳、玉米芯、甘蔗渣3项占到91%，见表3.9。各种农产品加工副产物所占比例情况见图3.2。

表3.9　2009年我国主要农产品加工副产物产量及所含能量

副产物种类	作物加工量/万t	副产物量/万t	副产物所占比例/%	能量换算系数*/(GJ/t)	年可利用资源所含能量/亿t标准煤
稻壳	19 510.30	3 902.06	33.91	16.02	0.21
玉米芯	16 397.36	4 919.21	42.75	17.73	0.30
甘蔗渣	11 558.67	1 733.80	15.07	17.33	0.10
花生壳	1 470.79	441.24	3.83	21.42	0.03
棉籽壳**	1 023.64	511.82	4.45	13.38	0.02
合计	49 960.76	11 508.13	100.00		0.67

* 基于干物质高位发热量；

** 加工产量为棉籽产量，籽棉产量=皮棉产量/0.38，棉籽产量=籽棉产量×0.61，棉籽壳产量=棉籽产量×0.5。

在农产品加工副产物中，稻壳、花生壳、棉籽壳和甘蔗渣没有在前面秸秆资源的计算中被计入在内，因此，在计算中国生物质资源总量时，可以在上述秸秆资源量的基础上，再加上这四种农产品加工副产物的资源量，2009年这四种生物质资源量为6588.92万t。对于玉米芯资源，由于在计算玉米秸秆草谷比时，已将其包含在秸秆内，因此，在计算资源总量时，不再考虑这一部分。

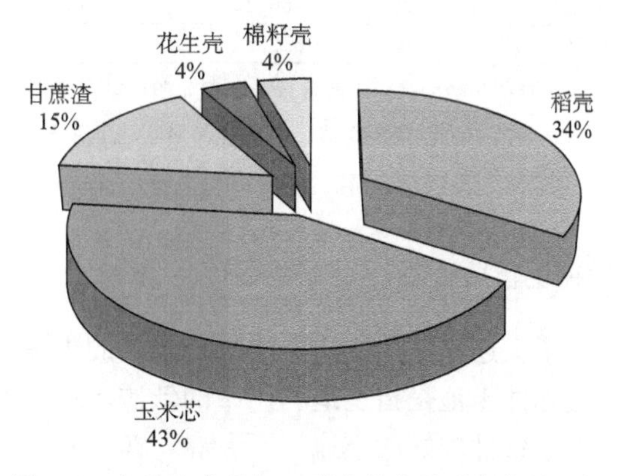

图3.2　各种农产品加工副产物占总副产物的比例

3. 畜禽粪便资源

畜禽粪便是我国除秸秆之外的另一大生物质资源，2008年按畜禽头数计算干物质排泄量是8.75亿t，含能量折合4.52亿t标准煤。养殖业排泄物中，禽粪占45.03%，猪粪占22.28%，牛粪占18.88%。养殖业排泄物占到全部排泄物的86.71%，见表3.10。

表3.10　2008年我国主要畜禽养殖业粪便资源量

畜禽种类	数量*/万(头、匹、只)	粪便产量/万t	收集系数/%	年可收集资源量/万t	年产资源含能量/亿t标准煤	年可利用资源所含能量/亿t标准煤
牛存栏	10 576	11 633.60	34.60	4 025.23	0.60	0.21
牛出栏	4 446.1	4 890.71	34.60	1 692.19	0.25	0.09
马存栏	682.1	375.16	10.00	37.52	0.02	0.00

续表

畜禽种类	数量*/万（头、匹、只）	粪便产量/万 t	收集系数/%	年可收集资源量/万 t	年产资源含能量/亿 t 标准煤	年可利用资源所含能量/亿 t 标准煤
马出栏	141.6	77.88	10.00	7.79	0.00	0.00
驴存栏	673.1	370.21	10.00	37.02	0.02	0.00
驴出栏	215	118.25	10.00	11.83	0.01	0.00
骡存栏	295.5	162.53	10.00	16.25	0.01	0.00
骡出栏	54.3	29.87	10.00	2.99	0.00	0.00
骆驼存栏	24	35.04	10.00	3.50	0.00	0.00
骆驼出栏	8.1	11.83	10.00	1.18	0.00	0.00
羊存栏	28 084.9	5 055.28	41.30	2 087.83	0.31	0.13
羊出栏	26 172.3	4 711.01	41.30	1 945.65	0.29	0.12
肉猪出栏	61 016.6	9 762.66	48.40	4 725.13	0.57	0.27
猪存栏	46 291.3	10 184.09	48.40	4 929.10	0.59	0.29
禽出栏	1 022 156	37 819.76	80.10	30 293.63	1.74	1.40
禽存栏	528 197.4	1 584.59	72.00	1 140.91	0.07	0.05
家兔存栏	21 835.1	524.04	30.00	157.21	0.03	0.01
家兔出栏	41 529.9	166.12	30.00	49.84	0.01	0.00
合计		87 512.61		51 164.77	4.52	2.57

*表中存栏头数的粪便排泄量按全年饲养期计算，出栏头数的饲养期按饲养周期算。一般认为出栏的牛、猪、禽、兔分别为肉牛、肉猪、肉禽、肉兔，而对于生长期较长且当年出栏少的羊、马、驴、骡等则按照全年饲养计算。

4. 潜在生物质资源

除了上述农业生物质资源外，我国的边际性土地还能提供一定量的潜在生物质资源量。边际性土地是指土地利用中的低质土地，即农田中的非粮低质低产土地和尚未被利用土地中条件较好的土地（石元春，2011）。

Zhuang 等（2011）对我国边际性土地资源进行了研究，其研究结果见表 3.11。根据其研究结果，中国适宜于种植能源植物的边际性土地估计可达 1.3034 亿 hm^2，其中林地和草地是主体，分别占了 50.35%和 45.66%。边际性土地主要分布在两个区域，一个是西南地区，包括云南、贵州、四川和重庆，这个区域的边际性土地总量大（$3.87\times10^7 hm^2$），占总边际性土地资源的 39.1%。由于这一区域光照和水资源充足，因此是适合发展能源植物种植的最好的区域之一；另一个区域是内蒙古和东北地区，这一地区土地坡度相对小，且土壤质量高。中国西北地区的甘肃和陕西边际性土地比较少，而且这一区域干旱且土壤侵蚀比较严重。

表 3.11　中国适宜能源作物种植的边际性土地组成

土地类型	面积/10^6 hm^2	比例/%
灌木林地	36.1	27.7
疏林地	29.52	22.65
高覆盖度草地	19.04	14.61

续表

土地类型	面积/10^6 hm^2	比例/%
中覆盖度草地	22.48	17.25
稀疏草地	17.99	13.8
浅滩/滩地	2.18	1.67
盐碱地	2.49	1.91
裸地	0.54	0.41
总计	130.34	100

石元春院士（2011）将中国边际性土地分为两类，一类是可以利用而目前尚未利用的土地资源，即后备土地资源；另一类是现有林地和农田中可用于种植能源植物的土地。2000～2003年，国土资源部在新一轮国土资源大调查中进行了全国耕地后备资源调查，分年度完成了全国31个省（自治区、直辖市）耕地后备资源调查评价。调查和评价结果认为：中国可利用尚未利用的边际性土地有8874万hm^2，其中集中连片、具有一定规模的耕地后备资源734.4万hm^2。石元春院士研究认为这8874万hm^2中有5704万hm^2宜林地和2787万hm^2宜农土地。同时，在现有林地中有5883万hm^2能源林，在现有耕地中有2000万hm^2非粮地产田，这些资源加在一起总面积达16 374万hm^2，比现有耕地13 004万hm^2还多出了4200万hm^2。

上述两类边际性土地中，待开发型边际性土地和现有边际性土地分别占了51.9%和48.1%，宜农的边际型土地和宜林的边际性土地分别占了29.2%和70.8%（石元春，2011）。

利用边际性土地生产能源植物需要一定的经济、技术和社会条件，特别是这些地块大都涉及水土保持和生态保护问题，因此对于边际性的土地的开发利用需要做好科学规划和论证。

3.3.2　林业生物质能源资源

林业生物质能源资源主要是指没有加工利用价值形成直接增值效益的林产品原料，在林间的这类原料简称为林间生物质能源资源，加工剩余物产生的这类原料简称为加工生物质能源资源。

可用于发展生物质成型燃料的林业生物质资源主要是薪炭林生物质资源、灌木林生物质资源，以及林业生产和更新剩余物生物质资源。根据第七次全国森林资源清查（2004～2008年）结果，全国森林面积1.95亿hm^2，林业生物质总量超过180亿t，林业“三剩物”（采伐剩余物、清林抚育剩余物、木材加工剩余物）资源每年可获得量达9.03亿t，其中可作为生物质资源利用的木质燃料资源总量约3亿t/a。2009年全国生产木材7068.29万m^3，木材加工剩余物数量达1215.7万t。

薪炭林是我国五大林种之一，是林业生物质能源的主要来源。我国薪炭林面积达到303.44万hm^2，蓄积量5627万m^3。根据各省薪炭林的蓄积量测算，全国薪炭林生物质总量是0.66亿t。就灌木林而言，我国现有灌木林5365.34万hm^2，灌木林的生物质量每公顷2～8 t，以平均每公顷4 t计算，我国灌木林的生物量约为2.15亿t，折合标准煤 1.07 亿 t。

林业生产和森林更新过程中产生的剩余物有采伐剩余物、造材剩余物和加工剩余物。采伐剩余物约占林木生物量的 40%；木材加工剩余物数量为原木的 34.4%，其中，板条、板皮、刨花等占全部剩余物的 71%，锯末占 29%；根据国家林业局的相关技术规定，中幼龄林在其生长过程中间伐 2～4 次。森林抚育间伐平均出材量 6.0 m^3/hm^2（20%间伐强度）（王国胜等，2006）。

根据国务院批准的“十一五”期间森林采伐限额，全国每年采伐指标为 2.48 亿 m^3，每年可产生采伐剩余物生物量 1.09 亿 t。根据有关部门不完全统计，全国木材加工企业年加工能力 9379.85 万 m^3，产出剩余物约 0.418 亿 t；木材制品抛弃物约 0.60 亿 t。林业剩余物折合标准煤约 1.05 亿 t。“十二五”期间全国共有 15.6 亿亩林地要进行清林抚育，按照每亩林地至少产生 500 kg 清林抚育剩余物计算，全国将产生 7.8 亿 t 林业剩余物（洪浩等，2011）。

与秸秆等农业生物质资源相比，林业生物质资源在用作生物质成型燃料原料方面具有两个优势：其一是林业生物质资源收集成本低于农业秸秆资源，与分散的秸秆资源相比，林业采伐剩余物和加工剩余物的产生相对集中，因此，林业生物质资源的收集比秸秆相对容易；其二是林业生物质资源交易成本低，农作物秸秆资源分散在数量众多的农户手中，产权分散，交易成本较高，而林业产权大部分集中在国有林场和森林工业企业，产权集中程度优于农作物秸秆，因而交易成本相对低。

3.3.3 城市生活垃圾资源

随着城市居民生活水平的不断提高，近年来中国城市生活垃圾的产生量呈逐年缓慢递增趋势，2006 年我国城市垃圾清运量为 14 841.3 万 t，2009 年达到了 15 733.7 万 t，4 年间增加了 6%。由于我国不同地区垃圾的热值差别很大，目前又缺乏可靠的数据，根据相关文献，本章取垃圾的热值为 5 MJ/kg 对全国垃圾的能源量进行了估算，结果见表 3.12。从表可以看出我国近几年每年所产垃圾的能源量为 2500 万～2700 万 t 标准煤。

表 3.12 中国垃圾清运量及折算能源量

地区	垃圾清运量* /万 t				垃圾折算能源量** /万 t 标准煤			
	2006 年	2007 年	2008 年	2009 年	2006 年	2007 年	2008 年	2009 年
全国	14 841.3	15 214.5	15 437.7	15 733.7	2 599.9	2 536.1	2 638.0	2 688.6
华北								
北京	538.2	600.9	656.6	656.1	102.7	92.0	112.2	112.1
天津	155.2	165.0	173.8	188.4	28.2	26.5	29.7	32.2
河北	678.2	686.5	662.8	678.1	117.3	115.9	113.3	115.9
山西	468.6	365.1	354.1	374.6	62.4	80.1	60.5	64.0
内蒙古	331.2	349.9	358.1	366.5	59.8	56.6	61.2	62.6
东北								
辽宁	755.5	771.4	796.7	813.3	131.8	129.1	136.1	139.0
吉林	558.0	568.2	563.6	521.3	97.1	95.4	96.3	89.1
黑龙江	1 006.2	963.2	898.6	912.4	164.6	171.9	153.6	155.9

续表

地区	垃圾清运量* /万 t				垃圾折算能源量** /万 t 标准煤			
	2006 年	2007 年	2008 年	2009 年	2006 年	2007 年	2008 年	2009 年
华　东								
上　海	658.3	690.7	676.0	710.0	118.0	112.5	115.5	121.3
江　苏	851.3	898.4	934.5	957.3	153.5	145.5	159.7	163.6
浙　江	687.7	772.0	806.8	925.6	131.9	117.5	137.9	158.2
安　徽	405.0	400.2	426.9	432.8	68.4	69.2	72.9	74.0
福　建	318.4	376.1	399.0	392.4	64.3	54.4	68.2	67.1
江　西	274.5	252.2	249.2	280.8	43.1	46.9	42.6	48.0
山　东	963.3	945.0	991.4	958.4	161.5	164.6	169.4	163.8
中　南								
河　南	722.6	737.5	757.0	679.5	126.0	123.5	129.4	116.1
湖　北	695.4	673.2	680.8	680.6	115.0	118.8	116.3	116.3
湖　南	510.0	511.2	542.8	511.9	87.3	87.1	92.8	87.5
广　东	1 648.2	1 833.8	1 868.4	1 960.6	313.4	281.6	319.3	335.0
广　西	220.6	246.4	248.5	240.2	42.1	37.7	42.5	41.0
海　南	50.9	87.8	84.8	88.7	15.0	8.7	14.5	15.2
西　南								
重　庆	243.9	200.5	225.2	224.3	34.3	41.7	38.5	38.3
四　川	527.1	548.5	551.0	590.1	93.7	90.1	94.1	100.8
贵　州	181.1	183.9	190.5	209.1	31.4	30.9	32.6	35.7
云　南	218.3	256.6	283.7	282.1	43.8	37.3	48.5	48.2
西　藏	150.0	21.9	23.0	22.9	3.7	25.6	3.9	3.9
西　北								
陕　西	290.0	333.6	319.7	356.2	57.0	49.6	54.6	60.9
甘　肃	269.2	259.9	262.4	263.6	44.4	46.0	44.8	45.0
青　海	59.8	64.7	63.6	87.4	11.1	10.2	10.9	14.9
宁　夏	97.3	110.0	95.7	70.4	18.8	16.6	16.4	12.0
新　疆	307.2	340.2	292.6	298.2	58.1	52.5	50.0	51.0

* 垃圾清运量数据来自 2007～2010 年的《中国统计年鉴》；** 垃圾热值按 5MJ/kg 计。

目前，阻碍中国城市垃圾能源化利用的主要原因是垃圾源头分类收集率非常低，除了北京、上海、广州等大城市在推行垃圾分类收集外，许多城市的垃圾收集依然停留在混合收集的阶段。图 3.3 显示了 2000 年和 2008 年几个城市的家庭分类收集率情况(Tai et al.，2011)。

3.3.4　“熟料”生物质资源

“熟料”生物质资源主要是指糠醛渣、酒糟、醋渣等经过化学或生物发酵处理提取化学品之后产生的生物质残渣。

糠醛又名呋喃甲醛，被广泛应用于农药、医药、石化、食品添加剂、铸造等多个生产领域。糠醛的主要原料是玉米芯、棉籽壳、甘蔗渣、糠麸皮或农作物秸秆等。其中以

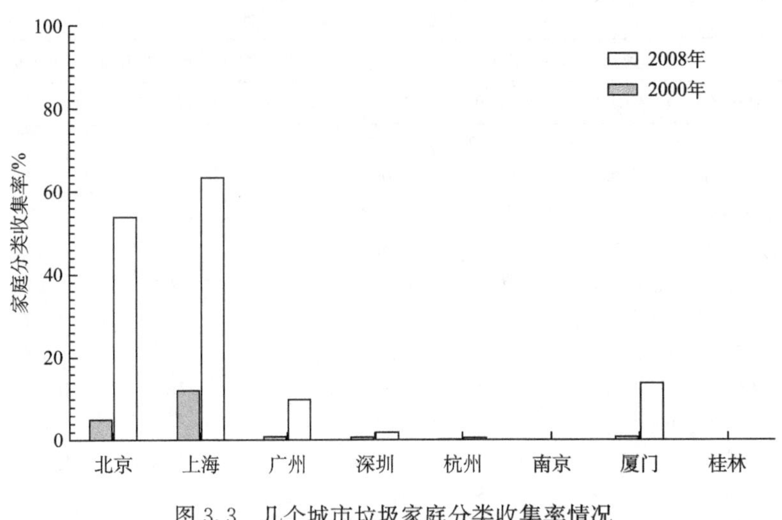

图 3.3 几个城市垃圾家庭分类收集率情况

玉米芯的出醛率较高，理论出醛率为 19%。据不完全统计，目前国内糠醛的生产总量约为 30 万 t/a，国内有 300 多个生产厂家，绝大部分都以玉米芯为原料，主要分布在河南、山东、吉林等玉米主产区（徐燏等，2010)。每生产 1 t 糠醛产生含水 45%～55% 的糠醛渣 12～14 t，其中含糠醛为 1.5%～2.5%，含硫 0.5%～1%，含碳约 25%，以及少量的乙酸（宋安东等，2003)。据此计算，目前，我国糠醛渣的产量为 360 万～420 万 t/a。

白酒酒糟是酿酒业的副产品。酒糟生物质的含水率大（60%～70%），酸度高（pH 3.0 左右），同时含有一定的残余糖分、淀粉，因此，酒糟生物质不易保存，极易腐烂变质，发酸发臭，处理不当易造成严重的环境污染（宋安东等，2003)。同时白酒酒糟中有不易利用的稻壳等发酵填充物。目前，我国白酒产量约为 320 万 t/年，每生产 1 t 白酒产酒糟 3～4 t，据此计算，我国白酒酒糟的产量为 960 万～1280 万 t/a。

醋渣是固态发酵法生产食醋过程中产生的残渣。食醋固态发酵过程中往往会用到大量的富含纤维素、半纤维素和果胶质的原料，如麸皮、砻糠等为主料或填充辅料。这些成分在食醋酿造过程中难于被分解利用，结果导致食醋酿造后会得到大量醋渣。麸曲食醋的醋渣中主要成分为纤维素、半纤维素。每生产 1 t 标准固态发酵二级食醋，就产生 600～700 kg 鲜醋渣。一个年产万吨标准固态发酵二级食醋生产企业，一年至少产出 6500 t 鲜醋渣，鲜醋渣的含水率为 68%～75%（马学曾，2005)。

3.4 能 源 植 物

能源植物是指经专门种植，用于提供能源原料的草本和木本植物。根据能源植物自身特性和用途的不同，可将能源植物分为三类：富含高糖、高淀粉和纤维素等碳水化合的能源植物，如木薯、马铃薯、菊芋、甜菜以及禾本科的甘蔗、甜高粱等；富含油脂的能源植物，这类植物主要用于制备生物柴油，世界上富含油的植物达万种以上，我国有近千种，如麻风树等；用于薪炭的能源植物，这类植物主要提供薪柴和木炭，如柳枝稷、芒草、沙柳等，这类植物是发展生物质成型燃料可依赖的重要原料资源。

3.4.1　柳枝稷

柳枝稷（*Panicum virgatum*），属于禾本科（Gramineae）黍属（*Panicum*），是分布于中美洲和北美洲的一种多年生 C_4 草本植物，见图 3.4。20 世纪 90 年代后随着生物能源日益被世界各国重视从而作为一种新型能源模式作物引起关注。

这种植物的特点是种植成本低、生长迅速，植株可高达 2 m，生物产量可高达 20 t/hm^2。在自然维持状态下，川地多年生柳枝稷生物质产量平均维持在 10 t/hm^2 左右，但是山地只有 0.2 t/hm^2（李代琼等，1999），高产期可持续 15 年。

图 3.4　柳枝稷

柳枝稷具有很强的适应性，主要表现在两个方面，一是地理分布范围广，它起源于北美，在美国大部分地区均可种植，此外阿根廷、英国、中国、印度、日本、希腊、意大利等许多国家都开展了引种试验，结果表明柳枝稷在这些国家也可以种植，作为一种引进物种，柳枝稷分布于我国的华北低山丘陵区和黄土高原的中南部；二是能够适应多种土壤环境，可适应砂土、黏壤土等多种土壤类型，且具有较强的耐旱性，甚至在岩石类土壤中也能良好地生长，其适宜生长的土壤 pH 为 4.9～7.6，在中性条件下生长最好，而且对环境适应性强。

至今发现的柳枝稷有两种生态型，即低地生态型和高地生态型（吴斌等，2007）。低地生态型喜欢温暖潮湿的环境，宜于在低纬度地区种植，主要生长在冲积平原，植株比较高大，生长速度较快，多成丛生长；高地生态型则喜欢稍微干燥环境，生长在相对干燥的高地，茎秆较细，基部较宽，通常半匍匐生长。低地型柳枝稷单个叶片的光合作用效率一般高于高地型柳枝稷。

柳枝稷进行能源生产时最佳收获时间为生长季节末期地上部衰亡后。柳枝稷充分成熟并干燥后收获有利于养分向地下部转移，减少干物质养分含量，并能降低生物质的含水量，这些都有利于保持柳枝稷生产的可持续性，提高生物质的品质。因此在柳枝稷能源生产模式下，最佳的收获管理措施为在生育季节末期柳枝稷地上部衰亡后一次收获。

作为一种木质纤维素类原料，柳枝稷主要由纤维素、半纤维素和木质素组成，其热值在 18 MJ/kg 左右，表 3.13 是不同生长期柳枝稷的成分含量、灰分含量及热值。

表 3.13　柳枝稷的成分、灰分及热值

生育期	细胞壁/(g/kg)		纤维素/(g/kg)		半纤维素/(g/kg)		木质素/(g/kg)		灰分/(g/kg)	总热值/(MJ/kg)
	纤维	NDF	葡萄糖	ADF-ADL	糖类	NDF-ADF	KL	ADL		
生长期	657	669	273	337	235	318	133	12	89	18.221
开花期	694	669	283	340	245	301	154	23	57	18.619
霜后期	789	733	322	383	279	311	173	34	57	18.694

注：纤维素含量为中性糖类、乌龙酸以及克拉松木质素之和；半纤维素含量为木糖、树胶醛糖、甘露糖、乌龙酸之和。

NDF. 中性洗涤纤维；ADF. 酸性洗涤纤维；KL. 硫酸盐木质素；ADL. 酸性洗涤木质素。

3.4.2　芒草

芒草（*Miscanthus*）是各种芒属植物的统称，多年生禾本科 C_4 植物，原生于非洲与亚洲的亚热带与热带地区，广泛分布于从东南亚到太平洋岛屿的热带、亚热带和温带地区，全属共 4 组 17 种。我国拥有 7 个种，分布几乎贯穿了全国整个气候带，而且包括了生物质产量最高的种类，是芒草自然资源中最为丰富的国家之一。其中一个特有物种中国芒（*M. sinensis*）的生长范围延伸到温带亚洲，包括日本与韩国。芒草植株高度可达 4 m，一个生长季就能长 3～4 m 高。一般情况下，从第 2 年开始便可以收割，产量逐年增长，五六年后达到高峰，此后保持稳产，寿命通常为 18～20 年，最长可达 25 年（Pyter et al.，2007）。

芒草有较强的耐旱、耐热及耐污等特点；生长期长、生态适应性强、生产力高。五节芒的成年株丛，能耐－29℃低温，一、二年生的实生苗能耐－23.5℃的低温，即在上述短期低温下，其地下芽能够越冬。地上部分，当气温下降到－5℃时，仍可保持常绿（梁绪振等，2010）。但是，巨芒草耐寒性较差，芒草越冬能力较差，－3.5℃可导致巨芒草根茎死亡。耐旱性方面，五节芒虽然为喜水嗜肥的中生植物，但由于它的根系发达，抗旱能力相当强。

试验条件下，芒草的生物量可高达 44 t/hm²，大田种植条件下生物量为 20～30 t/hm²。美国伊利诺伊州立大学对芒草进行了多年的研究。他们的研究结果表明，在几乎不施肥的情况下，巨芒草的平均干生物质产量达到了 30 t/hm²，且可连续收获利用的时间长达 15 年。图 3.5 是伊利诺伊州州立大学拍摄的一年当中不同时间的芒草照片。

4月30日

8月24日

11月5日

2月4日

图 3.5　不同生长时期的芒草

芒草对水、肥依赖小，可进行机械化收获。芒草热值高，是一种优质的生物质燃料，芒草的工业分析及热值见表3.14。

表3.14　芒草的工业分析及热值

原料	含水率/%	挥发分/%	灰分/%	固定碳/%	高位发热量/(MJ/kg)
芒草	7.15	85.64	3.72	3.49	18 037

3.4.3　沙柳

沙柳（*Salix psammophila*），又名北沙柳、西北沙柳，多年生落叶灌木，高2～4 m，见图3.6（引自 http：//mnh. scu. edu. cn）。

沙柳生于流动、半固定沙丘及丘间低地，常与乌柳（*Salix cheilophila*）组成柳湾林。沙柳较耐旱，抗风沙，耐一定盐碱，耐严寒和酷热，抗沙埋，喜适度沙压，越压越旺，其受沙压埋后，每一枝条都将萌发成数个新的枝条，生长明显变旺盛，这与受压埋后根系变深而有利于根系吸收水分有关。沙柳繁殖容易，萌蘖力强，生长迅速，枝叶茂密，根系繁大。沙柳的根系可以向周围伸出数米甚至十几米，其侧根较长，须根发达。它在一年内的生长发育，从4月末开始，随着气温逐渐升高生长迅速加快，到6月生长速度达到高峰，之后生长速度开始变缓，到9月底封顶。而粗生长主要集中在7月，以后变缓，延续到10月初停止。沙柳生长与发育规律在不同立地条件下不同，采用不同的造林方式不同，天然生长与人工栽植也不相同（高永登，1996）。

图3.6　沙柳

沙柳像韭菜一样，具有“平茬复壮”的生物习性。沙柳每3年左右须平茬一次，平茬后沙柳生长会更加茂盛。经过几次砍割后的沙柳，一丛枝条数可达数百株。沙柳三年成材，越砍越旺，这是沙柳的本性。可是，如果不砍掉长成的枝干，到不了7年，它们就会成为枯枝。

沙柳主要分布在内蒙古、陕西、宁夏等地，是我国沙漠地区造林面积最大的树种之一。

从能源特性分析，沙柳热值高，在18 MJ/kg左右，灰分含量低，在2%左右，是一种优质的生物质燃料资源，见表3.15。

表3.15　沙柳的工业分析、元素分析及热值

原料	工业分析/%				元素分析/%					热值/(MJ/kg)
	M_{ad}	FC	V_{ad}	A_{ad}	C_{ad}	H_{ad}	O_{ad}	N_{ad}	S_{ad}	
沙柳枝	6.95	8.96	81.24	2.85	47.57	6.69	35.45	0.30	0.19	19.18
沙柳叶	7.79	8.35	77.10	6.76	48.21	6.60	28.48	1.83	0.33	18.73

注：ad. 空干基；*M*. 水分；FC. 固定碳；*V*. 挥发分；*A*. 灰分，下表同。

3.4.4 互花米草

互花米草（*Spartina alterniflora*）是分布在沿海潮间带的耐盐耐淹的多年生 C_4 草本植物，图 3.7 是互花米草草滩。互花米草于 1979 年由美国引入我国，1982 年开始在江苏省的一些县引种，之后迅速扩张到浙江、福建、山东和上海等省（直辖市）。互花米草生态系统在侵蚀型海岸起到消浪护岸作用，在淤长型海岸起到保滩促淤作用，因而具有很好的工程效益。目前江苏沿海的互花米草盐沼分布面积已达 12 500 hm^2，是我国互花米草分布面积最大的省份。全国米草面积已达 100 000～130 000 hm^2。是一种丰富的生物质资源。

图 3.7 互花米草

互花米草生物量高。在美国乔治亚州的盐沼中，互花米草每年的干物质产率为 4500～7600 g/m^2，高于或接近能源作物甜菜、玉米和甘蔗的初级生产力。在中国江苏省滨海废黄河口，每年干物质产率高达 3154.8 g/m^2。

互花米草热值较高。例如，在美国新泽西州 Mullica 河与 Great 海湾交汇处的河口沼泽中生长的互花米草，平均热值为 16 328.52 kJ/kg，中国天津开发区滨海生态防护区内互花米草的平均热值为 13 811.585 kJ/kg，苏北滨海废黄河口互花米草平均热值为 16 691 kJ/kg（清华等，2008）。

互花米草作为生物质能源利用的主要不利因素是其矿质元素含量高，尤其是 K、Na、Ca、Mg 等碱金属和碱土金属含量高，见表 3.16。

表 3.16 互花米草矿质元素含量

元素	含量/(mg/kg)	元素	含量/(mg/kg)	元素	含量/(mg/kg)
K	8 063	P	1 030	Mn	179
Na	22 683	Fe	1 792	Zn	27.1
Ca	2 939	Co	0.67	Cu	5.50
Mg	3 239	Ni	7.70		

3.4.5 皇竹草

皇竹草（*Pennisetum sinese* Roxb）为多年生禾本植物，又名皇草或王草，是由禾本科狼尾草属的象草和美洲狼尾草杂交而育成（谢永良等，1999），见图 3.8。我国最早于 1982 年从哥伦比亚引种到海南岛，试种成功后逐步在全国各地推广。

皇竹草植株高大，直立丛生，根系发达，株高可达4～5 m。皇竹草是热带生长的植物。据四川省畜牧科学研究院报道，皇竹草在12～15℃条件下开始生长，25～35℃为适宜生长温度，低于10℃时生长受到抑制，低于5℃时停止生长，低于0℃需采取保护措施。皇竹草具有较强的抗逆性，如耐酸性、耐高温、耐干旱、耐火烧等，但不耐水涝。皇竹草对土壤要求不严，在贫瘠沙滩地、沙地、水土流失较为严重的陡坡地上均能生长。

图3.8　皇竹草

皇竹草分蘖多、再生能力强、产量极高，一次栽种可连续收获7～10年。当年栽培幼苗，可以分蘖10～20株，第二年继续分蘖，大多数有30～50株，多的可达100多株。

皇竹草也可以像韭菜一样收割。每年4～11月均可收割，一般全年可收割6～8次，管理条件好时，可收割10次以上。每年干草产量为15～60 t/hm²。皇竹草的元素组成及热值见表3.17。

表3.17　皇竹草的元素组成及热值

工业分析/%					元素分析/%					收到基低位热值/(kJ/kg)
M_{ar}	M_{ad}	V_{ar}	V_{daf}	A_{ar}	C_{ar}	H_{ar}	O_{ar}	N_{ar}	S_{ar}	
10.0	1.95	66.64	79.82	6.52	42.44	5.24	35.05	0.60	0.15	14 995.22

注：ar. 收到基；ad. 空干基；daf. 干燥无灰基。

参考文献

毕于运，高春雨，王亚静，等. 2009. 中国秸秆资源量估算. 农业工程学报，25（12）：211-217

崔明，赵立欣，田宜水，等. 2008. 中国主要农作物秸秆资源能源化利用分析评价. 农业工程学报，24（12）：291-296

高永，李玉宝，虞毅，等. 1996. 沙柳林地适宜植被覆盖率研究. 内蒙古林业科技，（3，4）：38-42

韩鲁佳，闫巧娟，刘向阳，等. 2002. 中国农作物秸秆资源及其利用现状. 18（3）：87-91

洪浩，尤玉平，严德福. 2011. 我国林业生物质成型燃料产业化实证研究. 中国工程科学，13（2）：66-77

胡松海，龚泽修，蒋道松. 2008. 生物能源植物柳枝稷简介. 草业科学，25（6）：29-33

胡婷春，熊兴耀. 2010. 新型能源植物——芒的研究进展. 农产品加工，（5）：23-26

李代琼，刘国彬，黄谨，等. 1999. 安塞黄土丘陵区柳枝稷的引种及生物生态学特性试验研究. 土壤侵蚀与水土保持学报，5（专刊）：125-128

李玉春. 2010. 北京市生活垃圾厌氧消化技术应用潜力分析. 环境卫生工程，18：37-39

梁绪振，陈太祥，白史且，等. 2010. 芒属（*Miscanthus*）植物种质资源研究进展. 草业与畜牧，（10）：1-5

刘刚，沈镭. 2007. 中国生物质能源的定量评价及其地理分布. 自然资源学报，22（1）：132-136.

马学曾. 2005. 鲜醋渣循环利用的研究. 江苏调味副食品，22（2）：32-34
马岩. 2009. 我国林业生物质能源资源蓄积量的估算. 第二届中国林业学术大会——S11 木材及生物质资源高效增值利用与木材安全论文集
毛燎原，李爱民. 2010. 基于生命周期评价的糠醛生产污染综合治理问题. 化工进展，29（增）：226-230
牛若峰，刘天福. 1986. 农业技术经济手册（修订本）. 北京：农业出版社
农业部科技教育司. 2010. 全国农作物秸秆资源调查与评价报告
清华，姚懿函，李红丽，等. 2008. 互花米草生物质能利用潜力. 生态学杂志，27（7）：1216-1220
石元春. 2011. 决胜生物质. 北京：中国农业大学出版社
宋安东，张建威，吴云汉，等. 2003. 利用酒糟生物质发酵生产燃料乙醇的试验研究. 农业工程学报，19（4）：278-281
王国胜，吕文，刘金亮，等. 2006. 中国林木生物质能源资源培育与发展潜力调查. 中国林业产业，（1）：12-21
吴斌，胡勇，马璐，等. 2007. 柳枝稷的生物学研究现状及其生物能源转化前景. 氨基酸和生物资源，29（2）：8-10
谢光辉，韩东倩，王晓玉，等. 2011a. 中国禾谷类大田作物收获指数和秸秆系数. 中国农业大学学报，16（1）：1-8
谢光辉，王晓玉，韩东倩，等. 2011b. 中国非禾谷类大田作物收获指数和秸秆系数. 中国农业大学学报，16（1）：9-17
谢光辉，王晓玉，任兰天. 2010. 中国作物秸秆资源评估研究现状. 生物工程学报，26（7）：855-863
谢永良，何光武，熊建平. 1999. 皇竹草生产性能与开发利用. 四川畜牧兽医，（4）：23-32
徐燏，肖传豪，于英慧. 2010. 糠醛生产工艺技术及展望. 濮阳职业技术学院学报，23（4）：150-152
杨世关，李继红，郑正，等. 2008. 互花米草厌氧生物转化可行性分析与试验研究. 农业工程学报，24（5）：196-199
于志刚，史海元，张霞. 2008. 沙柳作为生物质发电厂燃料的可行性分析. 内蒙古石油化工，（21）：35-36
张福春，朱志辉. 1990. 中国作物的收获指数. 中国农业科学，23（2）：83-87
中国林木生物质能源研究专题组. 2006. 中国林木生物质能源资源培育和发展潜力调查. 中国林业产业，（1）：12-21
中国农业部，美国能源部. 1998. 中国生物质资源可获得性评价. 北京：中国环境科学出版社
中华人民共和国农业部. 2009. 中华人民共和国农业行业标准 NY/T 1701—2009：农作物秸秆资源调查与评价技术规范，中华人民共和国农业部
周圣. 2009. 皇竹草发电厂设计探讨. 科技信息，（29）：642-643
邹玲，孙军，谢启强. 2008. 芒草成型燃料工业化生产影响因素的研究. 林业科技开发，22（2）：79-81
Dien B S，Jung H G，Vo gel K P，et al. 2006. Chemical composition and response to dilute acid pretreatment and enzymatic saccharification of alfalfa，reed canary grass，and switchgrass. Biomass and Bioenergy，30（10）：880-891
Jun Tai，Weiqian Zhang，Yue Che，et al. 2011. Municipal solid waste source-separated collection in China：a comparative analysis. Waste Management，31：1673-1682
Rich Pyter，Tom Voigt，Emily Heaton，et al. 2007. Growing giant miscanthus in Illinois. http：//miscanthus. illinois. edu/? page_id=9
Yuan Z H，Wu C Z，Huang H，et al. 2002. Research and development on biomass energy in China. International Journal of Energy Technology and Policy，（1）：108-144
Zhuang Dafang，Jiang Dong，Liu Lei，et al. 2011. Assessment of bioenergy potential on marginal land in China. Renewable and Sustainable Energy Reviews，15：1050-1056

第4章　秸秆收集、储存与粉碎

本章从秸秆原料的收集环节开始，详述了秸秆机械化收获的方法与收获机械的种类、设备结构和工作原理；探究了秸秆湿储存的关键技术、工艺、方法及操作要点；结合生物质成型燃料生产实际，分析了秸秆粉碎设备的结构特征与应用范围；给出了在使用不同的成型设备加工不同形状的成型燃料产品时粉碎设备的选择原则。

4.1　秸秆机械化收获

我国人均耕地面积少，复种指数要求高，秸秆的收获时间短而集中。秸秆青贮、秸秆发电、秸秆成型燃料的加工等规模化、产业化生产都需要常年消耗秸秆原料，在短时间的秸秆收获季节里若不采取机械化的快速收获方式，秸秆利用企业就无法保证原料的常年供应。实践证明，秸秆成型燃料实现规模化生产，必须配以农作物秸秆收获机械。

4.1.1　秸秆机械化收获的目的与用途

秸秆（小麦、玉米、棉花、水稻、豆类、薯类、油料等）中富含有机质和氮、磷、钾、钙、镁、硫等多种养分，收获后可以作为牲畜饲料、土壤肥料，还可以作为生活燃料（汽化、液化、固化、沼气、发电等）、工业原料（编织、建材、造纸等）。没有秸秆的机械化收获，就不可能有作物秸秆收获后的快速湿储存，也就不可能实现作物秸秆能源化利用的规模化生产。因此无论采用哪一种利用方式，都需要解决秸秆收获问题。现阶段，我国秸秆收集储运整体机械化水平还很低，关键环节技术与装备水平还比较落后，已经成为严重制约农作物秸秆规模化利用的瓶颈。收获、储存、加工、利用装备必须配套，协调发展。

4.1.2　国内外秸秆收获机械的发展

1. 国外秸秆收获机械的发展

在发达国家，农作物秸秆收获机械已经有将近100年的发展历史，目前国际上最大的三家设备制造商分别是德国CLAAS（克拉斯）公司、美国CNH（凯斯-纽荷兰）公司、美国JOHNDEERE（约翰迪尔）公司（刘艳艳，2011）。他们生产的装备种类齐全，配套性能高，可实现秸秆收获的全程机械化。

美国秸秆收获量占秸秆产量的32%，还把秸秆作为一种重要的工业原料或饲料加工、出口，收集的方式主要是“秸秆打捆”技术。欧洲一些国家把加工后的秸秆主要用在燃料和发电上，目前秸秆加工、锅炉、热风炉、发电设备等都已产业化，同时还把秸秆出口到中东一些国家。

发达国家使用的秸秆收获机械大多为高密度大方捆或大圆捆打捆机，草捆尺寸达到 500 mm×800 mm×（700～2400）mm，如图 4.1 所示。欧洲国家普遍采用的打捆密度达到 200～250 kg/m³，作业效率高、草捆便于运输和储存，但设备价格也很高。另外，与打捆机相配套的搂草机、装载设备、运输设备也很齐全，如图 4.2 所示。正是由于秸秆收获的机械化水平高，发达国家的农作物秸秆几乎达到 100%的再利用（秸秆还田部分除外）。而上述三家企业生产的小方捆打捆机，草捆尺寸 460 mm×360 mm×（400～1100）mm，密度约 150 kg/m³，已经不在发达国家销售，仅向发展中国家出口。

a

b

图 4.1　打捆机

a. 方捆打捆机；b. 圆捆打捆机

a

b

图 4.2　秸秆装载运输设备

a. 装载设备；b. 运输设备

国外玉米秸秆收集采用的是分段收获方式。将摘完穗的玉米秸秆调质晾晒再打捆成型，或通过玉米联合收获机将摘完穗的玉米秸秆切碎、调质，放置田间自然晾晒一定时间，当秸秆水分降至适合捡拾打捆时，再利用大方捆或圆捆打捆机进行打捆收获；也有采用先机械粉碎再快速碾压、密封湿储存工艺的，这在产业化生产的大型农场应用较多。

从发达国家秸秆收获机械的类型及应用情况来看，秸秆收获机械仍向着高密度、大型化、联合收获方向发展，技术研究领域则向着产业之间的协调性配合、成套机具、新工艺和新材料的应用等方面发展。

2. 国内秸秆收获机械的发展

国内秸秆收获机械的发展有三个特点：一是借助了收获牧草的机械与配套机具；二是直接或间接地利用了谷物收获机械的结构与原理；三是起步晚，发展速度慢。国内秸秆收获机械真正起步为 2000 年左右，从德国克拉斯、美国纽荷兰和约翰迪尔三家公司引入小方捆打捆机开始，我国陆续才研发了小圆捆打捆机、正牵引和侧牵引小方捆打捆机等产品，高密度大方捆和大圆捆打捆机仍依靠进口。由于起步较晚，加之研究经费不足，生产手段较为落后，产品的性能及可靠性偏低，设备不配套。因此，秸秆的收获已成为开展秸秆综合利用的技术障碍。

根据国内实际情况，考虑到发达国家的产品价格太高，靠引进设备解决国内秸秆的收获问题是不现实的，完全照搬国外的发展思路也是行不通的。大方捆或大圆捆打捆收获仅适用于一年一熟的种植模式，如我国的东北三省地区，农时方面能够允许留有足够的晾晒时间。根据我国国情，发展适合农民购买力和农田小地块作业情况的秸秆收获机械才是秸秆综合利用的必由之路。我国秸秆收获机械的发展趋势有以下几点。

(1) 继续发展中小型秸秆打捆机。例如，与 22～58 kW 拖拉机相配套的秸秆打捆机，要引进技术，再创新。进一步提高产品的性能和可靠性。

(2) 自主研发成套设备。由于小型打捆机捡拾宽度有限，为提高其作业效率，应研发与之相配套的、多用途的搂集设备等，以降低使用成本。

(3) 开发多功能的秸秆收获机械。研究多功能的秸秆类收获机械是秸秆收获的另一发展趋势，不仅能收获玉米、小麦、棉花等农作物秸秆，同时也能收获各类牧草等青饲料作物，实现一机多用，可提高机组设备的利用率，增加机手的经济收入。

4.1.3 秸秆机械化收获方法与收获机械的分类

1. 秸秆机械化收获方法

1) 传统收获法

是一种原始的、传统的人工与机械相结合以人工为主的收获方法，适用于山区。

2) 分段收获法

采用多种单一功能的机械分别完成秸秆的收割、切碎、打捆、运输、存放等作业的收获方法。例如，采用割晒机，先用机械把玉米在一个方向放倒，晾晒后再用捡拾机收集，粉碎储存，这种方法比较适合中国的西北地区，但是必须对秸秆进行有效的再加工利用，如成型燃料类产品的再加工，提高技术含量和附加值，否则是不合算的。这种收获方法使用的机器功能单一，结构简单，可靠性高，造价较低，保养维护方便，易于推广，目前国内秸秆收获大都采用这种收获方法，如小麦秸秆的捡拾打捆，玉米秸秆的收割铺放及棉花秸秆、烟秆的拔除等。但整个收获过程还需大量人力配合，劳动生产率仍不高，而且收获周期较长。

3）联合收获法

采用秸秆联合收获机在田间一次完成收割、粉碎、运输等多项作业的收获方法。这种收获方法大大提高了收获效率，减轻了劳动强度，保证了适时收获。但秸秆联合收获机的结构较复杂，造价较高，设备每年使用的时间较短，收获成本较高，还要求有较大的田块和较高的管理与操作使用技术水平。

2. 秸秆收获机械的分类

与作物收获机械类似，秸秆收获机械的种类也非常繁多。按功能可分为联合收获机、捡拾收获机和多功能秸秆收获机；按打成捆的形状可分为方捆打捆机和圆捆打捆机；按与拖拉机的连接可分为牵引式、悬挂式和自走式秸秆收获机；按移动方式可分为固定式和移动式秸秆收获机；按收获秸秆的种类不同可分为玉米秸秆、小麦秸秆、棉花秸秆、烟秆等收获机。

本节仅介绍使用较多的秸秆打捆机，玉米秸秆和高秆秸秆收获机，棉花秸秆联合收获机，棉花秸秆和烟秆拔除机。

4.1.4 秸秆打捆机

打捆机的种类也很多，按打捆的作业方式可分为固定式打捆机和移动式捡拾打捆机，移动式捡拾打捆机又有牵引式和自走式之分。按打成捆的形状可分为方捆活塞式打捆机和圆捆卷压式打捆机，方捆活塞式打捆机又有直线往复式和圆弧摆动式之分；圆捆卷压式打捆机又有内卷绕式和外卷绕式之分。下面以直线往复式方捆和外卷绕式圆捆捡拾打捆机为例介绍打捆机的结构组成、工作过程和性能特征。

1. 方捆打捆机

1）结构组成与工作过程

方捆捡拾打捆机主要由捡拾器、输送喂入装置、压缩室、密度调节装置、打结机构、传动机构、挂接机构等部分组成，结构如图 4.3 所示。

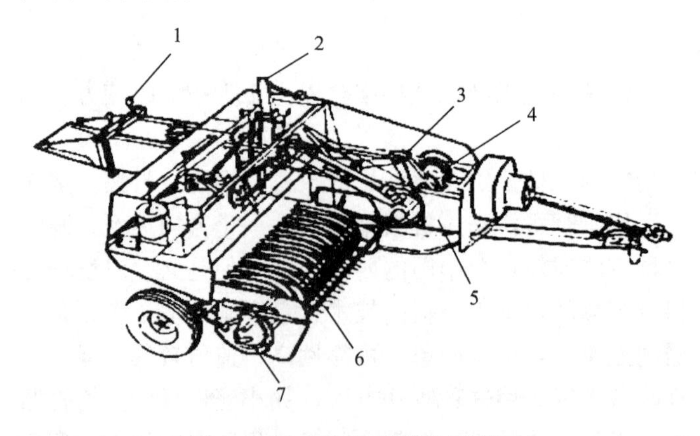

图 4.3 方捆打捆机结构示意图

1. 调节装置；2. 输送喂入装置；3. 曲柄连杆机构；4. 传动机构；5. 压缩室；6. 捡拾器；7. 捡拾器控制机构

工作时，先由捡拾器将作物秸秆或牧草从地面捡起，通过输送喂入装置将秸秆送入预压室，在压缩活塞的往复冲压下，把秸秆逐层推入压缩室，直至将秸秆压缩到一定的密度和要求的捆形长度时，打结机构自动进行打结，打结完毕，秸秆草捆被推出机外，再重复下一捆的操作。

2）主要工作部件

A. 捡拾器

捡拾器的作用是将条铺的作物秸秆或牧草从地面捡起。打捆机上多采用弹齿式捡拾器，结构如图 4.4 所示。

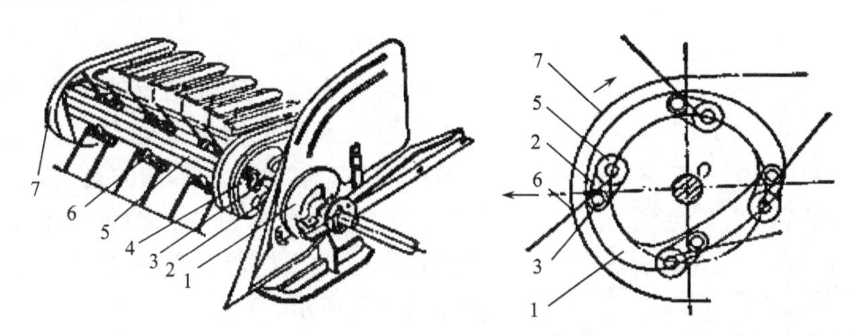

图 4.4　弹齿式捡拾器示意图

1. D字形滚道盘；2. 曲柄；3. 滚轮；4. 滚筒圆盘；5. 管轴；6. 弹齿；7. 环罩

工作时，主轴顺时针转动，管轴随滚筒圆盘公转，曲柄滚轮在 D 字形的滚道中滚动。当滚轮沿直滚道滚动时，可带动管轴做逆时针转动，弹齿收缩到环罩内；当滚轮由直滚道向弧形滚道滚动时，又带动管轴做顺时针转动，弹齿伸出环罩，而这时弹齿的位置恰好在捡拾器的前下方，弹齿向上捡起地面上条铺的作物秸秆，并沿环罩表面向后输送，在将作物秸秆送至环罩尾部时弹齿缩回，避免了挂草，完成捡拾作业。

B. 压缩室

压缩室的作用是将喂入装置输送的作物秸秆挤压成一定的密度，结构如图 4.5 所示。当秸秆或牧草进入压缩室后，在压缩活塞的往复冲压下，把秸秆逐层推入压缩室的后方。

C. 密度调节装置

草捆要达到要求的密度需要活塞有一定的冲压力，而冲压力的大小取决于秸秆或牧草逐层向后推进的阻力。为保证压缩时活塞有足够的冲压力，在压缩室的后方设置了草捆密度调节装置。它是将压缩室后方草捆上边的连接板设计为上下可调机构，通过上下调整上连接板的位置就可改变秸秆草捆出口的高度，即改变了压缩室内秸秆向后推进的阻力，从而达到调节打捆密度的目的。密度调节装置的结构如图 4.6 所示。

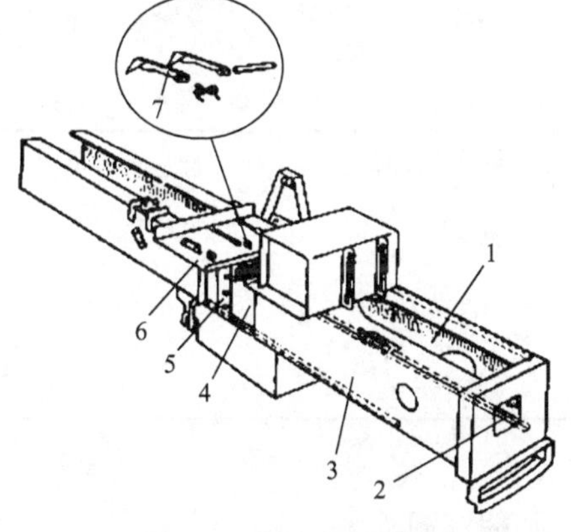

图 4.5　压缩室示意图

1. 左侧壁；2. 滑道；3. 右侧壁；4. 底板；5. 切刀；6. 上盖板；7. 防松卡爪

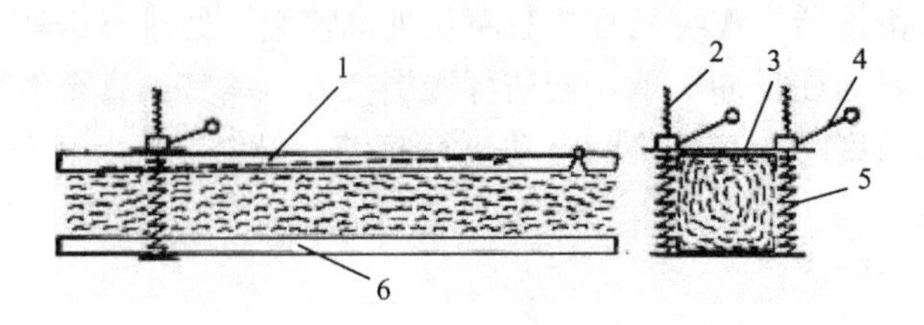

图 4.6 密度调节装置示意图

1. 上连接板；2. 螺杆；3. 横梁；4. 调节手柄；5. 螺旋弹簧；6. 下连接板

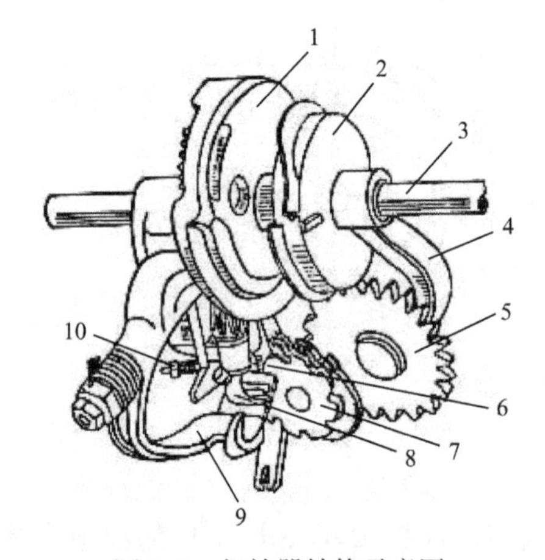

图 4.7 打结器结构示意图

1. 复合齿盘；2. 夹绳器驱动盘；3. 打结器轴；4. 打结器架体；5. 夹绳器传动齿轮；6. 割绳刀；7. 夹绳器；8. 打结嘴；9. 脱绳杆；10. 滚轮导板调节螺母

D. 打结系统

打结系统是打捆机主要的工作部件，打结动作是由一系列机构精准配合完成的。打结系统的作用是完成对秸秆草捆的自动送绳、捆扎、结扣。它是由送绳机构、拨绳机构、打结器、草捆长度控制机构等几部分组成，打结器的结构如图 4.7 所示。

目前，国内仍有部分厂家依赖购买价格昂贵的国外打结器来生产打捆机，原因是草捆的捆扎动作需要打结器及其辅助机构精准配合完成，加之打结器的零部件制造工艺要求高，一次性投入大，使得国外打结器长期垄断国内市场，导致了方草捆打捆机的生产成本较高。

3）主要技术性能与技术特征

方捆捡拾打捆机能够对小麦秸秆、稻草、玉米秸秆等进行捡拾打捆作业，结构紧凑，操作维修方便，工作效率高，打捆密度和长度可调，但价格较高。小型打捆机可尾随于联合收割机后配套使用。

方捆捡拾打捆机的主要技术性能与技术指标参考范围见表 4.1。

表 4.1 方捆捡拾打捆机主要技术性能指标

主要技术性能指标	参考范围	主要技术性能指标	参考范围
截面尺寸/cm	36×46	质量/(kg/捆)	干 10～30
	120×90		湿 30～60
匹配动力/kW	25～50	打捆密度/(t/m³)	0.15～0.25
工作效率/(亩/h)	10～20	打捆长度/cm	40～130
捡拾宽度/m	1.5～2	与拖拉机连接方式	侧牵引

2. 圆捆打捆机

1）结构组成与工作过程

圆捆捡拾打捆机主要是由弹齿式捡拾器、卷压室、传动机构、打捆送绳系统、卸捆后门、支撑轮等部分组成，结构如图4.8所示。

工作时，弹齿式捡拾器将作物秸秆从地面捡拾起来，经喂入机构送入卷压室，再由卷草钢辊系统将进入卷压室的作物秸秆卷成草捆，在草捆达到要求的密度后进行捆绳，最后通过液压放捆机构将草捆放出，然后进入下一捆打捆操作。

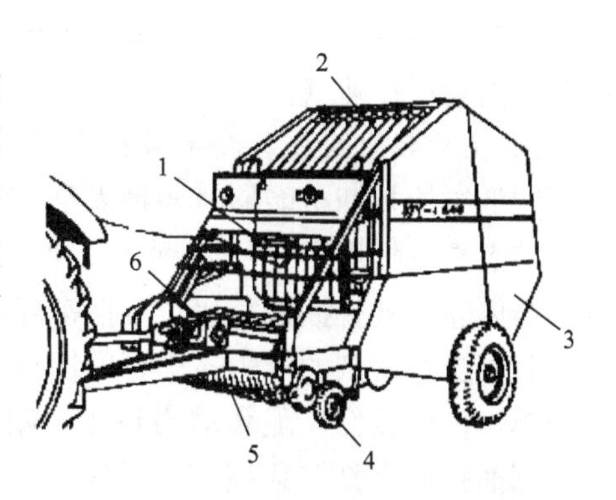

图4.8　圆捆捡拾打捆机结构示意图
1. 打捆机构；2. 卷压室；3. 卸捆后门；4. 支撑轮；5. 捡拾器；6. 传动机构

2）主要工作部件

A. 喂入机构

喂入机构是圆捆打捆机的关键部件，如果设计不当，不仅影响秸秆的喂入量，同时容易产生堵塞，并且影响打捆的可靠性。经试验，对于粗大、湿润、坚硬而茂密的秸秆，将卷压室入口原设计的钢辊结构换成短胶带结构，增大了秸秆与胶带间的摩擦系数，使短胶带对秸秆向前及向上的推动力增大，秸秆更容易导入卷压室上部，提高了打捆的可靠性。短胶带钢辊喂入机构的结构如图4.9所示（王德福和张全国，2007）。

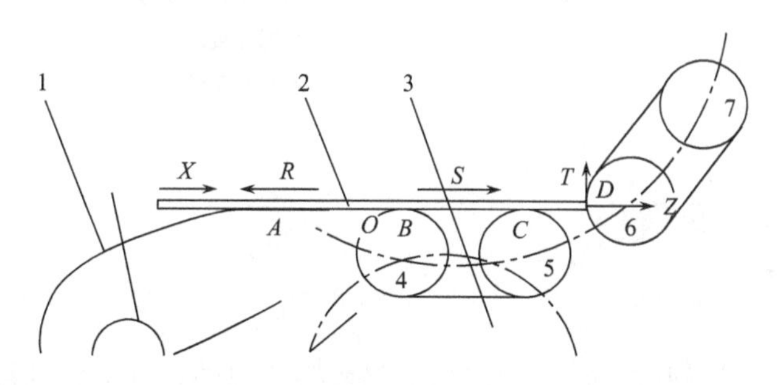

图4.9　短胶带钢辊喂入机构示意图
1. 捡拾器；2. 秸秆；3. 地轮；4～7. 短胶带

B. 卷压室

经喂入机构送入卷压室的秸秆，在旋转辊筒的作用下使秸秆旋转形成草捆芯，见图4.10a；随着越来越多的秸秆进入卷压室，不断旋转的辊筒使秸秆逐渐形成圆捆，圆捆直径逐渐扩大，见图4.10b；随机组继续前进，捡拾的秸秆将在圆捆外圆上逐层缠绕，压力也不断增大，直到压力达到设定值，即形成了外紧内松的圆草捆，见图4.10c；压力表的读数一旦达到规定值，机组立即停止前进，驾驶员操纵捆绳机构进行捆绳作业，捆绳作业完成后

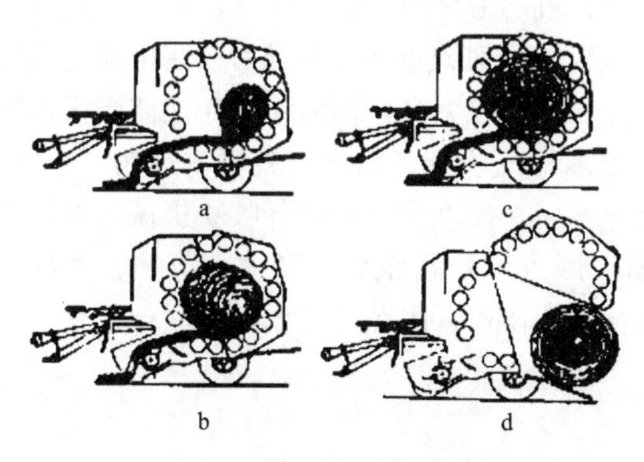

图4.10　圆草捆卷压过程示意图
a. 形成草捆芯；b. 圆草捆直径逐渐扩大；c. 形成圆草捆；d. 卸出圆草捆

开启后门，将草捆经卸捆后门弹落到地面，见图 4.10d。合上后门继续前进进行下一个圆草捆的卷压作业（王春光，2008）。

3）主要技术性能与技术特征

圆捆捡拾打捆机能够对各种麦草、牧草、稻草等进行捡拾打捆作业。外卷绕式打捆机的特点是草捆压实是从外到里逐渐进行的，草芯疏松，外部密实，草捆直径基本不变，与内卷绕式打捆机相比，草捆密度较高，结构比较简单。

我国自行研制的钢辊式小型圆捆打捆机，多用于秸秆的青贮收获，主要优点是结构较简单，价格较低，配套动力较小；缺点是容易堵塞、适用范围小。与方捆打捆机相比，圆捆打捆机具有草捆密度较高，结构简单，调整方便，生产率高，捆绳用量少等优点。

圆捆打捆机的主要技术性能指标与技术指标参考范围见表 4.2。

表 4.2 圆捆捡拾打捆机主要技术性能指标

主要技术性能指标	参考范围	主要技术性能指标	参考范围
匹配动力/kW	15～25	圆捆重量/(kg/捆)	干 220～300
生产率/(t/h)	5～10		湿 300～500
打捆直径/cm	Φ60，Φ80，Φ120	打捆密度/(t/m³)	0.1～0.2
捡拾宽度/m	1.5～2	草捆宽度/cm	85～120
卷压辊转速/(r/min)	>100	与拖拉机连接方式	侧牵引

4.1.5 秸秆收获机

1. 玉米秸秆收获机

玉米秸秆是玉米摘穗收获后的副产品。除直接还田外，其他的利用方式都是将玉米秸秆收集后先储存起来。玉米秸秆的收获有很多方法，一是利用玉米联合收获机在收获玉米的同时将玉米秸秆粉碎后收集装箱或打捆后放于田间，这种收获方法存在的问题是收获机的功能太多，结构复杂，可靠性低，收获机动力显得不足，往往需要几种机具同时作业；二是利用玉米秸秆收割机将直立的玉米秸秆割倒条铺或集堆后放在田间，这种收获方法主要用于收获后得到整棵的玉米秸秆，收获效率高，但后续工作还需要投入较多的人力；三是利用玉米秸秆联合收获机对玉米秸秆收割、粉碎、装箱或打捆、运输，这种收获方法生产效率高，机械化、自动化程度高，代表着玉米秸秆收获机械的发展趋向。但从国内玉米秸秆收获的实际情况来看，因玉米秸秆粗壮、高大、节硬、表皮密实，摘穗时水分含量较高，仍不适合直接进行打捆作业，因此，玉米秸秆联合收获机械的发展速度一直较慢。

1）结构组成与工作过程

玉米秸秆收割机借鉴了小麦收割机的结构与工作原理，与小麦收割机有相似的性能特征。主要由盘式割刀装置、秸秆输送和抛送装置、动力传动装置、液压升降机构、固定安装机架等组成。其中盘式割刀装置、秸秆输送和抛送装置是主要工作部件。割刀和输送装置的动力结合与分离是由驾驶员通过操作拖拉机的液压手柄自动实现的。

收割作业时，通过液压机构将割刀调至一定的割茬高度时，盘式割刀在水平面内做高速回转运动。机组沿玉米垄方向前进，割刀迅速将玉米秸秆割断，割断后玉米秸秆依靠惯性紧贴在输送链条或输送带上，秸秆通过上、中、下三条输送链条沿右侧或左侧与前进方向约呈 90°的夹角转向铺放，完成收割过程。

2）主要技术性能与技术特征

玉米秸秆收割机是对玉米摘穗收获后的直立秸秆完成切割、铺放收获的。主要特点是结构简单，工作可靠，收获效率高，收获后可得到整棵玉米秸秆，但收获后的晾晒、集堆、运输尚需要投入大量的人工，对驾驶员的操作技术水平要求高。

玉米秸秆收获机的主要技术性能指标与技术指标参考范围见表 4.3。

表 4.3　玉米秸秆收获机主要技术性能指标

主要技术性能指标	参考范围	主要技术性能指标	参考范围
配套动力/kW	＞14	最低作业速度/(km/h)	＞4
工作效率/(亩/h)	5～8	最低割茬高度/cm	＞3～5
割幅宽度/m	＞2	回转刀盘数/个	＞5
收割行数/行	＞4	与拖拉机连接方式	前置悬挂

2. 高秆秸秆收获机

1）结构组成与工作过程

高秆秸秆收获机一般由切割器、喂入机构、行走装置、铡切装置、抛送筒、变速箱、传动机构、分禾器、推禾器、牵引架、驾驶室等部分组成，结构见图 4.11（万霖等，2006）。其中切割器和铡切装置是收获机的主要工作部件。

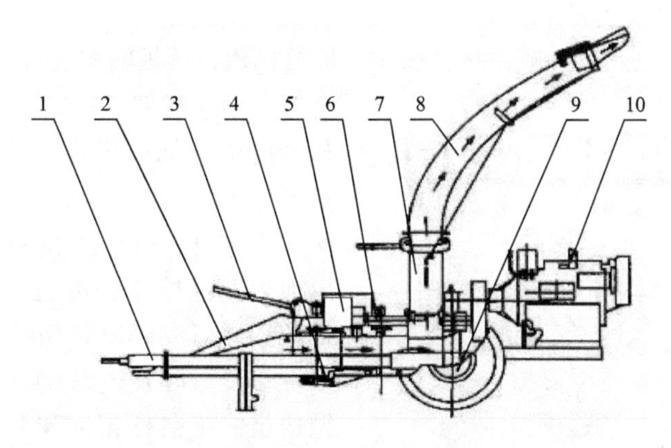

图 4.11　高秆秸秆（饲料）收获机结构示意图

1. 牵引架；2. 分禾器；3. 推禾器；4. 圆盘切割器；5. 变速箱；6. 传动机构；7. 铡切装置；8. 抛送筒；9. 行走装置；10. 动力机

工作时，拖拉机通过牵引架带动收获机进入工作状态，机架上的柴油机将动力传递给铡切刀盘和齿轮变速机构，并驱动圆盘切割器高速旋转，割下的秸秆通过喂入辊夹持喂入铡切室的动、定刀片间，将秸秆切碎。切碎后的秸秆借助于刀盘高速旋转所产生的惯性和叶片产生的气流作用将秸秆抛送。抛送后的秸秆经抛送筒、出料口，最后被抛送到捡拾车或料箱中。

2）主要技术性能特征

高秆秸秆收获机与拖拉机侧牵引连接，主要用于收获高秆秸秆作物及青饲料，可在田间一次完成青贮玉米秸秆、高粱秆等的切割、切碎及抛送等作业，收获作业质量高，但需要配备拖车收集粉碎后的物料，可用于秸秆的湿储存和饲料青贮。

高秆秸秆收获机的主要技术性能指标与技术指标参考范围见表 4.4。

表 4.4　高秆秸秆收获机收获机主要技术性能指标

主要技术性能指标	参考范围	主要技术性能指标	参考范围
平均割茬高度/cm	11	作业速度/(km/h)	25
匹配动力/kW	48	损失率/%	≤4.5
生产率/(t/h)	3	工作幅宽/m	1.4
割刀结构形式	圆盘式	与拖拉机连接方式	侧置牵引

3. 棉花秸秆联合收获机

棉花秸秆的用途非常广泛，除了可以直接粉碎还田用作有机肥料、建材、造纸原料外，还是良好的生物质能源原料。棉花秸秆经过收集、晒干、粉碎、成型后可以得到优质的成型燃料。但棉秆的收获大部分还是靠人工来完成，劳动强度大，工作效率低，而棉花秸秆联合收获机可以解决这一问题。

1）结构组成与工作过程

棉花秸秆联合收获机一般由拔秆机构、捡拾机构、链板输送装置、喂入装置、粉碎装置、抛送装置、机架、驾驶室、棉秆箱、传动机构等部分组成（崔相全等，2010），见图 4.12。

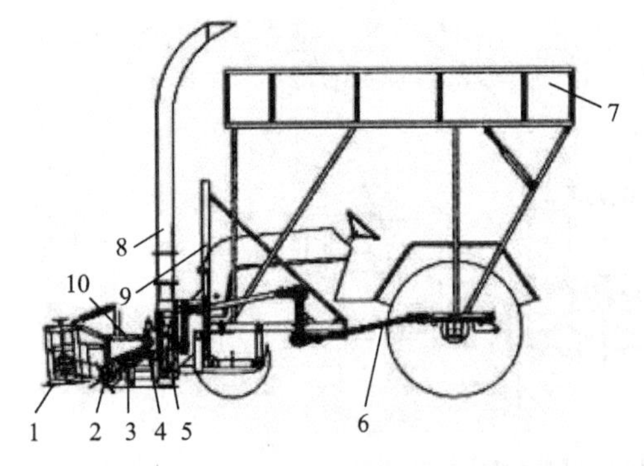

图 4.12　棉花秸秆联合收获机结构示意图

1. 拔秆机构；2. 捡拾机构；3. 链板输送装置；4. 喂入装置；5. 粉碎装置；6. 传动机构；7. 棉秆箱；8. 抛送装置；9. 连接机构；10. 机架

工作时，拔秆机构将棉花秸秆首先拔出地表，经捡拾、输送、喂入和粉碎，将棉花秸秆切成碎段，切碎后的棉花秸秆在惯性和抛送叶片气流的作用下将棉花秸秆抛送至棉花秸秆箱或集料车内，从而完成棉花秸秆的拔秆、粉碎、收集联合收获。

2）主要工作部件

A. 拔秆机构

拔秆机构是棉花秸秆联合收获机的一

个关键机构，一般采用齿盘式拔棉秆机构，拔秆机构的作用是将棉花秸秆从土壤中拔出。机组前进时，来自限深轮的动力带动 V 形齿盘旋转，齿盘上的三角刃槽把棉花秸秆钳住，在机组前进推力与齿盘的旋转拉拔力双重作用下，完成棉花秸秆的拔出过程。

B. 捡拾喂入机构

捡拾喂入机构采用了伸缩扒指捡拾机构及链板输送装置，喂入装置由上下喂入辊组成，其作用是将拔出的棉花秸秆顺利送入喂入装置。由拔秆机构拔出后的棉花秸秆先由伸缩扒指捡拾机构捡起，送到链板式输送装置，然后再经喂入装置进入粉碎装置。

C. 粉碎装置

粉碎装置由刀盘（圆盘、动刀）、定刀和抛送叶片等组成，粉碎装置的作用是利用圆盘式切刀的高速旋转将棉花秸秆切断，借助于惯性和气流作用将切碎后的棉花秸秆通过抛送叶片高速抛出，经抛送通道抛到棉花秸秆箱里。

3）主要技术性能与技术特征

棉花秸秆联合收获机一般是和拖拉机配套使用，一次性完成棉花秸秆的拔出、捡拾、粉碎、集箱、卸料等作业工序，收获机械化水平高，收获效率高。

棉花秸秆联合收获机的主要技术性能指标与技术指标参考范围见表 4.5。

表 4.5　棉花秸秆联合收获机的主要技术性能指标

主要技术性能指标	参考范围	主要技术性能指标	参考范围
配套动力/kW	43～55	收获行数/行	2
工作速度/(km/h)	≤5	切碎长度合格率/%	≥90
工作效率/(亩/h)	3～8	与拖拉机连接方式	前置悬挂

4. 棉花秸秆拔除机

棉花秸秆拔除机按工作部件的拔除原理可分为挖掘式和提拔式。挖掘式又可分为锄铲式、刀辊式、圆盘式；提拔式又可分为拔辊式、链夹式、齿盘式等。下面仅介绍齿盘式棉花秸秆拔除机的结构与原理。

1）结构组成与工作过程

齿盘式棉花秸秆拔除机主要由悬挂架、机架、地轮、水平 V 形齿盘、锥齿轮传动机构、分禾器等组成，见图 4.13。

工作时，拖拉机推动拔秆机前行，来自地轮的动力带动锥齿轮转动，继而带动水平 V 形齿盘转动，当棉花秸秆夹于 V 形齿盘时，在拖拉机的前进与水平圆盘转动的双重作用下，将棉花秸秆根部从土壤中拔起，并由水平 V 形齿盘带向后方，完成拔秆作业（马少辉等，2010）。

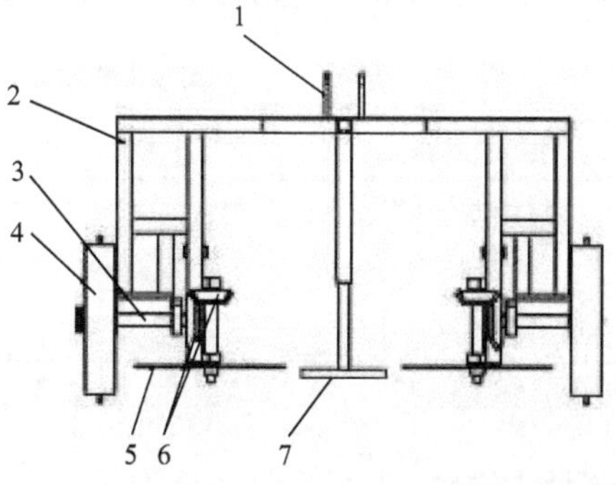

图 4.13　齿盘式棉花秸秆拔除机结构示意图

1. 悬挂架；2. 机架；3. 地轮轴；4. 地轮（限深轮）；5. 水平 V 形齿盘；6. 锥齿轮；7. 分禾器

2）主要工作部件

A. V 形齿盘

V 形齿盘是拔秆机的关键部件，直接决定拔秆机的工作性能。V 形齿盘的结构见图 4.14（马继春等，2010）。利用拖拉机的前进推力与 V 形齿盘的旋转拉拔力，将棉花秸秆从土壤中拔出。

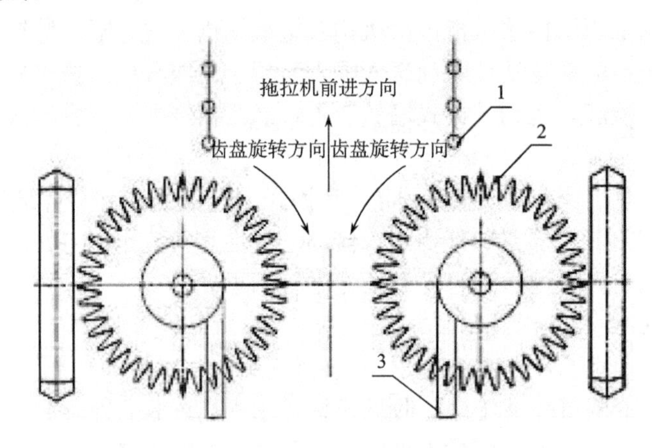

图 4.14　V 形齿盘结构示意图

1. 棉花秸秆；2. V 形齿盘；3. 挡板

B. 地轮

地轮也称为限深轮，是拔秆机工作的动力来源，地轮的结构必须保证 V 形水平齿盘的动力传递，工作时不得打滑。因此要求地轮一是要有足够的直径，二是要在轮子外圈设计防滑装置。

3）主要技术性能特征

棉花秸秆拔除机主要用于对棉花秸秆进行拔秆收获。棉花秸秆拔除机由于齿盘与水平面呈倾斜角度设置，秸秆拔除的动力来自地轮，无动力输入，只要悬挂在拖拉机前方即可。具有安全可靠，结构简单，操作、装卸方便的优点。

棉花秸秆拔除机的主要技术性能指标与技术指标参考范围见表 4.6。

表 4.6　棉花秸秆拔除机的主要技术性能指标

主要技术指标	参考范围	主要技术指标	参考范围
配套动力/kW	12～20	收获行数/行	2
拔净率/%	≥95	折断率/%	<5
工作效率/(亩/h)	4～8	与拖拉机连接方式	前置悬挂

5. 烟秆拔除机

我国是烟叶生产大国，全国年产烟秆约 150 万 t，烟秆中的热值高于作物秸秆。烟秆经过收集、晒干、粉碎后用来加工成型燃料，不仅可解决烟叶烘烤过程中一部分能源投入，而且可以消除部分烟叶病虫害，有很好的产业前景。但烟秆的拔除方法一直采用手工拔或挖的劳作方式，效率低，劳动强度大。采用机械化作业方式拔除烟秆，可大大提高劳动生产率，减轻烟农的劳动强度。

1）结构组成

烟秆拔除机一般由机架、传动机构、地轮（限深轮）、挖掘刀具（笼状旋刀或旋刀）、悬挂装置等部分组成。采用三点悬挂方式与拖拉机连接，动力来自拖拉机的动力输出轴，前端设有两个分土器，后部带有两个倾斜相向转动的旋刀轴或笼状旋刀轴，外形结构见图 4.15 和图 4.16。

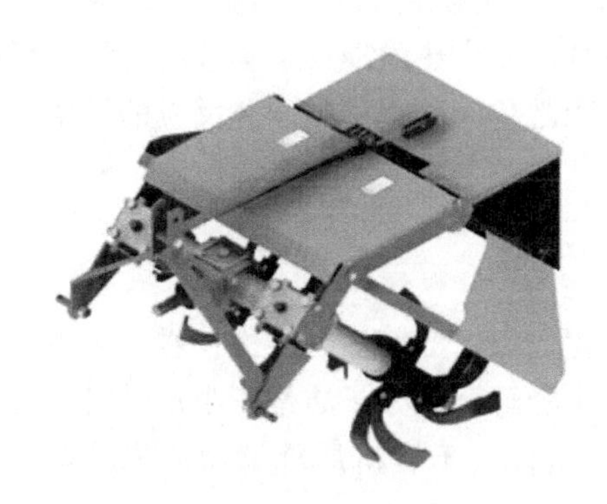

图 4.15　旋刀式烟秆拔除机

图 4.16　笼状旋刀式烟秆拔除机

2）工作过程

工作时，先用分土器破除烟垄，在两个对旋刀轴的旋切作用下，土和烟根一起被旋出，土在旋刀的作用下向两边抛出，将烟秆根系的土壤全部清除、甩掉，干净彻底不留残根，而拔出的烟秆却留在原烟垄位置的地表上。

3）主要技术性能与技术特征

烟秆拔除机与拖拉机采用三点悬挂方式连接。主要用于烟田烟秆或其他作物茎秆的连根拔除，结构简单，设备操作方便，性能可靠，拔秆能力强，适用性广，在拔除秸秆的同时还具有很好的灭茬、平茬、保墒效果，也可用于起垄作业。

烟秆拔除机的主要技术性能与技术指标参考范围见表 4.7。

表 4.7　烟秆拔除机的主要技术性能指标

主要技术指标	参考范围	主要技术指标	参考范围
配套动力/kW	20～30	拔除行数/行	1
拔出率/%	≥98	平垄率/%	≥80
工作效率/(亩/h)	4～10	与拖拉机连接方式	后置悬挂

4.2　秸 秆 储 存

作物秸秆收获的特点是，时间短，量大分散，含水量高，切割后氧化发热快。这种特征不宜满足秸秆利用的规模化、产业化连续生产要求，也是技术障碍。本节阐述秸秆湿储存的基本原理，采取湿储存技术后，秸秆主要有机成分含量的变化规律以及建设湿储存装置的工程技术关键。

4.2.1　秸秆湿储存理论基础

1. 秸秆湿储存的定义

所谓湿储存，是作物采收果穗后的秸秆，不经过风干脱水立即进行切段或粉碎，装入储存装置并密封封装的过程。湿储存的目标是，在规模化储存器中，避免湿秸秆发热，只脱水不发酵，尽可能减少秸秆的有机质降解，减少热值损失。本节所述秸秆能源化利用的储存技术不同于糖化储存，要点是尽可能避免储存过程中发酵反应的发生，储存期内（1 年以上）能量损失最少。

2. 湿储存的基本原理

秸秆湿储存的过程，是一个复杂生物化学变化过程。湿储存的操作技术，应当尽可能减少秸秆有机质发生糖化：即有机质高分子由于降解，其分子质量变小；同时，也尽可能减少可溶性糖类分解形成 CO_2 的量，否则，秸秆由于有机质降解而流失较多，导致热值损失过大。

秸秆湿储存过程可以分为三个阶段：好氧呼吸阶段、兼氧呼吸阶段和稳定保存阶段。好氧呼吸阶段，也就是秸秆湿储存的开始阶段，该阶段在秸秆切碎密封储存后，因秸秆内含有大量的可溶性糖分等物质，与呼吸有关并具有生物活性的酶可进行呼吸作用，它利用体系内残余空气，分解秸秆的有机质。同时，附着在秸秆上的好氧性细菌、兼氧性细菌、酵母菌、腐败菌、乙酸菌等也利用秸秆的可溶性糖类进行繁殖生长，迅速消耗残余氧气，产生 CO_2、醇类、乙酸、乳酸等以及相应的热量，待 O_2 耗尽后，湿储存体系就形成了厌氧环境。厌氧、适宜温度和微酸性环境为乳酸菌的繁殖创造了合适的条件。在该阶段对秸秆产生较强的破坏作用。因此，此阶段如果残余空气较多，细胞呼吸时间就会延长，产生较多热量，设备内温度就会升高，阻碍乳酸菌与其他微生物的竞争，使秸秆有机质的结晶度遭到破坏，甚至降解成为小分子物质，秸秆糖化率就会升高，导致热值损失增大。因此，为了减弱这些过程的产生，秸秆收获后应尽量缩短秸秆进入储存仓的时间，秸秆不易受切割粉碎伤痕太多，以防止秸秆快速氧化发热。因此封装时要尽可能短时间内将秸秆进行压实密封，减少秸秆体系内残余空气，降低秸秆有机质糖化的程度、各乳酸菌发挥作用的环境和条件，避免发酵过程发生。

厌氧（兼氧）呼吸阶段，就是在缺氧条件下，如果具有适当的温度、一定的含糖量、一定的含水量，兼氧性细菌和乳酸菌等利用体系中可溶性糖类、水分以及其他营养物质，逐渐活跃起来，迅速繁殖，产生大量的乳酸、乙酸、丁酸等，使体系内的 pH 降低，当 pH 降低在 4.2 以下时，就会抑制其他各种腐败菌群的活动，乳酸菌的活动也由于酸度值的降低而受到限制，甚至停滞。这样就可以使秸秆有机质糖化过程逐渐减弱，直至停止。

稳定保存阶段。前述过程产生了大量的乳酸，使pH降低到3.8～4.2，这时乳酸菌的活动逐渐减弱，并开始死亡，pH降低趋势趋于停止，其他微生物的代谢活动也基本停滞。湿储秸秆体系微生物的生物化学过程也趋于结束，湿储存过程基本完成，在没有氧气进入和酸度值不变的条件下，秸秆中有机质等成分保持相对的稳定。

秸秆湿储存的技术核心，一般来说就是控制秸秆呼吸作用和微生物发酵过程。控制呼吸作用，主要发生在储存的前期。采收果穗后的秸秆，尽可能在短期内切碎压实、密封，以便尽可能排出秸秆体系内空气，减少空气残余量。否则，秸秆细胞持续呼吸导致温度升高，有利于其他微生物繁殖。秸秆中水分的含量也是保证乳酸菌正常活动的重要条件，水分过高过低都会影响到秸秆储存材料的品质。控制微生物的发酵过程产生，主要是在储存过程中期，严格控制物料的pH。采取措施保证乳酸菌的大量繁殖条件，使体系内形成足量的乳酸，抑制霉菌和腐败菌的生长。为达到最好效果，必要时可以直接向体系内补充乳酸菌，或者加入甲酸、乙酸、丙酸等酸性物质，使得体系的pH迅速降至4.2以下，降低霉菌和腐败菌等对有机质的腐蚀，提高秸秆有机质的完好率。

上述储存的生化过程就是湿储存技术的基本理论，它提示我们，湿储存应把握三点技术关键，一是秸秆收获后要减少切断受伤，在最短的时间内（尤其是粉碎的秸秆）进入储存仓并压实；二是保证储存仓的厌氧（兼氧）条件；三是严格控制储存仓的pH在4.2以下。

4.2.2　秸秆湿储存的操作技术

为了保证湿储存的秸秆品质和保持较长的储存期，必须对储存操作规范提出严格技术要求。收割要尽量减少切口数量，若是联合收割机，在机上同时粉碎，就要减少堆放时间，并用抛物方法使物料降温后抛入储存仓，同时配以碾压。从收割到粉碎封装，一般控制在4 h内，仓外堆积时间控制在1 h之内，尽可能减少采收后秸秆与空气长时间接触，以防止秸秆有机质的糖化降解；仓内堆积密度控制在0.4～0.6 t/m^3，尽可能排出体系内的残余空气，削弱微生物的活动；储存过程中，要严格监视体系内的pH。封装后秸秆上往往附着有乳酸菌、乙酸菌、腐败菌等，在适合的温度、水分条件下，利用采收时秸秆中的可溶性糖类作呼吸碳源，产生乳酸、乙酸等，可使体系的pH迅速降低至4.2以下，抑制微生物的生物活性，保证秸秆储存的稳定性。

在整个储存过程中，必须保证乳酸发酵的主导地位，其原因主要是由于乳酸的酸性要比有机羧酸的酸性强得多，体系酸度值降低得更快一些。如果秸秆附着的乳酸菌较少，可以向秸秆中喷洒乳酸菌，必要时可向秸秆体内增加一些有机酸如甲酸、乙酸、丙酸以及它们两种或两种以上酸的复配物等，必要时喷撒无机酸稀释液，如硫酸、磷酸等，以调整体系内酸度值，使得酸度值迅速下降，抑制霉菌、腐烂菌等生物活性。特别需要说明的是湿储存体系不得加入酶制剂如纤维素酶等，防止秸秆有机高分子的降解，否则，秸秆中有机质损失更大，热值损失会更高。

4.2.3　试验案例

为了验证理论分析的正确性，作者专门设计了秸秆湿储存试验方案，对2 hm^2 试验地玉米秆进行了12个月的对比试验和检测，并对试验结果进行了分析。下面对试验过程和结果进行阐述。

1. 被检验秸秆的储存方法

为了解秸秆热值的变化规律及影响因素，我们以玉米秸秆为原料，采用三种不同的湿储存方法，进行了长达12个月的跟踪检测。储存方法包括自然储存、袋装储存、桶装储存（密度大约为0.3 t/m^3）。将2 hm^2左右的玉米秸秆，收集粉碎并混合均匀后，分成三份，每份样品量为3.5 t以上，按照不同的储存要求，分别进行储存。

自然储存：将第一份玉米秸秆样品自然堆放，取样时距离表层40～50 cm，每次取样在不同的位置，距上次取样处大约50 cm。

桶装储存：将第二份玉米秸秆样品，封装于12个聚乙烯塑料桶内，每个桶的容积大约为0.9 m^3，压实后密封，秸秆储量200 kg左右。封装要确保每个桶密闭，与外界空气基本隔绝，下部设计渗出液流出口。为防止储存过程中秸秆的霉变腐烂，另外增加三个备用桶装原料。在规定时间内，每次打开任意一个未启封的设备，取样位置在每个桶的正中间，即距表层40 cm左右，距四周等距，原料取出后，该桶秸秆原料作废。

袋装储存：将第三份玉米秸秆样品封装于聚乙烯的塑料袋中。塑料袋分为两层，里面一层为编织袋，外面一层为不透气的聚乙烯塑料袋，每袋封装35 kg左右，封装要求与外界空气隔绝。样品的取用，从第二层开始，选取完好、不破损的袋装原料，从袋子中间选用样品，取样后该袋原料作废。

为了获得可靠的数据，应注意几个环节。储藏方法尽可能接近规模化储存的实际，并要设对比试验项；取样是关键，抽取样品能够反映实际；以12个月为一个试验周期，每月在设定的时间取样检测，并记录对应的环境参数。

2. 秸秆中主要成分的检测方法

储存过程中，要了解生物质物料中主要成分的变化情况，掌握其变化规律，遵循其规律采取相应措施。秸秆中主要成分包括纤维素、半纤维素和木质素，还有与能源化利用直接相关的热值无机元素，如灰分、Cl、K、S及热值含量等。

纤维素和半纤维素的检测，按照Goering和Van Soest（1970）的方法检测，主要包括中性洗涤纤维（neutral detergent fiber，NDF）的测定和酸性洗涤纤维（acid detergent fiber，ADF）的测定，检测仪器为纤维素检测仪（FIWE3，意大利VELP公司）。纤维素含量的数据用中性洗涤纤维的含量数据代替。木质素的检测是对克拉松木质素（Klason lignin）进行检测，秸秆的灰化采用GB/T2677.3—1993检测。数据所得结果均为干物质含量。

3. 湿储存过程中秸秆主要成分变化规律

1）秸秆纤维素含量的变化规律

根据纤维素含量的检测结果，对原始数据进行多项式拟合处理，得到纤维素含量的变化趋势，见图4.17。

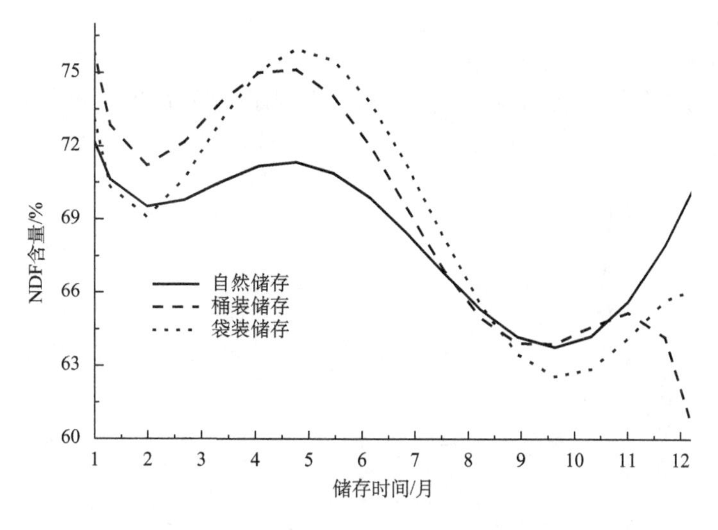

图 4.17　储存秸秆纤维素含量变化趋势

从图 4.17 可以看出，在储存过程中，三种秸秆样品纤维素含量的变化趋势是非常相似性的。总体而言，纤维素的含量都随着储存时间的增加而降低，尽管它们在储存过程中都产生了波动，出现了一个峰值。在储存前期的两个月，纤维素含量明显降低，之后升高并于储存第 4、第 5 个月达到第一个峰值，随后又逐渐降低，于储存第 9、第 10 个月降至谷底后又逐渐升高，但幅度较小。在储存时间相同的条件下，不同方法储存秸秆中纤维素的含量，也有明显的不同。自然储存秸秆中的纤维素含量，比其他两种储存方法秸秆中的含量低，而桶装储存秸秆的含量最高。储存末期，自然储存秸秆中纤维素含量陡然升高。

秸秆纤维素含量变化趋势产生的原因，主要与秸秆和空气接触是否充分有密切的关系，接触越充分，纤维素降解越完全、越彻底，其含量就越低。不同方式储存的秸秆，由于秸秆有机质与空气接触被氧化降解而流失，致使纤维素含量总体上呈现降低趋势。在储存前期的两个月，刚采收秸秆中的可溶性多糖（纤维素的一部分）分子质量较低，含量较高，此时秸秆附着相关微生物和相关酶活性较高，利用体系中残余空气，将纤维素降解，且速度较快，致使含量显著降低。三种秸秆样品中，自然储存秸秆纤维素含量最低，其原因主要是自然储存秸秆体系没有与空气隔绝，袋装储存体系的封装密度比桶装储存秸秆的密度要低，使得自然储存秸秆与空气最为充分，以桶装储存秸秆体系空气最少。因此，在储存时间相同条件下，秸秆中纤维素含量以自然储存体系最低，桶装储存体系最高，而袋装储存秸秆的含量数值居于三者的中间值。

储存末期，在曲线图上纤维素含量有升高的趋势，这是相对含量的升高，不反映绝对含量的增加趋势。出现这种现象的原因是表达方式的问题，也就是因为每个月的测量值中总量绝对量虽然相同，但含有成分的质量不同，计算出的相对值表达的内容就不一样。例如，自然储存法储存的秸秆中，同一根秸秆第 12 个月含有的纤维素绝对值应比第 1 个月低得多，但在这个曲线上反映的是上升趋势。这个上升值是当月相对值，不是绝对值变化趋势。

2）秸秆半纤维素含量变化趋势

根据半纤维素含量检测结果，将其进行多项式拟合处理后，得其变化趋势，如图4.18所示。

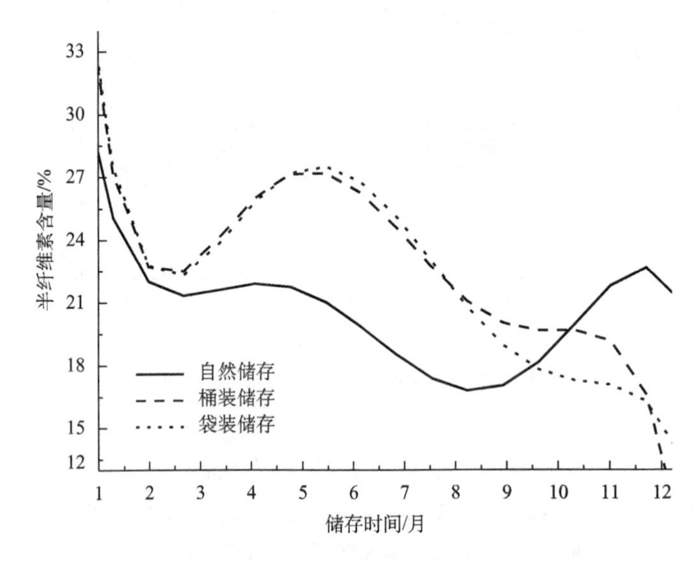

图4.18　储存秸秆半纤维素含量的变化趋势

从图4.18可以看出，三种秸秆样品中的半纤维素含量变化规律，总体上随储存时间的增加而降低，基本都呈现双峰分布。在储存前期两个月，半纤维素的含量显著降低，降至谷底后逐渐升高，于储存5个月后升至最高值后又逐渐降低。三种秸秆样品相比，自然储存秸秆中半纤维素含量明显低于另外两种方法储存秸秆中的含量，在储存第9个月左右降至最低值后，逐渐升高，而其他两种储存方法却依然呈现逐渐降低的趋势。

秸秆中半纤维素含量出现如图变化趋势的原因，主要与秸秆和空气接触是否充分密切相关。如果与空气接触越充分，半纤维素降解就趋于充分、完全。储存过程中，秸秆中半纤维素由于降解而流失，致使半纤维素含量随着储存时间的增加而逐渐降低。相同条件下，自然储存的秸秆体系较为松散，密度较小，半纤维素成分与空气接触较为充分，分解速率较快，导致其含量最低。在储存第8～第9个月时，自然储存秸秆中多聚己糖包括纤维素和半纤维素中己糖类物质，降解较多（纤维素含量变化规律也说明了这一点），而其他成分如聚戊糖不易降解，使得半纤维素含量显示逐渐升高。而另外两种储存方式由于空气相对不足，在储存8～9个月后，秸秆中还有相当多的多聚己糖尚未降解完全，随着时间的增加而降解，致使半纤维素含量依然呈现逐渐降低的趋势。

3）秸秆中木质素含量变化趋势

根据秸秆木质素的含量检测结果，将其经过多项式拟合处理后，得到木质素含量的变化趋势，如图4.19所示。

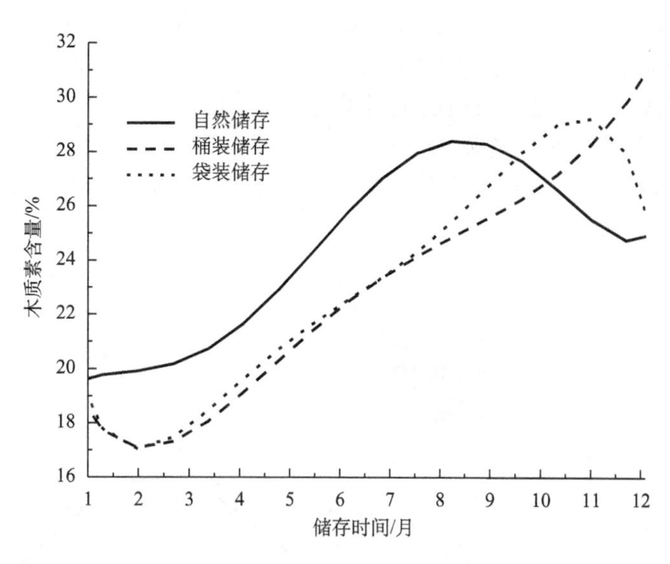

图 4.19　储存秸秆中木质素含量变化趋势

从图 4.19 可以看出，三种不同储存方法秸秆中木质素含量的变化趋势，与纤维素、半纤维素的变化趋势明显不同。木质素含量总体上含量 17%～30%，且随着储存时间增加而升高，达到最高值后却有降低的趋势。三种秸秆样品木质素含量相比，自然储存秸秆的木质素含量比另外两种储存方式秸秆木质素的含量都高。在储存的前两个月，自然储存秸秆中木质素的含量逐渐升高，而另外两种储存方式样品中含量却下降。自然储存和袋装储存秸秆的木质素含量分别在储存第 9 和第 10 个月达到最大值，此后却呈现逐渐降低趋势；但桶装储存秸秆木质素含量一直呈现上升趋势。

形成图中秸秆木质素含量变化趋势的原因，不仅与纤维素和木质素结构的稳定性有关，也与纤维素和木质素接触空气有关。一般来说，木质素是苯丙烷类物质通过醚键等连接起来的三维、立体网状结构的高分子物质，内能低，结构稳定，不易降解，而纤维素己糖类等物质却容易降解，同时秸秆与空气接触越充分，降解也就越快、越完全。通常条件下，秸秆中纤维素和木质素在储存过程中都会被逐渐降解而流失，但纤维素降解速率要比木质素降解速率要大得多，致使木质素在秸秆中的相对含量由于纤维素降解流失较多而升高。

在储存开始前期，桶装储存和袋装储存的秸秆木质素含量显著降低，储存第 2 个月降至谷底，原因是储存前期开始时，秸秆附着相关微生物和相关酶的活性较高，利用储存体系内残余空气，可以很容易地将秸秆中较低分子质量的木质素降解，速率较快，从而木质素含量显著降低。自然储存秸秆木质素没有出现陡然降低的现象。三种秸秆样品中含量相比，自然储存秸秆中木质素含量最高，其原因是由于该储存方式与空气接触相对充分，纤维素等己糖类物质降解速率较快，比另外两种储存方式秸秆中纤维素降解速率快得多，导致秸秆中木质素在秸秆中相对含量逐渐升高；在纤维素降解趋于完全后，木质素含量达到最高值，此后木质素由于降解流失含量逐渐降低。图 4.19 中木质素含量变化趋势也说明了这一点。自然储存秸秆中木质素含量在储存 8～9 个月后升至最高值，表明此时易降解的纤维素等糖类降解趋于完全，而袋装储存秸秆中木质素在储存第11个月后达到最高值，其原因是由于在储存过程中，残余空气越少，纤维素物质降解受到的阻力就越大，致使最高值向后推迟了两个月才出现。

4）秸秆灰分含量的变化趋势

根据对秸秆灰分含量的检测结果，将原始数据进行多项式拟合处理后，得到其变化趋势，见图 4.20。

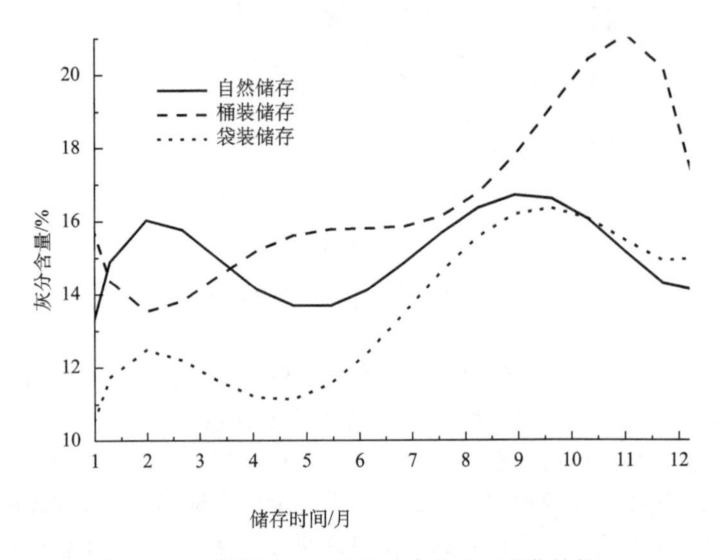

图 4.20 不同储存方法秸秆中灰分含量变化趋势

从图 4.20 可以看出，总体上，秸秆灰分含量随着储存时间的增加而升高，其数值在 10%～21%，整个储存过程中，灰分含量变化趋势都出现了双峰的现象。

三种秸秆样品中，自然储存和袋装储存秸秆灰分含量变化趋势呈现基本相似的规律，总体趋势逐渐上升。在储存前期两个月，灰分含量升至最大值后而降低，降至谷底后又逐渐升高，在储存第 8、第 9 个月出现第二峰值。桶装储存秸秆在储存前期，灰分含量变化趋势却陡然降低，而后总体上呈现升高趋势，同时也出现了双峰的分布规律。

秸秆中灰分变化趋势产生的原因，主要是由灰分和有机质的稳定性决定的，同时也受到秸秆接触空气的多少影响。一般而言，秸秆中灰分不易降解，而有机质容易降解流失，有机质分子质量越低，降解速率就越大。储存开始时，秸秆中可溶性物质如糖类等较多，相关酶和好氧性细菌活性较高，可以利用体系内的残余空气，将其迅速降解。而灰分等在秸秆中的存在形式，结构较为稳定，不易降解，由于纤维素等有机质降解速率较快、流失较多，导致灰分在秸秆中的相对含量升高。

通过对不同储存方法秸秆主要成分的相对含量检测，以及它们在储存过程中随时间变化规律的试验研究，结果表明：秸秆纤维素和半纤维素含量的变化趋势总体上逐渐下降，而木质素和灰分含量的变化趋势却逐渐升高。产生这种现象的原因主要与这些成分在秸秆中存在形式的稳定性有关，同时也与秸秆接触空气是否充分密切相关。一般而言，在相同条件下，纤维素和半纤维素等已糖类物质，受空气影响较大，容易降解，且速率较快，致使其相对含量降低趋势的幅度较大。秸秆中木质素结构以及灰分存在形式结构稳定，不易降解，受空气影响较小，速率较慢，致使木质素和灰分等含量却由于纤维素类物质降解趋于完全而相对含量升高。

根据不同储存方法秸秆中主要成分含量的变化趋势，以及峰值和谷底的位置，秸秆中有机质可以分为三大成分：可溶性成分、可降解成分、难降解成分，如纤维素分为可溶性纤维素即可溶性纤维（多糖）、可降解纤维素、难降解纤维素等。三种成分分别对应于不同的阶段，秸秆刚采收后，体内有许多尚未完全形成有机高分子的物质，为可溶性成分，这部分物质分子质量较低，溶解性较好，受到相关酶、微生物等的影响较大，在适宜温度、氧气等条件下，最容易降解而流失，这部分物质在两个月后降解完全，最长不会超过 3 个月；可降解成分是指那些分子质量已经达到高分子程度，只是属于有机质中分子质量中等的物质，还没有达到最大分子质量的状态。这部分物质由于分子质量较大，不易降解，在空气、微生物等影响下，在较长的时间内才能降解完全，在自然条件下一般在第 8～第 9 个月降解完全。难降解成分是指有机质中分子质量最大的这部分物质，这部分物质由于分子质量最大，最难降解，在干燥的条件下，可以保存相当长的时间。

4. 秸秆热值与其化学成分相关性

1）秸秆热值的变化趋势

热值使用氧弹式热量计（美国 Parr 公司，6300）进行测定。根据测定结果，用多项式拟合处理后，得到秸秆热值的变化趋势，见图 4.21。

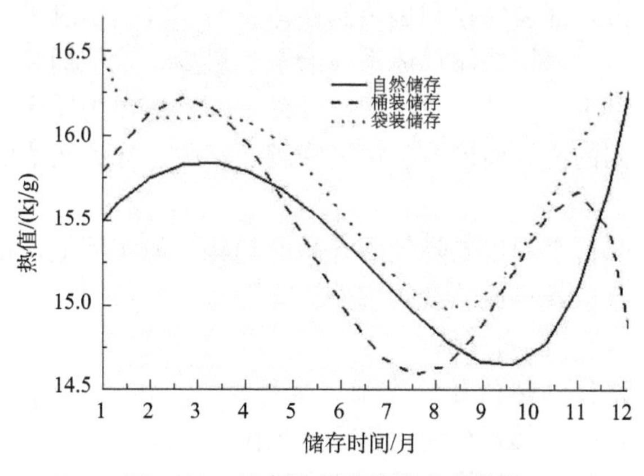

图 4.21　储存秸秆热值的变化趋势

从图 4.21 可以看出，三种样品秸秆热值的变化趋势有一定的差别，储存过程都出现了单峰或双峰。总体而言，自然储存秸秆热值低于桶装储存和袋装储存秸秆的热值，尽管有个别数据出现了反常。储存开始的前 3 个月，桶装储存和自然储存秸秆热值，随着储存时间的增加而陡然升高，升至最高值后逐渐降低，并分别于储存的第 8、第 9 个月降至谷底后又陡然升高，桶装储存秸秆热值在储存第11个月后升至第二个峰值，而自然储存秸秆热值变化幅度更大，最终值超出了初始值。袋装储存秸秆在储存前两个月，其热值与另外两种样品明显不同，不是迅速升高，而是陡然降低，但在储存3个月后，变化规律与另外两种储存方式秸秆中热值的变化趋势相似。

秸秆热值大小，主要与秸秆中有机质的多少密切相关，不仅与有机质的含量有关，也与有机质组分的比例有关。影响秸秆有机质多少的原因，主要是有机质的稳定性和接触空气的多少。一般而言，秸秆纤维素、半纤维素等已糖类物质受环境因素影响较大，容易降解而流失较快，但木质素却由于其结构稳定而不易降解；自然储存秸秆所处环境的空气含量充足，与氧气接触较为充分，秸秆中有机质氧化降解速率比桶装储存和袋装储存秸秆有机质降解速率要快而流失较多，致使热值损失较大，相同条件下，热值比桶装储存和袋装储存秸秆热值要低。

在储存开始时，秸秆中可溶性多糖等物质（纤维素总量的一部分）的含量较大，秸秆体内相关酶的活性与附着相关菌类的活动较强，可溶性多糖等物质比纤维素等高分子降解速率快。在可溶性物质降解完全后，纤维素和木质素等高分子物质在秸秆中的相对含量却逐渐升高，致使自然储存和桶装储存秸秆的热值升高。可溶性多糖降解完全消耗时间较短，一般需要2～3个月，此时纤维素等有机高分子物质含量占据主导地位，致使热值升高，至第一个峰值后，秸秆中易降解的纤维素、半纤维素、木质素等逐渐降解，从而热值随储存时间的增加而逐渐降低。由于纤维素等已糖类物质降解速率远远大于木质素的降解速率，因此，在储存后第9个月左右，秸秆中木质素的相对含量逐渐占据主导地位，因此热值不但没有降低，反而增加，且幅度较大，数值超出热值的初始值。

三种储存方式，由于储存条件不同，与空气接触的充分程度也有很大的差别。自然储存秸秆体系最为松散，桶装储存和袋装储存体系与空气基本隔绝，密度较大，但体系内部残存一部分空气，且以桶装储存体系残余空气最少，致使桶装储存秸秆中有机质降解速率最小，流失也最少。在储存一年后，纤维素等已糖类物质还占有一定的比例，秸秆有机质随着储存时间的增加而依然被逐渐降解而流失，导致热值的降低，且未出现热值陡然升高的趋势。

表观上讲，秸秆热值表现出先降低后升高的趋势，但实际上，秸秆热值由于有机质总量降解而流失，导致秸秆热值总量的减少。

2）自然储存秸秆的热值相关性

根据对自然储存秸秆的热值和纤维素、半纤维素、木质素以及灰分含量的检测数值，经过拟合处理后，得到其各自变化趋势，见图4.22。

本实验中，根据对秸秆的热值、纤维素、半纤维素、木质素、灰分等含量的检测结果，用软件SPSS 10.0对其原始数据进行处理，得到热值与主要成分之间皮尔逊相关系数，具体的结果列于表4.8。鉴于纤维素（图中数据采用中性洗涤纤维含量数据）在秸秆中占有比例较高，可达秸秆总量的70%左右，对热值的贡献较为突出，故也将纤维素与半纤维素、木质素、灰分等含量的相关性一并列入表4.8。

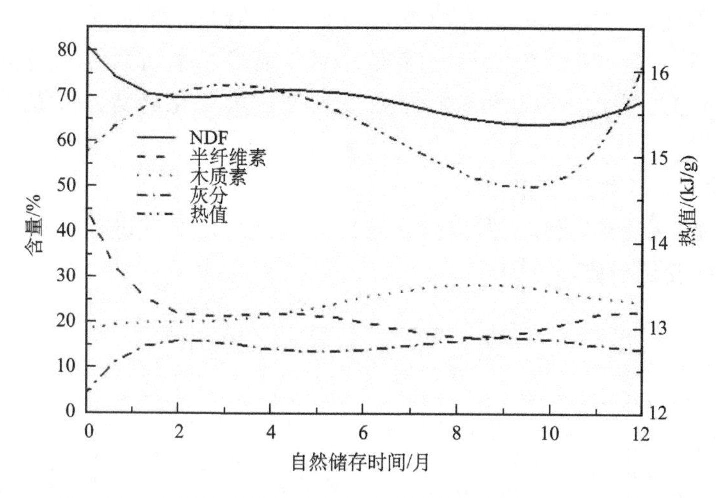

图 4.22　自然储存秸秆热值与主要成分含量之间的变化趋势

表 4.8　秸秆的热值与主要成分含量的相关性

名称		NDF	半纤维素	木质素	灰分
自然储存	热值	**		—*	—**
	NDF	1.000	*	—*	—*
桶装储存	热值				
	NDF	1.000	**	—**	—**
袋装储存	热值	**		—*	—*
	NDF	1.000	*	—*	—*

* 在 0.05 水平上显示具有显著性（双尾检验）；** 在 0.01 水平上显示具有显著性（双尾检测）；—表示负相关。

从图 4.22 可以看出，自然储存秸秆的热值和各组分含量的数据，经拟合之后，变化趋势较为明显。秸秆热值大体上分为两个阶段，储存前期的 7～8 个月，其变化趋势出现一个峰值，在储存第 3 个月，热值达到最高，但储存后期数值陡然增加，其数值甚至超过了初始数值。总体而言，热值变化趋势与纤维素和半纤维素含量变化趋势总体相似，随着储存时间的增加而降低，而与木质素和灰分含量变化趋势相反，其含量随储存时间的增加而升高。

图 4.22 变化趋势表明，秸秆热值的变化趋势，与秸秆纤维素含量的变化趋势较为相似，二者表现出较强的相关性，这一点为表 4.8 数据所证明，二者在 0.01 水平上达到了统计学上的极显著性。半纤维素含量变化趋势与热值的变化趋势相比，却有明显的不同，其变化趋势表现出明显下降的趋势，但与热值的变化趋势尚未达到统计学上的显著性。秸秆木质素和灰分含量变化趋势也有一定的相似性，二者与热值变化趋势呈现明显的负相关，且分别在 0.05 水平和 0.01 水平上达到了统计学上显著性。

表 4.8 还可以表明，纤维素含量变化趋势与半纤维素、木质素以及灰分含量变化趋势之间表现出较强的相关性，基本上都在 0.05 的水平上，达到了统计学上正相关

或负相关的显著性，它们之间的这种关系为研究热值与主要成分之间的相关性提供了最基本的参考信息。秸秆热值与纤维素、半纤维素、木质素和灰分含量在储存过程中随时间变化的原因，可以参考秸秆主要成分含量变化趋势一章的相关内容，本节不再赘述。

3）桶装储存秸秆的热值相关性

根据桶装储存秸秆热值和主要成分含量的检测结果，对其进行多项式拟合处理后，得到它们含量的变化趋势，见图 4.23。

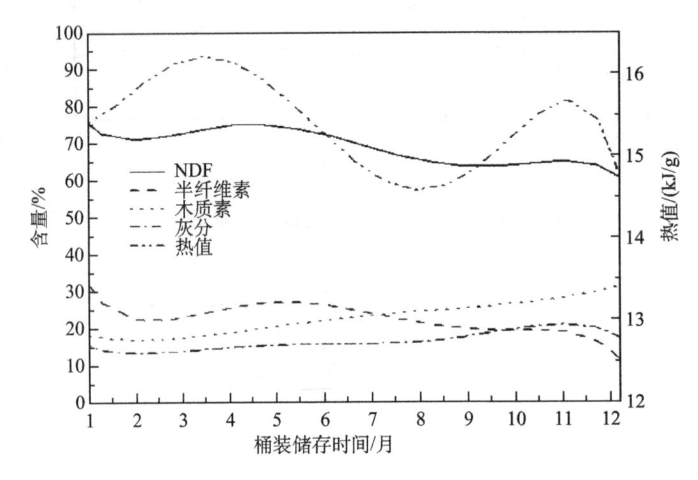

图 4.23　桶装储存秸秆热值与主要成分含量之间的关系

从图 4.23 可以看出，桶装储存秸秆的热值随着储存时间增加而降低，出现了明显的双峰，且变化幅度较大，峰值分别位于储存后第 3、第 11 个月。纤维素和半纤维素含量变化趋势基本相似，尽管也出现了双峰分布，但其变化幅度要比热值变化幅度弱得多；木质素和灰分含量变化趋势，却随着储存时间的增加而升高，且基本上都可拟合为一条直线，只是木质素的斜率比灰分的斜率要大一些。尽管热值和纤维素、半纤维素等含量变化趋势相似，总体上都呈现下降趋势，但由表 4.8 中数据可知，它们二者与热值含量的变化趋势，却尚未达到统计学上的显著性。同样，虽然木质素和灰分的含量变化趋势都随着储存时间的增加而降低，但与热值的变化趋势却没有达到统计学上的显著性。

表 4.8 数据显示，秸秆纤维素含量变化趋势与半纤维素含量变化趋势却有明显的正相关，而与木质素、灰分含量变化趋势呈现明显的负相关，它们都在 0.01 水平上达到了统计学上的显著性。秸秆热值与秸秆中主要化学成分含量变化趋势都没有达到统计学上的显著性，其原因是由于桶装储存秸秆密度较大，残余空气量较少，好氧性细菌活动时间少，降解能力严重受阻，纤维素等多糖物质分解较慢，空气对秸秆的影响居于次要地位，而温度影响逐渐升至主导地位。秸秆热值变化幅度较大，相比而言，秸秆主要化学成分含量变化幅度相对却较小，导致热值与其主要成分含量之间没有达到统计学上的显著性。同时，桶装储存体系，残余空气很少，秸秆降解速率很慢，以致在储存 12 个月后，秸秆体内还有相当多的有机质可降解成分（纤维素、半纤维素和木质素等）尚未

降解，因此，桶装储存秸秆热值总体降低在储存末期却未出现陡然升高现象。

4）袋装储存秸秆的热值相关性研究

根据对袋装储存秸秆的热值及其主要成分含量的检测结果，用多项式拟合处理后，得到它们的变化趋势，见图 4.24。

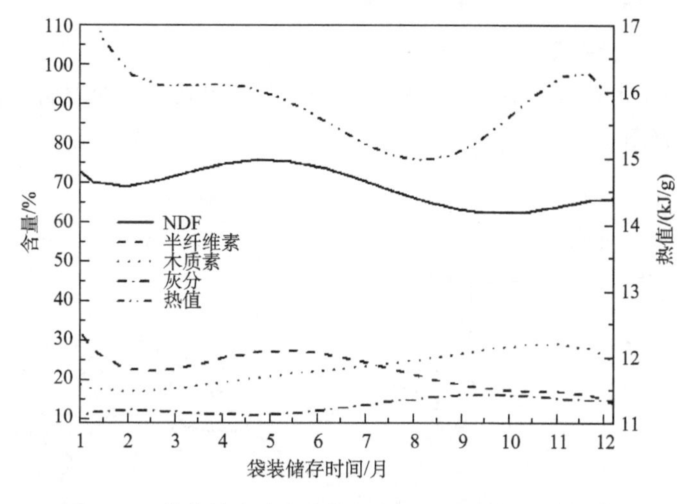

图 4.24　袋装储存秸秆热值与主要成分含量之间的关系

从图 4.24 可以看出，袋装储存秸秆的热值，总体上随着储存时间的增加而降低，整个储存过程在储存的第 12 个月产生一个峰值。秸秆中纤维素含量的变化趋势，随着储存时间的增加而降低，与热值变化趋势具有较强的相关性，表 4.8 数据结果也表明，两者在 0.01 水平上达到了统计学上显著性。半纤维素含量的变化趋势与纤维素的变化趋势有些相似，随着时间的增加而降低，尽管如此，却没有与热值达到统计学的显著性。秸秆中木质素和灰分的含量变化趋势，随着储存时间的增加而升高，与热值变化趋势呈现明显负相关，表 4.8 数据表明了它们在 0.05 水平上达到统计学上显著性。

影响秸秆热值大小的原因，既与秸秆有机质总量的多少有密切的关系，也与有机质不同组分含量有密切的关系。有机质总量的变化与有机质成分结构的稳定性有关，同时也受到空气接触是否充分影响，组分结构越稳定，与空气接触越少，就越不容易降解。至于具体原因可参考本节中的相关内容。

综上所述，储存秸秆的热值及其主要成分含量有一定的规律。总体而言，热值由于秸秆有机质的降解而流失，导致秸秆热值总量的降低，尽管有时热值在表观上储存后期有陡然升高的趋势；同时，它们的变化曲线都出现了单峰或双峰的分布。热值与纤维素和半纤维素含量的变化趋势呈现正相关，而与木质素和灰分含量变化趋势却呈现负相关，基本上都在 0.05 或 0.01 水平达到了统计学上的显著性，尽管也有个别检测数据出现了反常，但并不影响它们变化总趋势。热值及其主要成分随时间变化趋势的原因主要是秸秆中有机质降解速率不同。一般来说，纤维素和半纤维素等已糖类物质的降解速率要比苯丙烷类木质素降解速率要快得多，致使储存后期，秸秆中热值较高的木质素相对含量逐渐升高，从而导致热值陡然升高。

5. 秸秆中 Cl、S、K 三种元素的变化趋势

1）Cl、S、K 三种元素的检测

秸秆中 Cl 元素含量的检测采用莫尔法，而 S 和 K 含量检测先灰化（灰化方法见本章 4.2.2 的论述），然后用等离子发射光谱仪。

2）秸秆中 Cl 元素含量变化趋势

根据对秸秆 Cl 元素检测结果，将原始数据进行多项式拟合处理后，得到 Cl 元素含量的变化趋势，见图 4.25。

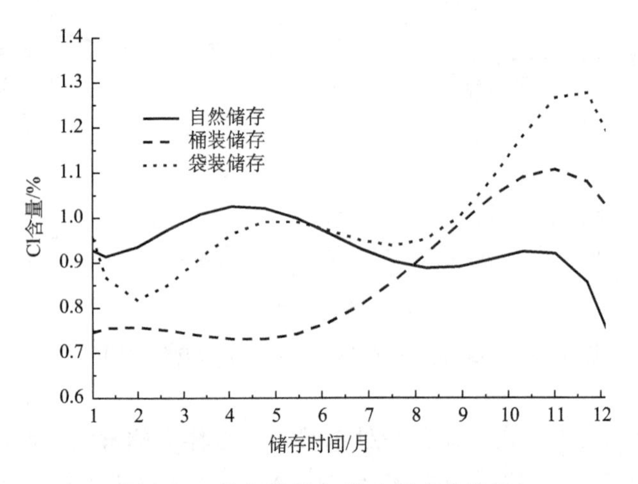

图 4.25 储存秸秆中 Cl 含量变化趋势

从图 4.25 可以看出，总体而言，自然储存秸秆中 Cl 含量在整个储存过程中呈现降低趋势，而桶装储存和袋装储存秸秆 Cl 含量却呈现逐渐升高趋势。自然储存和袋装储存秸秆中 Cl 元素的含量，储存前期含量逐渐降低，并于储存两个月降至谷底。此后 Cl 含量逐渐降低，其值大约为 1%，一般为 0.7%～1.3%，而桶装储存秸秆 Cl 元素含量储存前期两个月，却呈现升高趋势。储存两个月后，自然储存秸秆 Cl 元素含量随储存时间增加而降低，且变化趋势过程中出现了双峰分布，而桶装储存和袋装储存秸秆 Cl 元素含量变化趋势却明显不同，却都随着储存时间的增加而升高。

秸秆中 Cl 元素含量变化趋势产生的原因，不仅与 Cl 元素在内秸秆的存在形式有关，也与空气接触多少有关。秸秆中含氯物质的存在形式与纤维素成分相比，其结构较为稳定，不易降解；与空气接触越充分，就越容易降解而流失。在整个储存过程中，如果秸秆与空气接触越充分，含 Cl 物质就越容易被降解而流失。三种储存方法中，自然储存秸秆含氯物质由于与空气接触较为充分，Cl 元素含量随着储存时间而降低。相比之下，由于桶装储存和袋装储存体系中残余空气较少，秸秆有机质和含氯物质等虽然也继续被降解流失，速率严重减小，但含氯物质的降解速率比纤维素等物质降解速率要小得多，使 Cl 元素在秸秆中的相对含量逐渐升高。

图 4.25 还可以看出，在秸秆储存前期的一两个月，自然储存和袋装储存秸秆 Cl 含

量陡然降低，原因是储存前期秸秆中含氯物质存在形式的分子质量较小，容易降解，同时秸秆附着微生物和相关酶活性较高，利用体系残余空气，致使 Cl 元素迅速流失而含量降低。在秸秆储存的前 7 个月内，自然储存秸秆 Cl 元素的含量，比另外两种储存方法秸秆中 Cl 元素的含量要高一些，此后 Cl 元素含量变化趋势发生了逆转，其原因主要是秸秆中的有机质和含 Cl 物质降解速率不同。一般来讲，秸秆中含 Cl 物质稳定性较高，不易降解，秸秆中 Cl 元素相对含量由于纤维素等可降解成分流失较快而逐渐升高。三种储存方法中，自然储存秸秆由于与空气接触较为充分，纤维素降解速率较快，而其他两种储存方式却因空气缺乏，导致自然储存秸秆中 Cl 元素含量比另外两种储存方法含量都高。储存的后期，自然储存秸秆中纤维素类物质降解相对完全，Cl 元素仍然被降解流失，导致自然储存秸秆 Cl 元素含量继续降低。但桶装储存和袋装储存两种方法，秸秆中的纤维素等却因空气不足而降解缓慢，在储存 8～9 个月后，纤维素等物质在秸秆内占有较大的比例，继续被降解流失，其降解速率远远大于含 Cl 物质的降解速率，致使 Cl 元素含量逐渐升高。

3）秸秆中 S 元素的变化趋势

根据对秸秆中 S 元素含量的检测结果，将原始数据用软件进行多项式拟合处理后，得到其含量变化趋势，见图 4.26。

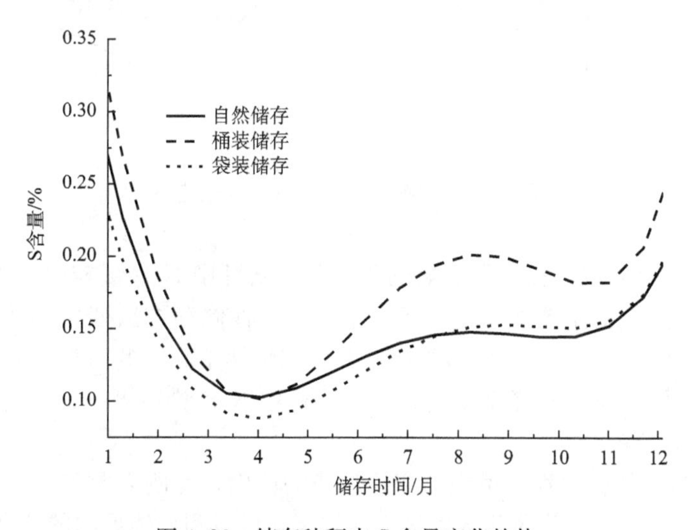

图 4.26　储存秸秆中 S 含量变化趋势

从图 4.26 可以看出，S 元素在三种秸秆储存方法中的含量，总体上表现出先降低后升高。储存开始时，三种样品中 S 元素的含量陡然降低，在储存 3～4 个月降至最低值后，S 元素含量都呈现逐渐升高的趋势。

秸秆 S 元素储存过程中的变化规律，与秸秆中含硫物质的稳定性和体系中空气密切相关。储存前期，刚采收秸秆中含硫物质，分子质量较低容易降解而流失，相关酶和秸秆附着相关菌类活性较高，利用体系内的残余空气，使含 S 物质迅速降解流失，导致 S 元素含量陡然降低，并于储存 3～4 个月降至最小值。此后 S 元素含量逐渐升高，其原因主要是纤维素等可降解成分降解速率比含S物质降解速率较快而流失较多，致使S元素在秸秆中的相对含量逐渐升高。

不同的储存方法，秸秆中S含量的变化趋势规律不太明显，但总体上是以自然储存秸秆中S元素含量较低，主要是由于这种储存方法与空气接触较为充分，流失速度较快的缘故。

4）秸秆中K元素的变化趋势

根据对秸秆中K含量的检测结果，将原始数据用软件进行多项式拟合处理后，得其含量变化趋势，见图4.27。

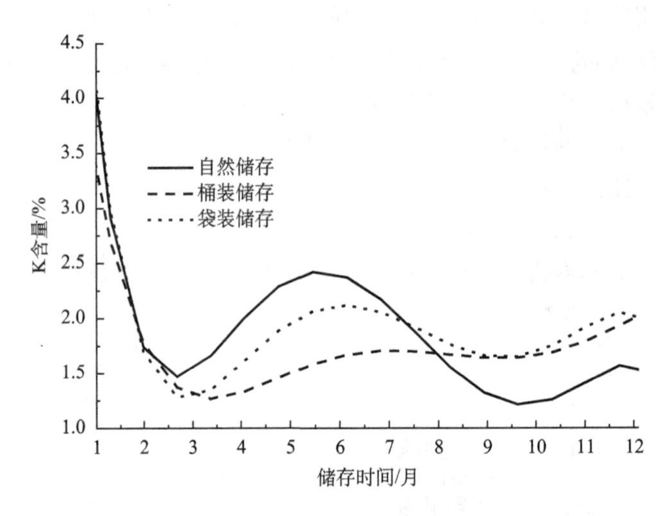

图4.27　储存秸秆中K含量变化趋势

从图4.27可以看出，在储存前期的两个月，秸秆中K含量较高，为1.5%～4%，后期含量较低，其数值主要集中在1.5%左右。三种储存方法变化趋势有许多相似之处：在储存前期的2～3个月，K含量随储存时间陡然下降。此后自然储存秸秆K元素含量仍然逐渐降低，而桶装储存和袋装储存秸秆中K含量逐渐升高的趋势，且储存过程中都有峰值的出现。

秸秆K含量在储存过程中呈现的变化趋势的原因，是刚采收的秸秆，含K物质的存在形式水溶性较好，相关酶和微生物活性较高，可以利用体系内的残余空气，将这些含K物质进行降解流失，且速度较快，致使秸秆中K含量显著降低，一般需要两个多月即可降解完全。

三种秸秆样品中K元素含量相比，在储存的8～9个月，自然储存秸秆中K元素的含量比袋装储存和桶装储存秸秆中的含量都要高，而后期含量却要低于另外两种储存方式秸秆中的含量。K含量出现这种变化趋势的原因，是纤维素等糖类物质要比含K物质降解速率快得多，致使在相同条件下，秸秆中K相对含量升高。在储存的前期，自然储存和袋装储存时，秸秆较为松散，残余空气量较多，而桶装储存秸秆由于密度较大，残余空气少，因此自然储存和袋装储存秸秆K含量比桶装储存秸秆的含量高。待纤维素等可溶解物质趋于完全后，由于自然储存秸秆仍然与空气接触较为充分，含K

物质继续降解而流失，导致自然储存秸秆 K 含量继续保持降低趋势；而桶装储存和袋装储存方式却由于空气缺乏秸秆成分降解受阻，在储存 8～9 个月后，纤维素等物质在秸秆中占有相当的比例，且降解速率比含 K 物质降解速率稍微大些，导致 K 元素的相对含量逐渐升高。

上述试验表明了秸秆中 Cl、S 和 K 含量的变化趋势，总体上显示出基本相似的变化规律，影响它们含量变化趋势的主要原因，主要与这些元素在秸秆中的存在形式有关，同时也受到环境中空气和温度的影响。在储存初期，它们的含量呈现陡然降低趋势，并在储存 2～3 个月后降至最低值。此后灰分元素受环境因素影响较大，如果空气较为充足，则由于继续降解而流失，其含量逐渐降低，否则，其含量呈现逐渐升高趋势，如自然储存秸秆中 Cl 和 K 元素的变化趋势，就属于这种情况；S 含量却总是表现出逐渐升高趋势，可能是由于秸秆含 S 物质的存在形式较为稳定，受空气影响较小的缘故。

根据秸秆中 Cl、S 和 K 含量的变化趋势以及含量峰值的位置分布，可以将秸秆中这些物质分为可溶性成分、可降解成分以及难降解成分三类，如含 Cl 物质可分为可溶性氯成分、可降解氯成分以及难降解氯成分。秸秆中可溶性成分一般在秸秆采收后初期含量较多，在储存前期，其降解占据主导地位。这部分物质受相关酶和微生物活性的影响较大，最容易降解，两个月左右降解即可趋于完全，一般不会超过 3 个月。之后，可降解成分降解趋势占据主导地位，尽管受空气以及其他微生物等影响较大，但由于体系内的残余空气被降解消耗殆尽，其降解速率比可溶性成分的降解速率要慢得多。因此，该部分物质降解而流失的时间较长，但一般可在储存后第 8、第 9 个月后降解完全。难降解成分物质分子质量较高，一般条件很难降解。这部分物质如果发生降解，需要的条件较为苛刻，必须在合适温度、水分、空气以及在相应微生物的条件下才能降解，否则，降解速率很慢，短时间其含量的变化很小，以至于检测不出来。这就是木材、秸秆在干燥条件下，能够长时间保存的原因。

根据纤维素、半纤维素、木质素、灰分以及 Cl、S 和 K 元素含量的变化规律，企业根据秸秆不同的用途，可以选择不同的储存方式。秸秆直燃发电企业，可以采用自然储存和高压储存两种方式，自然储存秸秆的储存量一般满足企业 3～4 个月即可，此后可以使用高压储存的秸秆。这样既可以尽可能利用秸秆的热值，又可以减少秸秆中 Cl、K 等元素及灰分对热交换面的不良影响，有利于企业生产。

4.2.4　秸秆湿储存工艺的制定

基于上述试验和分析，成功的秸秆湿储存工艺设计必须考虑以下主要因素。

(1) 秸秆进仓前处理要尽量简单，堆积时间不能超过 1 h，包括袋装及运输。

(2) 把握好三要素的成功实现，保证秸秆“只脱水不糖化”，把三大主流成分的降解控制在设计范围内。因此，进仓同时就要滚压，仓内秸秆密度 0.4～0.6；同时，秸秆原料要保持酸性状态，pH 3.8～4.2，高于 4.2 就要采取措施；再者，严密封仓，保证秸杆仓内的原料处在厌氧（兼氧）状态。

（3）准备好降低 pH，铲除霉烂点的设备、原料和技术。

（4）准备好跟踪检测手段和技术，建立严格监理的机制。

（5）工程选址要避风、挡尘、避水。

（6）规模化储存需要有一支专业队伍，要有技术培训制度。

（7）控制工程上要能够保证秸秆中水分逐渐挥发排出，温度控制在适于乳酸菌等活动的范围内。

（8）制定好详细的操作工艺。

4.3 秸秆粉碎设备及其选择

秸秆粉碎是生物质成型燃料生产过程中的一个重要环节，由于生物质原料种类较多，成型原理有差异，不同形状的成型燃料要求原料的粉碎粒度也不相同，因此必须选择合理的粉碎方法与粉碎设备，达到要求的粉碎粒度。

4.3.1 粉碎原理与粉碎设备的分类

1. 粉碎原理

生物质原料受外部压力作用时会产生压缩变形，造成内部应力集中，当应力达到颗粒在某一最弱轴向上的破坏应力时，该颗粒就会在该轴向上发生碎裂和粉碎行为。粉碎原理包括压碎、劈碎、折断、磨碎等，如图 4.28 所示。

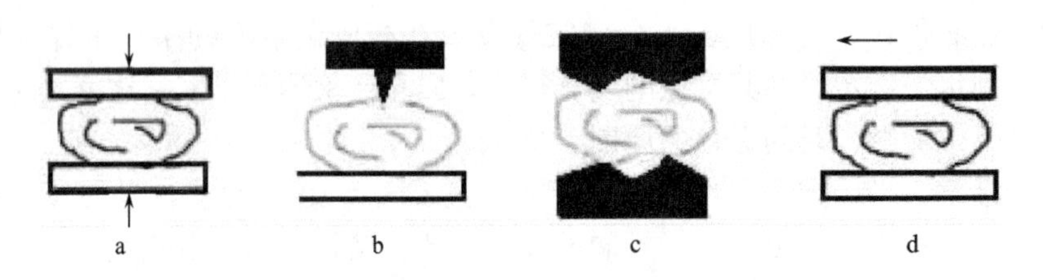

图 4.28 物料粉碎的形式

a. 压碎；b. 劈碎；c. 折断；d. 磨碎

粉碎方法是根据生产要求考虑物料的物理特性和细化程度来选择的。生物质原料含纤维较多，密度和硬度都较小且蓬松、韧性好，含水率较高，粉碎主要以撕裂、切断和揉搓为主。一般棒状、块状应以切断为主，颗粒状燃料以揉搓为主。锯末不用粉碎就可加工。如果选择不当，就会出现难以粉碎或过度粉碎现象，两者都会增大粉碎过程中的能量消耗。

2. 粉碎设备的分类

粉碎设备的种类繁多，粉碎设备的分类方法也有多种，可按结构形式、粉碎原理、运动速度、原料种类、粉碎颗粒的细化程度等多种方法来分类。而生物质原料主要是根据成型燃料产品的形状颗粒大小（棒状、块状、颗粒状）要求粉碎的粒度进行分类的。常用的生物质原料粉碎设备按粉碎粒度的大小可分为切碎机、揉搓粉碎机和颗粒粉碎机。

切碎机以劈碎、剪切原理为主，采用切碎或铡断的方法粉碎原料，切段长度可调，粉碎的生物质颗粒截面面积较大，主要用于生物质压块成型机和棒状成型机的原料粉碎。

揉搓粉碎机以劈碎、折断揉搓原理为主，采用切碎、挤压、揉搓综合作用的方法粉碎原料，切段长度也比较大，但通过揉搓后生物质颗粒截面面积较小，主要用于生物质打捆机或压块成型机的原料粉碎。

颗粒粉碎机以劈碎、压碎及磨碎综合作用原理为主，采用切碎、打击、挤压的方法粉碎原料，粉碎粒度较小，但通过切碎打击后生物质原料成为细小颗粒，生物质颗粒截面面积更细小，颗粒纤维较短，主要用于生物质颗粒成型机的原料粉碎。

4.3.2　秸秆切碎机

1. 秸秆切碎机的种类

按切碎器的形式可分为滚刀式和轮刀式，也称为滚筒式和圆盘式。按机型的大小（生产率）可分为大、中、小型。小型切碎机以滚筒式居多，大、中型切碎机以圆盘式为多。按固定方式不同可分为固定式和移动式，为方便切碎作业，大、中型切碎机通常设计为移动式，小型切碎机通常为固定式。

2. 滚筒式秸秆切碎机

1）结构组成与工作过程

A. 结构组成

滚筒式秸秆切碎机主要由喂入输送装置、滚筒体、动刀片、齿板、定刀片、传动装置、抛送筒、机座等部分组成，动刀片固定在滚筒体上，组成切碎滚筒（付敏良和夏吉庆，2009），其结构见图 4.29。

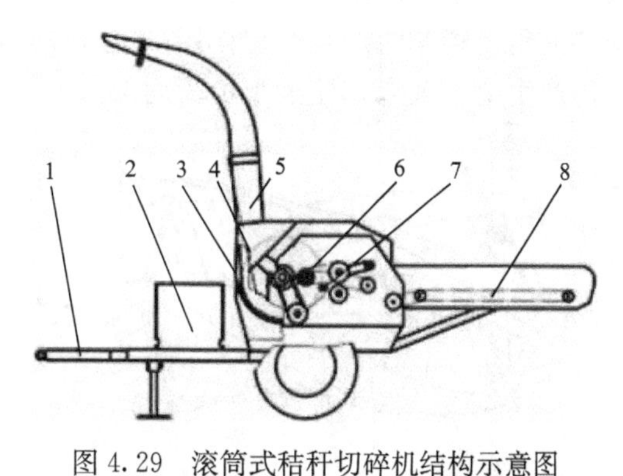

图 4.29　滚筒式秸秆切碎机结构示意图

1. 机座；2. 动力机；3. 齿板；4. 切碎滚筒；5. 抛送筒；6. 传动装置；7. 定刀片；8. 喂入输送装置

B. 工作过程

工作时，动力机带动切碎机运行，放在喂入输送装置上的秸秆生物质原料通过上、下喂入辊，匀速进入切碎滚筒，在定刀片支撑下，由高速旋转的切碎滚筒上的动刀片切成碎段，切碎后的物料经过齿板向机具后部运动，在气流的作用下沿抛送筒抛送到机外或指定地点。

2）主要工作部件

A. 喂入辊

喂入辊的形状有棘齿形、星齿形、沟齿形和圆辊等，如图 4.30 所示。棘齿形和星齿形喂入辊抓取能力强，应用较多，都可以用作上、下喂入辊。但棘齿形喂入辊工作中容易缠草，需配置梳状板，用作下喂入辊时，棘齿齿尖的指向与运动方向相反可减少缠草现象。沟齿形工作中不易缠草，但沟槽易堵塞、打滑，使喂入辊的抓取能力变差。圆辊结构简单，工作中不缠草，多用作下喂入辊，但抓取能力差。

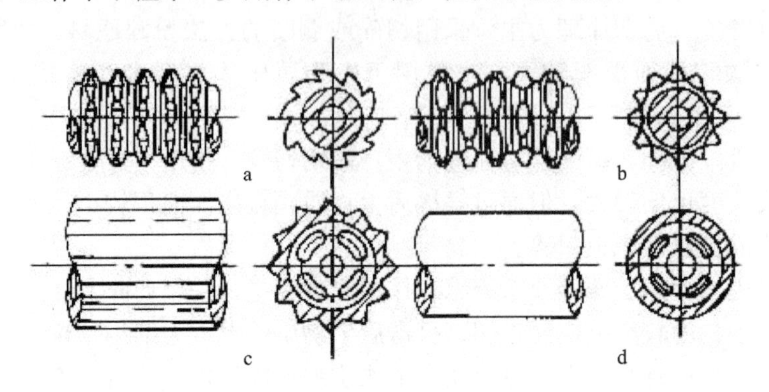

图 4.30　喂入辊的形状

a. 棘齿形；b. 星齿形；c. 沟齿形；d. 圆棍

B. 切碎滚筒

切碎滚筒的结构与切割机构如图 4.31 和图 4.32 所示，切碎滚筒上安装有 4～6 把动刀片，切割方式采用斜切，切割力介于横切与滑切之间，比较省力。因此，安装刀片时，只要保证动、定刀片刃口之间有一定的夹角，切割物料时就可以产生滑切作用。一般采用圆锥滚筒配装直刀片，定刀片安装在圆锥滚筒中心线以下，可保证动、定刀片之间的夹角，切割时产生滑切作用；也可以采用圆柱滚筒配用螺旋动刀片或倾斜动刀片，同样产生滑切效果，使滚筒负荷均匀。

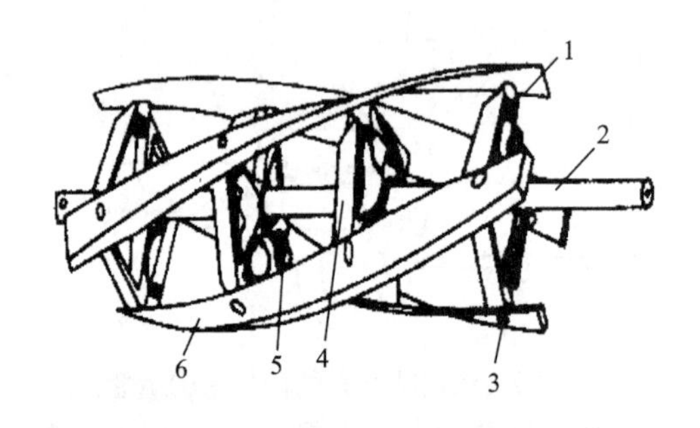

图 4.31　切碎滚筒的结构

1. 螺母；2. 主轴；3. 螺栓；4. 辐盘；5. 座孔；6. 动刀片

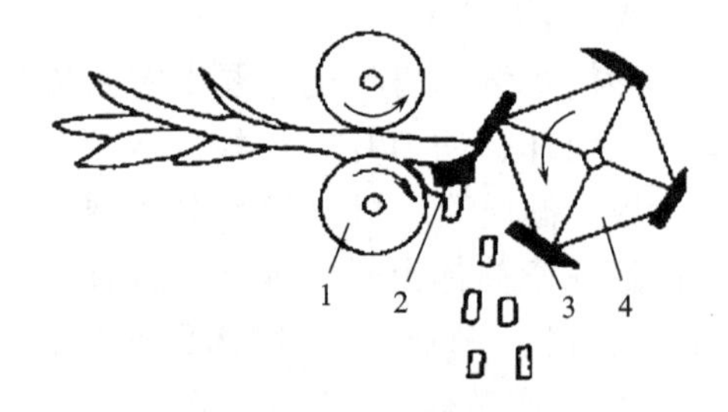

图 4.32　滚筒式切碎机的切割机构

1. 喂入辊；2. 定刀片；3. 动刀片；4. 切碎滚筒

3）主要性能特点

滚筒式秸秆切碎机传动比较简单，结构合理、紧凑；滚筒上可安装较多的滚刀，滚筒在较低的转速下工作时，仍可获得较短的切碎长度；滚筒上的动刀速度一致，切碎质量较好；当切碎滚筒宽度尺寸较大并采用螺旋动刀片时，其制造、磨修都不方便。因此主要应用在小型切碎机上。

3. 圆盘式秸秆切碎机

1）结构组成与工作过程

A. 结构组成

圆盘式秸秆切碎机主要由喂入输送装置、上喂入辊、下喂入辊、定刀片、动刀片、刀盘、传动装置、抛送叶片、机架等部分组成，动刀片固定在刀盘上，组成切碎圆盘，其结构如图 4.33 所示。

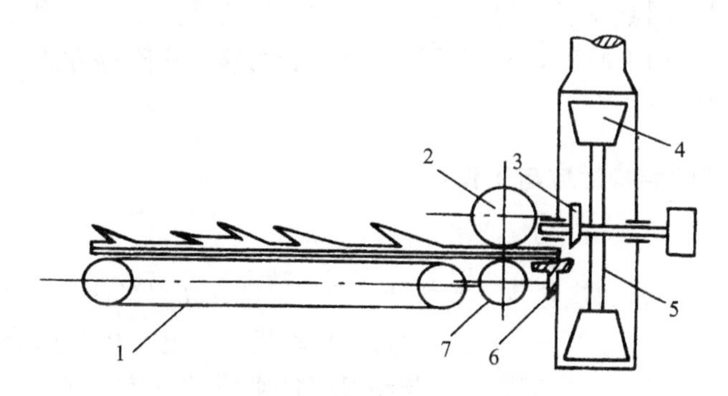

图 4.33　圆盘式秸秆切碎机结构示意图

1. 喂入输送装置；2. 上喂入辊；3. 动刀片；4. 抛送叶片；5. 刀盘；6. 定刀片；7. 下喂入辊

B. 工作过程

工作时，动力机带动切碎圆盘转动，放在喂入输送装置上的秸秆生物质原料由输送器送入喂入辊，通过上、下喂入辊将秸秆压紧卷入，由切碎圆盘上的动刀片配合定刀片将秸秆切成碎段，切碎后的物料由抛送叶片抛送到机外或指定地点。

2）主要工作部件

圆盘式秸秆切碎机的主要工作部件有喂入辊和圆盘式切碎器，喂入辊的结构特点与滚筒式相似，这里不再赘述。

圆盘式切碎系统包括圆盘式切碎器和定刀片，圆盘式切碎器的结构如图 4.34 所示。一般在圆盘上安装 2～4 把动刀片，4～6 个风扇叶片，也有采用双翼形刀片，对称安装 2 把动刀片的（高连兴等，2000）。动刀片的刃口有直刃刀、折刃刀、凸刃刀和凹刃刀等几种形式。

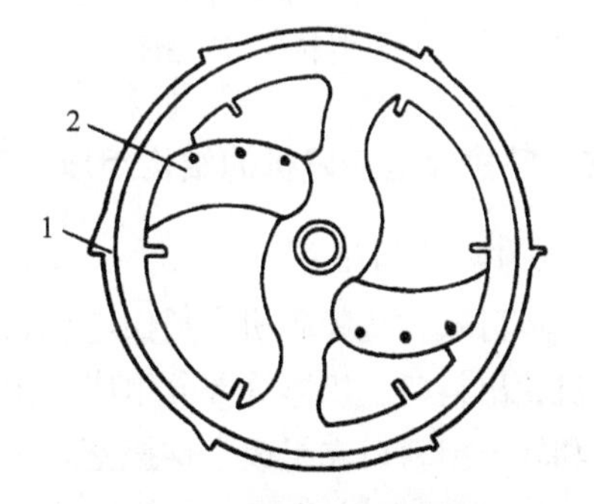

图 4.34　圆盘式切碎器

1. 风扇叶片；2. 动刀片

3）主要性能特点

圆盘式切碎机特点是动刀片刃口线的运动轨迹是一个垂直于回转轴的圆形平面，切割时省力，配套功率要求小；切碎质量好；适于加工切割成不同几何形状和大小的秸秆生物质原料，如段、条等形状；切碎主要工作部件动刀片应具有足够的强度和刚度，结构简单，便于安装、制造、磨修；工作中刀盘产生的气流量较大，切碎后物料能实现远距离的抛送，省工省时，应用广泛。主要缺点是传动复杂，结构不紧凑。

4.3.3 秸秆揉搓粉碎机

1. 揉搓粉碎机的种类

按揉搓粉碎主轴的安装位置可分为立式揉搓粉碎机和卧式揉搓粉碎机。立式揉搓粉碎机的揉搓主轴是垂直安装的，卧式揉搓粉碎机的揉搓主轴是水平安装的。二者只是由于主轴的安装位置不同造成了结构上的差异，对原料的揉搓粉碎过程并无本质区别，由于采用了揉搓粉碎的加工原理，改变了传统单一的切碎、粉碎等方法，拓宽了对原料的适应性，所以应用广泛。

2. 立式揉搓粉碎机的结构组成与工作过程

1）结构组成

立式揉搓粉碎机一般由进料斗、导料器、定刀组件、动刀组件、锤片组件、风机、出料口、传动机构、电动机等部分组成，定刀组件与动刀组件组成切碎室，锤片组件组成揉搓室。其结构组成见图 4.35（张光和和罗忠，2007）。

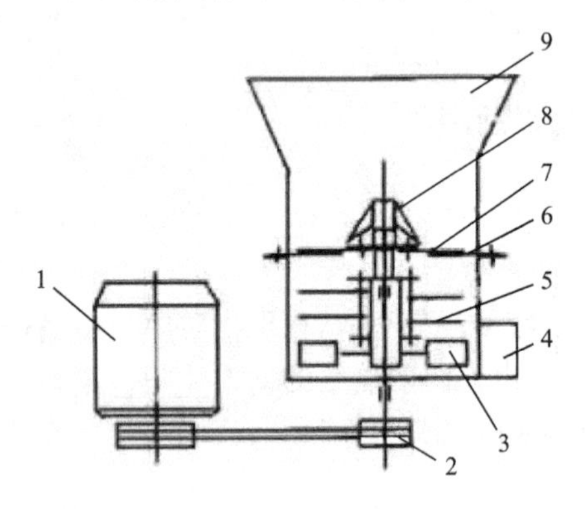

图 4.35 立式揉搓粉碎机结构示意图

1. 电动机；2. 传动机构；3. 风机；4. 出料口；5. 锤片组件；6. 定刀组件；7. 动刀组件；8. 导料器；9. 进料斗

2）工作过程

工作时，电动机带动揉搓粉碎机主轴高速转动，整棵秸秆竖直进入进料斗，由导料器导入动刀片和定刀片组成的切碎室，受到动、定刀片的切铡后成为碎段；在离心力和物料重力的作用下沿切碎室内壁进入由转子锤片组成的揉搓室，由固定在转子上的锤片完成对秸秆碎段的打击、撕裂、强制揉搓后成为丝状粉碎物。在风机气流的作用下通过出料口切向抛送到指定地点。

3. 卧式揉搓粉碎机的结构组成与工作过程

1）结构组成

卧式揉搓粉碎机一般由电动机、传动机构、进料口、转子、锤片、定刀片、齿板、风机、出料口、机体等部分组成，锤片、定刀片和转子进料口端组成了切碎室，锤片、齿板和转子出料口端组成了揉搓室，风机和出料口组成了气力输送室。其结构组成见图 4.36。

2）工作过程

工作时，电动机带动揉搓粉碎机主轴高速转动，秸秆原料从进料口进入机体后，受到转子上高速旋转的锤片配合定刀片所产生的剪切作用，被切成碎段，由于锤片和离心力的作用，被切段物料在切碎室中做螺旋运动，均匀进入锤片与齿板之间的揉搓室内，在高速回转锤片的打击作用下，碎段物料在锤片和齿板之间受到剧烈的搓擦作用逐渐揉搓成丝状而细碎，在抛送风机气流的作用下，从出料口切向排出输送到指定地点。

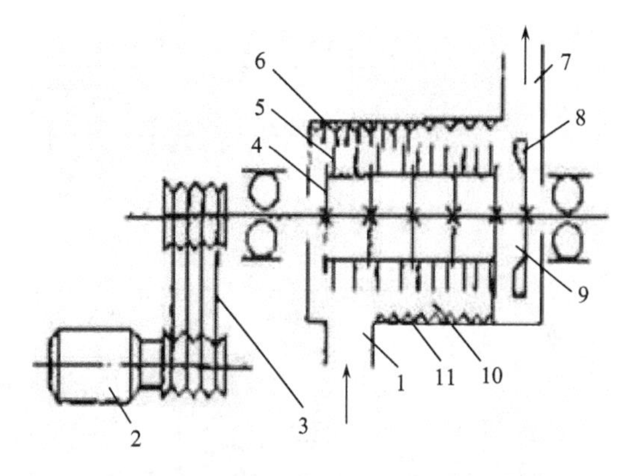

图 4.36　卧式揉搓粉碎机结构示意图

1. 进料口；2. 电动机；3. 传动机构；4. 转子；5. 锤片；6. 定刀片；7. 出料口；8. 风机；9. 气力输送室；10. 切揉粉碎室；11. 齿板

4. 揉搓粉碎机的主要工作部件

1）锤片

锤片的作用是打击、揉搓物料，使之达到要求的粒度，是揉搓粉碎机最重要的也是最容易磨损的工作部件。其形状、尺寸、排列方法、制造质量等，对粉碎效率和生产率有很大影响。锤片磨损主要由磨料磨损引起。大多数粉碎物料是软磨料，它对锤片的磨损主要是抛光、疲劳、削离磨损。粉碎物料中的硬粒杂质是引起锤片磨损的另外一个原因，硬粒杂质对锤片工作表面的微观磨损主要有两种情况：对于韧性较好的锤片，是以切削和凿削为主；对于脆性材料锤片，是以断裂切削为主。碎物料中硬粒杂质含量越多，锤片磨损越快，磨损量也越大。

A. 锤片的种类与形状

揉搓粉碎机应用的锤片种类较多，锤片的形状如图 4.37 所示。但使用最广泛的是矩形锤片，如图 4.37b 所示，其结构简单，易制造，通用性好。

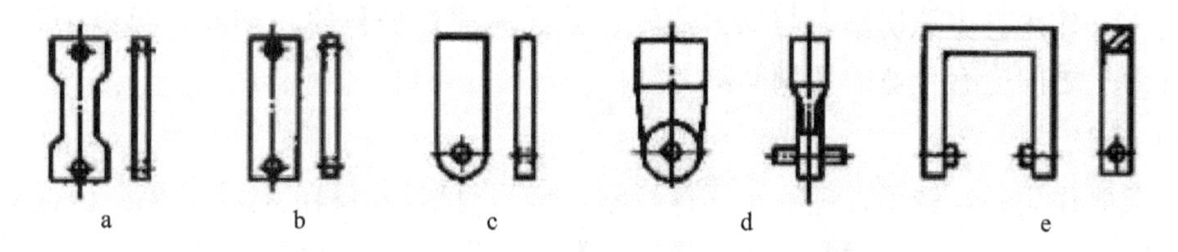

图 4.37　揉搓碎机锤片的形状

a、b、c. 轻型锤片；d. 中型锤片；e. 重型锤片

B. 锤片的排列方式

转子上锤片的排列方式，影响到转子的平衡、物料在粉碎室内的分布、锤片磨损的均匀度以及粉碎机的工作效率。对锤片排列方式的要求是：转子转动时，每片锤片的运动轨迹不重复；在锤片的推移下粉碎室内物料不会发生向一侧偏移现象；转子受力平衡，高速运转时不产生振动。常用的锤片排列方式见图 4.38。

螺旋线排列：排列方式最简单，轨迹均匀，不重复，但工作时物料将顺螺旋线向一侧推移，使此侧锤片磨损加剧。

对称排列：锤片运动轨迹重复，在同样轨迹密度下，需增加锤片数量耗用钢材多。但对称销轴上离心力合力可以相互平衡，转子运转平衡，物料无侧移现象，锤片磨损也比较均匀。

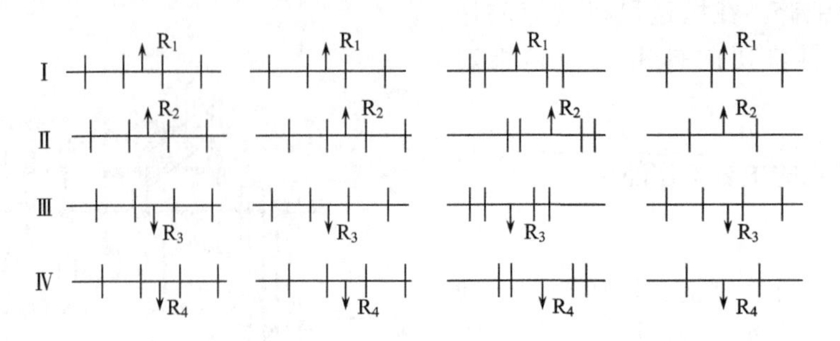

图 4.38　锤片的排列方式

交错排列：锤片轨迹均匀，不重复。对称销轴上离心力合力可相互平衡，转子运转平稳，但工作时物料略有推移，销轴间隔套品种较多。

对称交错排列：兼有对称、交错排列的优点，不仅轨迹均匀，不重复，而且锤片排列左右对称，4 根销轴上的合力作用在同一平面上，对称轴相互平衡，因此平衡性好。

2）切碎器

切碎器安装在揉搓粉碎机的进料口处，由动刀片和定刀板（片）组成。立式揉搓粉碎机上动刀片固定在主轴上端的刀架上，动力数量为 2～4 把；卧式揉搓粉碎机上动刀片可以固定在转子进料口端的刀盘上，也可以铰接在转子销轴上。动刀片采用矩形刀片，两侧开刃，以便于磨刀和减少磨刀次数。固定在刀架或刀盘上的动刀配置上与径线方向有一定角度，保证在切碎过程中产生一定的滑切作用。定刀板则固定在进料口处的机体内，其作用是支承切割，与动刀片配合共同完成对秸秆原料切断，可以不带刃口，但与动刀片之间应有合适的切割间隙。

3）齿板

齿板的作用是与转子、锤片组成揉搓室，增强对秸秆原料的揉搓效果。齿板安装在机体内壁的圆周侧壁上，通常采用白口铸铁制造，齿形有人字齿、直齿形、方齿形和高槽齿形，见图 4.39，揉搓粉碎机常用的齿板是直齿形齿板。齿板还有阻碍环流层的运

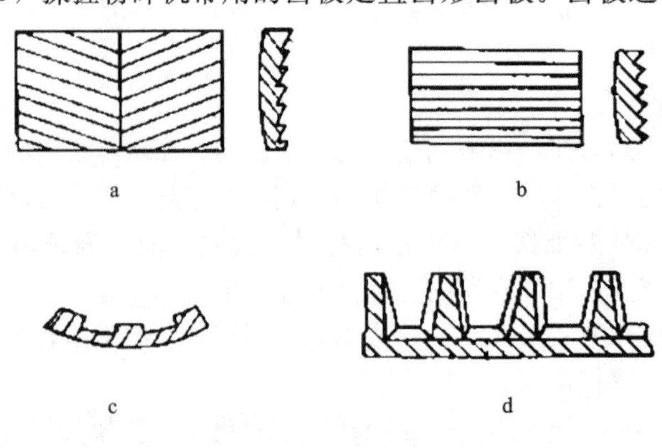

图 4.39　齿板的齿形

a. 人字齿；b. 直齿形；c. 方齿形；d. 高槽齿形

动，降低物料在揉搓室内的运动速度，增强对物料碰撞、搓擦摩擦的作用，对于纤维多、韧性大的秸秆类生物质原料的揉搓粉碎效果十分显著。

4）风机

风机的作用是产生气流，并利用一定的气流速度来输送揉搓粉碎后的粉、屑和丝状物料。风机一般都安装在揉搓粉碎机出料口处的主轴上，上面装有抛送叶片等多种结构形式。风机与输料管又组成了气力输送系统，当转子主轴运转时，在风机叶片的作用下迫使机壳内空气沿切揉粉碎室纵向移动，同时带动揉搓粉碎后的秸秆物料从排料口切向排出，在气流的吹送下进入输送系统，达到远距离气力输送物料的目的。

5. 揉搓粉碎机的主要性能特点

揉搓粉碎机融合了铡切和揉丝等机型的优点，它以固定齿板或齿条代替筛片，在高速旋转的转子和齿板作用下，可将农作物秸秆或藤蔓等揉成丝状段条，破坏了秸秆表面硬质与茎节，破节率高，有利于秸秆的干燥、打捆储存和运输以及成型燃料的加工，实现商品化生产，使秸秆综合利用达到较高水平。

1）立式揉搓粉碎机的主要性能特点

立式揉搓粉碎机结构简单、占地少、成本低，使用、维护简便，安全可靠；能加工多种生物质原料，揉搓粉碎效果好；由于采用了较大直径的转子，转速较低，在满足揉搓粉碎工作线速度的情况下降低了噪声；从工作原理及其结构特点分析，显著区别于传统粉碎机，提高了粉碎效率，降低了电耗。

2）卧式揉搓粉碎机的主要性能特点

卧式揉搓粉碎机的最大特点是一机多用，既能加工玉米、大豆等脆性秸秆类生物质原料，又能加工青湿的作物秸秆；结构较简单，操作方便，揉搓生产率高，整机消耗功率小，应用较广。

6. 立式揉搓粉碎机应用案例

河南农业大学和北京三升中宏科技有限责任公司联合开发了与秸秆成型燃料生产线配套的立式揉搓粉碎机，该机可整捆喂料，气力出料，具有很强的切、撕、揉、摩的功能，保证了秸秆的纤维长度、柔软度和破节率。

1）结构组成与工作过程

该机由喂料筒、转子、切碎揉搓室（动刀片、定刀片）、动刀上的固定锤片、风机、出料装置、电动机、机架等部分组成，具体结构组成见图 4.40。

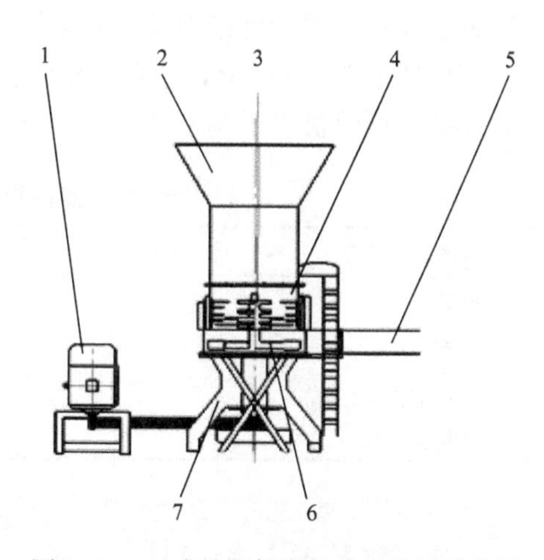

图 4.40　立式秸秆揉搓粉碎机结构示意图

1. 电动机；2. 喂料筒；3. 转子；
4. 切碎揉搓室（动刀片、定刀片）；
5. 出料装置；6. 风机；7. 机架

工作时，整捆秸秆由喂料筒垂直进入切碎室，高速旋转的转子将秸秆抛向工作室内壁，在动、定刀片之间受到砍、切、撕、揉后成为碎裂段条状和部分纤维状；段条状秸秆由于自身重力下落至揉搓室，由固定在转子上高速旋转的锤片完成对秸秆物料的强制揉搓使茎秆进一步劈裂和碎裂成为丝状；在秸秆丝状物自身重力、旋转离心力以及风机气流的作用下，松软的丝状茎秆经出料口排出。

2）主要工作部件

A. 动刀片

该揉搓粉碎机的立轴上装有上、下 4 组动刀片，每组 4 把动刀。第一组是光刀，切断秸秆；第二组、第三组为齿纹刀，揉切秸秆；第四组是锤片形齿纹刀，锤击揉丝秸秆。

B. 定刀片

在切碎揉搓室内壁上装有上、下 4 组定刀片，每组对称装有 4 把齿纹刀片；4 组定刀片与 4 组动刀片相互对应，形成上、下 4 层剪刀副。第一层主要是对秸秆进行切断，受力最大，故第一层定刀片的长度和厚度尺寸都比较大，并且要求质量高，刚度、硬度大。第二层、第三层主要是对切断的秸秆进行揉切，定刀片的刃部带有齿纹。通过不同角度的高速揉搓进行纵向撕裂，极大地破坏和除去秸秆表面的角质层和蜡质层。第四层主要是对秸秆进行锤击揉丝，使秸秆更加柔软。

3）主要技术性能特征

该揉搓粉碎机采用立式主轴，下驱动动力，V 形带转动，动、定刀片交错螺旋排列，光刀与齿纹刀结合，整捆装料，气力出料的设计方案。具有喂入量大，加工能力强，生产效率高的优点，可实现对秸秆的切断、撕裂、揉搓加工功能，有较广泛的适应性，不仅适用于玉米秸秆、豆秸、稻草、麦秸等多种秸秆的揉搓加工，而且对于多湿、韧性大等难加工的生物质原料（如芦苇、甘蔗梢、荆条等）也有很强的适应性，应用广泛。

该设备根据需要，可以把揉搓刀去掉，再装上一排切碎刀片，就可成为立式大功率切碎机，生产率 5 t/h 以上，适合与棒状、块状成型机规模化生产配套使用。

立式揉搓粉碎机主要技术性能指标与技术指标参考范围见表 4.9。

表 4.9 立式揉搓粉碎机主要技术性能指标

主要技术性能指标	参考范围	主要技术性能指标	参考范围
匹配动力/kW	22	主轴转速/(r/min)	950
生产率/(t/h)	3～4	秸秆破节率/%	99.1
揉丝纤维长度(＜66mm)/%	71	秸秆揉丝纤维长度(＜33mm)/%	70

4.3.4 秸秆颗粒粉碎机

1. 颗粒粉碎机的种类

按粉碎原理可分为锤片式、盘式、辊式、爪式等颗粒粉碎机。

按粉碎物料的种类不同可分为谷物、秸秆、矿石等颗粒粉碎机。

生物质秸秆的颗粒粉碎主要采用锤片式粉碎机，按进料方向不同，锤片式粉碎机又可以分为切向、轴向和径向进料3类。切向进料粉碎机的主要特点是：进料口和粉碎室比较宽，其适应性广，通用性大，容易操作；但结构比较复杂，体积比较庞大，工作时噪声和粉尘比较大；耗能比较多，只能单向转动，可用于生物质秸秆颗粒的粉碎。轴向进料粉碎机的转子高速转动时宛如一台轴流风机，物料沿轴向的吸入性好，其特点是：粉碎室宽度小，结构简单，筛片包角比较大，可达360°，能自动吸料，生产效率比较高，能正、反两个方向转动，常用于生物质秸秆颗粒的粉碎。径向进料粉碎机的特点是粉碎室宽度大，筛片包角一般大于300°，生产效率较高，也可正、反两个方向转动，常用于谷物的粉碎。

2. 锤片式粉碎机

1）结构组成与工作过程

锤片式粉碎机主要由喂料斗、转子、锤片、筛片、齿板、吸料管、集料筒、风机、机架等部分组成，转子、锤片、筛片和齿板形成粉碎室，风机、吸料管和集料筒形成粉碎后颗粒的输送和收集，其结构如图4.41所示。工作时，动力机带动粉碎机转子主轴高速转动，秸秆原料从喂料斗进入粉碎室，受高速旋转锤片的打击、剪切后飞向齿板和筛片，在风机气流的作用下，剪碎形成的小颗粒从筛孔排出，大于筛孔的颗粒再反复受到锤片的击打劈碎，直到从筛孔排出或受到锤片与筛片的摩擦强制从筛孔挤出。从筛孔排出的颗粒通过风机、吸料管送入集料筒完成粉碎物料的收集。

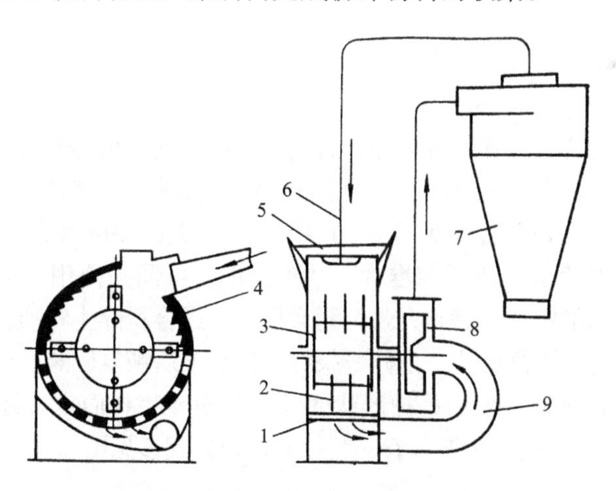

图4.41　锤片式粉碎机结构示意图

1. 筛片；2. 锤片；3. 转子；4. 齿板；5. 喂料斗；6. 回风管；7. 集料筒；8. 风机；9. 吸料管

图4.42所示的是先切后粉的组合式锤片式粉碎机的结构（王永志等，2009）。

组合式锤片式粉碎机主要由进料装置、主轴、转子、锤片、筛片、齿板、动刀片、定刀片、传动系统、风机输送装置、机架等部分组成。它是在一个主轴上设置了两套粉

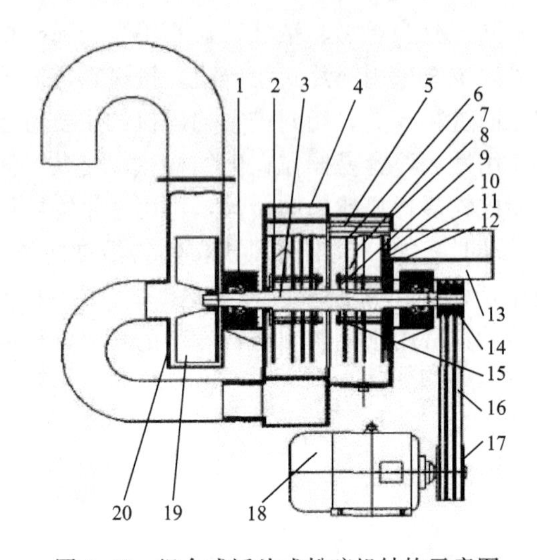

图 4.42　组合式锤片式粉碎机结构示意图

1. 轴承座；2. 筛片；3. 主轴；4. 机壳；5. 齿板；6. 锤片；7. 防绕架；8. 切碎机壳；9. 转子；10. 进料口；11. 动刀片；12. 定刀片；13. 进料斗；14. 皮带轮；15. 方板；16. V 形带；17. 大皮带轮；18. 电机；19. 叶片；20. 风机

碎装置，秸秆原料从进料口进入切碎室后，先由切碎装置的动、定刀片铡切成小段，再受到切碎室中锤片配合齿板的击打、劈碎、撞击后送入粉碎室，在粉碎室中，转子、锤片、筛片和齿板进一步对秸秆物料粉碎加工，粉碎后的秸秆颗粒从筛孔被风机吸出，排除机外收集。

2）主要工作部件

A. 锤片

锤片是粉碎机的主要工作部件，用以打击、劈碎物料，也是粉碎机的易损件。要求它具有良好的耐磨性，较高的硬度，一般用高碳钢锻造或铸造、65Mn 或 10 号、20 号钢渗碳淬火处理等材料，热处理后硬度 HRC50～57，非淬火区硬度最大不超过 HRC28。矩形锤片由均质钢板压制而成，或四角堆焊，结构简单，可调头使用，应用最广。锤片尖角多，如阶梯形和尖角形锤片，劈碎力强，耐磨性差，适合粉碎生物质秸秆纤维性物料。锯齿环形锤片磨损均匀，不需调头，击碎效果好，但磨损后恢复困难。带刃口的锤片适合粉碎生物质秸秆纤维状物料。采用哪种形状的锤片由粉碎物料而定，锤片长度一般不超过 200 mm，锤片的形状和种类见图 4.43。锤片的排列方式参见图 4.38。

B. 筛片

筛片的作用是配合锤片起磨碎作用，使粉碎的物料粒度均匀一致。筛片在转子周边所占的角度称为筛片包角。按安装方式可分为底筛、环筛和侧筛，如图 4.44 所示。切向、径向进料采用底筛，筛片包角小于 360°，为了提高粉碎机的排料能力，尽可能使筛片占整个粉碎室内周面积的 3/4 以上；轴向进料采用环筛，筛片包角等于 360°；大型带气力输送的粉碎机为了排料顺利大都采用侧筛。筛片的材料一般用 1～1.5 mm 厚的优质碳素结构钢钢板冲孔制成。

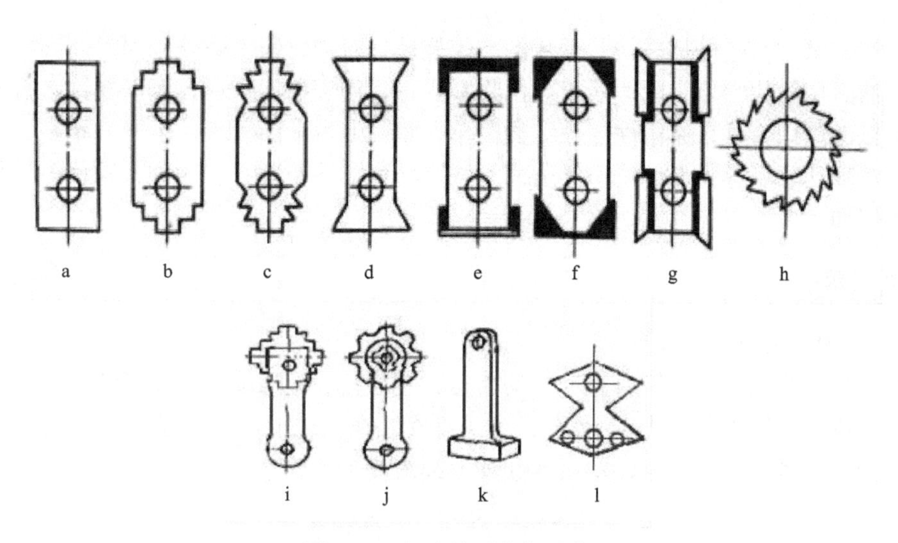

图 4.43　锤片的形状与种类

a. 矩形锤片；b. 阶梯形锤片；c、d. 尖角形锤片；e、f、g. 堆焊合金的矩形锤片；h. 周边锯齿环形锤片；i、j. 组合式锤片；k. 榔头式锤片；l. 双菱形锤片

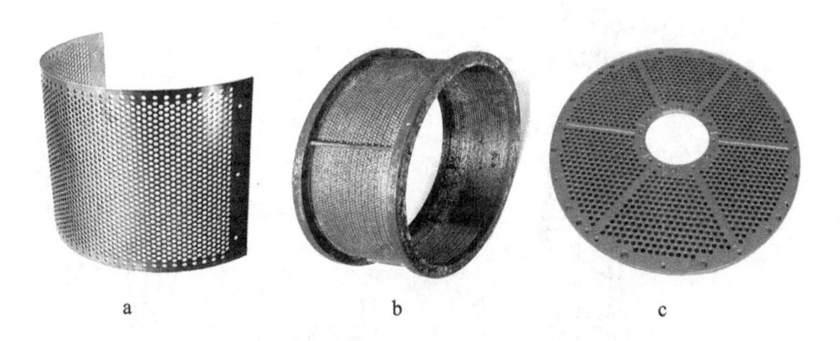

图 4.44　筛片的类型

a. 底筛；b. 环筛；c. 侧筛

筛孔的形状和尺寸是决定粉料粒度的主要因素，对排料能力有很大影响。筛孔的形状一般是圆孔或长孔，直径分 4 个等级：小孔 1～2 mm，中孔 3～4 mm，粗孔 5～6 mm，大孔 8 mm 以上。使用时可根据要求的颗粒大小选择筛片的孔径。

C. 齿板

颗粒粉碎机上的齿板与秸秆揉搓机齿板的作用相同，通常安装在进料口的两侧，分光板和齿板，小型颗粒粉碎机上配用光板，大型颗粒粉碎机上安装齿板，齿高 3～6 mm，齿板的齿形参见图 4.39。

D. 风机

锤片式粉碎机主轴上的风机的作用与秸秆揉搓机上的风机作用相似，由于粉碎后的纤维颗粒较小，气力吸料和输送的效果非常显著。因此在锤片式颗粒粉碎机上大都配有良好的吸风系统，使粉碎后的颗粒物料及时吸出筛孔实现远距离的输送。

3）主要技术性能特征

锤片式颗粒粉碎机是靠转子锤片的高速旋转，对物料撞击破碎，同时还存在摩擦和剪切，然后用筛片细化。既适用于脆性物料，也适用于韧性物料，所以在许多行业和部门得到广泛应用。具有通用性广，结构简单、紧凑，占地面积小、生产效率高，粉碎质量好，消耗功率小等优点，可广泛适用于玉米秸秆、棉花秸秆、麦秸、稻秆等生物质原料的粉碎加工。

3. 爪式粉碎机

1）结构组成与工作过程

爪式粉碎机主要由机体、主轴、动齿盘、定齿盘、环形筛、传动系统、进出料装置等部分组成，其结构如图 4.45 所示。动齿盘安装在主轴上，随转子一起转动，定齿盘固定在侧边机体上，动齿盘、定齿盘和环形筛组成了粉碎室。

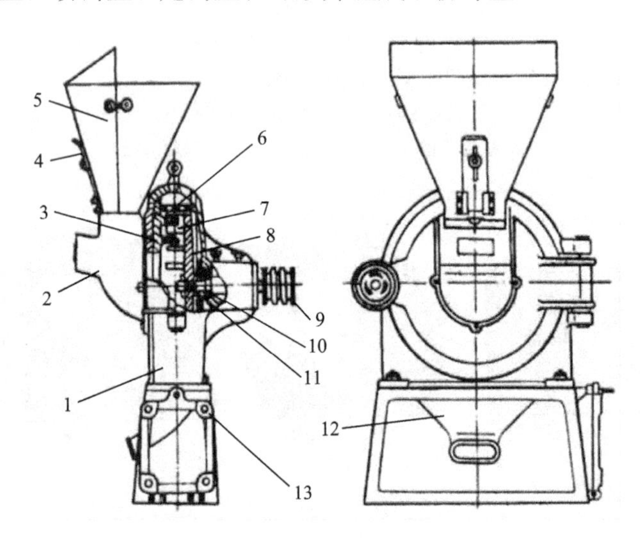

图 4.45 爪式粉碎机

1. 机体；2. 进料装置；3. 定齿盘；4. 调节活门；5. 进料斗；6. 环形筛；7. 动齿；8. 动齿盘；9. 皮带轮；10. 轴承；11. 主轴；12. 出粉管；13. 电机架

工作时，主轴在动力机的带动下高速转动，生物质原料从进料斗喂入粉碎室，当原料进入动齿和定齿之间的间隙时，动齿配合定齿冲击原料、摩擦挤压而粉碎，在高速气流作用下细小颗粒从筛孔吹出，粗大颗粒受击打后从筛片弹回，经反复打击、摩擦，直到从筛孔吹出，部分颗粒由动齿盘周边的动齿强制从筛孔挤出。

2）主要工作部件

爪式粉碎机主要的工作部件有动齿盘、定齿盘、筛片等，动齿盘和定齿盘的结构如图 4.46 所示，筛片配用的是环筛，环筛的结构见图 4.44 b。动齿盘的齿爪磨损后应及时更换。影响爪式粉碎机工作效果的因素有动齿的线速度、齿侧间隙等，当筛孔直径和齿侧间隙一定时，动齿有一最佳线速度使得单位产品能耗最低，在设计中齿侧间隙一般取 18～20 mm，动齿线速度取 85～86 m/s，低于 80 m/s、高于 100 m/

s，产品能耗均增加。

a

b

图 4.46　定齿盘和动齿盘的结构

a. 定齿盘；b. 动齿盘

3）主要性能特点

爪式粉碎机适用于谷物、秸秆、饲料的粉碎，是一种多用粉碎机，使用时根据需要选用不同规格的筛片，来加工粗细不同的物料。具有结构简单、紧凑，性能稳定、可靠，操作简单、安全，单位产品能耗低，粉碎效率高，产品粒度小且均匀等优点。缺点是转速较高，作业噪声较大，粉碎后颗粒温升较高，因动齿和定齿均为刚性连接，过载能力差，使用时必须对原料进行除铁处理，避免造成设备的损坏，不宜加工水分大、含纤维较高的原料。

4.3.5　生物质秸秆粉碎设备的选择原则

生产生物质成型燃料的企业要按照以下原则选择适合于生产需要的粉碎机。

1）成型机的性能要求是主要依据

农业部行业标准规定了原料规格的一般尺寸要求，但具体到不同的设备还要经试验后决定。根据试验，凡能用切碎机的就不要用揉搓机，能用较大尺寸的不要追求细化喂入。棒状、块状都可以用切碎机，棒状的切段长一些，块状的切段短一些。木质原料宜加工颗粒燃料，要选择揉搓机。

2）节能原则

所有生物质能源产品都要把能量投入效益（能投比）作为第一性能指标，生物质成型燃料的原料粉碎占总耗能的比例较大，棒状类占 25%左右，块状占 30%左右，颗粒类占 50%以上。因此选择粉碎机时要重视各环节的节能效果。

3）环境、安全影响

生物质粉碎是高污染作业，国内粉碎环境绝大部分没有设防尘装置，不符合行业标准要求，有损作业人员的身体健康，因此选择设备时应检查其保护工作环境的技术措施和安全防护设置（机械本身）。

4）原料适应性原则

同样一种机型，加工不同原料需要不同功能的粉碎机。不一定更换机型，但可调整部件。例如，棒状成型燃料需要的切碎机，切碎玉米秸秆，与切碎棉花秸秆、树枝等硬质原料对切碎机的要求不一样，这就要求设备应适应原料特征，调换刀具，满足成型燃料加工设备对原料的要求。不能要求万能粉碎机，但要求粉碎设备能适应多种主要原料的粉碎是可以实现的。

表 4.10～表 4.12 列出了生物质秸秆粉碎机主要机型、技术性能、特征及适用范围。成型燃料企业可根据生产的实际需要参考选择。

表 4.10　秸秆切碎机的主要技术性能、特征及适用范围

型号与名称	配套动力/kW	生产能力/(t/h)	切碎长度/mm	主要原理	适用生物质原料	参考企业
93QS-3 型棉秆切碎机	18.5	2.5～3.5	12、18、25、35	切碎	各类作物秸秆、棉花秸秆、树枝等	洛阳四达农机有限公司
9ZP-8.0A 型秸秆切碎机	27.5	干秸 4～8 青秆 15～25	20～60	切碎	各种作物秸秆、棉花秸秆、树条等	泰安市九信农牧装备有限公司
9ZP-8.0 型秸秆切碎机	15	干秸秆 2～4 青秸秆 8～15	10～40	切碎	各种作物秸秆、棉花秸秆、高粱秸秆等	泰安市九信农牧装备有限公司
93ZP-8.0 型棉秆切碎机	15	棉花秸秆 2～4 青秸秆 8～15	15～40	切碎	棉花秸秆、树枝（Φ2cm）及各种秸秆、牧草等	山东肥城盛泰龙机械有限公司
93QS-3 型棉秆切碎机	18.5	2.5～3.5	12、18、25、35	切碎	棉花秸秆、树枝、玉米秸秆、麦秆等	山东肥城市畜丰农牧机械有限公司
3FC-500 型秸秆粉碎机	15	0.6～1.6	24	切碎粉碎	玉米秸秆、牧草、干杂草等	山东科阳实业有限公司
9JZ-35 型棉秆粉碎机	15	1.5～2	15～30	切碎	各种作物秸秆及牧草、棉花秸秆、树枝(Φ2cm)等	郑州鸿亚机械设备有限公司
9QS-1300 型切碎机	11～15	2～3	10～30	切碎	各种作物秸秆、棉花秸秆、细树枝等	北京顺诚明星农牧机械厂
9QS-16.0 型切碎机	22	15～56	15、25、27、40	铡切	玉米秸秆、稻草、干草等	固安县双桥农牧机械厂
93ZT-600 型切碎机	27.5	12～30	13～24	切碎	玉米秸秆、稻草等	石家庄万通机械制造有限公司

续表

型号与名称	配套动力/kW	生产能力/(t/h)	切碎长度/mm	主要原理	适用生物质原料	参考企业
93QS-6000 型铡草机	7.5	1.5～6	15 或 40	铡切	玉米秸秆、麦秆、稻草等	北京市旭世盛畜牧机械有限公司
93QS-9000 型铡草机	11	2～9	15 或 40	铡切	玉米秸秆、麦秆、稻草等	北京市旭世盛畜牧机械有限公司

表 4.11　秸秆揉搓粉碎机的主要技术性能、特征及适用范围

型号与名称	配套动力/kW	生产能力/(t/h)	揉搓长度/mm	主要原理	适用原料	参考企业
9RC-50 型秸秆揉搓机	11	0.8	≤80	切碎揉搓	各类作物秸秆	洛阳四达农机有限公司
9RS-70 型秸秆揉丝机	37	3～8	50	切碎揉搓	棉花秸秆、玉米秸秆、高粱秆等	洛阳四达农机有限公司
9ZP-8.0B 型铡切揉搓机	18.5～22	干秸秆 2～4 青秸秆 6～10	10～40	铡切揉搓	棉花秸秆、玉米秸秆、高粱秸秆等	泰安市九信农牧装备有限公司
RC-400 型秸秆揉丝机	7.5	1～1.5	50	切碎揉搓	各种作物秸秆、树枝等	山东省曲阜科阳实业有限公司
RC-500 型秸秆揉丝机	11	1.5～2	50	切碎揉搓	各种作物秸秆、树枝等	山东省曲阜科阳实业有限公司
9RSZ-6 型秸秆揉丝机	11	6	10～180	切碎揉搓	各种作物秸秆	西安新天地草业有限公司
9RSZ-10 型秸秆揉丝机	22	10	10～180	切碎揉搓	各种作物秸秆	西安新天地草业有限公司
93ZR-4.0 型铡切揉搓机	11	干秸秆 0.5～1.5 青秸秆 1～5	10～40	铡切揉搓	棉花秸秆、玉米秸秆、稻草等	山东肥城盛泰龙机械有限公司
9ZR-14 型铡揉机	18.5	棉秆 5～15 青秸秆 15～30 干秸秆 2～8	10～150	铡切揉搓	玉米秸秆等各种作物秸秆	山东肥城市畜丰农牧机械有限公司
9RC-700 型饲草揉搓机	15～18.5	4～6	≤50	切碎揉搓	玉米秸秆、苇草、甘蔗等作物秸秆	北京顺诚明星农牧机械厂
9RC-3 型秸秆揉丝机	5.5	3	20～60	切碎揉搓	高粱、豆类等作物秸秆和茎蔓	西安大洋农林科技有限公司

表 4.12 秸秆颗粒粉碎机的主要技术性能、特征及适用范围

型号与名称	配套动力/kW	生产能力/(t/h)	粉碎粒度/mm	主要原理	适用的生物质原料	参考生产企业
9DF420 型锤式粉碎机	7.5～11	0.35	1～6	粉碎	各类干秸秆等	山东章丘市华祥机械厂
9FQ-40 型粉碎机	7.5	2	1、2、4或≤筛孔	粉碎	各类干秸秆、青饲料、谷物等	四川省万马机械制造有限公司
FMZ-42-20 型菇木粉碎机	11	0.8	2、4 或≤筛孔	粉碎	棉花秸秆、玉米秸秆、木头等	汉中市汉台东方机械修造厂
9FZ-36B 型饲料粉碎机	5.5	0.2～0.6	2、4 或≤筛孔	粉碎	玉米秸秆、棉花秸秆等	汉中市汉台东方机械修造厂
9ZF-530 型饲料粉碎机	7.5	0.2～0.8	≤1 或切段	粉碎切碎	玉米秸秆等	河南省新乡市和协集团有限公司
9FQ-40 型粉碎机	7.5～11	≥0.5	≤3	粉碎	玉米、玉米秸秆、花生秧等	新乡市兴田机械制造有限责任公司
9FX-60 型麦秆粉碎机	18.5	1.5	4～30	切碎粉碎	麦秸、稻草等含纤维高的秸秆	泰安市岱岳区泰峰农牧机械厂
9FX-60 型棉秆粉碎机	15	0.75	1～30	切碎粉碎	棉花秸秆、玉米秸秆、稻草等	泰安市岱岳区泰峰农牧机械厂
9FZ-700 型稻草棉秆粉碎机	19	2.4	10	粉碎	树枝、棉花秸秆、芦苇、稻草等	北京顺诚明星农牧机械厂
9ZP-4.0B 型铡切粉碎机	7.5	0.2～0.6	0.4～10	铡切粉碎	棉花秸秆、高粱秸秆、稻谷麦草等	泰安市九信农牧装备有限公司

参考文献

崔相全，马继春，荐世春，等. 2010. 棉秆联合收获机的设计. 农业装备与车辆工程，(9)：12-13

付敏良，夏吉庆. 2009. 秸秆饲料青切揉碎机的设计. 农机化研究，(3)：89-91

高连兴，王和平，李德洙，等. 2000. 农业机械概论. 北京：中国农业出版社，5

刘艳艳. 2011. 浅谈我国秸秆收集技术与秸秆收储运运行模式. 首届农村废弃物及可再生能源开发利用技术装备发展论坛

马继春，荐世春，周海鹏. 2010. 齿盘式棉花秸秆整株拔取收获机的研究设计. 农业装备与车辆工程，(8)：3-6

马少辉，赵宝新，杨海. 2010. 4MC-1500 型拔棉秆机的设计. 塔里木大学学报，22 (1)：25-27

万霖，赵清华，车刚. 2006. 4QZ-30 型青黄贮饲料收获机的研制. 现代化农业，(2)：22-23

王春光. 2008. 钢辊外卷式圆捆机结构与原理. 农业机械，34：24-27

王德福，张全国. 2007. 青贮秸秆圆捆打捆机的改进研究. 农业工程学报，23 (11)：168-171

王永志，王跃勇，刘东玲. 2009. 造粒用秸秆粉碎机的研究与开发. 农机化研究，(01)：157-159

张光和，罗忠. 2007. JSQ-50 型立式秸秆饲草切揉机的设计. 农机科技推广，(4)：44-46

第5章　生物质成型燃料成型机理与影响条件

本章以生物质成型燃料的成型工艺制定需要的基本理论为主线，详细阐述了生物质成型燃料的成型机理；生物质自身具有的成型条件；成型需要的外加条件，和制定成型工艺必须考虑的影响因素；对不同类型成型系统进行受力分析。

5.1　生物质成型燃料的成型机理

5.1.1　生物质成型需要的基本条件

生物质的自然形态是松散无序的，堆积密度小，50～150 kg/m^3，因此，自然形态的生物质如果直接用作燃料，则需要较大体积的燃烧炉膛，而且燃烧持续时间短，燃料添加频繁。生物质成型燃料技术提高了燃料的能量密度。

1. 生物质自身条件

将生物质从松散无序的粉碎原料压缩为具有一定形状的成型燃料，从原料本身来分析，必须具有如下的基本条件。

1）含有黏性成分

生物质本身所含的淀粉类物质的凝胶和糊化作用在生物质成型过程中起到一种黏结剂的作用；生物质成型过程中，内部含有的蛋白质之间聚合、共价偶合会增强物质之间的黏结作用；生物质本身的木质素在一定温度下会呈熔融状态，黏性增加，形成天然的黏结剂；生物质中的纤维素分子连接形成纤丝，在成型过程中起着类似于混凝土中“钢筋”的加强作用，成为提高成型块强度的“骨架”；生物质所含的腐殖质、树脂、蜡质等物质对压力和温度比较敏感，适宜的温度和压力下，黏结作用也很明显（孔雪辉，2010）。

2）具有可以压缩的空间结构

生物质材料质地松散，堆积密度低，分子间结合间隙大，有较大的可压缩性空间。当施加外力后，易于把原料中的空气挤出，使原料颗粒分子之间致密紧凑。生物质压缩成型后回弹变形小，有利于保证成型燃料的稳定性和抗潮解性能。

3）适宜的流动性

生物质中的脂肪和液体有利于成型时原料的流动，能够提高成型的产率，并降低成型所需要的压力。但当生物质中的脂肪或液体含量过高时，则不利于物质之间的黏结。

4）适宜的含水率

生物质内的水分是一种必不可少的自由基，流动于生物质团粒间，适当的含水率，有利于提高生物质成型流动性；在一定压力作用下，水与果胶质或糖类物质混合形成胶体，从而起到成型黏结剂的作用；另外，水分还能降低软点温度。试验表明，当水分含量为8%时，软点温度为143℃；当水分含量为27%时，软点温度降到90℃左右。不同原料加工时水分要求不同，一般为16%～20%，生物质成型燃料的安全储存要求水分含量为12%～13.5%，应特别提出，水分过低或过高都不宜成型。不论哪类成型机，水分过低时难以启动，水分过高难以成型，容易产生“放炮”现象，危及安全。

2. 生物质成型的外部施加条件

研究表明，要使生物质成型，必须满足两个基本外部条件。

1）压力

秸秆类生物质力传递能力差，流动性差，要使其成型必须给予足够压力，压力大小以燃料自由存在时保证设计密度、形状不发生变化为目标。为实现该目标，成型腔应设计为三段，第一段是预压段，水分在这一段蒸发，原料开始软化；第二段是成型段，这一段原料应具有160～180℃的成型温度，木质素成为熔融状态；第三段为保型段，这一段要使高压成型的燃料内应力慢慢释放，长度一般应是成型段的2倍。成型压力与温度有直接的关系。外部加热可以降低成型压力，减少磨损，进而降低能耗。经在螺杆成型机上试验，外加2 kW·h预热装置，加工锯末成型燃料时，维修周期为44 h，单位能耗为45 kW·h/t；不加预热装置时的维修周期为17 h，单位耗能为71 kW·h/t；把秸秆加热到115℃利用螺杆成型机挤压成型实验表明，驱动电机功率可减低54%，外加热用能下降30.6%，整个系统能耗下降40.2%；用液压装置试验结果表明，能够使生物质成型的压强一般为10～30 MPa，有外部加热时为10 MPa左右，没有任何外在辅助加热设施时需要28 MPa左右。

2）成型温度

成型温度设定的依据主要是生物质的软点温度和熔融温度。实验证明，木质素的软点温度为134～187℃，纤维素的软点温度为120～160℃（245℃时结晶破坏），半纤维素的软点温度为145～245℃。由于生物质内成分并不是单一的，而是多种元素和成分的交叉组合，其中包含各种碱金属元素，这样生物质的成型温度就不能按单一成分来设定，实践表明，在成型时，秸秆的软化温度为110℃左右，成型熔融温度为160～180℃。

5.1.2　生物质成型燃料的成型过程

生物质的成型过程：被粉碎的生物质，在成型机预压阶段受压力和温度的作用开始软化，体积减小，密度增大；进入成型段后，原料温度提高至160～180℃，生物质呈熔融状态，粒子之间流动性增加，以正压力为主的多种受力作用增强，大小不一的生物质颗粒发生塑性变形，相互填充、胶合、黏结，燃料体积进一步减小，密度提高，随着压力强度增大，原料开始成型；进入保型段后，因成型腔内径尺寸略有放大，高密度成型燃料内应力松弛，生物质温度逐渐降低，各类黏结剂冷却固化，在保型腔作用下，成型燃料逐渐接近设计的松弛密度，然后被推出成型腔，成为成型燃料产品。

多数粉碎后的生物质原料在较低的压力作用下结构就被破坏，形成大小不一的颗粒，在成型燃料内部产生架桥现象。随着压力增大，细小的颗粒间相互填充，产品的密度和强度显著提高；大颗粒变成更小的粒子，并发生塑性变形或流动，粒子间接触更加紧密。构成成型燃料的粒子越小，粒子间充填程度就越高，接触越紧密；当粒子的粒度小到一定程度（几至几百微米）后，粒子间的分子引力、静电引力和液相附着力（毛细管力）上升到主导地位，燃料强度会达到更高的程度。

5.1.3　生物质成型燃料生产技术路线和工艺

1. 生物质成型燃料的生产技术路线

生物质成型燃料的生产技术路线：原料粉碎预处理→原料喂入与控制→生物质升温预压→成型→堆放与包装→储存。这是从生产实际出发建立的系统技术路线，主要思路是：成型质量与各项指标的实现都不是孤立的，不同的成型燃料产品，有相应的原料要求，不合格的原料和预处理方式，不可能生产出合格成型产品；同时产品的质量好坏，最终检验标准是成型燃料在燃烧设备中的应用效果。与此同时，在生产过程中，还存在如何保证松弛密度（成型燃料从成型腔出口后保留下来的密度，一般是指降到常温时的密度），如何保证生产的成型燃料不吸湿返潮，如何降低成型燃料破碎率等问题。这些问题的避免或解决需要通过制定科学合理的技术路线来实现。

2. 生物质成型燃料成型工艺制定

生物质成型工艺的选择和制定应考虑以下因素。

1）按供热要求选择合适密度和形状的成型燃料类型

我国生物质成型燃料按标准规定分为颗粒、块状、棒状。进行成型工艺设计之前首先要确定生产的产品拟用于何种燃烧设备。例如，大型锅炉或蒸汽锅炉可选择棒状燃料，家庭取暖的高档燃炉可选木质颗粒燃料；小锅炉、热水炉、家用普通“半汽化炉”可选块状燃料等。

2）以成型机为核心，选择系统加工设备

不同成型燃料类型需要选择不同的成型机来生产。木质颗粒燃料一般用环模成型机，原料粉碎要求较高，多有揉搓工序，原料颗粒大小 1～5 mm；秸秆块状燃料，目前可选用立式滚压环模块状成型机，粉碎采用切断机，不需揉搓程序，原料粉碎粒度 10～30 mm；棒状成型燃料直径一般为 35～45 mm，这类燃料外形、密度等质量指标及市场销售情况都比较好，适用于在现代工业用能设备中作为煤的替代燃料，目前国内生产的这类成型设备有机械式和液压式两种。

对不同成型机需要制定不同的生产工艺。制定工艺时主要应考虑：原料类型，原料含水率，设备是否有外加热设施，设备喂入方式，冷态启动难易程度等。

前已叙及，木质素在生物质成型过程中发挥了重要的黏结剂作用。在成型过程中为了让木质素的黏性表现得更加突出，现代的成型工艺往往采用加热的方法，通过给生物质原料加热来让木质素软化、产生黏性。加热软化木质素一般有两种方法：一是通过外部热源加热，可以有电加热器、高温蒸汽或者高温导热油等多种形式，也称为热压成型工艺；二是通过成型模具与原料间摩擦产生热量来加热生物质原料，又称为常温成型工艺。

热压成型工艺：外加热源将木质素软化的热压成型技术，有利于减少直接的挤压动力，同时由于加热的高温能够将原料软化，在一定程度上提高了原料颗粒的流动性，有效减少生物质原料颗粒对模具的磨损，提高模具寿命。研究认为，同等材料的模具，使用外加热源的成型模具比靠摩擦产生热量软化木质素的模具寿命高 10～100 倍。

常温成型工艺：该工艺并不是在真正的常温下对生物质进行成型的工艺，而是成型设备没有辅助的外部热源装置供给热量，其成型是依靠压辊和模具与原料之间的摩擦产生的热量软化木质素，从而达到黏结的效果。常温成型技术主要有环模或平模燃料成型技术、机械冲压成型技术等。

除此之外，还有一种常温成型技术与木质素的黏性无关，是在成型原料中加入具有黏结作用的添加剂，成型过程基本没有热量产生，该成型技术类似于型煤技术，原料含水率一般比较高，成型后需要晾晒，产品应用范围受限制，原料通常是糠醛渣等加工剩余物，产品用于企业本身的锅炉等，较少用于商品销售。

需要说明的是，前几年在中国成型燃料市场曾经有一种“冷成型”的说法，这没有科学根据。经证实，所谓“冷成型”只是炒作的一个概念，其实质就是颗粒燃料（平模或环模）常温成型，成型过程中有模具与原料之间摩擦产生的热量促使原料木质素升温软化起到黏结剂作用而完成成型过程，此类技术属于常温成型技术。

5.2 生物质成型燃料成型过程受力分析

生物质压缩成型过程从受力分析的角度看，一般分为三个阶段：预处理—预压成型—成型。这里所指的各受力阶段是指原料进入成型机不同位置的受力情况，不包括原料粉碎和输送。原料所受的外力主要有轴向压力、径向力、剪切力、原料与模具间的轴向摩擦力等。

原料在预处理阶段主要受轴向压力或剪切力的作用，对环模和平模成型机来说，这段受力发生在物料进入预处理仓及进入成型腔前所承受的力，主要有滚轮施加的正压力、轴向剪切力，即物料流动的摩擦力；对棒状成型机来说，原料在预处理阶段主要受轴向正压力，因为在这一阶段中物料原形要被破坏，颗粒变小，颗粒间发生不规则移位及摩擦升温，并排出松散物料中的部分水分，有效减小物料间的空隙，同时物料也发生局部弹性变形，形成可以进入成型腔的颗粒团（饼）。对于棒状成型机，在该阶段依靠较小的轴向压力的增大就能获得较大的体积变形增量，从而保证预压和成型段有较大的物料喂入量。

预压阶段是对喂入后的物料进行压缩。此时物料温度逐步升至软化点，承受的力主要是轴向压力和直径收缩造成的径向反作用力。此时物料颗粒发生较大位移，压力使物料颗粒间空隙进一步缩小，水分汽化蒸发排出，物料颗粒发生严重弹性变形，物料内部细小颗粒重新排序并相互填补，淀粉、糖类析出物开始发生黏接作用，成型燃料具有了雏形。

物料在持续施加的压力下由预压阶段进入具有成型角的成型段。这一段温度升到

160℃以上，物料中的木质素产生熔融现象，产生黏性，同时因成型腔内的一段内径收缩，此时物料承受较大的正压力和与成型模具间的摩擦力，细小颗粒之间产生分子吸引力或静电引力，这样生物质原料基本形成了有一定形状和密度的成型燃料，接着就被送进了保型段。

保型阶段的内径比成型段出口直径略有增大（直径增大的程度与成型腔长度和质量要求有关），长度一般是成型段的 2 倍。这一段作用是消除成型燃料的内应力，保证其松弛密度，保持燃料外部形状。显然，应力松弛时间越长，松弛（保型）距离越长，内应力消除就越充分，成型后的燃料稳定性能也越好。

由以上分析可见，燃料在成型过程中的受力情况对燃料的成型起着决定性的作用，本节将对物料在螺杆挤压成型机、柱塞成型机、平模成型机和环模成型机成型过程中的受力情况进行分析。

5.2.1　棒状燃料成型机受力分析

1. 螺旋挤压成型过程受力分析

螺旋挤压式生物质热压成型过程是：切碎或粉碎后的生物质原料由上料机或人工将物料送到成型机上方的进料斗中，再沿螺旋杆直径方向进入螺旋杆前端的螺旋槽中，在螺旋推进力的作用下，将生物质原料挤压成具有一定密度和形状的成型燃料，成型过程和原料受力情况分别如图 5.1 和图 5.2 所示。

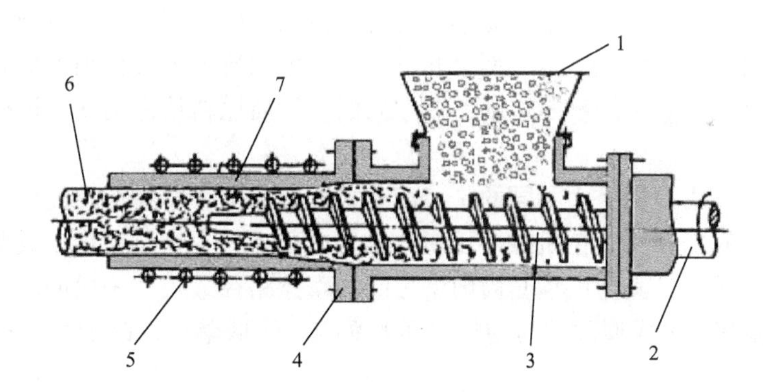

图 5.1　螺旋挤压式生物质热压成型过程

1. 原料；2. 驱动轴；3. 挤压螺旋；4. 法兰；5. 加热圈；6. 成型棒；7. 成型套筒

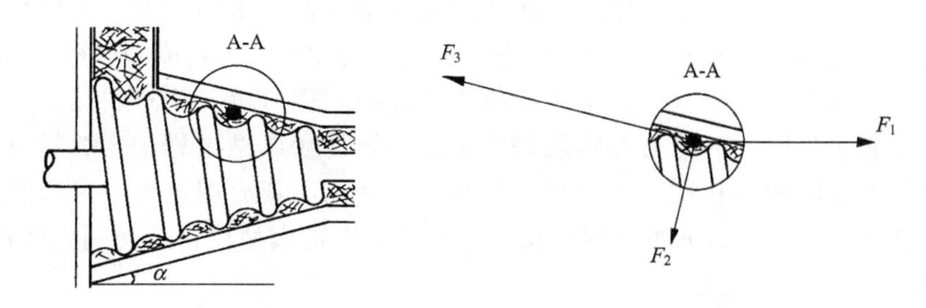

图 5.2　螺旋挤压式生物质热压成型过程受力图

从图 5.2 可以看到，A-A 处的物料受到螺旋杆螺旋壁面对其向前的一个推力 F_1，成型套筒对它的摩擦力 F_3 及压力 F_2；当 F_1 大于 F_3 和 F_2 形成的合力（在成型段 α 角的存在是提高 F_3 和 F_2 的重要保证）时，物料才可以被推出成型套筒。同时，螺旋壁面对物料还形成一个沿壁切线并与螺杆旋转方向一致的摩擦力，及成型套筒逆螺杆旋转方向的阻力。在这些力的综合作用下，物料被挤压并最终成为具有固定形状的燃料。在热压成型过程中 F_1 通常达到 10 MPa 左右，螺旋杆螺旋的壁面受到了来自物料的同样大小的压力，由于摩擦力与压力成正比，这是导致螺旋杆产生严重磨损的主要原因。

根据上述受力分析可得出如下结论。

(1) 螺旋挤压成型机快速磨损的主要原因是原料在成型筒内始终存在两种相对运动，导致原料和螺旋杆、原料与成型腔壁相互施压，相互摩擦。

(2) 原料在成型筒内受到多种力的作用成型，受力过程需要时间，因此每种设备的产率大小与产品质量是正相关的，生物质本身力传递能力差，如果受力时间过短，质量就不能保证。

(3) 套筒需要有成型角，否则摩擦力不够，成型质量不高。

2. 机械冲压式燃料成型过程受力分析

活塞冲压式成型机合适的成型温度为 200～260℃（燃料棒表面温度，温度太低传热速度慢，不易成型)，刚开始启动工作时温度还可适当提高，能达到 280℃左右，进入成型套筒中的生物质原料在这样的成型温度下受到机械冲压作用，使生物质颗粒位置重新排列，并发生机械变形和塑性变形。随着外力和温度不断增大，生物质的体积大幅度减小，容积密度显著增大，经成型套筒挤压后，生物质内部胶化和外部炭化，具有一定的形状和强度，随着冲杆不断运动，成型后的生物质原料从保型筒中被推出成为棒状燃料产品。

与螺旋挤压式成型机受力不同的是，活塞式成型机没有原料与螺旋杆及腔壁之间的摩擦力，而且是间断摩擦。在机械冲压燃料成型过程中，生物质原料在成型腔中的运动可近似视为直线运动，其与成型套筒内壁之间的摩擦路径最短，一般冲击一次的间隔为 3～8 s，它可显著减少成型部件与物料之间的摩擦，降低单位产品能耗，提高成型部件的使用寿命。

原料在成型过程中首先呈现的是松散的状态，在加热和活塞推力的作用下，松散的原料开始挤压、成型，成为原料塞，在运动过程中进一步得到活塞的推动作用和加热作用，原料塞的密度不断增大，逐渐达到成型燃料要求的密度，最后经过保型段被活塞推出成型机，成为燃料产品。图 5.3 为活塞冲压式燃料成型过程图，可以发现，生物质原料在机械冲压式成型机中的成型过程同样可以分为进料段、成型段和保型段，在各个阶段中的受力与螺旋挤压相似，只是在成型过程中，燃料只受到成型腔对其的水平摩擦力作用，不存在滚动摩擦，因此，其成型过程中对成型设备造成的磨损较小，成型设备的维修周期长。而螺旋挤压式成型设备所受到的磨损较大，其维修周期仅有 40 h 左右。

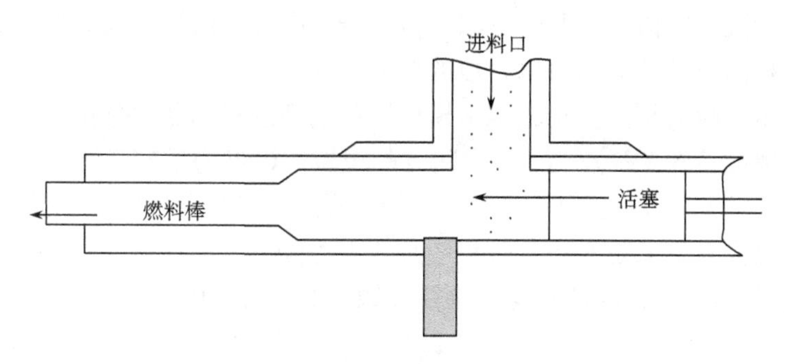

图 5.3　活塞冲压式燃料成型过程图

5.2.2　平模滚压式燃料成型过程受力分析

1. 喂入轮为主动轮的平模机燃料成型过程

生物质原料在平模成型设备中的成型过程是：经切碎或粉碎后的生物质原料进入平模机的喂料仓，在分料器和刮板的共同作用下被均匀地铺在成型平模上，紧贴在平模板上，如图 5.4 所示。当压辊沿图示方向转动时，生物质原料逐步进入滚轮和平模板形成的挤压区（间隙一般为 1～3 mm，滚轮上下可做微调），这时原料因受到挤压，间隙中的空气不断被排出，粒子间的接触越来越紧密，当原料继续进入该区时，被挤压成的饼块就会进入成型腔中。

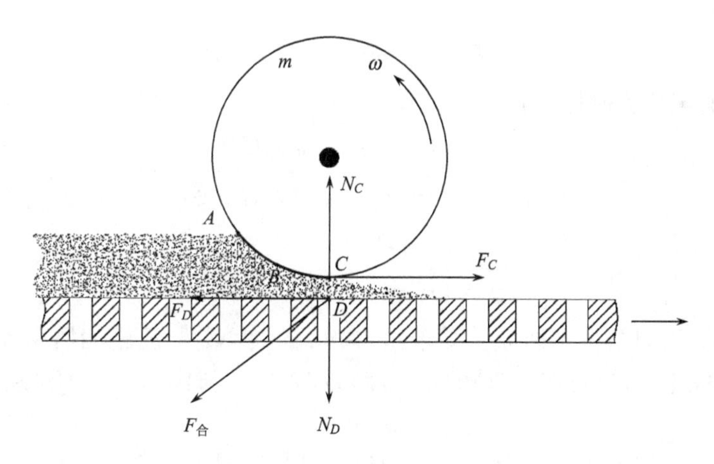

图 5.4　喂入轮为主动轮的平模机燃料成型过程受力分析图

原料进入成型腔后，温度继续升高。热量来源，一部分是在喂入仓中压辊与生物质原料间剧烈的摩擦作用产生的摩擦热，另一部分是进入成型腔后，粒子间位移，及其与腔壁间的摩擦产生的热量，致使生物质原料中含有的木质素软化，温度升到 160℃以上时，原料粒子自身发生塑性变形和流动，这时成型段因成型角的作用，压力进一步增大，多种黏结剂及分子引力都开始起作用，使生物质逐渐成形。成型块在压力作用下进入成型腔的保型段，在该段不利于形状保持的残余应力被消除，成型燃料被定型，温度下降，最后被挤出成型腔成为可以存放的燃料。

图 5.4 所示的喂入轮为主动轮的平模机燃料成型过程的受力分析图中，A 点为压辊与物料开始接触的位置，B 点为 AC 中间点的位置，C 点为压辊正下方物料的位置，D 点为 C 点正下方物料与磨盘接触点的位置。A 点处物料对压辊作用力为零，C 点处物料对压辊作用力最大，下面是对成型过程中具体力的分析。

(1) 假设 A、B、C、D 四点均为刚性接触时的受力，则

$$N_C = N_D \tag{5-1}$$

式中，N_C 为物料对压辊的正压力；N_D 为物料对磨盘的正压力。

假设物料曲面 A-B-C 对压辊的综合作用效果集中于 C 点，

则根据动量矩定理可知

$$F_C \times R = m \times \omega \times R^2 / t \tag{5-2}$$

式中，F_C 为物料对压辊的摩擦力；m 为压辊的质量；ω 为压辊转动角速度；R 为压辊半径；t 为物料在 C 点与压辊作用的时间。

由式 (5-2) 可推知

$$F_C = m \times \omega \times R / t \tag{5-3}$$

根据滚动摩擦定律：

$$F_C = \xi \times N_C \tag{5-4}$$

式中，ξ 为滚动摩擦系数。

$$N_C = F_C / \xi = m \times \omega \times R / (t \times \xi) \tag{5-5}$$

由于各接触点均为刚性接触，所以有

$$F_D = F_C = m \times \omega \times R / t \tag{5-6}$$

$$N_D = N_C = m \times \omega \times R / (t \times \xi) \tag{5-7}$$

合力 F 与水平面的夹角

$$\theta = \mathrm{arctg}(F_\mathrm{D} / N_\mathrm{D}) = \xi \tag{5-8}$$

由式 (5-7) 可以看出：磨盘所受正压力 N_D 的大小，与压辊的质量 m 成正比，与压辊的半径 R 成正比，与压辊转动的角速度 ω 成正比，与作用时间 t 和滚动摩擦系数 ξ 成反比。

由式 (5-8) 可以看出：合力 F 的作用角度仅与滚动摩擦系数 ξ 有关，而与磨盘及压辊的运动速度无关。

(2) C 点为刚性接触，其他为柔性接触时的受力分析。

图 5.5 是假设 C 点与压辊刚性接触，物料曲面 A-B-C 与压辊为柔性接触时的受力分析。从图 5.5 可以看出，C 点与压辊刚性接触，可使用动量矩定理，分析结果同 (1)，曲面 A-B-C 与压辊柔性接触，也就是说，压辊在对曲面 A-B-C 的物料进行压紧的过程，所以此曲面与压辊应使用动量定理。假设曲面 A-B-C 的综合作用点集中于 B 点，则根据动量定理：

$$N_B \cdot t = mv \tag{5-9}$$

$$N_B = mv/t \tag{5-10}$$

此时，物料作用于磨盘的水平摩擦力

$$F_D = N_B \text{ 在水平方向上的分力} + F_c \tag{5-11}$$

由于曲面 A-B-C 对压辊的作用力 N_B 与压辊及磨盘运动速度有关，所以水平摩擦力 F_D 与磨盘的运动速度有关，即磨盘运动速度越快，水平摩擦力 F_D 越大，此时会引起合力 F 与水平面的夹角减小，引起磨损加大。

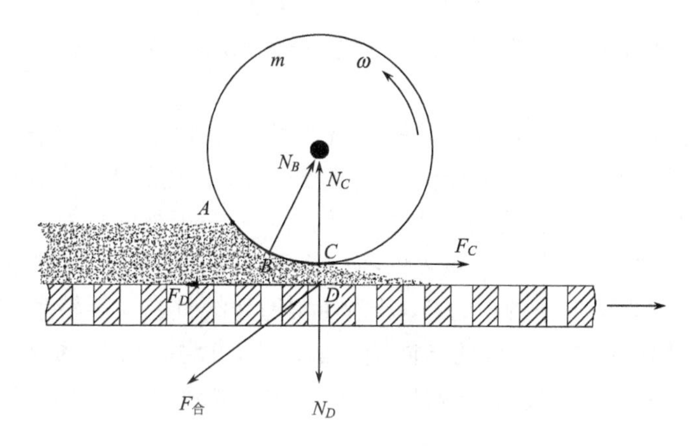

图 5.5　C 点为刚性接触成型过程受力分析图

（3）考虑滑移的情况：上面两种情况的分析，都是在假设磨盘盘面与物料，物料与压辊之间紧密结合，没有滑移的情况下得出的。而在实际情况中，当磨盘运动速度过快时，磨盘与物料、物料与压辊之间会出现滑移，这时其间摩擦将会由滚动摩擦转变为滑动摩擦，而两接触面之间的滑动摩擦系数会远远大于滚动摩擦系数。此时对于磨盘平面，则会增大水平摩擦力，从而使合力与水平面的夹角减小，增加成型孔入口端的磨损；对于压辊，则会极大地增加磨损。因此，尽量降低磨盘及压辊的转速，以避免出现滑移的情况，是有效降低成型设备摩擦的手段。

另外，如果以磨盘作为主动运动，则滑移会首先出现于磨盘与物料接触面，这时会增加磨盘的磨损量，减小对压辊的磨损；相反，如果以压辊作为主动轮，则滑移会首先出现于压辊与物料的接触面，此时将加大压辊的磨损，而减小磨盘的磨损。因此，下盘转动的成型机能够更好地减小压辊的磨损问题。

2. 喂入轮为从动轮的平模机燃料成型过程受力分析

原料在成型过程中，首先在平模盘上运转，进入压辊与平模的间隙，在摩擦力的作用下，压辊开始旋转，其转动方向与平模转动方向相同。物料进入压辊和平模间后，在压辊的作用下由松散的原料开始变成紧密的原料饼，进而成为成型燃料，该过程的受力分析如图 5.6 所示。

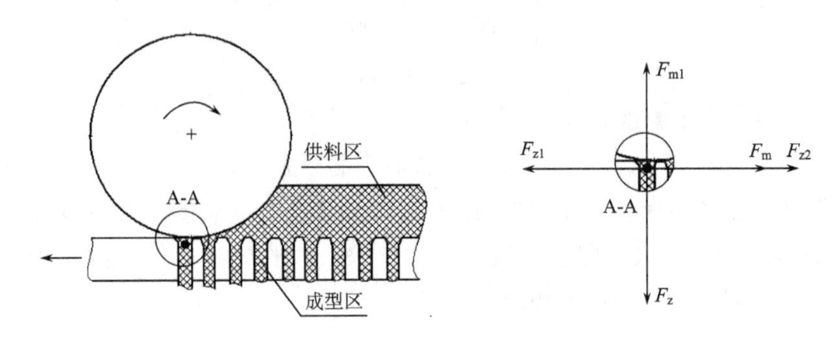

图 5.6　喂入轮为从动轮的平模机燃料成型过程受力分析图

从图 5.6 可以看出，在预压成型阶段，当平模以如图方向顺时针方向旋转时，平模和压辊间的物料受到重力的作用开始流入成型腔，向下流动的物料与压辊接触，压辊给予物料一个压力和摩擦力，将物料推入成型腔。现以 A-A 处的物料为研究对象，分析其受力情况。不考虑重力的作用，该处的物料共受到以下几个力：成型腔壁面对其向上的摩擦力 F_{m1}，压辊对其向下的压力 F_z 及沿压辊壁切线且逆压辊转动方向的一个摩擦力 F_m，成型腔圆周壁对物料形成的指向圆心的压力，摩擦力 F_m 的存在，使得与摩擦力同方向的压力 F_{z2} 大于与其逆方向的压力 F_{z1}，这是导致在 A-A 部位处出现成型腔偏磨的主要原因。

这种成型方式压辊对原料的摩擦力与模盘对原料的摩擦力方向一致，增加了沿模盘平面方向的作用力，不利于原料进入到成型腔，限制了燃料的生产率的提高；在生物质成型过程中，由于压辊的转动力来自于物料的摩擦力，因此压辊的转速较低，磨损较小。

5.2.3　滚压式环模成型过程受力分析

1. 成型过程

生物质原料在环模式成型机中的挤压成型过程是：原料由喂料机构进入喂料仓，在滚轮的转动搅拌下逐渐被再粉碎、摩擦生热、升温。同时因喂入轮在自转，在其和环槽之间的间隙处就形成了 3～5 mm 的原料紧实层，随着原料喂入层的加厚，温度升高，原料粒子间间隙减小，正压力增大，原料紧实层很快被挤进成型腔。

进入成型腔后的成型过程和成型机理理论上与棒状、平模是相同的。但实际上因环模成型腔金属加工的难度较大，特别是颗粒状小孔专用刀具需要进口，因此不可能加工出成型段有成型角的符合理论要求的成型筒来，而是采用了饲料加工的办法，加工成直孔，环模盘的厚度不可能满足预压、成型和保型的总体要求，尤其是没有足够长的保型段。这就是我国环模成型燃料表面质量不高的重要原因。

20 世纪 90 年代我国从加拿大引进了块状饲料环模加工机械，21 世纪初被改造成主要解决秸秆成型燃料问题的环模燃料成型机。以立式、双轮滚压为主，成型腔是两个半槽组合成的。其受力过程与前述基本相同。

2. 燃料成型过程受力分析

原料在环模成型机中的进料方式和分布状况如图 5.7 所示（Mani et al.，2003）。

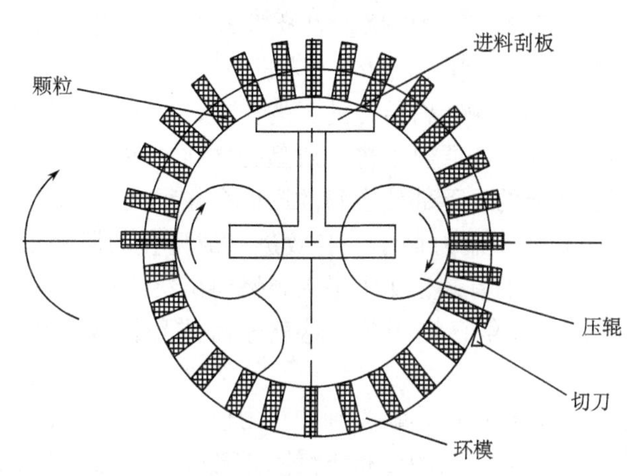

图 5.7　环模成型机中原料进料方式及分布状况

从图 5.7 可以看出，原料进入成型机后，首先分布在压辊和环模之间。当压辊和环模旋转时，原料与其接触的表面会受到与转动方向相同的摩擦力 F_1 和 F_3 的作用，如图 5.8 所示，在该力作用下，原料与压辊和环模间有相对的滑动，原料会沿着旋转方向向前滑动，同时，摩擦会产生大量的热量，使得原料内的温度升高，原料软化，流动性增强；此时，压辊和环模对原料还有压力作用（F_2 和 F_4），如图 5.8 所示，在该压力作用下，原料被不断地压缩，同时由于木质素受热软化，原料内部在压力的作用下不断地黏结在一起，很快由松散的状态被压缩成一定的形状，并被压入环模中。在环模中的原料进一步受到摩擦力和压力的作用，其体积不断缩小，内部黏性力不断增强，成为成型燃料，并被后来进来的物料推挤出环模，被切割后成为一定形状和长度的生物质成型燃料产品。

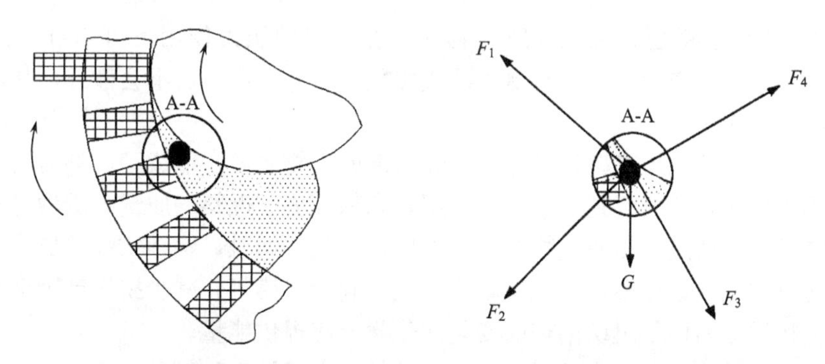

图 5.8　原料在卧式环模成型设备中环模和压辊间受力分析图

图 5.8 是卧式环模成型设备中环模和压辊间的原料受力分析图，与卧式环模成型设备比较，立式环模成型设备中原料在环模和压辊间的受力与其基本相同，只是重力作用

面不同，在卧式环模中重力 G 与其他的压力、摩擦力均作用在同一个表面上；而立式环模中，重力 G 作用在垂直面上，而其他的压力、摩擦力及惯性力则作用在水平面上。

从图 5.8 可以发现，原料与压辊接触的一面，受到压辊的摩擦力 F_1 和压力 F_2 的作用，模盘面摩擦力 F_3 和压力 F_4 的作用，以及重力 G 的作用。在卧式环模成型机上，原料受到的重力 G 需要由力 F_1 和 F_4 的分力来进行平衡，而对于不与压辊和环模接触的原料，受到与压辊和环模接触物料传递的力的作用，且这些作用力与物料离压辊和环模距离的增加而减弱。因此，在原料没进入成型孔之前，在垂直方向上，物料受到的力是很不均匀的，使得在环模的上下部位燃料的产率存在很大差别。导致上部物料环模的正上方施加在燃料上的有效正压力最小，有效进入成型孔的原料量最小，因此经常堵塞，或不出料，正下方滚轮的有效正压力最大，燃料出料比较顺，产量大，其他方向的出力与 G 和滚轮正压力的夹角直接相关。这就是卧式环模成型机逐步被淘汰的重要原因。

在立式环模成型机中，环模内物料受到的重力位于竖直方向上，而其他各力均作用于水平方向上。物料在整个环模内的分布不受除重力外的其他作用力影响，即在整个盘面的平面上，影响原料分布的力是均匀的。因此，不存在卧式环模机存在的上述问题。

5.3 影响生物质燃料成型的关键因素

影响生物质燃料成型的因素很多，包括内在因素和外在因素。内在因素主要是指原料种类、含水率等；外在因素主要包括加热的温度、压力和粉碎粒径的大小等。

5.3.1 成型温度对生物质燃料成型的影响

生物质成型燃料的密度和机械强度受成型时温度的影响很大，当原料含水率一定时，成型时温度越高，达到成型所需要的压力就越小；反过来如果成型温度变高，则原料就可以允许具有更高的含水率。Mani 等（2003）研究发现，高温会增强燃料的机械强度，因为，生物质原料中的木质素在 70～110℃时开始变软，黏结力增强，当温度升至 160℃时，木质素将会熔融成为胶体物质，在一定的压力作用下可与纤维素紧密黏结，生物质颗粒相互嵌合，外部析出焦油或焦化，冷却、成型后不会散开，从而起到提高产品的质量的作用。

除使用黏结剂的湿压成型技术外，干燥松散的生物质被压缩成型，都需要有一定的温度来软化木质素，使之起到黏结剂的作用，来保证成型燃料的质量。成型过程中加热的作用主要是：①通过加热使生物质中的木质素软化、熔融，黏性增强，成为天然的黏结剂；②通过加热使成型燃料的表层碳化，能顺利滑出模具，减少挤压动力消耗；③通过加热为生物质原料内部组织结构的变化和化学反应提供能量。

目前，生物质成型过程中的加热方式有外加热和摩擦生热两种加热方式。

1. 外加热系统的成型温度对生物质成型燃料的影响

液压成型技术、螺杆成型技术需要较多的外加热热源，立式块状环模启动时亦需要外加热。其加热系统如图 5.9 和图 5.10 所示。这些成型设备一般使用电加热系统对成型套筒进行加热，再通过成型套筒导热来加热原料，辅助成型。国外部分机械冲压成型设备也设计了预加热系统，多采用蒸汽或导热油进行加热，通过加热成型设备的外套，将热量传导给成型筒内的原料，实现成型。

图 5.9　液压柱塞加压成型设备的加热系统

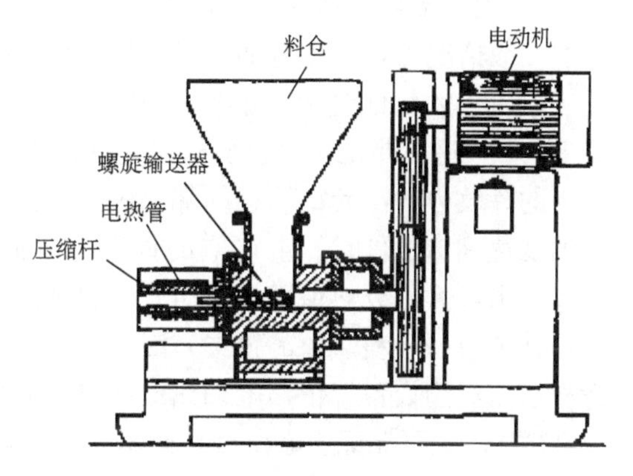

图 5.10　螺杆成型设备的加热系统

另外，一些直接从饲料成型设备改进而来的环模或平模成型燃料设备也保留了蒸汽加热系统，利用混料器前部安装的蒸汽添加系统中的蒸汽对粉碎后的原料进行直接加热，在加热的同时向干燥的低含水率原料中添加一些必要的水分，使其在压缩成型过程起到润滑模具的作用，参见图 5.11。

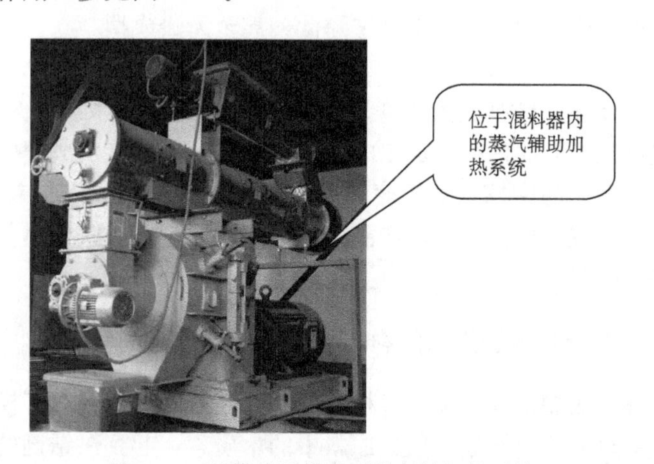

图 5.11　环模或平模成型设备的加热系统

加热温度对成型能耗和成型燃料的品质有明显的影响。原料的木质素含量不同、组织状态不同、成型设备不同对加热温度的要求也不尽相同，不可统一要求。

1）*产品粒径的影响*

直径大于 30 mm 的大粒径成型燃料因为热传导较差，要求加热温度相对稍高。原料在模具内成型的过程是流动的、动态的，温度的升高主要靠热传导，由于成型（加热）过程较短，一般 7～10 s，因此成型燃料的表层与中心温度差别较大。为了使中心原料的木质素处于软化、熔融状态并具有黏性，成型套筒中心原料的温度应不低于 160℃，则套筒外表包裹的加热系统的温度应该调节得更高一些，具体需要多高的温度应根据原料种类、成型设备、原料粒度、燃料的成型直径及当地环境温度来确定。

2）设备运转起始温度的影响

一般情况下，采用电加热或导热油加热的成型设备，设备运转的起始温度需要适当高于木质素的软化温度，并经过一段时间的预热后再运转设备，但起始最高温度应不高于 300℃，这主要是由生物质的遇热挥发特性所决定的。生物质主要成分中含有 60%～80%的挥发分，与套筒接触的部分生物质遇热在 200℃左右开始就有部分挥发分析出，当温度达到 300℃时，生物质的挥发分开始大量析出，350℃左右时，挥发分将会有 80%析出，大部分热值随挥发分燃烧或损失，并有部分焦油析出。为了避免挥发分流失，减少成型燃料热值的损失，因此，在成型燃料生产设备为大粒径的液压成型设备或螺杆挤压成型设备等依靠电加热或导热油的加热系统，设定对生物质预加热温度不应高于 300℃，既可保证中心温度达到木质素软化点，又不至于挥发分过多损失。根据试验及实际生产经验，通常在大粒径成型燃料预加热系统中设定运行起始温度范围是 200～300℃，设备正常运转后温度可以适当降低至 240℃左右。如果起始运转温度低于 200℃，则被压缩的生物质原料所含木质素软化不充分，启动阻力较大，严重时甚至无法启动设备进行正常运转，运转过程的能耗也较高。更为关键的是，如果温度达不到木质素软化点，或者套筒模具内原料受热不均，则原料内木质素无法起到黏结剂的作用，这样的原料即使经过模具压缩，从成型套筒挤压出来后受松弛应力作用便会立即开裂，无法完成成型过程，成型燃料质量将严重降低，甚至无法成型。

3）加热温度

通常情况下，外部加热温度为 150～300℃。温度过低，系统输入的热量不足以使木质素软化而促进颗粒间的黏结，加工的原料不能成型，不能使成型燃料表面热分解收缩，增加了与套筒内壁的摩擦，加快套筒的磨损，增加成型设备的功率消耗。温度过高，电机功耗减小，成型压力变小，产品密度降低，成型燃料表面热分解加强，出现裂纹，导致产品的强度下降。

2. 设备摩擦产热对生物质成型燃料的影响

生物质颗粒环模成型机和平模成型机一般不采用外加热。依靠环模和压辊与物料间的相互摩擦产生的热使物料升温，软化原料中的木质素，起到黏结剂的作用。

这些技术主要应用于生产颗粒燃料或块状燃料的成型燃料设备，产品直径通常在 15 mm 以下。对于较小截面积的成型燃料成型时，原料受热后，热量的传导较快，摩擦产生的热足够到达成型燃料中心，其所产生的温度也足以软化木质素，因此可以满足成型燃料的温度需要。

环模或平模成型燃料设备在生产过程由压辊和模具摩擦产生的温度有多高，没有具体的要求，一般根据原料、环境、产品及设备运转情况来定，原则上产生的热量要能够使木质素软化、熔融，起到黏结的作用，成型设备可以稳定成型，保证产品质量就可以。

生产经验证明，如果摩擦产生的温度较低，则成型燃料的品质较差，成品率较低，生产所需能耗也较高，设备磨损严重。同样，如果设计过程中为了促进颗粒间的黏结而一味追求利用摩擦产生高温，使得压辊与模具配合过于紧密，则会引起设备磨损速度加快，维修更换配件成本提高，能投比偏低。

环模成型设备的压辊在环模内高速旋转过程中与喂入环模内的原料经摩擦生热，温度可达 200℃以上；压辊运动的分力挤压秸秆进入成型孔成型。在此条件下，压辊和成型孔磨损较快。一方面，可通过改变金属材料的耐磨性能来解决；另一方面，可调整成型孔与压辊切线的角度，增加推入力，减少挤压力，降低磨损程度，延长使用寿命。

5.3.2　压力的影响

从上节受力分析可以知道，在生物质成型过程中，正是成型设备为原料提供的压力使得原料由松散的状态通过秸秆的塑性形变和本身的木质素软化作用转变为成型状态，因此，压力是生物质成型过程中的最重要的因素。一般说来，压力增大会提高成型燃料的密度。对生物质物料施加压力的主要目的是首先破坏生物质原料本身的组织结构，形成新的物相结构，然后加固分子间的凝聚力，使物料更加致密，增加产品的强度和刚度，最后为物料的成型和向前推进提供动力。

通过实验观察到，作用在含湿量为 10.3%的橡树木屑上的压力速度增大，当压力从 0.24 MPa/s 升高到 5.0 MPa/s 时，该木屑的密度会明显增大（Li and Liu，2000）；Demirbas 等（2004）观察到，对于含湿量为 7%的废纸，当其上的压力由 300 MPa 增大到800 MPa时，其密度由 182 kg/m^3 增大到 325 kg/m^3；而含水率为 18%的则由 278 kg/m^3升高到 836 kg/m^3。

生物质的压缩过程可分为松软阶段、过渡阶段和压紧阶段。在压力较小时，成型密度随压力增大而增大的幅度较大；达到压紧阶段后，成型密度的增加变化缓慢，直至趋于常数。

压力过低不能将原料压紧实，甚至不足以克服原料与套筒间的摩擦阻力，不能成型或产品的机械强度低，达不到相关的质量指标，如抗跌碎性、抗变形性、抗渗水性以及储运性能等；压力过高，原料在套筒内停留的时间较短，不能获取足够的热量，同样不能成型；另外，在较大压力下获得的产品过于致密，不易点燃。相关研究认为，棒状成型燃料的成型压力为 50～200 MPa 即可获得较理想的产品，最佳成型压力为120 MPa（吕微等，2010）。中国林业科学研究院林产化学工业研究所与江苏省溧阳正昌集团合作开发的 KYW32 型内压滚动式颗粒成型机的成型压力为 50～100 MPa，制备的颗粒成型燃料的质量达到日本“全国燃料协会”公布的颗粒成型燃料标准的特级或一级。

5.3.3　成型和保型时间的影响

成型燃料的质量受到原料在成型阶段和保压阶段时间的影响，有研究者认为，成型压力在 5～20 s 对橄榄树木屑制成的成型棒的机械强度的影响不大（Al-Widyan et al.，2002），Li 和 Liu（2002）则发现对于橡树木屑成型来说，在低压下成型时间对成型燃料质量的影响较大，而压力较高时，该影响较小，尤其在超高压（达到 138 MPa 时）情况下，成型时间的影响可以忽略。一般来说，当成型时间超过 40 s 时，其对燃料质量的影响可以忽略，而当成型时间为 20 s 时，如果成型时间延长 10 s，则燃料的密度会增大 5%。

一般说来，成型燃料的密度随着保型时间的延长而减小。对于大多数的原料来说，从成型段进入保型段时，燃料具有最大的膨胀速度和最高的密度，随着保型时间的延长，燃料内颗粒的体积逐渐达到稳定，其膨胀速度逐渐下降并稳定，燃料的密度也在逐渐地降低并达到最终的产品密度。Shrivastava 等（1990）通过研究发现，可以用式（5-12）来描述燃料在保型阶段的体积膨胀率。

$$Y = \alpha_0 + \alpha_1 P + \alpha_2 T \tag{5.12}$$

式中，Y 为保型段燃料体积膨胀率；P 为成型段的压力，Pa；T 为成型段的温度,℃；α_0、α_1、α_2 为常系数。

5.3.4 成型套筒的几何尺寸和成型速度的影响

当前，使用的多数成型设备均为挤压方式生产成型燃料，因此，成型压力与模具（成型孔）的形状和尺寸密切相关。原料经喂料室进入成型机，连续地从模具的一端压入，另一端挤出，原料经受挤压所需的成型压力与成型孔内壁面的摩擦力相平衡，即仅能产生与摩擦力相等的成型压力，而摩擦力的大小与模具的形状和尺寸直接相关，因此，成型套筒的几何形状和尺寸影响着成型时的压力，从而影响燃料的含水率、密度和机械强度。Bulter 等研究发现，对于质量一定的生物质，在相同的压力下，直径越小的成型套筒生产的成型燃料的密度越大、长度越长（Bulter and McColly，1959）；Hill 等研究发现，成型套筒的长度与直径之比为 8～10 是理想的比例，此时能生产出质量很高的颗粒燃料（Hill and Pulkinen，1988）；有学者研究了 6.4 mm 和 7.2 mm 的成型套筒对于谷壳颗粒燃料成型的影响发现，7.2 mm 成型套筒生产的燃料的机械强度较低（Tumuluru et al.，1998）。

5.3.5 原料种类的影响

生物质原料质地松散、单位体积密度小、分子间结合空隙大，有极大的可压缩性空间。外力作用后，原料中的空气被挤出，空隙率减小，原料颗粒分子间相互紧凑。不同生物质原料的压缩成型特性有较大的差异，不仅影响成型的质量（如产品的热值、松弛密度、耐久性等)，而且影响成型设备的能耗和产量，导致单位产品成本增加。

常温、不加热条件下进行生物质压缩时，较难压缩的原料不易成型，容易压缩的原料成型容易。林业废弃物在压力作用下变形较小，很难压缩；纤维状植物的秸秆在压力作用下极易发生形变，可压缩性强。

木质素含量高的农作物秸秆和林业废弃物比较适合热压成型。在压缩成型过程中，木质素在相应的温度下软化具有黏结剂的功能，在压力作用下黏附和聚合生物质颗粒，提高产品的成型密度和耐久性；灌木纤维硬度大、韧性强，成型时颗粒间会互相牵连，不易变形。可见，生物质原料的成型与原料种类和成型方式紧密相关。

5.3.6　含水率对生物质成型燃料的影响

生物质成型燃料产品的含水率直接影响产品的松弛密度和燃烧性能，原料的含水率对产品的松弛密度具有显著的影响。因此，生物质原料的含水率是成型燃料压缩成型过程中需控制的重要参数之一。

生物质原料中适宜的含水率可达到理想的成型效果。合适的水分含量，一方面能传递压力，另一方面有润滑剂的作用，辅助粒子互相填充、嵌合，促进原料成型。含水率过高或过低都不利于压缩成型。不同的成型方式，对原料含水率的要求也不尽相同。一般要求农作物秸秆的含水率小于15%。从自然界中收集的生物质原料含水率多为20%～40%，高者可达55%，因此需要对原料进行干燥处理。

原料含水率过高时，水分容易在颗粒间形成隔离层，使得层间无法紧密结合；一部分热量消耗在多余的水分上；加热产生的蒸汽来不及从成型筒排出，体积膨胀，在成型筒的纵向形成很大的蒸汽压力，轻者使产品开裂，重者产生“放炮”现象，不能成型，还会危及人身安全。

原料含水率太低，不利于木质素的塑化和热量传递，不易成型。微量的水分可促进木质素的软化和塑化；水分作为润滑剂在生物质团粒间流动，降低了团粒间的摩擦力，通过压力作用与果胶质和糖类物质混合形成胶体，发挥黏结剂的作用，易于滑动而嵌合。

5.3.7　粉碎粒度的影响

农作物秸秆粉碎粒度的大小和粉碎后原料颗粒的质量是影响成型燃料产品质量指标（如抗跌碎性、抗渗水性以及松弛密度等）的重要因素之一。对于某一确定的成型机理和成型方式，原料的粉碎粒度一般应小于成型孔（成型筒）的尺寸。原料粒度不均匀，尤其是形态差异较大时，成型物表面将出现开裂现象，产品的强度降低，影响使用性能和运输性能。如果粉碎长度较长和粉碎处理的质量较差，将直接影响成型机的成型效果、生产效率和动力消耗。

通常情况下，粒度小的原料，粒子的延伸率较大，容易压缩，原料易于成型；同时，粒度较小时，粒子在压缩过程中表现出的充填特性、流动特性和压缩特性对生物质成型有显著影响。

粒度大的原料粒子，粒子间充填程度差，相互接触不紧凑，较难压缩；而且粉碎粒度过大，易架桥，不易成型；原料的粒度越大，在低压下原来的物相结构越不易被破坏，分子之间的凝聚力不能增强而使得颗粒间结合松散，导致产品的质量下降。

实际生产中，对于稻草等长且不易粉碎的原料，经常会有较长的原料混入喂料室，引起原料间的缠绕，堵塞设备，不能连续成型，缩短有效生产时间，热量不能及时发散，出现“放空炮”现象，不仅能耗增加，释放的火花还会造成火灾。

参考文献

孔雪辉. 2010. 生物质固化成型环模磨损实验研究及数值模拟. 东北农业大学

李星. 2004. 德国可再生能源研发和应用的新进展. 全球科技经济瞭望，(7)：57-60
吕微，蒋剑春，刘石彩，等. 2010. 生物质炭成型燃料的制备及性能研究进展. 生物质化学工程，44 (5)：48-52
盛奎川，蒋成球，钟建立. 1996. 生物质压缩成型燃料技术研究综述. 能源工程，3：8-11
张百良，王许涛，杨世关. 2008. 秸秆成型燃料生产应用的关键问题探讨. 农业工程学报，24 (7)：296-300
Al-Widyan M I，Al-Jalil H F，Abu-Zreig M M，et al. 2002. Physical durability and stability of olive cake briquettes. Canadian Biosystems Engineering，44：341-345
Butler J L，McColly H F. 1959. Factors affecting the pelleting of hay. Agricultural Engineering，40：442-446
Demirbas A，Sahin-Demirbas A，Hilal Demirbas A. 2004. Briquetting properties of biomass waste materials. Energy Sources，26：83-91
Hill B，Pulkinen D A. 1988. A study of factors affecting pellet durability and pelleting efficiency in the production of dehydrated alfalfa pellets. A special report. Saskatchewan Dehydrators Association，Tisdale，SK，Canada：25
Li Y，Liu H. 2000. High pressure densification of wood residues to form an upgraded fuel. Biomass and Bioenergy，19：177-186
Mani S，Tabil L G，Sokhansanj S. 2003. An overview of compaction of biomass grinds. Powder Handling & Processing，15 (3)：160-168
Shrivastava M，et al. 1990. Briquetting of rice husks under hot compression. Proceedings of the International Agricultural Engineering Conference and Exhibition，Bangkok，Thailand：666-672

第6章　生物质成型技术与装备

本章详述了国内目前应用的环模、平模、活塞、螺旋式四大类生物质成型机的基本结构与工作过程；分析了主要工作部件重要技术参数对成型性能的影响；介绍了国内生物质成型机生产企业应用的典型案例；针对成型机关键部件磨损问题进行了深入的研究，在结构设计和材料选择方面提出了减磨措施和建议；阐明了我国生物质成型机的发展方向。

6.1　环模式成型机

环模式成型机，加工成型燃料的原理与其他类型成型机基本相同，其结构包括三大部分，第一部分是驱动和传动系统，主要部件是电动机、传动轴、齿轮或V形带传动总成；第二部分是成型系统，主要部件是原料预处理仓、成型筒（腔）、压辊（轮）；第三部分是上料、卸料部分。其中成型系统是成型机的核心技术部分。

环模式成型机在动力的驱动下使压辊（轮）（以下简称压辊）或环模做回转运动，在运转中与进入压辊和环模间隙的生物质原料产生强烈的摩擦挤压，将物料挤入环模成型孔内，物料不断地摩擦、挤压产生高温，在高温高压的作用下，进入模孔中的生物质原料先软化后塑变。压辊和环模的不断旋转，模孔中的物料不断被推挤，挤出模孔后即成为高密度成型燃料。

6.1.1　环模辊压式成型机的种类

环模辊压式成型机按压辊的数量可分为单辊式、双辊式和多辊式三种，如图6.1所示。单辊式的特点是：压辊直径可做到最大，使压辊外切线与成型孔入口有较长的相对运动时间，挤压时间长，挤出效果理论上应该是最好的，但机械结构较大，平衡性差，生产率不高，只用在小型环模式成型机上。双辊式的特点是机械结构较简单，平衡性能好，承载能力也可以。三辊式的特点是三辊之间的受力平衡性好，但占用混料仓面积大，影响进料，生产率并不高。一般大直径环模成型机设计成两辊或四辊结构（王述洋等，2009）。

按环模主轴的放置方向可分为立式和卧式两种。立式环模成型机的主轴呈垂直状态，原料从上方的喂料斗靠原料的自重直接落入原料预压仓，原料在预压仓中依靠转轮分送到每个成型腔中，分配量比较均匀。卧式环模成型机的主轴呈水平状态，虽然原料也是从上方的喂料斗进入预压仓，但是由于转轮是在垂直面内回转的，进入喂料斗的原料必须从环模的侧面倾斜进入预压仓，预压仓中的原料在环模内壁的分布是不均匀的，在环模的下方和环模向上转动的一边原料分布得较多，环模的上方和环模向下转动的一边原料分布较少。即原料的分布不均，造成了压辊的受力和磨损不均匀。因此，从原料

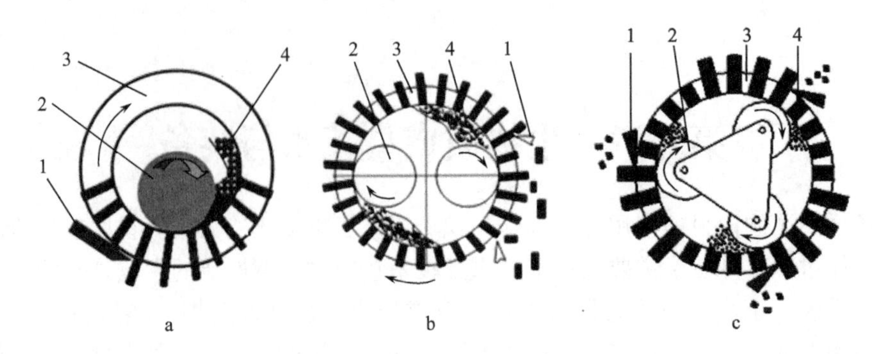

图 6.1 环模式成型机的压辊形式

a. 单辊环模成型；b. 双辊环模成型；c. 三辊环模成型

1. 切刀；2. 压辊；3. 环模 ；4. 生物质原料

的喂入方面分析，立式环模成型机优于卧式。

按成型主要运行部件的运动状态可分为动辊式、动模式和模辊双动式三种。立式环模棒（块）状成型机一般为动辊式。为了减少压辊对模盘的冲击力，加装陶管的成型机也可采用动模式，将压辊设置成绕固定轴自转的立式成型机；卧式环模颗粒成型机多为动模式。动模式的环模固定在大齿轮传递的空心轴上，压辊则固定在用制动装置固定的实心轴上。

环模式成型机根据环模成型孔的结构形状不同，可以压制成棒状、块状和颗粒状成型燃料。按照农业部《生物质固体成型燃料技术条件》（NY/T 1878—2010）行业标准的规定，燃料直径或横截面最大尺寸大于 25 mm 的称为棒状或块状，小于 25 mm 的为颗粒状。

6.1.2 环模辊压式棒（块）状成型机

1. 结构组成与工作过程

环模辊压式棒（块）状成型机主要是由上料机构、喂料斗、压辊、环模、传动机构、电动机及机架等部分组成。如图 6.2 所示的是立式环模棒（块）状成型机的结构，其中环模和压辊是成型机的主要工作部件。

工作时，电动机通过传动机构驱动主轴，主轴带动压辊，压辊在绕主轴公转的同时也绕压辊轴自转。生物质原料从上料机构输送到成型机的喂料斗，然后进入预压室，在拨料盘的作用下均匀地散布在环模上。主轴带动压辊连续不断地碾压原料层，将物料压实、升温后挤进成型腔，物料在成型腔模孔中经过成型、保型等过程后呈方块或圆柱形状被挤出，原料在成型腔的成型过程见图 6.1 b。

2. 主要工作部件

1）环模

A. 环模的结构

环模是生物质挤压成型最重要的部件，常用的结构形式有整体式、套筒式和分体模

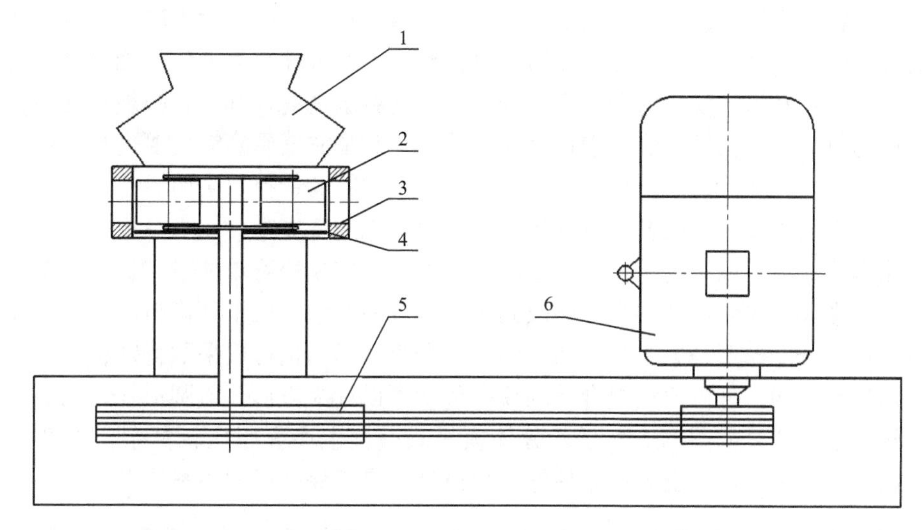

图 6.2　立式环模棒（块）状成型机结构示意图

1. 喂料斗；2. 压辊；3. 环模；4. 拨料盘；5. 传动机构；6. 电动机

块式三种。分体模块式环模块状成型技术是最近几年国内开发的最新研究成果，具有中国特色。

整体式环模是在加工好的环模圈上钻孔而成，孔的截面多为圆形。颗粒燃料成型时，孔的直径比较小，金属加工困难，因此，孔内形状为直筒，要求原料粉碎很细，靠原料与孔壁的摩擦力逐步增大达到一定的成型密度。当孔径达到 25 mm 以上时，金属加工的条件较好，可用来加工棒状成型燃料。成型腔应加工出进料坡口、成型角及保型筒等，如图 6.3 所示。

图 6.3　整体式颗粒环模的结构

套筒式环模是在整体式环模的基础上进行改进设计的，即在模孔内套装一个套筒，这样做的目的是为了减少环模的磨损，提高环模的使用寿命。套筒式模孔的环模主要用于加工直径 25 mm 以上的棒状成型燃料。安装套筒的环模应考虑以下技术因素：首先，考虑环模“母环”的强度和套筒“座孔”的加工精度。安装套筒的优点在于母环不需要特殊合金材料，不需要进行严格热处理，可以用铸造技术生产，大大减少了金属加工成本，也可以标准化生产。成型腔磨损后，只换套筒不换母环，大大延长维修期。这种设计要求母环有较好的强度。对套筒座孔的加工精度要求也高。其次，必须对套筒材料和母环材料的收缩、膨胀系数作详细计算和试验，尤其是非金属套筒更要进行严格的工程性试验，保证安装和拆卸的操作方便。最后是套筒材料的选择，套筒要有一定的强度和硬度。套筒内孔要有保证成型质量的形状，还要考虑加工成本。

分体模块式环模采用的是模块组合结构，每个分体模块可单体设计加工，单体模块两侧是两个半成型腔体，把多个单体放到组合卡具中就组合成了环模整体，如图 6.4 所示。由于每个分体模块是单个加工的，因此，严重磨损部位可以采取特殊材料处理或修复，以延长维修期。分体模块组合后的模孔形状可设计为方形孔或圆形孔，用于加工块状和棒状成型燃料，如图 6.5 所示。分体模块式模块生产程序比较复杂，生产成本较高，但便于批量生产，成型腔也容易标准化设计，易于保证成型燃料质量。

a

b

图 6.4　分体模块的结构

a. 分体模块；b. 分体模块的组合

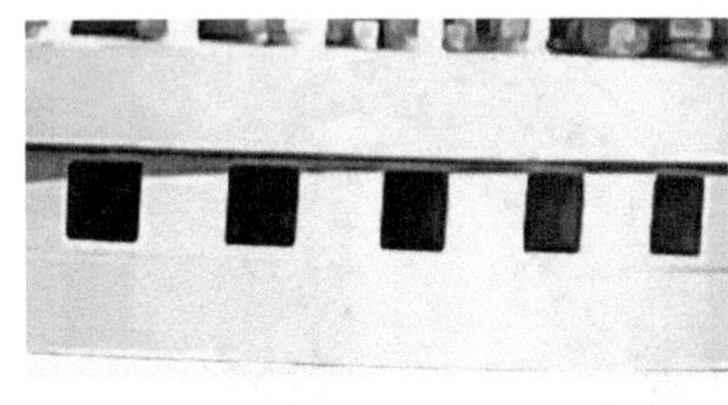
a

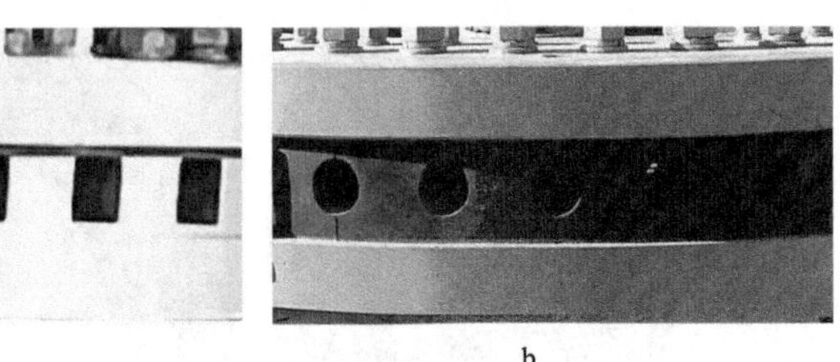
b

图 6.5　分体模块式环模的结构

a. 分体模块方孔环模；b. 分体模块圆孔环模

B. 环模的性能与减磨分析

环模的结构形式不同，组成环模的结构参数对成型燃料产品质量的影响也不相同。不同类别的生物质原料，应当配备不同结构的环模。

整体式环模。整体式环模的主要结构参数有：环模直径、环模厚度、环模有效宽度、模孔形状、模孔直径、模孔有效深度、模孔间壁厚以及环模的压缩比、粗糙度等。

环模模孔的长度与模孔直径的比值习惯上称为环模的压缩比（黄玉昌和张小巧，

2002)，它是反映燃料颗粒挤压强度的一个重要指标。压缩比越大，挤出的燃料密度越大，对于成型秸秆类生物质压缩比一般为 10 左右。

整体式环模模孔常见的有圆柱孔、内锥孔、外锥孔等形状（蒋希霖和朱建东，2011），见图 6.6。外锥孔环模主要用于木屑的颗粒成型，模孔磨损后，模孔直径变大，而压缩比变化不大，还可保证颗粒燃料的密度。内锥孔环模多用于原料含水率较高、成型颗粒直径较大的成型燃料。颗粒燃料成型环模上应采用圆柱孔。

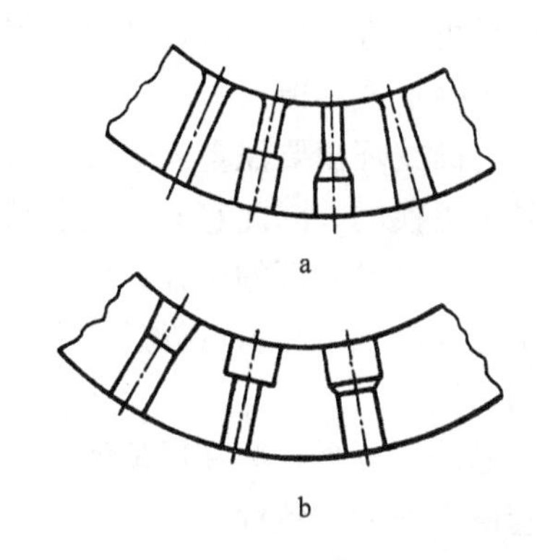

图 6.6　整体式环模模孔的形状
a. 圆柱孔、外锥孔；b. 内锥孔

模孔的粗糙度不仅影响能耗，还直接影响成型效果。对于厚度很小的环（平）模，或直径较大的模孔有一些粗糙度有利于成型，但粗糙度过大，颗粒挤出的阻力越大，出料就越困难，过大的粗糙度也影响颗粒表面的质量，一般制造加工后，将模孔抛光一下即可。

环模模孔开孔率越高，则出料越多，有利于提高生产率，但模孔间壁厚度变小，环模强度减小，容易开裂，所以要选择合适的壁厚来保证环模的强度和开孔率。一般来说，模孔直径越大，环模的开孔率越高；开孔率越高，出料越通畅，但环模强度也降低了。成型挤压力大的原料，环模的开孔率适当小一些，保证环模的强度，防止环模开裂。

环模的厚度直接影响产品质量，环模的工作面积与设计功率成正比，功率一定时，环模应有对应的有效宽度，一般环模的有效宽度为 10～14 cm，分体模块式环模大一些，颗粒环模小一些。环模厚度是一个关键参数，其影响因素很多，要根据不同原料种类经过认真工程试验再定型。环模成型腔和压辊是环模成型机的核心部件，其中的成型腔设计和加工又是关键技术，因此要对设备应用的范围、对象等作详细分析，不可一概而论，不可能有万能成型机，要做多因素分析。

整体式环模磨损后需要整体更换，不仅增加维修成本，还会严重影响企业正常生产。因此环模材料的选用显得尤为重要。目前，我国整体式颗粒环模成型机多数是沿用颗粒饲料成型机的设计，选用 4Cr13 不锈钢和 42CrMo4 合金结构钢作为环模的材料。4Cr13 不锈钢的刚度和韧性都较好，采用整体淬火热处理后，其硬度大于 HRC50，并具有良好的耐磨性和耐腐蚀性，使用寿命较长。42CrMo4 合金结构钢的机械强度高，淬透性高，韧性好，淬火时变形小，高温时有较高的蠕变强度和持久强度。

用秸秆类原料生产颗粒成型燃料是不合算的，粉碎能耗高，磨损快。秸秆原料含有较高的碱性氧化物，成型孔磨损很快，在硬度小于 HRC60 的条件下，维修周期在 300 h 左右，可扩孔维修 1 或 2 次，但成型率降低。二次维修周期更短，因此秸秆颗粒是不适宜用整体环模技术的。

套筒式环模。套筒式环模由母环和套筒组成，套筒安装在母环上。套筒的模孔可按成型理论单独设计加工。模孔的结构应具有预压成型段、成型段和保型段，各段尺寸应设计合理。套筒与环模可通过螺纹或嵌入的方式套装。由于采用了套筒模孔，套筒模孔磨损后可实现快速更换，从降低设备加工成本和节约维修成本方面分析，套筒式环模优于分体模块式环模。

套筒式环模要注重三个方面技术的应用，一是母环的设计与加工，原则上母环的整体是不更换的，因此它的强度和成型套筒座的尺寸精度要保证，为降低成本可用铸造技术生产。二是套筒的设计，内孔要有保证燃料质量的成型角和保型段长度，外部尺寸要满足母环要求。材料可以是非金属材料，也可以是耐磨铸铁材料。三是要更换方便，便于用户操作。

套筒环（平）模在成型燃料发展中具有方向性，需要重点解决的是盘面的磨损维修与套筒更换的一致性。

分体模块式环模。分体模块是环模的核心部件。模块入口部位的结构是生物质压缩成型的关键技术之一，其结构尺寸、加工质量和精度直接影响环模的使用寿命，以及成型机生产能力和产品质量，对用户的使用成本也有很大影响。根据生物质成型理论可将模块组合后的成型腔分为三个阶段：预压阶段、成型阶段和保型阶段。

成型腔中的生物质原料进入模辊间隙到压缩终了称为预压阶段，分体模块模孔的入孔坡口，模辊间隙、料层厚度、压辊转速等参数影响预压效果。模辊间隙大、料层厚、压辊转速高，预压效果变差，磨损加快、耗能增加。从模孔坡口下端到保型段开始为成型阶段，模孔这一部分的结构应设计成内锥形，成型角一般为1°～3°。这一段是保证原料产生塑性变形所需的挤压力和成型密度的关键阶段，原料对模孔的磨损最为严重，对模块热处理性能特别是耐磨性要求较高，成型角磨损变化后，成型率就会降低，分体模块就要更换。实践证明，更换是成批的，不可能是个别的；成型段过后，密实原料进入保型段，这一段的直径略大于成型段出口尺寸，作用是消除在成型段产生的内应力，使成型燃料达到松弛密度的工艺要求，成为最后产品。

由上述分析可以看出，分体模块的模孔具有成型和保型的功能，模孔的长度即分体模块的厚度也应保证成型和保型功能的实现。成型和保型段的长度应根据不同种类原料的特性、模孔形状、成型块截面面积及要求的成型密度来确定。目前市场上的分体模块式成型机大都将模块厚度设计得比较小，保型段的长度不够长，使得成型效果不好、成型质量不高。加工30～50 mm的棒（块）状成型燃料，分体模块模孔的长度不得小于10 cm，与燃料断面尺寸的比一般为1∶(6～8)，可根据不同条件变化。

图6.7　分体模块的开裂

模块失效的形式主要表现在两个方面：一是模孔入口处产生的严重磨损和应力集中导致开裂而报废，如图6.7所示；二是保型段过度磨损而报废。模块的使用寿命不仅仅与选用的材料、加工工艺有关，还与生物质原料类型、燃料成型工艺参数、操作方法有密切关系，即使相同的模块材料和相同的加工工艺，当上述条件不同时，模块的使用寿命也相差很大，尤其是模孔入口处的磨损和开裂更为突出。

分体模块的材料可根据成型的生物质原料种类、物理特性来选用。一般加工棒状或块状成型燃料可选用35号或45号优质碳素结构钢，以及20Cr、40Cr、40CrMnMo等合金结构钢，重要的是上述材料的热处理工艺和磨损后的修补方法。

由于分体模块式环模磨损后是群体换修，因此工作量和成本都比较高，其难度不比整体式维修小，对燃料生产单位来说，操作难度高，这是工程化阶段出现的新问题。因此要进行技术集成再创新，目前本书参编单位采用的金属喷涂工艺取得较好效果，但受条件限制也不能到设备使用单位进行维修。

C. 环模性能的改进

辅助加热装置。随着成型燃料装备技术研究得不断深入，压辊与环模的转速设计得越来越低，压辊和环模与原料之间产生的摩擦热越来越少，环模成型机的耗能在逐渐降低。为使环模成型机冷机状态能实现快速启动，大都采取在上次停机前喂入一些油滑物料，保留在模孔中，下次启动喂料后先将油滑物料排出机外，再转入正常成型，这种办法操作太烦琐。为使冷机启动后能很快进入工作状态，进一步降低启动时的摩擦能耗，在环模的两侧分别设计了电加热装置，见图6.8。只需在冷机启动前预热5～10 min，启动后即可进入正常成型状态。试验证明，设备启动后产生的摩擦热可以保证成型，启动加热电源可在控制温度下自动断开，这种设计仅适合块（棒）状环模成型机，在动模式、模辊双动式以及整体式环模颗粒成型机上不易设置辅助加热装置。

图6.8　模块的辅助加热

水循环冷却装置。目前市场上应用的分体模块式环模成型机在加工较高水分的生物质原料时，由于压辊转速设计得较大，压辊和环模与原料之间产生的摩擦温度较高，使得高温状态下成型后的燃料产品出现大量开裂现象。为解决这一问题，有的企业采用了水循环冷却方式。在分体模块环模上、下两侧，设计了水循环冷却装置，使生物质原料挤压成型时降温，保证了成型燃料的质量，实现了连续生产，见图6.9。这是设计不合理引起的，有悖于生物质成型机理，企业生产单位应尽量避免使用。

图6.9　模块的水循环冷却装置

双层组合环模结构（耿福生和耿振华，2009）。目前使用的整体式环模大都采用定直径模孔，环模磨损后需整体更换，维修成本比较高。因孔径较小，数量太多，模孔间壁厚又太薄，模孔很难采用套筒结构。

图 6.10　双层方孔不锈钢环模

为降低维修成本，可采用过盈配合方式的双层组合环模，见图 6.10。双层组合环模由内层环模和外层环套组成。外层环套为圆环套筒结构，内层环模通过过盈配合置于外层环套内，外层环套上设有与内层环模一一对应的模孔。内层环模可采用淬火性能较好的不锈钢材料，外层环套可选用非淬火的材料。其优点是：增强了环模的抗疲劳强度，避免断裂报废现象，内层环模磨损后可单独更换，外层环套可长时间使用，延长了外层环套的使用寿命，降低了维修成本。这种结构因加工要求较高，市场应用较少。

2）压辊

A. 压辊的结构

环模式棒（块）成型机上的压辊采用的是直辊式，压辊的宽度尺寸较小，见图 6.11。整体式环模棒（块）成型机上压辊的宽度尺寸较大，压辊外缘的结构形状与颗粒环模、颗粒平模成型用的压辊结构类似，有闭式槽型、开式槽型、凹孔型、人字斜槽型等多种形式，如图 6.12 所示。宽形压辊比窄形压辊耐磨，闭式槽型压辊的耐磨性优于开式槽型。对环模成型技术研究结果表明，套筒式和分体模块式环模，配用对应压辊是环模式棒（块）状成型机的发展趋势。

图 6.11　套筒式和分体模块环模配用的窄形压辊

B. 压辊的性能与减磨分析

压辊是环模式成型机最主要的易损件。压辊的工况条件非常恶劣，工作中承受了很大的摩擦力和剧烈的振动，在较高的温度下产生快速摩擦磨损，压辊承载轴承如果不能得到严格的密封和润滑，则会很快升温与侵入的生物质粉末及泥土胶合在一起，产生严重磨损直至停止转动。因此，解决压辊承载轴承的密封问题在某种程度上可以说比压辊的耐磨问题更为重要，所以要选用有较好密封性能的耐磨密封圈，配以防尘设计，解决生物质成型机这一重要问题。

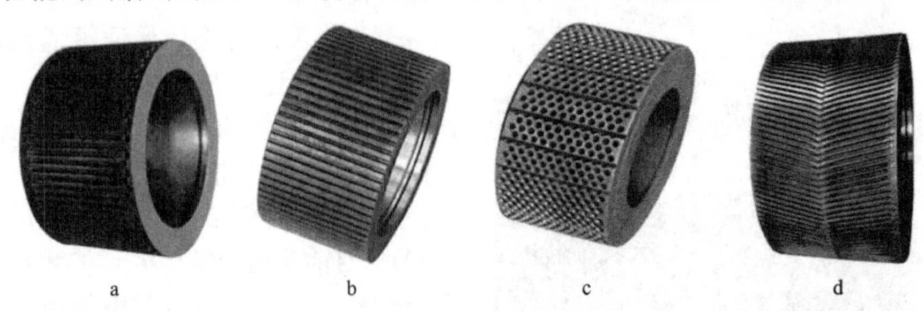

图 6.12　环模压辊外缘的结构形式

a. 闭式槽型；b. 开式槽型；c. 凹孔型；d. 人字斜槽型

压辊的转速是影响压辊耐磨性的重要因素。为追求生产率，当初压辊的设计转速都比较高，一般为 200～300 r/min，套筒式和分体模块式环模又采用了窄形压辊，更加快了压辊的磨损速度，即使在压辊的外缘结构和材料方面采取了诸多耐磨措施，压辊的使用寿命仍不足 100 h，磨损后的压辊外缘形式见图 6.13。作者分析认为，压辊的转速越高，产生的切向力越大，正压力越小，合力方向越偏向切向力方向，偏磨损越严重。生产实践验证了这一结论的正确性：在保持生产率不变的情况下，压辊转速降为 50～100 r/min 时，成型能耗可降低 30%～50%，成型腔偏磨损和压辊磨损都会显著减轻。

图 6.13　磨损后的压辊外缘形式

压辊与环模之间的间隙称为模辊间隙，它不仅影响压辊和模孔的入口耐磨性，而且影响生产率和能耗。模辊间隙过大时，模孔口处的物料容易从挤压区滑脱，使成型效率降低。压辊间隙越大，上述作用越明显。模辊间隙过小时，摩擦力增大，压辊和环模端部磨损加大，温度过高，能耗增加。另外由于单位时间内原料喂入量少，生产率降低。

设计时，模辊间隙应根据压辊的转速来确定。压辊的转速高，模辊间隙应尽可能地选小一些，颗粒成型的模辊间隙一般为 0.8～1.5 mm，棒（块）成型的模辊间隙可适当选大一些。压辊转速为 50～100 r/min 时，模辊间隙可选择 3～5 mm。模辊间隙小，产生的转动力矩也小，可降低电机负荷，提高生产效率。使用一段时间后，由于磨损原因模辊间隙会变大，还应增设间隙调节装置，用于调节模辊间隙。

为提高压辊的使用寿命，压辊材料的选用非常重要。窄形压辊可将压辊加工成组合式压辊结构，增设压辊齿圈，齿圈部分的材料单独选择，单独加工，磨损后单独更换。压辊母体材料性能不必太高，原则上不更换。齿圈可采用轴承钢、模具钢或调质钢堆焊修复。

3. 主要技术性能与特征参数

环模棒（块）状分体模块式成型机是目前使用较多的成型设备，其传动方式主要有齿轮和 V 形皮带传动。齿轮传动具有传动效率高、结构紧凑等特点，但生产时噪声较大，加工成本较高；V 形皮带传动噪声小，并有较好的缓冲能力，但传动效率低，不能实现低成本的二级变速。

环模式棒（块）状组合式成型机具有结构简单、生产效率高、耗能低、设备操作简单、性价比高等优点；环模以套筒和分体模块方式组合后，套筒和模块的结构尺寸可以单体设计，分别加工，产品易于实现标准化、系列化、专业化生产。可用于各类作物秸秆、牧草、棉花秆、木屑等原料的成型加工。但是分体模块式成型机加工工序多，批量维修量大，技术要求高，成本也高。固定母环或平模盘配以成型套筒的成型机具有较好的发展前景和较强的市场竞争力。

环模辊压式棒（块）状成型机主要技术性能与特征参数见表 6.1。

表 6.1 环模辊压式棒（块）状成型机的主要技术性能与特征参数

技术性能与特征	参考范围	说 明
原料粒度/mm	10～30	棒状、块状成型粉碎粒度可大一些，颗粒成型，粉碎粒度小于 10 mm
原料含水率/%	15～22	含水率不宜过低，含水率过低需要的成型压力增大，成型率下降
产品截面最大尺寸/mm	30～45	实心棒状、块状，则生产率高；直径小于或等于 25 mm 的称为颗粒
产品密度/(g/cm³)	0.8～1.1	保证成型的最低密度，密度要求太高，会使成型耗能剧增
生产率/(t/h)	0.5～1	成型棒块状一般生产率较高，颗粒成型则生产率较低
成型率/%	>90	原料含水率合适时，成型率较高，含水率高时，成型后易开裂
单位产品能耗/(kW · h/t)	40～70	棒状成型能耗较低。规模化生产更低
压辊转速/(r/min)	50～100	压辊转速不宜太高，否则成型耗能增加
模辊间隙/mm	3～5	模辊间隙越小，可降低能耗，颗粒成型的模辊间隙为 0.8～1.5 mm
压辊使用寿命/h	300～500	采用合金材料，价格较高。加工秸秆小于 300 h
环模（模孔）使用寿命/h	300～500	采用套筒时，磨损后只更换套筒，环模基体不变，模块重点补修
成型方式	热压成型	启动时采用外部加热
动力传动形式	齿轮、V 形皮带	因主轴转速要求较低，可采取两级减速传动
对原料的适应性	各类生物质	通过更换不同的成型组件，可对各类生物质成型加工

6.1.3 环模式颗粒成型机

1. 结构组成与工作过程

环模式颗粒成型机一般由喂料室、螺旋供料器、搅拌机构、成型总成（压辊、颗粒环模、切刀等）、出料口、减速箱及电动机等部分组成，见图 6.14。

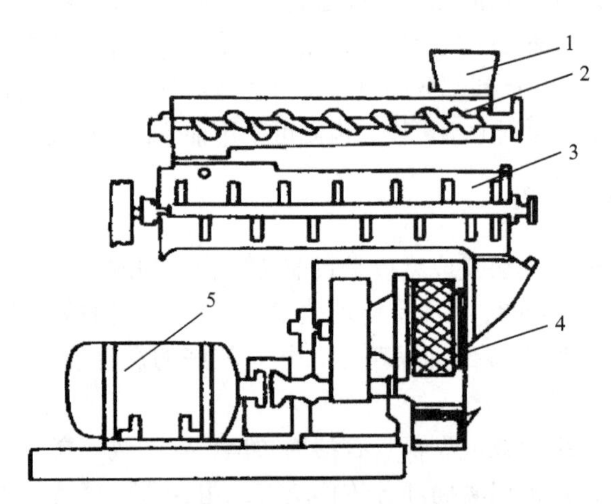

图 6.14 卧式环模颗粒成型机结构示意图

1. 喂料斗；2. 螺旋供料器；3. 搅拌机构；4. 成型组件；5. 电动机

环模辊压式颗粒成型机的螺旋供料器、搅拌机构和成型总成部件：供料螺旋起喂料作用，通过改变螺旋的转速和控制闸门开度来控制进料量。搅拌机构由可调节角度的搅拌杆组成，搅拌杆按螺旋线排列，起搅拌和推运粉状物料的作用。在搅拌室的侧壁装有供应蒸汽或添加剂的喷嘴，使喷出的蒸汽或雾滴和粉料混合，然后送入环模室成型。加蒸汽的目的是增加原料的温度和湿度，这样有利于成型，提高生产率，且能减少环模磨损。

2. 主要工作部件

环模辊压式颗粒成型机的主要工作部件是环模和压辊。

1）环模

环模辊压式颗粒成型机环模的结构形式采用最多的是整体式。在环模圈上钻孔而成，孔的形状一般为圆形，孔的直径小于或等于 25 mm，原料多为木质，成型腔为直孔，用来加工颗粒成型燃料，见本章 6.3。

2）压辊

环模式颗粒成型机上的压辊为直辊式，常与整体式颗粒环模配合使用，压辊的宽度尺寸较大。压辊外缘的结构形状与整体式环模棒（块）状成型机上压辊的结构相同，见图 6.12，这里不再赘述。

我国目前应用的颗粒成型燃料环模的设计和加工基本上都是沿用颗粒饲料加工技术，原料输送和喂入方式不尽相同。

3. 主要技术性能与特征

环模辊压式颗粒成型机的传动方式与环模式棒（块）状成型机类似。二者相比，环模辊压式颗粒成型机设计时充分借鉴了颗粒饲料成型机械的原理，具有自动化程度高，单机产量大，适于规模化和产业化发展的优点。缺点是投资规模较大，成型温度主要依靠压辊与环模间的原料的摩擦热量，压辊、环模等易损件的磨损速度较快，整体式环模磨损后需整体更换，每次的维修费用相对较高；较小的模孔直径对稻草、麦秸类的生物质原料成型效果较差；原料粉碎粒度通常为 1～3 mm，粉碎和成型工序的耗能远大于棒（块）状成型，综合经济效益较差。

从中国成型燃料设备技术的发展状况分析，环模式颗粒成型并不是秸秆类成型燃料利用的发展方向。目前环模式颗粒成型技术的应用领域仍以颗粒饲料成型为主，颗粒成型燃料的主要加工原料是木质料以及经过处理的“熟料”。

由此看来，压力、温度、颗粒大小是成型的基本要素。但这里必须说明，目前我国环模块状辊压立式环模机，适应了当前我国分布式固体生物燃料的使用和生产现状，且具有一定市场，可以满足当前生产力发展的需要。但随着成型燃料市场化、规模化、专业化的进程其问题就会逐步暴露出来。主要是：

（1）滚轮喂入是靠转轮与轮环间隙构成的挤压力喂入的，压力大小与间隙大小是一对矛盾，间隙太大挤压力太小，正压力更小，间隙太小，每次喂入量太小，且容易卡死，形成停车故障。这种喂入方式导致每次喂入块之间有较大空隙，构不成分子引力，黏结剂也没起作用。

（2）我们的块型燃料环模机，是饲料行业从加拿大引进的，2005 年后，改造为成型燃料成型机，2007 年以后相互模仿，多家企业生产，在国内大面积推广。但它的成型腔设计没有清晰概念，主要是，长径比失调，长度太短；没有合理的成型腔结构；燃料外形尺寸不规则，粉碎率高；单体密度较低。这种状态的燃料适合于小型日炉膛管壁容易清理的燃炉，对重大型锅炉将带来较难清除的沉积腐蚀问题。成型部件磨损快、设备维修周期短是此类成型机的要害。单位生产率的设备耗材（钢材等）量太大（碳排放高）也是明显弊病。

6.1.4　环模辊压式棒（块）状分体模块成型机生产应用案例

北京奥科瑞丰机电技术有限公司是国内较早从事生物质棒（块）成型设备研发、生产的公司之一。近几年来，利用套筒式环模和分体模块式环模加工技术原理研制出了9SYX系列立式和卧式生物质成型设备，已在国内得到了推广应用。

9SYX-IV 型立式环模棒（块）状成型机

1）结构与组成

9SYX-IV 型立式环模棒（块）状成型机主要是由喂料装置、主轴组、模块模盘组、压辊组、传动装置、防护罩、机架、电动机等几部分组成，如图 6.15 和图 6.16 所示。

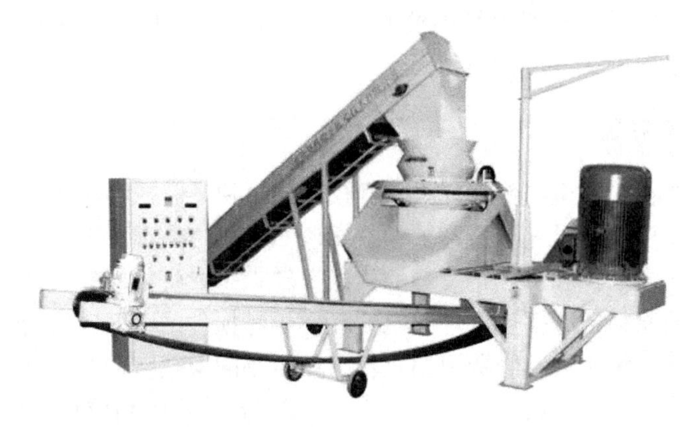

图 6.15　北京奥科瑞丰 9SYX-IV 型立式环模棒（块）状成型机外形图

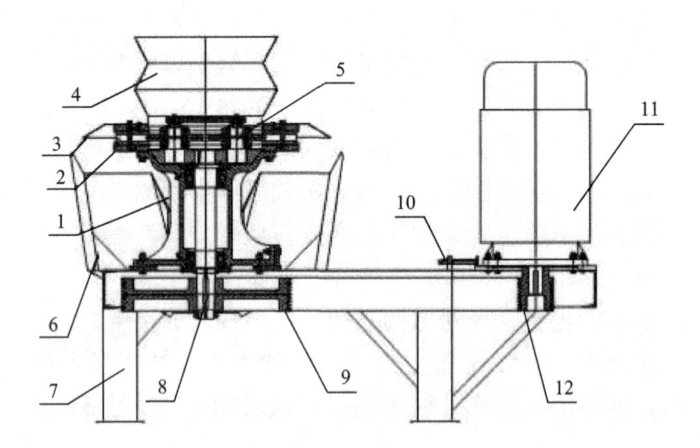

图 6.16　9SYX-IV 型立式环模棒（块）状成型机结构示意图

1. 主轴组；2. 模块模盘组；3. 防护罩；4. 接料斗；5. 压辊组；6. 出料斗；7. 机架；8. 主轴；9. 大皮带轮；10. 皮带涨紧机构；11. 电动机；12. 小皮带轮

2）主要性能特点

（1）对原料的适用性强。

（2）对原料的含水率适应范围宽。含水率在 17%～23%时均可成型。

（3）各模孔出料均匀、产量高，单位产品能耗低。水平放置的模孔有利于连续均匀的挤压成型，故障率低，单位产品能耗 30～40 kW · h/t。

（4）模块更换简单、调整方便。相对于整体式环模，延长了维修周期，降低了维修成本。

另外，市场上还有卧式环模块状成型机，其结构如图 6.17 所示，主要由喂料装置、主轴组、模块模盘组、压辊组、传动装置、防护罩、机架、电动机等几部分组成。主要用于玉米秸秆、花生壳等较蓬松、容重较低的生物质原料的块状成型。

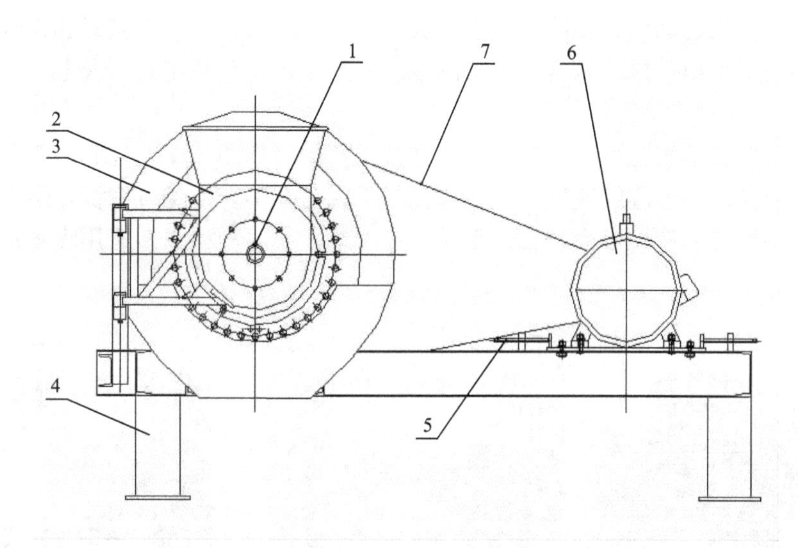

图 6.17　卧式环模块状成型机结构简图

1. 主轴组；2. 喂料器 ；3. 模块模盘组；4. 机架；5. 皮带涨紧机构；6. 电机；7. 皮带

3）设备基本性能参数

北京奥科瑞丰机电技术有限公司生产的 9SYX 系列棒（块）状成型设备基本性能参数见表 6.2。

表 6.2　北京奥科瑞丰 9SYX 系列棒（块）状成型设备基本性能参数

主机功率	45kW	45 kW	55 kW
孔型/mm	32×32	Φ32	32×32
孔数/个	45	45	45
生产率/(t/h)	0.95～1.5	0.9～1.5	1.2～1.6
成型密度/(g/cm³)	≥0.8	≥0.8	≥0.8
成型率/%	≥92	≥92	≥92
原料含水率/%		17～23	
原料种类、粒度与要求/mm	秸秆物料：3～30 mm；稻壳：<2 mm；木屑、竹屑：3～25 mm，轴向撕裂的丝状；去除石块、金属等杂物		

6.2 平模式成型机

平模式成型机是利用压辊（轮）（以下简称压辊）和平模盘之间的相对运动，使处在间隙中的生物质原料连续受到辊压而紧实，相互摩擦生热而软化，从而将被压成饼状的生物质原料强制挤入平模盘模孔中，经过保型后达到松弛密度，成为可供应用的生物质成型燃料。本节重点介绍平模式成型机的结构特点、核心技术、平模设计和应用中应注意的问题、主要参数以及对该类成型机的评价等。

6.2.1 平模式生物质成型机的种类

按执行部件的运动状态不同，平模式成型机可分为动辊式、动模式和模辊双动式三种，后两种用于小型平模式成型机，动辊式一般用于大型平模式成型机（肖宏儒等，2010）。

按压辊的形状不同又可分为直辊式和锥辊式两种，如图 6.18 和图 6.19 所示，锥辊的两端与平模盘内、外圈线速度一致，压辊与平模盘间不产生错位摩擦，阻力小，耗能低，压辊与平模盘的使用寿命较长。平模式棒（块）状成型机大多采用直辊动辊式，如图 6.20 所示。

图 6.18 平模直辊式颗粒成型

图 6.19 平模锥辊式颗粒成型

图 6.20 平模直辊式棒状成型

平模式成型机依据平模成型孔的结构形状不同也可以用来加工棒状、块状和颗粒状成型燃料。成型燃料截面最大尺寸大于 25 mm 的称为棒状或块状。

6.2.2 平模式棒（块）状成型机

1. 结构组成与工作过程

平模式棒状生物质成型机主要由喂料斗、压辊、平模盘、减速与传动机构、电动机及机架等部分组成，参见图 6.21。

工作时，经切碎或粉碎后的生物质原料通过上料机构进入成型机的喂料室，电动机通过减速机构驱动成型机主轴转动，主轴上方的压辊轴也随之低速转动，由于压辊与平模盘之间有 0.8～1.5 mm 的间隙（称为模辊间隙），通过轴承固定在压辊轴上的压辊先

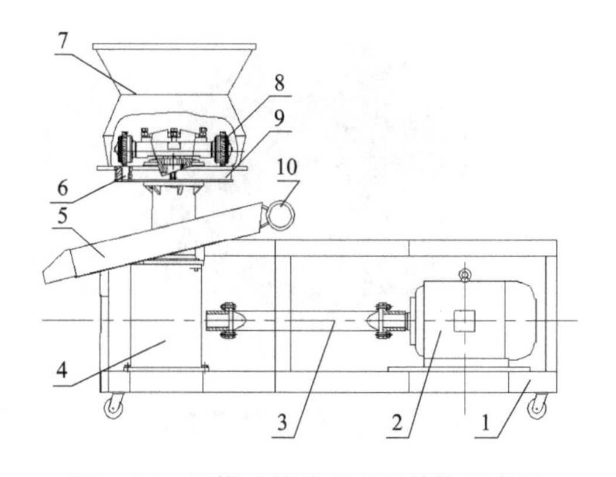

图6.21　平模式棒状成型机结构示意图

1. 机架；2. 电动机；3. 传动轴；4. 减速器；5. 出料斗；6. 成型套筒；7. 进料斗；8. 压辊；9. 平模盘；10. 振动器

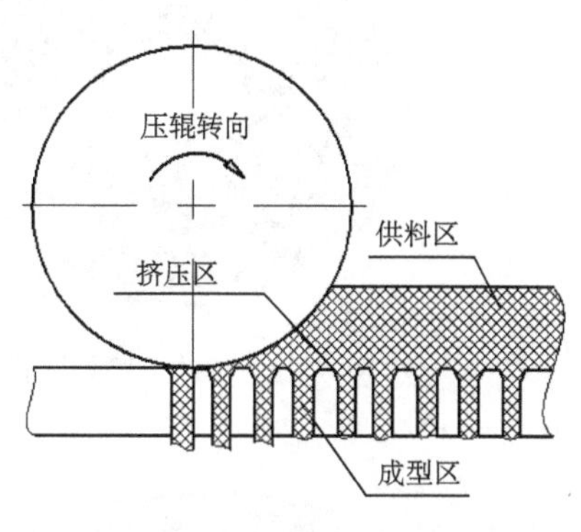

图6.22　平模式棒状成型机成型原理

绕主轴公转。被送入喂料室中的生物质原料，在分料器和刮板的共同作用下被均匀地铺在平模上，进入压辊与平模盘之间的间隙中。在压辊绕主轴公转过程中，生物质原料对压辊产生反作用力，其水平分力迫使压辊轮绕压辊轴自转，垂直分力使压辊把生物质原料压进平模孔中，在压辊的不断循环挤压下，已进入平模孔中的原料不断受到上层新进原料层的推压，进入成型段，在多种力的作用下温度升高，密度增大，几种黏结剂将被压紧的原料黏结在一起，然后进入保型段，由于该段的断面比成型段略大，因此被强力压缩产生的内应力得到松弛，温度逐步下降，黏结剂逐步凝固，合乎要求的成型燃料从模孔中被排出。达到一定长度和重量时自行脱离模孔或用切刀切断。如图6.22所示。

2. 主要工作部件

1）平模盘

A. 平模盘的结构

平模盘是成型机的核心技术部件，是成型孔的载体。结构形式有两大类，即整体式平模盘和套筒式平模盘。整体式平模盘按模孔的形状又分为颗粒平模盘、棒（块）状平模盘，如图6.23～图6.26所示。颗粒平模盘由于模孔直径较小（一般为6～12 mm），多设计为整体式，模盘厚度较小，一般是直径的6～8倍。整体式棒（块）状平模盘，模孔截面尺寸一般大于25 mm，模盘厚度是直径的5～6倍。套筒式平模盘是目前平模式棒（块）状生物质成型机的发展趋势，套筒内孔可设计成圆孔或方孔结构，可按成型原理设计内部形状。套筒外缘与平模盘可采用螺纹、锥形台座或嵌入式组合在一起。平模盘母体材料可选铸钢或铸铁件，应具有很好的强度，套筒座孔要有较高的精度，孔间厚度要保证不因冲击而裂开的强度，平模母盘可长期不更换。作者试验表明，套筒平模成型机最大优点是母盘为永久型部件，可以设计多种形状的成型腔，生产不同原料的成型燃料，套筒可以是廉价的铸铁，也可以是陶瓷类非金属材料，且适于规模化专业化生产。但还有三个问题有待更好解决。一是套筒与盘面磨损更换的有机配合，二是用户自己更换套筒的方便性，三是产量与质量的正相关设计。

图 6.23　整体式颗粒平模盘

图 6.24　整体式棒状平模盘

图 6.25　整体式块状平模盘

图 6.26　金属套筒式棒状平模盘

B. 平模盘减磨措施

平模盘的作用是将受到挤压的生物质原料在其模孔中成型，是平模式生物质成型设备中的关键部件，也是最容易损坏的部件，由于其上面开孔多，大大降低了其抵抗变形的能力（景果仙等，2009），平模盘的结构参数是否合理直接决定了成型产品的质量优劣。不同的物料，应当配备不同的平模盘。平模盘的开孔面积、开孔率，模孔尺寸、模孔形状、模孔排布方式等要素都是决定成型效果的重要因素，模盘的开孔面积大、开孔率高，模孔尺寸大、模孔排布紧密可提高生产率。模孔长径比越小，生产率越高，但是保型时间变短，产品密度减小，成型率降低；长径比过大，原料从模孔挤出移动的路径长，产生的阻力大，容易产生堵塞。

整体式平模盘是磨损部件，极易发生快速磨损。为延长平模盘的使用寿命，降低生产成本，在平模盘的设计与制造过程中可采取以下措施：①设计对称的平模盘结构。对称性决定了模盘的双面使用，一面磨损量过大后，可以将平模盘反装使用，可使平模盘的使用寿命提高 1 倍，降低维修成本。②根据模孔的大小将平模盘单排模孔改为双排或多排模孔，可大大加快成型速度，提高成型效率，见图 6.27。③平模盘的模孔采用衬套或套筒设计。平模盘的模口和模孔又是平模盘的主要磨损部位，因整体式平模盘采用的是固定模孔，模口和模孔磨损后，成型效果很快变差，只能整体更换平模盘，维修成本高。将原固定模孔改为衬套套筒结构，磨损后只需更换模孔中的衬套套筒即可，方便了维修工作，降低了维修费用。④优化设计模孔的尺寸。整体式平模盘可设计成不同模孔的系列盘，套筒式平模盘的套筒可设计成外缘结构尺寸相同、模孔形状和长度不同的系列套筒，以适应不同物理特性原料的成型加工，既保证了成型效果又减少了模孔的磨损。⑤合理选择平模盘和衬套套筒的材料。衬套套筒可采用 40Cr 材料，经淬火处理后保持一定硬度和耐磨性，也可以采用非金属材料替代。整体式平模盘不具有发展前途，在过渡阶段建议材料选用 20CrMnTi、40Cr、35CrMo 等。改进后的平模盘结构见图 6.28。

图 6.27　双排模孔平模盘

图 6.28　非金属材料套筒棒状平模盘

2）压辊

A. 压辊的结构

平模式棒（块）状成型机上的压辊多采用直辊式。整体式平模盘配用的压辊宽度尺寸较大，套筒式平模盘配用的压辊直径要尽可能大，使转速降低，压辊自转转速一般为 50～100 r/min，外缘的结构形状与整体式环模压辊类似，有闭式槽型、开式槽型等多种形式，见图 6.29。

图 6.29　平模压辊外缘的结构形式

从目前平模成型技术的发展来看，套筒式平模盘配用对应压辊是平模式棒（块）状成型机的发展趋势。

B. 压辊减磨措施

压辊的作用是将进入成型腔中的生物质原料挤压进入平模成型孔中，这就要求压辊外缘与平模盘之间必须有一定间隙，此间隙的大小影响成型机的生产率。从节能的角度考虑，平模盘上的原料层不宜太厚，这就限制了燃料的生产率。要提高生产率，可通过增大压辊半径等方法。直辊式压辊挤压原料时的转动并不完全是纯滚动，还有相对滑动，压辊内外端与平模的相对线速度不同，平模直径越大，内外端速度差越大。速度差的存在，在某种程度上加剧了压辊的磨损，压辊的转速越高，磨损速度越快，耗能增加越多，造成磨损不均匀，还会发出较大噪声，因此控制压辊自转转速是重要的技术措施。

压辊是平模式成型机的关键部件，压辊的结构形状、直径、数量、布局方式、转速及材料等要素都影响生物质成型效果、维修周期。在设计时，除了根据设计要求来确定压辊的基本参数外，还要与平模盘对应配合使用。在实际应用中，还应注意以下几个方面的问题：①压辊的转速尽可能地低一些，一般应小于 100 r/min。压辊转速低，滑移作用减弱，可降低压辊的磨损，提高压辊的使用寿命，节约维修成本；②尽可能加大压辊的直径，增加压辊切线与成型孔的接触时间，提高原料压入量，对于直径 80 cm 以上的平模可考虑增加压辊数量（钱海燕等，2009），如图 6.30 所示，但会引起进料架空、喂入速度降低等问题，要采取适当措施解决；③改变压辊外缘的结构形状。压辊的外缘的齿形设计成梯形齿、梯形斜齿等形状，不仅利于增大压辊表面与生物质间的摩擦力，提高原料压紧效率，还有利于提高原料喂入量；④将压辊外缘磨损最快的齿圈部分单独设计，套装在安装轴承的辊轴上。压辊齿圈部分的材料可选用优质合金钢，如 27SiMn 或热处理性能好的 Cr12MoV 等，可大大提高耐磨性能。齿圈磨损后可单独更换，拆装方便，组合式压辊结构如图 6.31 所示；⑤合理选择压辊的材料，整体压辊的材料可选用耐磨性较好的 20Cr，采用渗碳淬火热处理使其齿面具有较高硬度，提高使用寿命。

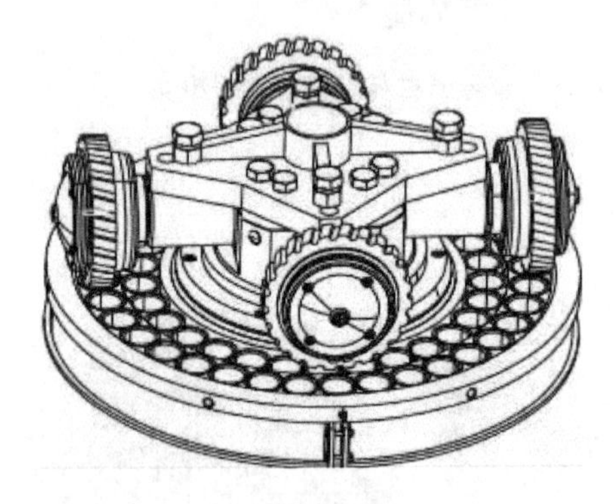

图 6.30　双排模孔动辊式 4 压辊成型

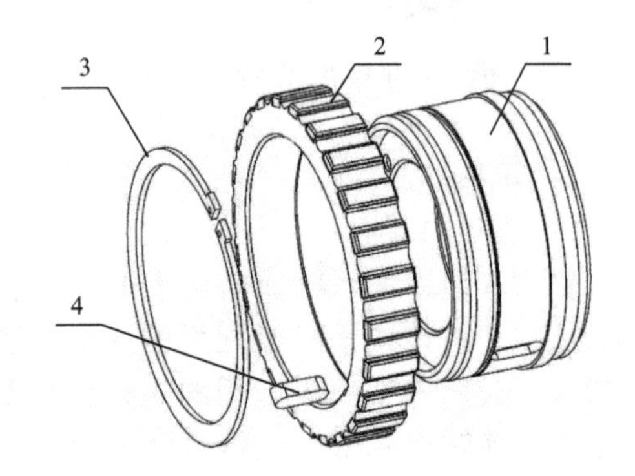

图 6.31　组合式压辊结构

1. 压辊芯；2. 压辊齿圈；3. 轴用弹性挡圈；4. 平键

3. 主要技术性能与特征参数

目前投入市场的平模式棒（块）状成型机逐渐增多，随压辊设计转速的进一步降低，电动机的动力传递仅采用一级 V 形带传动方式，在结构上显得较为庞大，提倡用传动效率高的齿轮减速传动，目前齿轮传动总成生产已标准化、专业化，传动比可以达到 20∶1 以上，润滑、连接、维修、经营都已规范化，非常适合大传动比的农业工程类设备应用。

平模式棒（块）状成型机结构简单，成本低廉，维护方便；由于喂料室的空间较大，可采用大直径压辊，加之模孔直径可设计到 35 cm 左右，因此对原料的适应性较好，不用做揉搓预处理，只用切断就可以。例如，秸秆、干甜菜根、稻壳、木屑等体积粗大、纤维较长的原料都可以直接切成 10～15 mm 的原料段就可投入原料辊压室。对原料水分的适应性也较强，含水率 15%～25%的物料都可挤压成型；棒（块）状成型燃料，平模盘最好采用套筒式结构，平模盘厚度尺寸设计首先要考虑燃料质量，其次考虑多数原料适应性以及动力、生产率的要求。平模式棒（块）状成型系统主要用于解决农作物秸秆等不好加工的原料，成型孔径可以设计得大一些，控制在35 mm左右，平模盘厚度与成型孔直径的比值要随直径的变大适当减小，盘面磨损与套筒设计要同步。

平模式棒（块）状成型机主要技术性能与特征参数见表6.3。

表6.3　平模式棒（块）状成型机的主要技术性能与特征参数

技术性能与特征	参考范围	说明
原料粒度/mm	10～30	棒（块）状成型粉碎粒度可大一些，颗粒成型，粉碎粒度应小于10 mm
原料含水率/%	15～22	含水率不宜过低，含水率过低需要的成型压力增大，成型率下降
产品直径/mm	25～40	秸秆类原料适宜大直径实心棒（块）状
产品密度/(g/cm^3)	0.9～1.2	保证成型的最低密度，密度要求太高，会使成型耗能剧增
生产率/(t/h)	0.5～1	成型棒（块）状生产率较高，颗粒成型则生产率较低
成型率/%	>90	原料含水率合适时，成型率较高，含水率过高时，成型后易开裂
单位产品能耗/(kW·h/t)	40～70	棒状成型能耗较低，与密度要求有关，颗粒成型耗能高
压辊转速/(r/min)	<100	压辊转速不宜太高，否则成型耗能，设计时尽可能不超过100 r/min
模辊间隙/mm	0.8～3	模辊间隙小，可降低能耗，颗粒模辊间隙较小，盘、辊间隙应可调
压辊使用寿命/h	300～500	采用合金材料，价格较高，可加模套
平模盘（套筒）使用寿命/h	300～500	采用衬套套筒时，磨损后更换，平模盘母体可长时间使用
成型方式	预热启动	冷机启动时，需预热，也可少加料空转预热
动力传动形式	减速器	电机直联减速驱动效率较高，结构紧凑
对原料的适应性	多种生物质	通过更换不同的成型组件，可对多种生物质成型加工

6.2.3　平模式颗粒成型机

1. 结构组成与工作过程

平模式颗粒成型机一般由喂料室、主轴、压辊、颗粒平模盘、均料板、切刀、扫料板、出料口、减速箱及电动机等部分组成，见图6.32。

平模式颗粒成型机与平模式棒（块）状成型机的结构、工作过程基本相同。

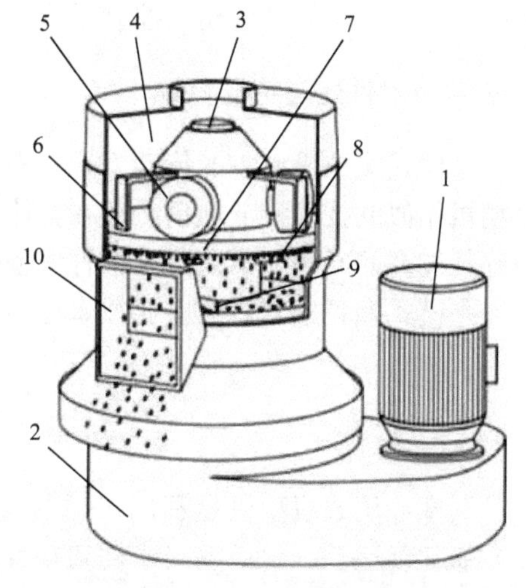

图6.32　平模式颗粒生物质成型机结构简图
1. 电动机；2. 减速箱；3. 主轴；4. 喂料室；5. 压辊；6. 均料板；7. 平模；8. 切刀；9. 扫料板；10. 出料口

2. 主要工作部件

1）平模盘

平模式颗粒成型机采用的平模盘结构多为整体式颗粒平模盘，它与平模式棒（块）状成型机上的平模盘区别在于模孔大小不同，颗粒平模盘的模孔直径小于25 mm，多数在10 mm左右。其他作用、特征要素基本相同。

在动辊式平模机上平模盘是被固定在机座上的，物料从静止的平模盘孔中挤出，由切刀切断后形成棒（块）状或颗粒。而动模式颗粒成型机，环模是旋转的，旋转的环模常常把物料颗粒甩在机壳上，部分颗粒被摔碎，成型率下降。因此平模式成型机上的平模静止的工作方式有利于成型产品成型率的提高。

动模式平模成型机，与动辊式成型机在结构上基本相同，不同的是平模盘是转动的，由减速后的传动轴直接驱动，而压辊轴是固定的，压辊是被动轮，由平模盘产生的切线力传给生物质原料，再由原料与压辊的摩擦力带动压辊转动。这种成型机的特点是：结构简单，单位产品成本和耗材（钢铁）量是各类成型机中最低的；压辊对平模盘的冲击力最小，最适宜用非金属材料作套筒解决磨损问题；母盘是永久盘，可以用铸造技术解决大量耗用优质钢材和繁重的成型孔机械加工问题；适宜分布式单机生产，特别是在农村。

该机型生产的难点在于：力传递效率不如动辊式高，被动压辊转动速率较高，正压力较低，生产率不宜设计太高，一般年产量 1000 t；动盘面与套筒端部磨损同步发生，增加了加工难度；模辊间隙是由两个转动体构成的，而且对原料的切线力相同，因此容易使原料紧压层滑动，降低喂入效率。基于此，尽可能加大固定辊轮直径是十分重要的。

2）压辊

平模式颗粒成型机的压辊与平模式棒（块）状成型机的压辊作用、特征要素相同，压辊的形状可以是锥辊或直辊。由于成型颗粒较小，直径为 10 mm 左右，对生物质原料的颗粒大小、含水率要求更严格，平模式颗粒机要求成型生物质原料的含水率为 10％～14％（陈永生等，2006），最适宜加工木质原料。在平模式颗粒成型机上可选配喂料自动控制系统和压辊自动调隙装置。自动控制系统根据主机电流的变化调节喂料电机的变频器，从而实时调节喂料量。自动调隙装置可以将启动阶段、稳定工作后要求的间隙随时间变化的设置输入控制系统，启动后，控制系统可以自动调节压辊间隙。

3. 主要技术性能与特征参数

平模式颗粒成型机的传动方式与平模式棒（块）状成型机相同。具有与环模式颗粒成型机相似的技术特征，仍然存在整体式平模磨损后维修费用高、原料粉碎粒度细小、粉碎耗能高的问题，不是国内秸秆成型燃料技术发展的主流设备。

平模式颗粒成型机的主要技术性能参数与特征参考范围见表 6.3。

6.3　活塞冲压式成型机

活塞冲压式成型机是利用机械装置的回转动力或液压油缸的推力，使活塞（或柱塞）做往复运动。由活塞（或柱塞）带动冲杆在成型套筒中往复移动产生冲压力使物料获得成型。

6.3.1　活塞冲压式成型机的种类

活塞冲压式成型机按驱动动力不同可分为机械活塞冲压式和液压活塞冲压式两大类

（谢启强，2008）。机械活塞冲压式成型机是由电动机带动惯性飞轮转动，利用惯性飞轮储存的能量，通过曲轴或凸轮将飞轮的回转运动转变为活塞的往复运动。机械活塞冲压式成型机按成型燃料出口的数量多少可分为单头、双头和多头冲压成型。液压活塞冲压式成型机是利用液压油泵所提供的压力，驱动液压油缸活塞做往复运动，活塞移动推动冲杆使生物质冲压成型。按油缸的结构形式不同可分为单向成型和双向成型，按冲压成型燃料出口的数量多少又可分为单头、双头和多头冲压成型。

6.3.2　机械活塞冲压式成型机

1. 结构组成与工作过程

机械活塞冲压式成型机主要由喂料斗、冲杆套筒、冲杆、成型套筒（成型锥筒、保型筒、成型锥筒外套）、夹紧套、电控加热系统、曲轴连杆机构、润滑系统、飞轮、曲轴箱、机座、电动机等组成，见图6.33。

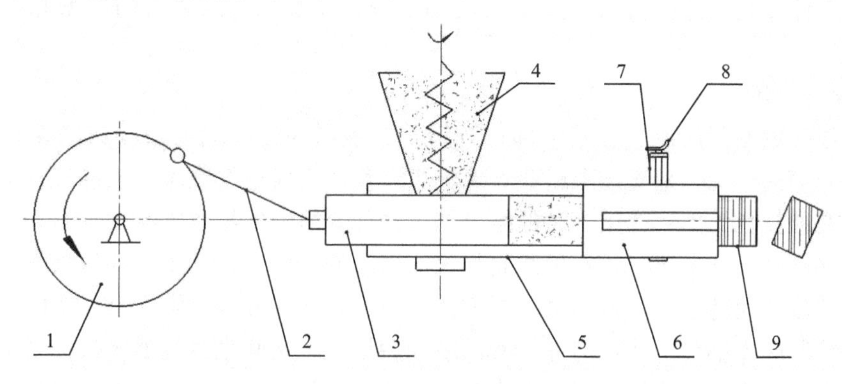

图6.33　机械活塞冲压式成型机成型原理图

1. 曲轴；2. 连杆；3. 冲杆；4. 喂料斗；5. 冲杆套筒；6. 成型套筒；7. 加热圈；8. 夹紧套；9. 成型燃料

成型机第1次启动时先对成型套筒预热10～15 min，当成型套筒温度达到140℃以上时，按下电动机启动按钮，电动机通过V形带驱动飞轮使曲轴（或凸轮轴）转动，曲轴回转带动连杆、活塞使冲杆做往复运动。待成型机润滑油压力正常后，将粉碎后的生物质原料加入喂料斗，通过原料预压机构或靠原料自重以及冲杆下行运动时与冲杆套筒之间产生的真空吸力，将生物质吸入冲杆套筒内的预压室中。当冲杆上行运动时就可将生物质原料压入成型腔的锥筒内，在成型锥筒内壁直径逐渐缩小的变化下，生物质被挤压成棒状从保型筒中挤出成为实心棒状燃料产品。

2. 主要工作部件

1）动力驱动机构

机械活塞冲压式成型机的动力驱动机构的主要作用是传递成型动力。多采用曲柄连杆机构或凸轮机构，曲轴或凸轮轴的两端设有一个或两个大飞轮，由电动机的V形带减速驱动，飞轮转动实现连杆和活塞的往复运动，从而使生物质获得成型所需要的动力。曲柄连杆机构或凸轮机构动力传递，效率高，可实现多头成型；采用V形带传动时减速装置结构简单，启动或偶遇阻力增大时起滑转缓冲作用，但是必须保证动力驱动机构各部件的结构强度。

2）冲杆

冲杆和活塞通过螺栓联结起来，并随活塞一起做往复运动。其作用是直接用来冲压原料，使其成型。冲杆头又是冲杆的关键部位，在压力作用下直接冲压原料，它与原料主要是端面接触。曲轴或凸轮轴转一周，带动活塞往复运动一次，对原料冲压一次，冲杆相邻两次冲压后，原料结合面之间的结合力取决于冲杆头部端面的形状。为了提高冲压后原料结合面之间的结合力，使成型后的燃料产品呈连续棒状，根据冲杆的直径大小在冲杆头部端面安装一个或多个锥状突起物，即可保证成型后的燃料产品呈连续棒状。

冲杆与原料以端面接触，产生的机械磨损很小，材料选用45号优质碳素钢即可。为保证成型棒连续，冲杆头可以加工成活动部分，以适应不同原料的成型和磨损后的更换。

3）冲杆套筒

前端连接成型套筒，上方某个部位开口连接喂料斗，后端与曲轴或凸轮箱体相连接。冲杆套筒的作用一是安装喂料斗，保证进料量，完成进料预压。当冲杆移动到物料完全封闭在冲杆套筒内到成型套筒的结合端，冲杆套筒内生物质原料的密度开始逐渐增加，直到冲杆移动到上止点，密度达到最大，由于冲杆的快速冲压，冲杆套筒这一端的内孔容易造成快速磨损。二是作为冲杆的往复轨道，与冲杆呈间隙配合。该间隙不宜太大或太小，间隙太小时，冲杆与冲杆套筒之间会形成金属间直接刮擦磨损甚至黏连，造成冲压阻力增加，耗能增加；间隙太大时，间隙中容易进入细小的生物质颗粒，这些细小颗粒在间隙中受到挤压后，易黏附在冲杆表面和冲杆套筒内壁之间，同样会造成冲杆往复冲压阻力增加。冲杆与冲杆套筒合适的间隙应为1～2 mm（杨波等，2008）。

冲杆套筒上喂料口前后部分内孔的磨损是不相同的，前部内孔的磨损很小，后部内孔的磨损向后逐渐增大，冲杆套筒的基体部分材料可选用45号钢。冲杆套筒后部内孔可以加工成活动套筒镶嵌冲杆套筒后部内孔中，以便磨损后更换，活动套筒材料的选用可参照成型锥筒的材料选用。

4）成型套筒与夹紧套

成型套筒与冲杆套筒法兰连接，成型套筒包括成型锥筒外套、成型锥筒以及保型筒，如图6.34所示。成型锥筒和保型筒安装在成型锥筒外套里面，成型锥筒的大孔径端与冲杆套筒内孔过渡连接，成型锥筒的小孔径端与保型筒内孔过渡连接。保型筒前端径向开有长槽，末端装有夹紧套，通过调节夹紧套上的螺栓来微调保型筒末端内径的大小，因而可满足不同原料对成型压力的要求。

在机械活塞冲压式成型机上，由于曲柄或凸轮的转速较高，成型物料与成型套筒孔壁的相对运动速度更快，成型锥筒的磨损速度比液压活塞冲压式成型机上的快一些，成型锥筒的材料可选用40Cr或50Cr合金结构钢，保型筒的材料可选用30Cr加工。

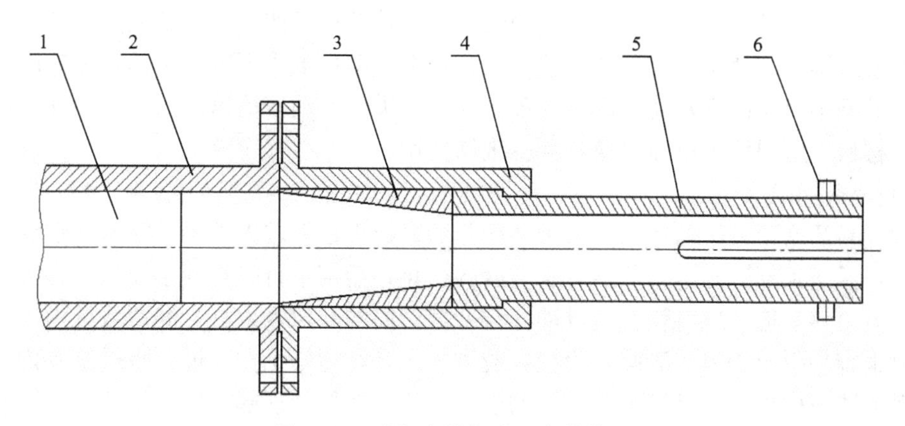

图 6.34 冲杆套筒与成型套筒简图

1. 冲杆；2. 冲杆套筒；3. 成型锥筒；4. 成型锥筒外套；5. 保型筒；6. 夹紧套

5）加热圈与电控柜

加热圈安装在成型锥筒外套与成型锥筒对应的部位，用于启动时对成型锥筒的生物质预热，正常成型时用来保持稳定的成型温度。电控柜用于控制电机的运转和加热温度的自动控制。

3. 成型机设计中应注意的几个问题

1）成型机连续运转问题

成型棒常温成型所需的成型压力为1300～1400 kg/cm^2，热压成型所需的成型压力为500～600 kg/cm^2。随成型棒截面面积的增加，成型所需总压力也增大，成型过程中若加热温度变化幅度太大，所需成型压力也随之变化，在这样大的成型压力波动之下，要求飞轮必须储备足够的能量，组成曲柄（凸轮）连杆动力传递机构的各组件必须要有足够大的设计安全系数，以保证各组件的强度和刚度。为利于成型以及使成型机运转平稳，飞轮应有足够的转动惯量或设计成双飞轮机构驱动。

2）成型温度与“放炮”问题

秸秆生物质的成型受诸多因素的影响，如原料种类、粒度、含水率、成型压力、成型温度、成型锥筒的形状尺寸等。在保证成型压力的前提下，提高物料温度，利于改善成型效果，因此在成型启动阶段要适当预热，以便在没有摩擦热维持的情况下，达到必要的成型温度。当工作正常后，由电控装置自动控制成型温度，成型温度过高、原料含水率太高、成型机没有进料的运行等都有可能出现“放炮”现象。“放炮”后，成型锥筒和保型筒内的原料从保型筒爆出，必须在保型筒出口设遮挡护罩以保证安全。减少“放炮”现象的办法很简单，一是控制好成型温度不能过高，一般为160～220℃；二是控制原料的含水率不能太高，一般为10%～15%；三是成型机停机或运转不进料时不要加热；最后是在成型锥筒内开放气槽、加工放气孔或分两瓣加工成型锥筒等，就可避免出现“放炮”现象（周佩成和安立人，1995）。

3）成型部件磨损问题

为使成型机适应多种物料的成型，成型锥筒内壁的曲面形状应能满足多种生物质原料成型工艺的要求，保型筒应有足够的长度且末端孔径可调节。与其他类型的成型机相比虽然成型锥筒的使用寿命已经较长，但在这类成型机上成型锥筒仍是磨损速度最快的部件。成型锥筒与冲杆套筒后部内孔部分都可以采用活动套筒镶嵌的方式装配，可选用同一种材料，磨损后可单独更换，减少维修费用。

4）密封问题

冲杆与活塞顶端法兰连接，由于冲杆与活塞的直径有较大差异，活塞在缸套中往复运动时，活塞顶部缸套内会伴随有真空度的变化，活塞下行时有利于原料自动吸入冲杆套筒，但也容易造成原料颗粒通过冲杆与冲杆套筒的间隙吸入缸套润滑系统内。在活塞上行时也容易引起物料的泄漏，粉状颗粒进入大气，污染工作环境。吸进缸套内容易污染润滑油造成磨损，并最终影响系统的连续运行。在缸套顶部引出一个孔并安装储气筒可解决这一问题，若冲杆与活塞的直径一致可以省去储气筒。从冲杆套筒部位将活塞驱动系统与进料、成型套筒通过对冲杆良好的密封，或从结构上分隔为两个独立的空间是解决密封问题最好的方法。

4. 主要技术性能与特征

机械活塞冲压式成型机的生产能力较大，由于存在较大的振动负荷，噪声较大，机器运行稳定性较差，润滑油污染也较严重。

机械活塞冲压式成型机的主要技术性能与特征参考范围见表 6.4。

表 6.4　机械活塞冲压式的主要技术性能与特征

技术性能与特征	参考范围	说 明
原料粒度/mm	5～20	成型棒直径大，原料粒度可选大一些，原料粒度小，成型效果好，但粉碎耗能增高
原料含水率/%	10～15	原料含水率过高易“放炮”，过低会增加成型阻力，使耗能增加，成型效果变差
产品直径/mm	50～80	一般呈实心棒状
产品密度/(g/cm^3)	0.9～1.3	密度不宜太大，否则会使成型耗能剧增
成型温度/℃	160～220	成型温度不宜太高，一般不大于 280℃
生产率/(t/h)	0.5～1	单头生产率较低，多头成型生产率较高
单位产品能耗/(kW·h/t)	40～70	与原料种类有关，“熟料”成型能耗可大大降低
曲柄的转速/(r/min)	250～300	在保证成型压力的条件下，曲柄的转速尽可能选低一些，转速太高成型耗能剧增
成型锥筒使用寿命/h	600～1000	灰铸铁使用寿命短，合金材料使用寿命长，但价格较高
保型筒使用寿命/h	>1500	保型筒的使用寿命一般是成型锥筒使用寿命的 3 倍以上
动力驱动形式	曲轴或凸轮	曲柄连杆机构或凸轮机构，凸轮机构运动较平稳
成型方式	热压成型	常采用外部加热圈加热，热压成型可减小成型阻力，降低成型能耗
减速机构	V 形带	一级减速传动采用 V 形带居多，若要求传动比增大，可选用减速器驱动
上料方式	输送带、螺旋	采用输送带和螺旋联合输送上料，自动化程度高，可降低劳动强度
进料预压机构	螺旋预压	经过预压可以提高进入冲杆套筒原料的密度，可大大提高生产率
对原料的适应性	各类生物质	通过加紧套调节保型筒的夹紧力可以适应各种类型原料的成型
安全防护装置	各种防护罩	必须在 V 形带传动、电加热部位以及保型筒出口设防护罩，确保安全

6.3.3　液压活塞冲压式成型机

1. 结构组成与工作过程

液压活塞冲压式成型机是河南农业大学在机械活塞冲压式成型机的基础上研究开发的系列成型设备，采用的成型原理均为液压活塞双向成型。主要由上料输送机构、预压机构、成型部件、冷却系统、液压系统、控制系统等几大部分组成。

工作时，先对成型套筒预热 15～20 min。当成型套筒温度达到 160℃时，依次按下油泵电机按钮、上料输送机构电机按钮，待整机运转正常后，通过输送机构开始上料，每一端的原料都经两级预压后依次被推入各自冲杆套筒的成型腔中，并具有一定的密度。冲杆在一个行程内的工作过程是一个连续的过程，根据物料所处的状态分为 5 个区：供料区、压紧区、稳定成型区、压变区和保型区。如图 6.35 所示。

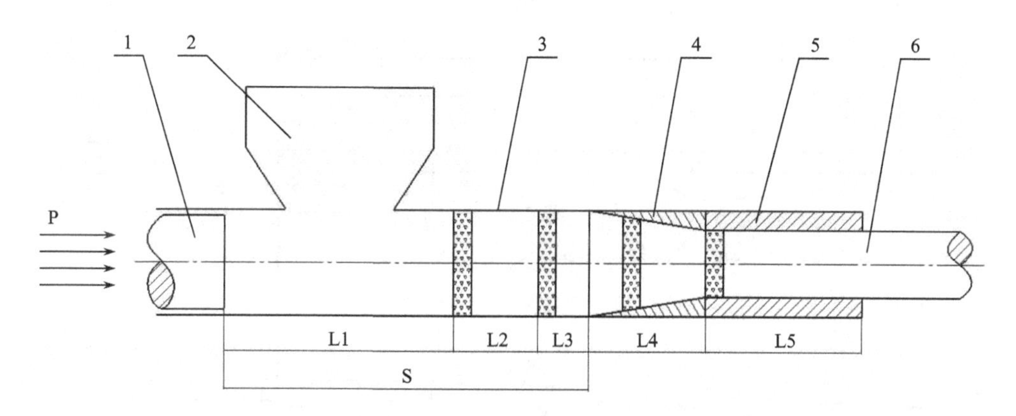

图 6.35　液压活塞冲压式成型机成型原理图

L1. 一级预压长度；L2. 二级预压长度；L3. 塑性变形区长度；L4. 成型锥筒长度；L5. 保型筒长度；S. 冲杆行程；P. 成型压强；1. 活塞冲杆；2. 喂料斗；3. 冲杆套筒；4. 成型锥筒；5. 保型筒；6. 成型棒

随着活塞冲杆的前移，物料进入稳定成型区。在该区活塞冲杆压力急剧增大，进一步排除气体，相互贴紧、堆砌和镶嵌，并将前面基本成型的物料压入成型锥筒内。随成型锥筒孔径的逐渐缩小，挤压作用越来越强烈，在成型锥筒内物料发生不可逆的塑性变形和黏结，直至成型后被不断成型的物料推入保型区。

保型区的成型棒，随活塞冲杆的往复运动，不断被新成型的物料向前推挤，在保型筒内径向力、筒壁和成型筒摩擦力、相邻成型块间轴向力的作用下，保持形状，最后从保型筒中挤出成为燃料产品，完成成型过程。

2. 主要工作部件

1）冲杆

冲杆和主油缸活塞杆可通过法兰联结，并随活塞一起作往复移动（李保谦等，1997）。其结构与作用与机械活塞式成型机的冲压原理相同。成型时基本上也是冲杆头部端面与原料接触，机械磨损很小，冲杆的材料选用 45 号优质碳素钢制造，并进行调质处理。

2）冲杆套筒

前端连接成型套筒，上方或侧面部位开有进料口。其作用有三个：一是连接预压喂料机构保证每次的进料量，完成最后一次对原料的冲压；二是作为冲杆往复移动的轨道，与冲杆呈间隙配合，其间隙应为 1～2 mm；三是与成型锥筒、冲杆头部端面一起组成挤压成型腔。因冲杆往复移动的速度较低，冲杆套筒各部位的磨损都较小，使用寿命更长。冲杆套筒的材料可选用 45 号优质碳素钢。

3）成型套筒与夹紧套

成型套筒与冲杆套筒法兰连接，包括成型锥筒外套、保型筒以及成型锥筒，如图 6.36 所示。其结构、用途及位置关系与机械活塞冲压式成型机上的成型套筒相同。液压活塞式成型机上的成型锥筒外套、成型锥筒及保型筒的结构形状分别如图 6.37～图 6.39 所示。

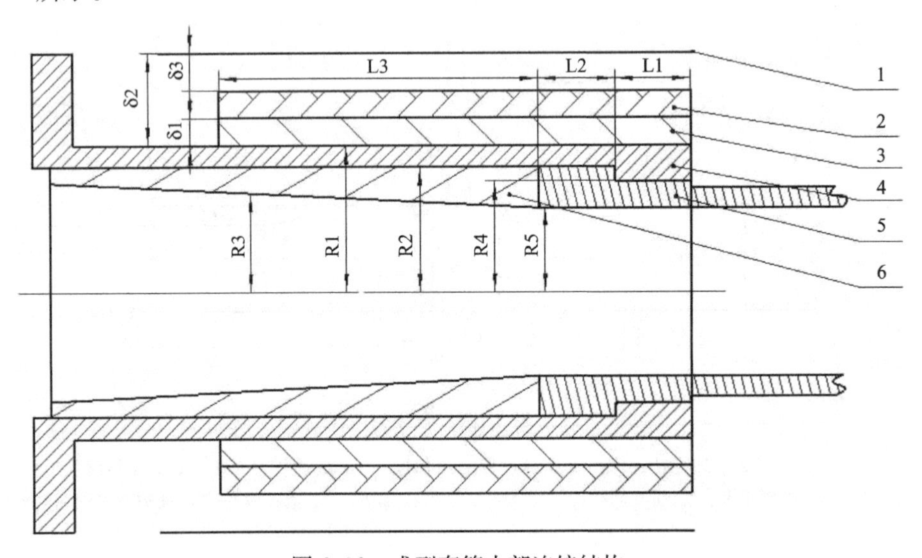

图 6.36　成型套筒内部连接结构

1. 挡板；2. 保温层；3. 加热圈；4. 成型锥筒外套；5. 保型筒；6. 成型锥筒

图 6.37　液压活塞式成型机不同直径的成型锥筒外套

图 6.38　液压活塞式成型机的成型锥筒

图 6.39　液压活塞式成型机的保型筒

成型套筒依据生物质原料成型后产品的截面形状不同，又可分为筒状成型筒和方状成型筒。筒状成型筒的主要部件是成型锥筒，通过锥筒的锥度形成摩擦阻力使物料发生塑性变形，液压活塞冲压式成型机一般都采用筒状成型筒；而方状成型筒主要是通过上、下两个成型槽存在夹角来实现物料成型的，一般在压块机上使用。

成型锥筒是成型机的关键部件且是易损部件。为了使物料成型时有足够的压力，必须有一定的阻力。故设计成锥形筒，但半锥角的选择是关键，它对产品的密度有很大影响，半锥角过小，阻力达不到，不易成型或成型后产品的密度达不到要求，并且成型锥筒锥形部分长度要求较长；半锥角过大，存在积压死区，易堵塞锥筒，导致压力过大成型锥筒的受力增大，从而降低了成型锥筒的使用寿命。当成型锥筒锥角一定时，增加成型锥筒的锥长，或成型锥筒锥长一定，增加成型锥筒的锥角，成型后所得成型棒的密度都较大，所需的成型压强也较高，消耗能量也增大。保型筒外部设有夹紧套，用于微调保型筒的出口直径，当保型筒的直径较大时，夹紧套的调节可采用液压机构来完成。不同的成型原料，成型锥筒的锥角也不相同，成型锥筒的锥角一般在 2°～12°选取（杨星钊等，2009）。成型锥筒是主要的受力部件，需要很高的强度和耐磨性，可选用 50Cr 合金结构钢作为成型锥筒的材料。

当活塞冲杆向一端的移动停止时，被压缩的生物质原料进入保型筒内，需要保型一段时间以保证成型，然后被再次进入保型筒前部的生物质依次推出成为棒状。保型时间或保型筒长度越长，保证成型所需的最低成型压强就越小，能耗也较小。保型时间与保型筒的长度和生产率有关，当要求保型时间一定时，生产率越高，保型筒长度应适当加长。保型筒既要承受成型锥筒的巨大冲力，又要负责物料传热。由于物料环境温度低，棒内热蒸汽要向外发散，成型棒稍有膨胀，通过保型筒的阻力就会剧增。为克服以上弊端，在保型筒末端沿径向开了一段可调出口直径的槽，可根据实际需要来调节。保型筒的材料可选用 30Cr 或 40Cr 加工。

3. 主要技术性能与特征

目前的液压活塞冲压式成型机技术已经成熟，在工作中运行较平稳，油温便于控制，工作连续性较好，驱动力较大。但由于采用了液压系统作为驱动动力，生产效率较低，加工出的成型燃料棒块直径大，利用范围小。为解决成型燃料棒块直径较大不便在生活用炉中燃烧的问题，在成型腔的成型锥筒与保型筒之间可增设分块装置。分块装置由 1 条或 2 条独立的刀片组合而成，每块刀片的一面制成三角状，可以减小出料阻力，分块装置与保形筒焊接在一起，加工过程对成型燃料的影响很小（牛振华，2010）。通过分块后的成型燃料被切分为 2 个近似半圆形或 4 个扇形截面的条块形状，解决了成型燃料棒块直径大的问题，扩大了成型燃料的利用范围。

液压活塞冲压式成型机的主要技术性能与特征范围见表 6.5。

表 6.5　液压活塞冲压式成型机的主要技术性能与特征

技术性能与特征	参考范围	说 明
原料粒度/mm	10～30	因成型棒直径大，原料粒度可适当大一些，节省粉碎耗能
原料含水率/%	13～18	原料的含水率过高，易开裂不成型，含水率过低不容易成型
产品直径/mm	70～120	一般呈实心棒状
产品密度/(g/cm³)	0.8～1.3	密度不宜太大，否则会使成型耗能剧增
成型温度/℃	160～240	成型温度不宜太高，一般不大于 280℃
生产率/(t/h)	0.4～0.6	目前市场上的液压式成型机生产率还都比较低
单位产品能耗/(kW·h/t)	40～60	与原料种类和成型棒的直径有关，直径小，单位产品能耗增高
冲杆的成型周期/s	7～12	两端的成型间隔，要想实现快速成型，液压系统很难实现
成型锥筒使用寿命/h	600～1000	灰铸铁使用寿命短，合金材料使用寿命长，但价格较高
保型筒使用寿命/h	>1500	保型筒的使用寿命一般是成型锥筒使用寿命的 5 倍以上
动力驱动方式	液压驱动	液压作为驱动动力，主油缸和二级预压采用液压系统
成型方式	热压成型	常采用外部铸铝加热圈加热，热压成型可减小成型阻力，降低成型能耗
上料方式	输送带	每端采用一套上料带式输送机上料，可降低劳动强度
进料预压机构	螺旋、液压	经过螺旋、液压两级预压，可提高进入成型腔原料的密度，提高生产率
对原料的适应性	各类生物质	通过改变保型筒出口的大小，可以适应各种类型原料的成型
安全防护装置	各种防护罩	必须电加热部位以及保型筒出口设防护罩或安全标志，确保安全

6.3.4　液压活塞冲压式成型机生产应用案例

河南农业大学研究的 HPB 系列液压活塞式成型机就是利用液压系统作为驱动动力，“机—电—液”一体化制造技术，“预压—成型—保型”三段式的成型原理设计的。HPB-Ⅳ型采用了“两双”结构，即双出头油缸、双向挤压成型结构。而 HPB-Ⅴ型采用了“三双”结构，即两个双出头油缸、双向挤压成型结构。二者的成型过程基本相同，主要区别在液压系统的工作上。HPB-Ⅳ型主油缸采用的是一个双出头液压油缸工作的，而 HPB-Ⅴ型主油缸采用的是两个双出头液压油缸串联工作的。

1. HPB-　型液压活塞式生物质成型机

1）结构组成

HPB-Ⅳ型液压活塞式成型机主要由上料输送带、进料装置、驱动电机、液压泵、活塞冲杆、保型筒、成型套筒和电加热圈等几部分组成，如图 6.40 所示（宋中界等，2008）。

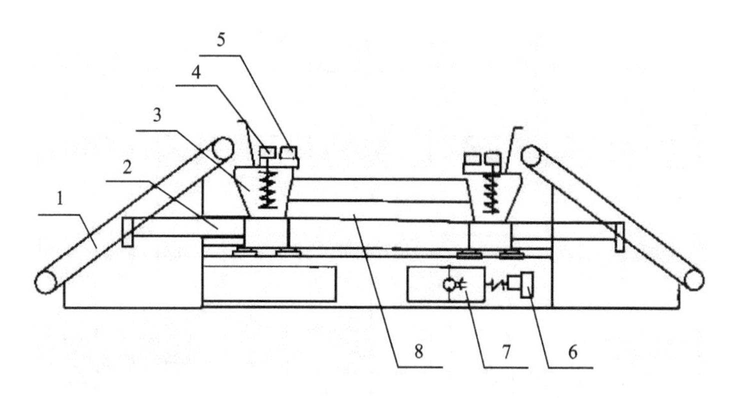

图 6.40　HPB-Ⅳ型液压活塞式成型机结构简图

1. 上料输送带；2. 成型套筒；3. 料斗；4. 进料螺旋预压；5. 进料电机；
6. 驱动电机；7. 液压泵；8. 液压系统

2）技术性能指标

HPB-Ⅳ型液压活塞式成型机的技术性能指标见表 6.6。

表 6.6　HPB-Ⅳ型液压活塞式成型机的技术性能指标

技术性能参数	指 标	技术性能参数	指 标
配套动力/kW	22	原料粒度/mm	≤50
加热功率/kW	3×2	原料含水率/%	<17
成型温度/℃	180～240	成型燃料密度/(g/cm³)	0.8～1.3
生产率/(kg/h)	400～600	液压油压力/MPa	<25
单位产品能耗为/(kW·h/t)	40～50	成型周期/s	8～10
成型部件维修周期/h	>1500	成型燃料棒直径/mm	80～120
适用原料	各类秸秆、稻壳或锯末	工作特征	工作平稳，成型可靠

3）液压系统工作过程

HPB-Ⅳ型液压活塞式成型机在一个成型周期的冲压过程分以下步骤，两个预压油缸的工作配合主油缸的左、右移动交替工作，工作过程如图 6.41 所示。

（1）当液压泵在驱动电机带动下，通过电液换向阀将液压油泵入右预压油缸使右预压油缸处于预压状态时，左喂料斗内的原料由电机带动的螺旋搅龙经过第一次预压并推入左预压室，这时主油缸的活塞杆处于向右端冲压成型状态。

（2）当主油缸的活塞杆将要移动到右端时，左预压油缸先动作，这时左预压室的物料在左预压油缸的活塞及冲杆的作用下被预压并推入左成型筒中。同时，右预压油缸回位。

（3）当左预压油缸的活塞运行到极限位置，电液阀自动换向，液压油通过电液换向阀进入主油缸的右腔，推动主油缸活塞、活塞杆及冲杆向左端运动，将左预压油缸预压后的物料挤入左成型腔中，在机械冲压力和左加热套加热温度的作用下，生物质燃料的外表面发生塑性变形并被挤压成块，经左保型筒保型后挤出成为棒状。

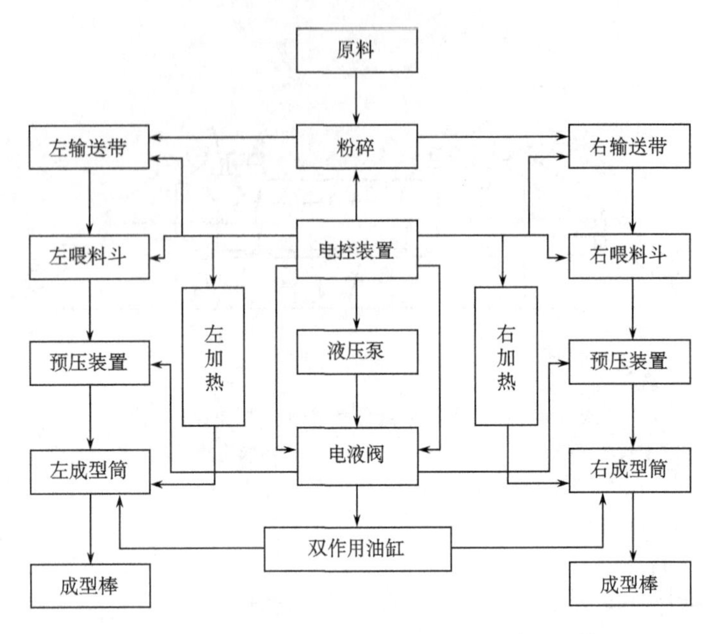

图 6.41　HPB-Ⅳ型液压活塞式成型机结液压系统图

(4) 在电控装置的控制下，电液换向阀重新换向，开始下一循环的工作。

2. HPB-　型液压活塞式生物质成型机

1) 结构组成

HPB-Ⅴ型液压活塞式成型机主要由进料装置、驱动电机、主油缸、活塞冲杆、保型筒、成型套筒和底座等几部分组成，如图 6.42 所示（牛振华，2010）。

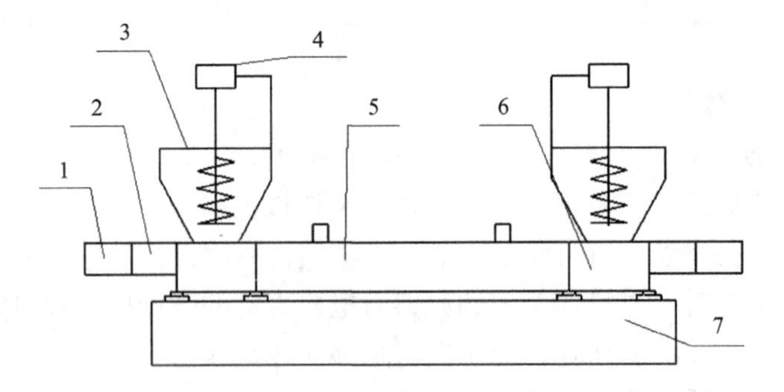

图 6.42　HPB-Ⅴ型液压活塞式成型机结构简图

1. 保型筒；2. 成型套筒组件；3. 进料斗；
4. 进料电机；5. 主油缸；6. 冲杆套筒；7. 底座

2) 性能特点

HPB-Ⅴ型液压活塞式成型机具有 HPB-Ⅳ型液压活塞式成型机的性能特点，由于主油缸是采用了两个双出头油缸串联工作，使液压系统的工作油压基本降低了 50%；

上料可以采用人工上料也可以采用自动上料的方式；每次的上料量可以自动控制；该成型机上集合了4项国家专利，适合于成型燃料规模化生产应用；性能更加稳定，可靠性更高；成型燃料棒直径为90～120 mm。

3）液压系统工作过程

HPB-Ⅴ型液压活塞式成型机的两个主油缸同时同方向一起工作，两个预压油缸配合主油缸的左、右移动交替工作，过程与HPB-Ⅳ型液压活塞式成型机相同，如图6.43所示，这里不再赘述。

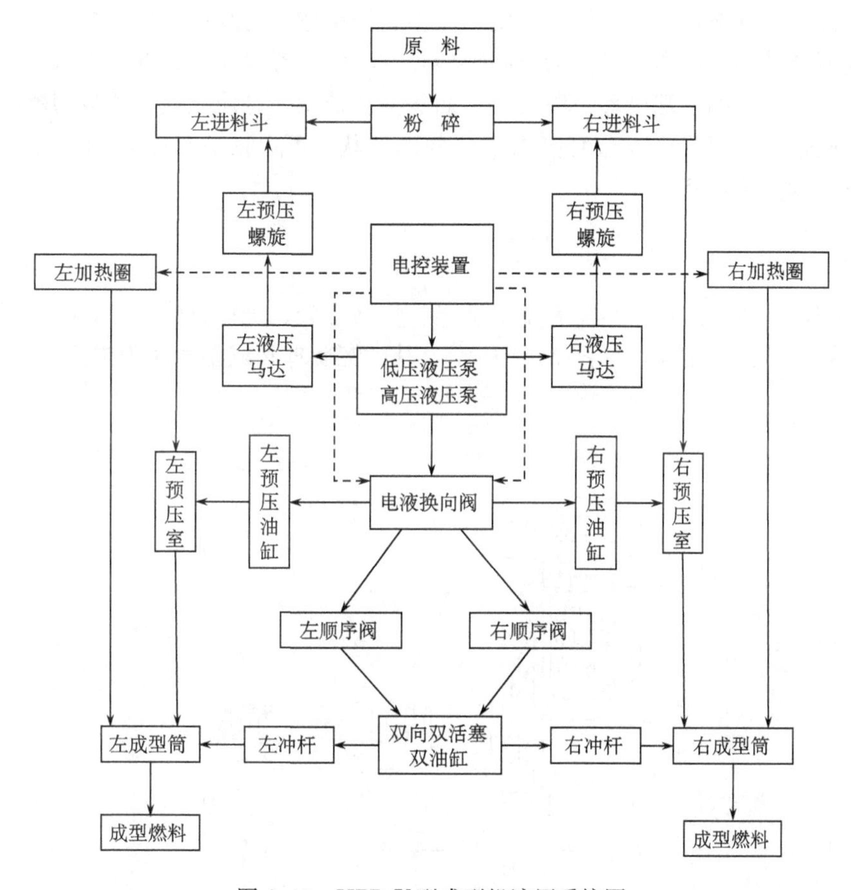

图6.43 HPB-Ⅴ型成型机液压系统图

6.4 螺旋挤压式成型机

螺旋挤压式成型机是利用螺旋杆挤压生物质原料，靠外部加热，维持一定的成型温度，在螺旋杆与成型套筒间隙中使生物质原料的木质素、纤维素等软化，在不加入任何添加剂或黏结剂的条件下，使物料挤压成型。

6.4.1　螺旋挤压式成型机的种类

按螺旋杆的数量可分为单螺旋杆式、双螺旋杆式和多螺旋杆式成型机。单螺旋杆式使用得较多；双螺旋杆式成型机采用的是 2 个相互啮合的变螺距螺旋杆，成型套筒为“8”字形结构。双螺旋杆式和多螺旋杆式因结构复杂在生物质成型机上应用较少，主要用在其他物料的成型加工。

按螺旋杆螺距的变化不同可分为等螺距螺旋杆式和变螺距螺旋杆式成型机。采用变螺距螺旋杆，可以缩短成型套筒的长度。但螺旋杆制造工艺复杂，成本高。

按成型产品的截面形状可分为空心圆形和空心多边形（四方、五方、六方等）成型机。通过在螺旋杆的末端设置一段圆形截面的锥状长度，可使成型后的成型燃料中心呈空心状。通过改变螺旋杆成型套筒内壁的截面形状，可以使成型燃料的表面形状呈四方、五方、六方等形状。

6.4.2　结构组成与工作过程

螺旋挤压式生物质成型机主要由电动机、传动部分、进料机构、螺旋杆、成型套筒和电热控制等几部分组成，如图 6.44 所示，其中螺旋杆和成型套筒为主要工作部件。

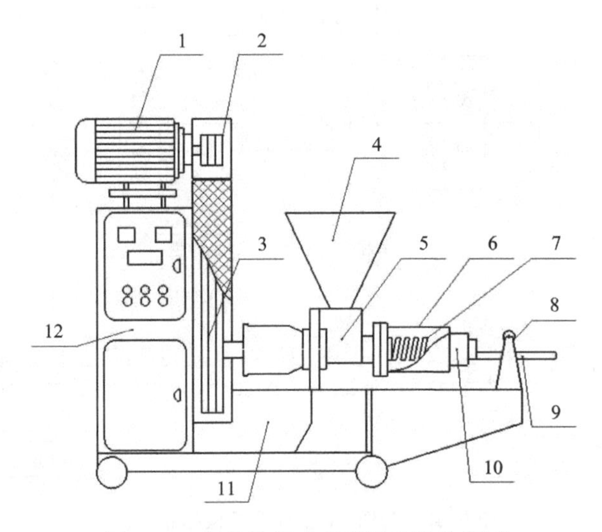

图 6.44　螺旋挤压式成型机的结构简图

1. 电机；2. 防护罩；3. 大皮带轮；4. 进料斗；5. 进料预压；6. 电热丝；7. 螺旋杆；8. 切断机；9. 导向槽；10. 成型套筒；11. 机座；12. 控制柜

工作时，收集通过切碎或粉碎的生物质原料，由上料机、皮带输送机或人工将原料均匀送到成型机上方的进料斗中，经进料预压后沿螺旋杆直径方向进入螺旋杆前端的螺旋槽中，在螺旋杆的连续转动推挤和高温高压作用下，将生物质原料挤压成一定的密度，从成型套筒和保型筒内排出即成一定形状的燃料产品。

6.4.3　主要工作部件

1. 螺旋杆

1）螺旋杆的结构

螺旋杆的结构外形如图 6.45 所示。在成型过程中，生物质原料的输送和压缩是由螺旋杆和成型套筒配合完成的，如图 6.46 所示。螺旋杆的结构形状与几何尺寸对原料的成型有很大的影响，在螺旋杆的全长上分为进料段和压缩段，进料段通常采用圆柱形等螺距螺旋；压缩段通常采用具有一定锥度的等螺距或变螺距的螺旋。螺旋杆的压缩段是在较高温度和高压力下工作，螺旋杆与物料始终处于干摩擦状态，这就是导致螺旋杆磨损速度非常快的主要原因。

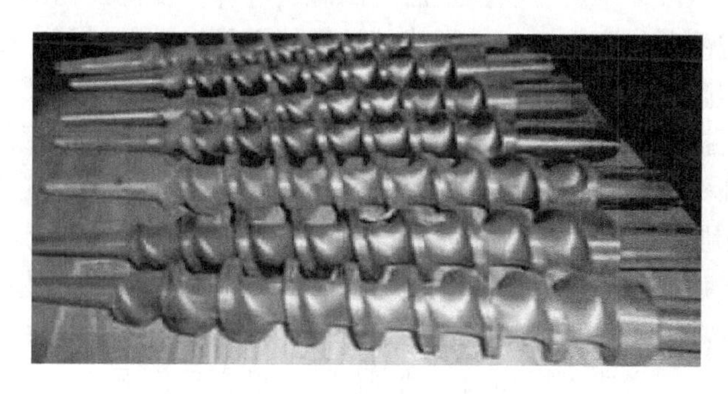

图 6.45　螺旋杆的结构

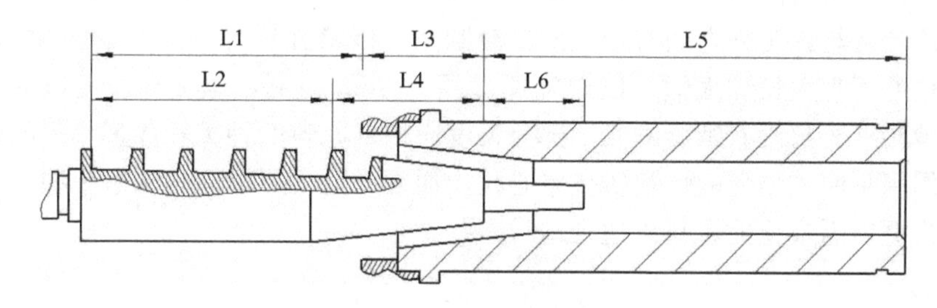

图 6.46　螺杆装配结构图

L1. 进料区；L2. 进料段；L3. 压缩区；L4. 压缩段；L5. 保压区；L6. 保压段

2）螺旋杆的磨损

当螺旋杆磨损到一定程度时，螺旋叶片顶部直径变小，叶片厚度变薄，高度减小，螺旋杆与成型套筒配合间隙增大，产生的挤压力变小，有时物料还会从螺旋杆与成型套筒的大间隙中反喷至进料口，致使成型速度变慢，生产率降低，成型效果变差。螺旋杆磨损严重时，还会造成挤不出料，出现“放炮”现象，甚至折断螺旋杆。磨损前后的螺旋杆对比见图 6.47。

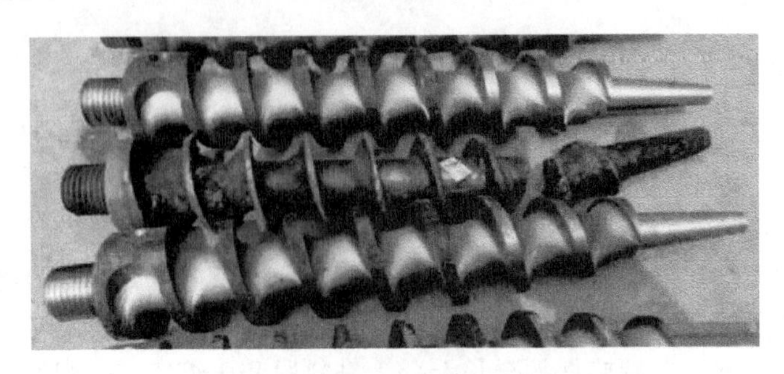

图 6.47　磨损前后的螺旋杆对比

3）螺旋杆减磨措施

在螺旋杆的压缩段即螺旋杆头部最后一圈螺旋叶片承受的压力最大，磨损也最为严重，只要解决了这部分的磨损，整个螺旋杆的磨损问题也就解决了。变螺距螺旋杆因制造工艺复杂，成本高而很少使用。等螺距螺旋杆在成型过程中也主要是最前端的一个螺距起压缩作用而磨损严重，为了延长使用寿命，解决螺旋杆头部磨损严重的问题，第一种方法是对螺旋杆头进行局部热处理，使其表面硬化。例如，采用喷焊钨钴合金、堆焊618或炭化钨焊条堆焊、局部炭化钨喷涂或局部渗硼处理以及振动堆焊等方法对螺旋杆磨损严重部位进行强化处理。但通过这些方法进行处理后螺旋杆的使用寿命并没有得到有效提高，且成本高，用户很难接受（周春梅，2007）。第二种方法是把磨损最严重的螺旋杆前部用耐磨材料做成可拆卸的活动螺旋头，磨损后仅更换活动螺旋头，螺旋本体还可继续使用。第三种方法是螺旋杆头部最后的一圈螺旋叶片的形状向轴根部逐渐收缩，以便使这种压力由后部的叶片承担一部分。除此之外，后部的螺旋槽内也应堆焊耐磨材料，使叶片与螺旋杆之间有较大的过渡圆角，以增强这部分叶片的强度和耐磨性。螺旋杆的长度不宜太长和太短，以螺旋杆直径76 mm为例，螺旋杆长度以350 mm左右为宜。螺旋杆头部没有螺旋的光轴部分长度应根据原料的种类和成型燃料的要求来确定，它的作用是使成型后的燃料棒呈空心状，通常成型木屑类原料选短一些，成型秸秆类原料或成型后需炭化的燃料可适当选长一些。

2. 成型套筒

1）成型套筒的结构

成型套筒（前端）与螺旋杆之间应有良好的尺寸配合，由于螺旋杆的安装是采用悬臂轴的形式，因此这种尺寸配合应保证螺旋杆在旋转时不能与成型套筒内壁相碰为宜。生物质原料在成型挤压推进过程中，主要是靠螺旋杆的转动推进生物质逐层成型的，螺旋杆的前段和头部在整个推挤过程中与生物质之间做高速相对运动，增加了单位产品的能耗。由于生物质原料自身的特性和螺旋杆产生的综合作用力（轴向、径向和切向）会使一部分物料黏附在螺旋杆叶道内或成型套筒内壁上形成黏滞物，黏滞物的运动与螺旋杆以及成型套筒内壁之间产生了摩擦，这两种摩擦所产生的摩擦力都可以分解为轴向摩擦力和切向摩擦力。为防止黏滞物在成型套筒内只随螺旋杆转动而不推料，必须增加物料与成型套筒内壁的切向摩擦阻力和减少轴向摩擦阻力，因此，在成型套筒内壁开有若干个纵向沟槽（严永林，2003），如图 6.48 所示。成型套筒内壁最佳的沟槽结构形式、数量以及长度应根据螺旋杆的结构形式、成型的生物质原料种类与物理特性，以及螺旋杆的转速等实际情况来确定。

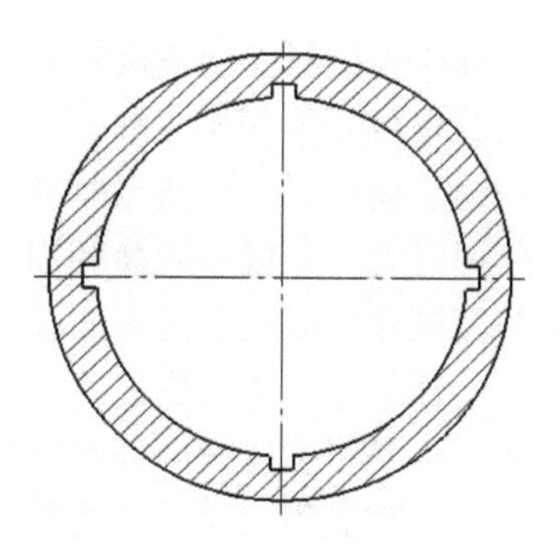

图 6.48　成型套筒的截面形状

成型套筒的前端与螺旋杆配合工作，套筒内壁呈一定锥度，成型套筒中后段内壁的截面尺寸基本恒定，除对成型燃料起保压保型作用外，也是成型燃料的出口，它决定了成型后成型燃料的外部形状。螺旋杆挤压成型后成型燃料的外部形状除了圆形以外，还有四方、六方等多种形状，见图 6.49。

图 6.49　成型套筒实物图

2）成型套筒减磨措施

成型套筒的材料采用较多的是 45 号钢、球墨铸铁和各种耐磨合金材料。为延长成型套筒的使用寿命，可采取以下措施：①成型套筒的保型段加工成可调结构，通过调整保型筒出口直径的大小达到调节成型阻力的目的，保证成型所需的压力，延长套筒的使用寿命，这种结构在活塞冲压式成型机的保型筒上应用最多；②在成型套筒内壁压缩段进行局部耐磨材料喷涂，提高耐磨性能，延长使用寿命；③加垫圈调节，见图 6.50，

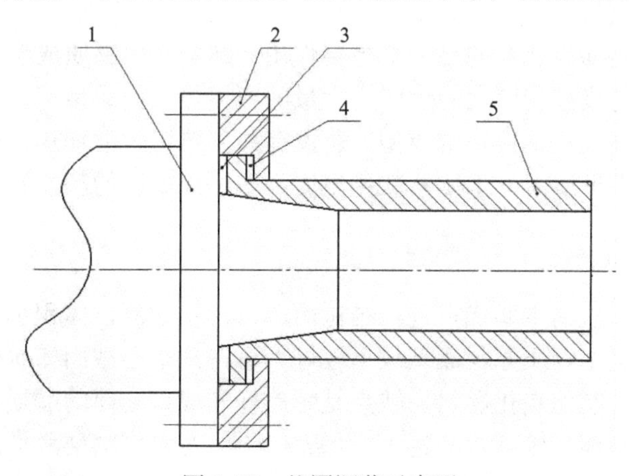

图 6.50　垫圈调节示意图

1. 进料套筒；2. 压紧圈；3. A 型垫圈；4. B 型垫圈；5. 成型套筒

成型套筒与进料套筒连接时，在压紧圈内加若干个A型和B型薄垫圈，待成型套筒压缩段磨损到不能正常工作时，取下一个A型垫圈，增添一个B型垫圈，相当于成型套筒压缩区前移了一个垫圈厚度的距离，继续保持与螺旋杆的间隙，相应延长了成型套筒的使用时间；④成型套筒磨损最快的锥形筒部分采用拆分方法进行加工，做成的活动耐磨衬套镶嵌在成型套筒压缩段，锥形筒磨损后可单独拆换，套筒中后段作保型筒使用。

这样一来，成型机使用一段时间需更换磨损件时，只需更换螺旋杆头和锥形筒部分即可，不必将整体螺旋杆和整体成型套筒全部更换，可节省部分维修费用，充分延长螺旋杆主体和成型套筒保型筒的使用寿命，从而降低生物质成型燃料的成型成本。

3. 加热装置

加热装置的一个主要作用是用于成型机启动时的预热。螺旋式生物质成型机的加热方式有多种，分外部加热和内部加热、电加热和蒸汽加热，所用的加热装置的结构形式也很多，如电热管式加热圈、筒式加热圈、铸铝加热圈等，如图6.51所示。

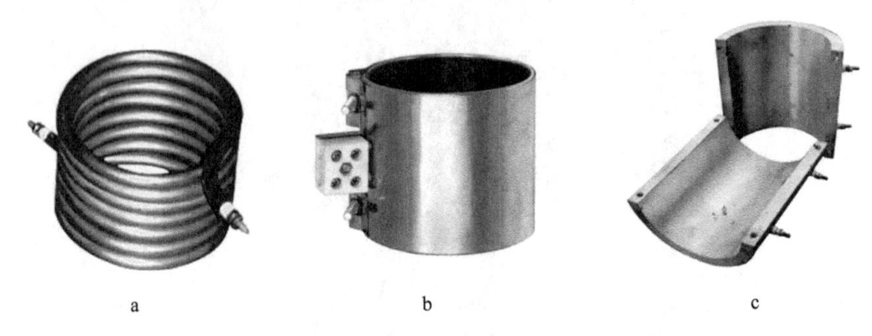

a　　b　　c

图6.51　各种电加热装置

a. 电热管式加热圈；b. 筒式加热圈；c. 铸铝加热圈

对加热装置的一般要求是：有一定的加热功率，加热速度快，加热温度可调，保温性能好，安全可靠，使用寿命长。中小型成型机大都采用外部加热的方式，大型成型机多采用内部加热或蒸汽加热方式。

稳定成型温度是加热装置的另一个主要作用。螺旋式生物质成型机成型加工时，螺旋杆与原料、原料与成型套筒之间会产生大量的摩擦热，使成型部件和成型原料升高一定的温度，这一温度很难维持正常成型。若没有外部热源辅助加热，会造成冷机启动困难，正常成型难以保证所需的木质素软化温度，增加成型机的耗能和成型部件的磨损。

6.4.4　性能特点

螺旋挤压式成型机的主要优点是：结构简单，操作方便，体积小，占地少，机器产品价格低，对木屑类生物质原料成型效果较好，可得到空心截面棒状或多边形状的成型燃料产品，非常适合制作炭化燃料。缺点是螺旋杆和成型套筒的磨损速度较快，使用寿命都较低，单位产品能耗较高，高达125 kW·h/t，对农作物秸秆类的生物质原料成型效果较差，经济效益不突出；设备配套性能差，自动化程度较低等，难以形成规模效益，不便于大规模商业化利用。所以目前螺旋挤压式成型机成型加工后的各种棒状燃料产品主要还是用来制作机制木炭，以满足农业、畜牧业、冶金、环保、工厂、实验、饭店、民用烧烤等需求，如图 6.52 所示。

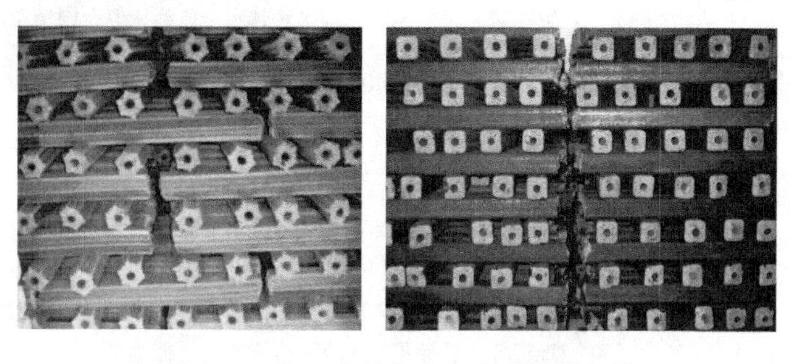

图 6.52　加工出的空心多边形燃料产品

6.4.5　大直径螺旋挤压式成型机

大直径螺旋杆由于螺旋杆直径较大，在转速一定的条件下，进料量和推进速度都比较快，产生的阻力更大，对成型正常的生物质原料螺旋杆的磨损速度会更快。因此，大直径螺旋挤压式成型机动力消耗大，主要磨损件的使用寿命低，对原料的适应性较差，但生产率高，可实现多孔出料，结构简单，设备费用低。

为提高大直径螺旋式成型机对原料的适应性，延长主要磨损件的使用寿命，降低能量消耗。目前市场上的大直径螺旋式成型机大都用于以“熟料”为主的生物质原料的成型。生物质原料经过喷洒某种添加剂、发酵、过腹、提取加工后，原料中的木质素、纤维素已经软化，机械特性（抗压强度、韧性、硬度、弹性等）显著降低，内部的粗纤维等成分已经发生变化，且添加成分分布均匀，生物质的颗粒色泽变深，表面柔滑，成为“熟料”。挤压成型这类生物质时基本上能弥补各类成型机的主要缺陷，采用大直径螺旋式挤压成型机恰好能发挥自身的优势，可大大提高成型效率，有效地降低成型过程的阻力和成型能耗，延长螺旋杆和成型套筒的使用寿命。

图 6.53　大直径螺旋式成型机结构示意图

大直径螺旋挤压式成型机对牛粪、糠醛渣、醋渣、酒渣、菇类基质等生物质“熟料”有很好的成型效果。可快速将牛粪挤压成燃料棒，解决粪便污染问题，图 6.53 所示的是大直径螺旋挤压式成型机外形图，除能对上述原料进行成型加工外，还用于以煤粉、煤泥为主要成分的煤棒、煤块、煤颗粒燃料的成型加工。

6.4.6　主要技术性能与特征

螺旋挤压式成型机的主要技术性能与特征参考范围见表 6.7。

表 6.7　螺旋挤压式成型机的主要技术性能与特征

技术性能与特征	参考范围	说 明
要求原料粒度/mm	3～5	生物质原料的粒度越细小，越利于成型，但会剧增粉碎耗能
原料含水率/%	8～12	生物质原料的含水率过高或过低成型效果都会变差
产品直径/mm	50～70	产品呈空心棒状居多，大螺旋、多孔成型“熟料”直径较小，形状为实心棒状
产品密度/(g/cm³)	1.1～1.4	密度太小，炭化后的炭棒易开裂，密度太大，会使成型耗能剧增
生产率/(t/h)	0.2～0.5	一般生产率较低，大螺旋、多孔成型机的生产率较高
单位产品能耗/(kW·h/t)	>100	螺旋挤压式成型能耗一直较高，“熟料”成型能耗可大大降低
螺旋杆的转速/(r/min)	300～350	螺旋杆的转速不宜太高，否则成型耗能剧增
螺旋杆使用寿命/h	50～80	一般材料的螺旋杆使用寿命较低，“熟料”成型使用寿命可大大提高
成型套筒使用寿命/h	200～300	成型套筒的使用寿命一般是螺旋杆使用寿命的 3～5 倍
成型方式	热压成型	一般采用外部加热，热压成型可减小成型阻力，降低成型能耗
动力传动形式	V 形带	V 形带传动采用居多，螺旋轴前增加一级齿轮传动可增加挤压力，避免卡死现象
对原料的适应性	木屑类	螺旋挤压式成型机对木屑类成型效果好，大直径螺旋式成型机适合成型“熟料”

6.5　成型设备快速磨损问题

6.5.1　磨损机理及其影响因素

1. 磨损的基本概念

磨损是相对运动的接触固体表面上，材料逐渐分离和损耗的过程。磨损属于摩擦学的一部分，是摩擦产生的必然结果，有摩擦就有磨损，因而受摩擦学系统一系列因素的影响。

实验结果表明，正常磨损过程一般经历以下三个阶段（温诗铸和黄平，2002）。

1）磨合阶段

摩擦刚开始的阶段，摩擦表面具有一定的粗糙度，故磨损速率很大。在一定载荷作用下，随着摩擦表面逐渐被磨平，表面形貌逐渐趋向一个稳定的较佳形貌，真实接触面积逐渐增大，磨损速率逐渐减慢。

2）稳定磨损阶段

经过磨合阶段，摩擦表面加工硬化，微观几何形状改变，从而建立了弹性接触的条件，这一阶段磨损缓慢且稳定，磨损率基本保持不变，磨损量很低。

3）剧烈磨损阶段

磨损的最后阶段，随着时间或摩擦行程增加，接触表面之间的间隙逐渐扩大，摩擦条件发生较大变化，磨损速率急剧增加，导致机械效率下降，精度丧失，最后导致磨损部件的完全失效。

从磨损过程来看，为了提高受磨部件的使用寿命，应尽量延长稳定磨损阶段。

2. 磨损分类及机理

由于磨损是众多因素相互影响的复杂过程。可以说每一种磨损都有几种性质不同、互不相关的机理存在，我们通常根据磨损的破坏机理，将磨损分为黏着磨损、磨粒磨损、表面疲劳磨损、腐蚀磨损四种类型。

1）*黏着磨损*

黏着磨损是由于黏着作用使材料由一表面转移到另一表面所引起的磨损。滑动摩擦时摩擦副接触面局部发生金属黏着，在随后相对滑动中黏着处被破坏，有金属屑粒从零件表面被拉拽下来或零件表面被擦伤的一种磨损。由于表面上存在粗糙度，所以表面间的接触是不连续的，在外载荷作用下，局部压力很高，可超过材料的屈服极限，于是接触点便产生了塑性变形。在高速、重载和摩擦产生高温的情况下，接触点局部发生软化或熔化而产生“热黏着”，形成黏着点。在其后的相对运动中，黏着点被剪断，与此同时又形成新的黏着点，于是就出现了黏着点的形成与剪断的循环，并发生材料转移，因而出现黏着磨损。

2）*磨料磨损*

磨料磨损是指磨料或硬微凸体对软摩擦面上的微切削所引起的磨损。由于摩擦副两表面硬度不同，硬表面上的微凸体嵌入软表面使之发生塑性变形，并在相对运动时对软表面进行微切削和犁划。当两表面间存在磨料时，在相对运动时磨料对表面进行微切削和挤压塑性变形。磨料作用在表面上的力分为法向力和切向力。法向力使磨料压入表面，在材料表面上形成压痕。切向力使磨料向前推进，当磨料的形状与位向适当时，磨料就像刀具一样，对零件材料表面进行切削，从而形成磨损。对于塑性较大的材料，磨料在压力作用下压入材料表面，在摩擦过程中压入的磨料犁耕材料表面，形成沟槽，有一部分材料被切削而形成切屑，一部分则未被切削而在塑变后被推向两侧和前缘。由于材料表面受到严重的塑性变形，压痕两侧的材料已经受到破坏，其他磨料很容易使其脱落，形成磨损。磨料磨损是最常见的，同时也是危害最为严重的磨损形式。统计表明在各类磨损形式中，磨料磨损大约占总消耗的50%。大部分磨料是用负前角进行微切削的。当磨料或硬微凸体有钝角的时候，摩擦面还会产生塑性变形，所以在磨料磨损中，微切削和变形是同时发生的（邵荷生，1955）。

3）*疲劳磨损*

疲劳磨损是指两个接触面相对滑动或者滚动时，在接触区形成的循环应力超过材料疲劳强度所形成的磨损。由于交变应力使摩擦表面接触区内材料的微观体积反复产生变形，造成累积损伤而导致疲劳裂纹的萌生和扩展，最后使表面分离出粒状或片状磨屑，并留下凹坑，造成磨损。疲劳裂纹常常在材料表层有缺陷的地方产生，裂纹产生的确切位置受夹杂物、表面缺陷以及孔隙等因素的影响。

4）*腐蚀磨损*

当摩擦副对偶表面相对滑动时，表面金属与周围介质发生化学或电化学反应并生成反应产物，与此同时，机械作用使反应物脱落从而造成摩擦表面金属损失，这种以腐蚀为主导的磨损即腐蚀磨损。腐蚀磨损是腐蚀和磨损共同作用的结果。摩擦表面金属与周围介质发生化学、电化学作用，产生腐蚀产物，摩擦过程中腐蚀产物的脱落形成磨料构成二次磨料磨损，新表面又会继续与介质作用而被腐蚀。不断地腐蚀、磨损致使摩擦副工作表面受到破坏。

磨损过程是一个复杂的多因素作用过程，通常是多种磨损形式与机理共同存在。对于生物质成型设备，其磨损主要是生物质物料在荷载的强烈作用下，克服成型孔壁面的摩擦阻力，挤压成型过程中所形成。这其中既有生物质磨料对材料表面微切削及塑变所引起的磨料磨损，又有循环应力超过材料疲劳强度所引起的疲劳磨损，也有表面金属与生物质物料发生化学或电化学反应所引起的腐蚀磨损。但在这一磨损过程主要受磨料磨损的机理控制。

3. 磨损的影响因素

由于磨损问题的复杂性，其影响因素也不尽相同。对于生物质成型设备，引起其磨损的主要机理为磨料磨损，下面我们主要针对生物质成型设备分析一下磨损的影响因素。

1）材料性能的影响

生物质成型设备所用材料的性能对于成型设备的快速磨损有着至关重要的影响，材料的耐磨性越强，成型设备的使用周期也越长。

（1）硬度是表征材料耐磨性能的主要参数。一般情况下，材料硬度越大其耐磨能力越高。然而硬度与耐磨性也并非呈线性关系，对于纯金属，随着材料硬度的增加，相对耐磨性随之增加并呈现出较好的线性关系。而对于某一种碳素钢或合金钢，在采用热处理方法使之硬度增加时，其相对耐磨性的增加比较缓慢。

（2）断裂韧性也会影响材料的耐磨性能。磨损受断裂过程控制时，耐磨性随断裂韧性的提高而增加；当硬度与断裂韧性配合最佳时，耐磨性最高。可见，材料的耐磨性并不唯一地取决于硬度，还与材料的韧性有关。

（3）材料的显微组织对材料的耐磨能力也有影响。对于金属来说，马氏体的耐磨性较好，铁素体的耐磨性较差。

2）生物质物料性能的影响

对成型设备造成磨损的生物质成型物料主要是生物质秸秆，生物质秸秆的种类不同，其本身的性能不同，对成型设备的磨损也不一样；影响成型设备磨损的物料性能主要包括生物质秸秆的硬度、粒径、粒形及水分等。

A. 物料硬度的影响

生物质物料硬度过高，将对成型设备形成较为严重的磨损。通常生物质秸秆的硬度较低，对成型设备的磨损较为轻微，但生物质秸秆内含有 Si、Ca、Cr 等元素，以及秸秆收集过程中带入许多泥沙（SiO_2），使物料硬度显著增加，都加剧了成型设备的磨损（张百良等，2008）。

B. 物料粒径的影响

在生物质成型过程中，物料粒径对耐磨性的影响存在一个临界尺寸。物料的粒径在临界尺寸以下时，磨损量随物料粒径的增大而按比例增加；但当物料粒径超过临界尺寸后，磨损量增加的幅度明显降低。不同材料的磨损率不同，临界尺寸不同。通常对于生物质成型设备的磨损，生物质物料粉碎粒径越小，磨损量越小。

C. 物料粒形的影响

物料的粒形对磨损有很大的影响，尖锐物粒的磨损能力很强，而圆钝的物粒磨损能力相对较差。这是因为尖锐的物粒可以比较容易地刺入材料表面，引起材料的塑性变形，或者直接切削材料，所以尖锐磨粒的磨损能力很强。

D. 物料中水分的影响

在生物质成型过程中，水分通常可以起到润滑剂的作用。增加物料水分可以加大润滑，减少阻力。但当水分增加到一定量时，润滑和减磨效果就不再增加。另外，增加物料水分会影响生物质的成型质量。

3）工作条件的影响

工作条件的影响是指磨损过程所受的荷载压力、温度及摩擦速度等方面的影响。不同类型的成型设备，工作条件对于磨损的影响也不相同。

A. 荷载压力的影响

一般来说，随着荷载压力的增加，磨损量随之增大，因为随着荷载压力的增大，物料对于材料的刺入深度增加，对材料表面进行切削或变形的能量随之增强，生物质物料在法向力的作用之下产生“不可压缩的团”，而压入材料的表面（刘家浚，1993），从而加剧磨损。除荷载压力的大小外，荷载的作用角度也是影响磨损的重要因素，生物质物料作用于材料表面上的法向分力越大，则物料压入内壁材料表面上的压痕越深，磨损越剧烈。因此，成型设备中的成型孔的收缩角度对于磨损是一个很重要的因素，成型孔的收缩角度越大，生物质物料作用于成型孔的法向分力越大，则磨损也就越严重。

B. 温度的影响

温度对于磨损通常是没有影响的，但温度对于金属的硬度有影响，环境温度升高越多，则金属硬度降低越多，其磨损量也越大。因此，在生物质成型过程中，在确保成型质量的情况下，一般不宜加热至过高的温度。

C. 摩擦速度的影响

摩擦速度对于磨损量的大小也有影响，但通常在滑动磨损情况下，摩擦速度对磨损的影响并不明显。滑动速率在 0.1 m/s 以下时，磨损率随滑动速率的增加略有降低；当滑动速率为 0.1～0.5 m/s 时，滑动速率的影响很小；当滑动速率大于 0.5 m/s 后，随滑速增大，磨损量先略有增加，达到一定值后，磨损量又减小。

6.5.2　磨损问题现状

1. 成型模具制造现状

成型模具的使用寿命是生物质成型设备的使用修复周期的决定性因素，成型模具的材料和加工工艺对其使用寿命有着直接的影响。目前的生物质成型设备的成型模具所用的材料，主要以碳素结构钢、低合金钢为主，加工工艺一般由锻压、切削、钻孔等工序制成，热处理工艺主要包括正火、调质、淬火、渗碳、渗氮等。

碳素结构钢以45号钢为代表,本身硬度不高，小于 HRC28，淬火可以淬硬到 HRC42～HRC46，不建议作渗碳淬火工艺。因为虽然其本身易切削加工，价格便宜，早期被许多成型设备厂家所使用。但因其热处理后硬度偏低，其耐磨性和耐腐蚀性都相对较差，因此不建议作为成型模具磨损部位的主要材料。

低合金钢以 20CrMo、20CrMnTi 等为代表，都是性能良好的渗碳钢，淬透性较高，经渗碳或碳氮共渗后，表面硬度可以达到 HRC58 左右，表面以下 1 mm 处硬度一般不超过 HRC50，心部硬度可以达到 HRC35～40。具有硬而耐磨的表面与坚韧的心部，有较高的低温冲击韧性，金相组织中抗磨相主要是铁的碳化物，耐磨性不如不锈钢，但心部韧性很好。能较好地避免环模的早期开裂。

低合金钢的优点是韧性好，加工工艺性能也较好，热处理后有较高的硬度，相对于碳素结构钢具有较好的耐磨性和抗腐蚀性。

2. 成型设备磨损现状

生物质成型设备的快速磨损问题是其推广过程遇到的一个重要问题，不同类型的成型设备，磨损部位不一样，使用材料不一样，其磨损情况也不一样。

对于螺旋挤压式成型设备，其磨损的主要部位为螺旋杆头部和成型管内壁。由于螺旋杆与物料始终处于高速摩擦状态，导致压缩区（高温、高压）螺旋杆螺纹的磨损非常剧烈，尤其以螺旋杆头部最后一圈螺旋叶片磨损最为严重。螺旋杆的材料，多以 45 号钢为主，有部分采用合金钢。为了延长螺旋杆的使用寿命，目前多采用表面硬化的方法对螺旋杆头进行局部热处理，如采用喷焊钨钴合金、碳化钨焊条堆焊、局部炭化钨喷涂或局部渗硼处理以及振动堆焊等方法对螺旋杆成型部位进行强化处理，在成本增加较大的同时，其使用修复周期改善有限，通常不大于 100 h。此外，还有把磨损最严重的螺旋杆前部用耐磨材料做成可拆卸的活动螺旋头，磨损后更换，螺旋本体还可继续使用。目前国内外的工艺技术条件还没有从根本上解决螺旋杆磨损问题。对于螺旋杆式成型设备，解决快速磨损的方法就是规模化生产，定期批量更换维修配件。

对于活塞冲压式成型设备，成型管是主要的磨损部件，物料在成型管内受挤压作用而成型。为了使物料成型时有足够的压力，成型筒通常设计成锥形管，此时锥角的选择是关键。锥角过小，收缩度达不到，物料挤压后不易成型或成型后产品的密度达不到要求；锥角过大，则成型阻力过大，存在积压死区，易堵塞，且成型锥管所受的侧压力增大，磨损量增加，降低了成型锥管的使用寿命。活塞冲压式成型设备的成型管采用低合金耐磨钢的较多，如 20CrMnTi 等。在一定的热处理工艺后，其表面硬度可以达到 HRC55 以上，且韧性较好，能够耐冲压过程的冲击。活塞冲压式成型设备其使用修复周期相对较长，可以达到 500 h。

对于环模及平模式成型设备，其快速磨损情况同样十分严重。环模及平模式成型设备是依靠辊轮与秸秆之间的高速相对运动来实现生物质压缩的，在运动过程中摩擦产生的热将纤维素、木质素软化，从而把秸秆挤压入成型孔，实现成型。环模及平模式成型设备的主要磨损部件是压辊及成型孔。压辊在高速旋转过程中与秸秆产生的摩擦热，以及秸秆收集过程中带入许多泥沙（SiO_2），都加剧了压辊及成型孔的磨损，如图 6.54 和图 6.55 所示。

图 6.54　压轮的磨损

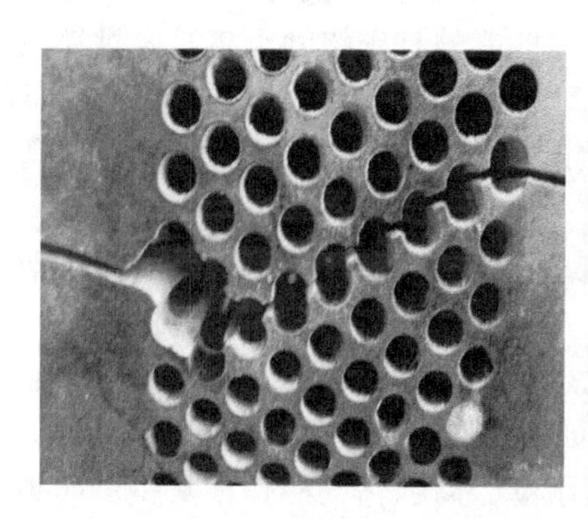

图 6.55　平模盘及环模成型孔的开裂

目前生产环模及平模式成型设备的厂家所用材料较为复杂，其修复使用周期也不一致。采用低碳合金钢的厂家设备韧性好，耐冲击，磨盘及成型孔不易发生开裂，但其耐磨性略低，使用修复周期一般不超过 200 h；部分生产厂家其主要磨损部件使用不锈钢，硬度及耐磨性显著增加，韧性也较好，平均使用修复周期可以达到 300～400 h。也有个别厂家采用局部磨损部位堆焊耐磨材料技术，如北京奥科瑞丰机电技术有限公司生产的环模机，在其辊轮及成型孔的磨损部位采用了堆焊碳化钨的技术，使其使用修复周期得到较大幅度的增加。

总体而言，随着生物质成型技术的不断发展，生物质成型设备的使用稳定性在不断增强。但快速磨损问题仍然是一个亟待解决的问题，目前国内市场上生物质成型设备使用修复周期一般不超过 500 h，个别生产厂家采用 45 号钢不做任何热处理，其使用时间甚至不超过 50 h。

生物质成型设备的快速磨损问题已经成为制约其发展的一个瓶颈。

6.5.3 改进措施

要解决生物质成型设备的快速磨损的问题，主要应该从材料上入手，在磨损的主要部位选用具有较高硬度和耐磨性能的材料，可以有效地改善磨损状况，提高成型设备的使用修复周期。耐磨材料主要分为金属耐磨材料和非金属耐磨材料两种。

1. 金属耐磨材料

1）中高碳合金钢

中高碳合金钢包括以 42CrMo 为代表的超高强度钢，以 GCr15 为代表的轴承钢，以 38CrMoAl 为代表的氮化钢和以 9Cr6W3Mo2V2 为代表的冷作模具钢。

42CrMo 属于超高强度钢，具有高强度和良好的韧性，淬透性也较好，无明显的回火脆性，感应淬火，表面硬度可达到 HRC52，调质后渗氮，表面硬度可达到 HRC58 左右，调质处理后有较高的疲劳极限和抗多次冲击能力，低温冲击韧性良好。

GCr15 是一种合金含量较少、具有良好性能的高碳铬轴承钢。经过淬火加回火后具有高而均匀的硬度，其表面硬度可达到 HRC56 左右，碳氮共渗后表面硬度可达 HRC61 左右，具有良好的耐磨性、高的接触疲劳性能。该钢冷加工塑性中等，切削性能一般，焊接性能差，有回火脆性。

38CrMoAl 是专用氮化钢，具有高的表面硬度、耐磨性及疲劳强度，并具有良好的耐热性及耐腐蚀性。38CrMoAl 氮化速度较快，氮化后的表面硬度可以达到 HRC62 左右，可以得到较深的氮化层深度，但氮化层的脆性相对较大。因此适合于制作高耐磨性、高疲劳强度的氮化零件，不适合制作如磨盘、辊轮等受冲击较大的部件。

9Cr6W3Mo2V2 简称 GM 钢，属于高耐磨、高强韧的冷作模具钢。此类钢中碳和铬的含量相对较低，改善了碳化物的不均匀性，提高了韧性；适当增加了 W、Mo、V 等合金元素的含量，从而增强了二次硬化能力（硬度可达 HRC61 左右）和磨损抗力。所以，此类钢在具有良好的强韧性的同时，还有优良的耐磨性和较好的综合性能。

中高碳合金钢的优点是强度高，经过调质及渗碳、渗氮处理后，表面硬度一般都可以达到 HRC60 左右，硬度较高，具有良好的耐磨性。其缺点是加工性能较差，一般热处理后韧性较差，因此中高碳合金钢适合于制作主要磨损部位的耐磨部件，如成型管的衬套套管等，可以较好地改善成型设备的耐磨性，在使用中应该注意成型模具的设计，避免其受到直接的冲击。

2）不锈钢

在解决生物质成型设备的磨损问题中，不锈钢的使用收到了较好的效果。使用较好的不锈钢以 4Cr13 为代表，属马氏体不锈钢，因含碳较高，故具有较高的强度、硬度和耐磨性。典型的加工工艺为数控枪钻机床钻孔和真空气淬炉热处理（氮气冷却），回火后表面硬度可以达到 HRC58 左右，心部硬度可以达到 HRC52。

不锈钢经过热处理后，具有较好的综合性能。与低合金钢和中高碳合金钢作比较，低合金耐磨钢虽然韧性较好，易加工，耐腐蚀，耐冲击，但其缺点是热处理后硬度较低，耐磨性能相对一般；中高碳合金钢虽然硬度高，耐磨性能好，但其加工性能一般，韧性较差，不耐冲击，易发生开裂；不锈钢则综合了两者的优点，韧性好，耐腐蚀，易加工，热处理后其硬度与耐磨性均较好，收到了较好的使用效果。缺点是价格较高，初期成本较高，但由于其使用修复周期较长，平均到生产使用的吨成本里，价格反而较低。因此高铬不锈钢的推广应用，可以在很大程度上改善成型设备的快速磨损问题。但要想从根本上改变生物质成型设备的快速磨损现状，还是应该从高耐磨的非金属材料入手。常用的几种金属材料的性能见表 6.8。

表 6.8　几种常用金属材料的性能对比

性 能	碳素结构钢 45 号钢	低合金钢 20CrMo	中高碳合金钢				不锈钢 4Cr13
			42CrMo	GCr15	38CrMoAl	9Cr6W3Mo2V2	
硬度	低	较高	高	高	高	高	高
机械韧性	好	好	好	中	差	好	好
加工性能	好	好	中	中	中	中	较好
耐磨性	差	较好	好	好	好	好	好
耐腐蚀性	差	较好	中	中	中	中	好

2. 非金属耐磨材料

高硬度非金属耐磨材料中，主要以陶瓷耐磨材料为主。20 世纪后期随着许多新技术的兴起，人们对材料结构和性能之间的关系有了深刻认识。通过控制材料的化学成分和微观组织结构，研制出了许多具有不同性能的陶瓷材料。这些陶瓷材料的强度比普通金属材料要高许多倍，而且其本身具备的优异的耐磨、耐高温、耐腐蚀等特性，使其在许多重要领域得到了越来越广泛的应用。

1）陶瓷材料的基本力学性能

陶瓷材料是用天然或合成化合物经过成形和高温烧结制成的一类无机非金属材料。常用的陶瓷材料主要包括金属与硼、碳、硅、氮、氧等非金属元素组成的化合物，以及非金属元素所组成的化合物，如硼和硅的碳化物和氮化物等。陶瓷材料的力学强度很高，且在高温下的衰退很小，而且还具有抗氧化和耐腐蚀性能。因为陶瓷材料的原子键主要有共价键和离子键两大类，且多数具有双重性，与金属或合金的金属键结合力有本质区别，因此，陶瓷材料的力学性能与金属或合金的力学性能存在很大差别。共价键晶体结构的主要特点是键具有方向性。它使晶体拥有较高的抗晶格畸变和阻碍位错运动的能力，使共价键陶瓷具有比金属高得多的硬度和弹性模量。离子键晶体结构的键方向性不明显，但滑移系不仅要受到密排面与密排方向的限制，而且还要受到静电作用力的限制，因此，实际可动滑移系较少，其弹性模量也较高。

陶瓷的两种结合键在室温下的塑性有限，因而其延展性低于金属。尽管陶瓷接触表面之间也存在共价键、离子键或范德华力引起的黏着力，但因其实际接触面积很小，故摩擦因数低于空气中的金属滑动。陶瓷的摩擦主要受断裂韧度的影响。陶瓷的断裂韧度增大时，摩擦因数随之降低。载荷、滑动速度、温度和实验持续时间影响陶瓷的摩擦性能，这通常是表面摩擦化学膜和接触区断裂程度的变化所致。另外，载荷和滑动速度影响摩擦能量的耗散率和接触界面的温度也是一种原因。

2）常用的陶瓷耐磨材料

A. 氧化铝（Al_2O_3）陶瓷

氧化铝为白色结晶性粉末，密度 3.97 g/cm^3。氧化铝陶瓷又称为刚玉，一般以 α-Al_2O_3 为主晶相，晶格中，氧离子为六方紧密堆积，铝离子对称地分布在氧离子围成的八面体配位中心，晶格能很大，故熔点、沸点很高。根据氧化铝含量和添加剂的不同，有不同系列。

氧化铝陶瓷与大多数熔融金属不发生反应，只有 Mg、Ca、Zr 和 Ti 在一定温度以上对其有还原作用；热的硫酸能溶解氧化铝，热的 HCl、HF 对其也有一定腐蚀作用；氧化铝陶瓷的蒸气压和分解压都是最小的。由于氧化铝陶瓷优异的化学稳定性，可广泛地用于耐酸泵叶轮、泵体、泵盖、轴套，输送酸的管道内衬和阀门等。

氧化铝陶瓷的优点是化学性质稳定、机械强度高，其莫氏硬度可以达到 9，价格也相对便宜，因此得到广泛使用。缺点是韧性较差。

B. 氧化锆（ZrO_2）陶瓷

纯净的氧化锆是白色固体，含有杂质时会显现灰色或淡黄色。纯氧化锆的相对分子质量为 123.22，理论密度是 5.89 g/cm^3，熔点为 2715℃。氧化锆有三种晶体形态：单斜、四方、立方晶相。常温下氧化锆只以单斜相出现，加热到 1100℃左右转变为四方相，加热到更高温度会转化为立方相。

氧化锆的优点是硬度较高，莫氏硬度 7.5，比热与导热系数小，高温结构强度高，化学稳定性好，断裂韧性较好，抗热震性能较好。有时和氧化铝陶瓷一起烧结以改善氧化铝陶瓷的韧性。价格比氧化铝陶瓷要高一些。

C. 氮化硅（Si_3N_4）陶瓷

氮化硅呈灰色、白色或灰白色。六方晶系。晶体呈六面体。密度 3.44 g/cm^3。氮化硅陶瓷制品的生产方法有两种，即反应烧结法和热压烧结法。通常热压烧结法制得的产品比反应烧结制得的产品密度高，性能好。

氮化硅的强度很高，尤其是热压氮化硅，莫氏硬度可以达到 9～9.5，是世界上最坚硬的物质之一。它极耐高温，强度一直可以维持到 1200℃的高温而不下降，受热后不会熔成液体，一直到 1900℃才会分解，并有惊人的耐化学腐蚀性能，能耐几乎所有的无机酸和 30%以下的烧碱溶液，也能耐很多有机酸的腐蚀；同时又是一种高性能电绝缘材料。氮化硅陶瓷材料的热膨胀系数小，具有较好的抗热震性能；在陶瓷材料中，氮化硅的弯曲强度比较高，硬度也很高，同时具有自润滑性，摩擦系数小，与加油的金属表面相似，作为机械耐磨材料使用具有较大的潜力。

D. 金属陶瓷

金属陶瓷是由陶瓷和黏接金属组成的非均质的复合材料。陶瓷主要是氧化铝、氧化锆等耐高温氧化物或它们的固溶体，黏接金属主要是铬、钼、钨、钛等高熔点金属。将陶瓷和黏接金属研磨混合均匀，成型后在不活泼气氛中烧结，就可制得金属陶瓷。金属陶瓷兼有金属和陶瓷的优点，它密度小、硬度高、耐磨、导热性好，不会因为骤冷或骤热而脆裂。金属陶瓷既具有金属的韧性、高导热性和良好的热稳定性，又具有陶瓷的耐高温、耐腐蚀和耐磨损等特性。缺点是价格较高。

常用陶瓷耐磨材料的耐磨性能见表 6.9。

表 6.9　常用陶瓷耐磨材料的耐磨性能

性 能	氧化铝	氧化锆	金属陶瓷	氮化硅
抗热震性	差	差	好	好
抗热应力	差	差	好	好
机械韧性	差	中	好	中
加工性能	中	差	中	好
耐磨性	好	好	好	好
耐腐蚀性	好	好	中	好

3）陶瓷耐磨材料在生物质成型设备上的应用

陶瓷耐磨材料在生物质成型设备上的应用目前还处于初试阶段，河南农业大学分别在活塞冲压式成型机和平模式成型机上对陶瓷耐磨材料的使用进行了实验，收到了良好的效果。

A. 陶瓷耐磨材料在活塞冲压式成型设备上的应用

图 6.56 为河南农业大学研制的液压驱动活塞冲压式成型机，生物质物料由料仓口进入，在经过预压缩后，压入成型管，在外部加热以及活塞的挤压作用下，物料在成型

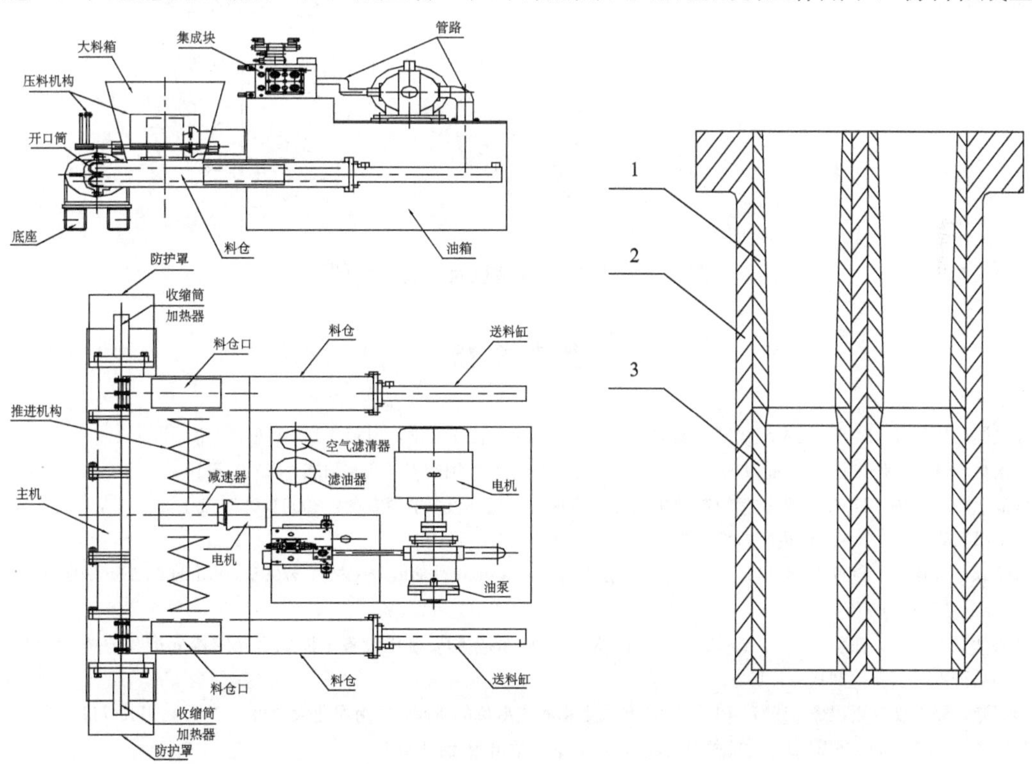

图 6.56　液压驱动活塞冲压式成型机及成型套管示意图

1. 成型管；2. 套筒；3. 保型管

管内被挤压成型。这时由于成型压力巨大，成型管磨损严重，我们将成型管进行重新设计，将其磨损剧烈的收缩段采用氧化铝陶瓷耐磨材料代替，并用花生壳为原料进行了100 h的压缩成型对比实验，对比参照端为30CrMo合金钢，内孔渗碳，并做高频表面淬火。在经历了100 h的对比实验后，合金钢管端成型管入口处端面平均磨损深度近1 mm，而陶瓷管端未见明显磨损，可见陶瓷耐磨材料比普通金属耐磨材料有着较强的抗磨损性。

B. 陶瓷管在平模式成型设备上的应用

图6.57为河南农业大学与鹤壁正道重型机械厂联合研制的平模式成型机，在平模的模盘上嵌入氧化铝陶瓷衬管作为其成型孔，由于氧化铝陶瓷的高耐磨性，有效地解决了平模式成型设备模盘成型孔的磨损问题。

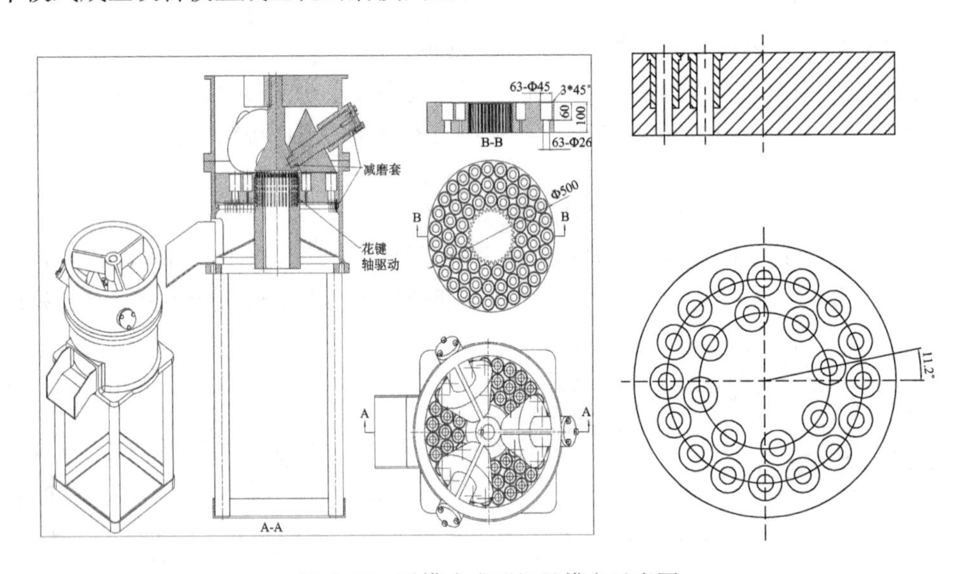

图6.57 平模式成型机及模盘示意图

参考文献

陈义厚，周思柱. 2007. 三锥辊式平模制粒机的设计与研究. 长江大学，(11)：126-128

陈永生，沐森林，朱德文，等. 2006. 生物质成型燃料产业在我国的发展. 太阳能，(4)：16-18

耿福生，耿振华. 2009. 生物质颗粒制粒机用过盈连接的双层环模. 中国专利：200910026671

黄玉昌，张小巧. 2002. 环模制粒机的设计. 北京：机械工业出版社

蒋希霖，朱建东. 2009. 颗粒机环模设计及应用. http：//wenku. baidu. com/view/998de0f8fab069dc502201e0. html，[2011-06-10]

景果仙，王述洋，汪莉萍，等. 2009. 基于Pro/Mechanica的生物质挤压设备平模成型孔结构分析及仿真. 机电产品开发与创新，22 (3)：102-103

李保谦，张百良，夏祖璋. 1997. PB-Ⅰ型活塞式生物质成型机的研制. 河南农业大学报，31 (2)：112-117

刘家浚. 1993. 材料磨损原理及其耐磨性. 北京：清华大学出版社：100-105

牛振华. 2010. HPB-Ⅴ型生物质成型机的改进与试验分析. 河南农业大学

钱海燕，季建华. 2010. 9JYK-500型秸秆压块成型机结构的优化设计. 农业机械，(27)：42-46

邵荷生. 1955. 摩擦与磨损. 北京：机械工业出版社

宋中界，牛振华，连萌，等. 2008. 液压式生物质成型机的试验研究. 粮油加工，(10)：133-136
王述洋，王妍玮，等. 2009. 生物质燃料成型机环模设计. 林业机械与木工设备，37 (1)：35-36
温诗铸，黄平. 2002. 摩擦学原理. 北京：清华大学出版社
肖宏儒，钟成义，宋卫东，等. 2010. 农作物秸秆平模压缩成型技术研究. 农业部南京农业机械化研究所，(1)：58-63
谢启强. 2008. 生物质成型燃料物理性能和燃烧特性研究. 南京林业大学
严永林. 2003. 生物质固化成型设备的研究. 林业机械与木工设备，31 (12)：7-10
杨波，张百良，赵伟丽，等. 2008. HPB-III 型生物质成型机试点运行状况分析及优化设计. 安徽农业科学，36 (3)：1269 -1270
杨星钊，连萌，王威立，等. 2009. 生物质成型机成型套筒的改进设计. 河南农业大学学报，(10)：531-534
张百良，王许涛，杨世关. 2008. 秸秆成型燃料生产应用的关键问题探讨. 农业工程学报，24 (7)：296-300
周春梅. 2007 . 生物质秸秆与残炭成型工艺及燃烧特性的试验研究. 山东理工大学
周佩成，安立人. 1995. 生物可燃废弃物间歇成型过程的研究. 农机与食品机械，(4)：13-14
NY/T1878-2010. 生物质固体成型燃料技术条件

第7章　生物质成型燃料燃烧特性及设备

生物质成型燃料是煤的良好替代燃料，而且具有不同于煤的燃烧特性，可用于家庭炊事取暖炉、中小型热水锅炉、热风炉等生活生产的供热能源，是我国充分利用生物质资源替代煤炭的主要途径之一。随着成型技术水平的提高和规模的扩大，生物质成型燃料的竞争力不断提高，在我国未来的能源消耗中将占有越来越大的比例，应用领域及范围也将逐步扩大。

20世纪80年代以来中国一些研究机构和企业从欧洲引进壁炉、炊事炉、水暖锅炉等生物质燃烧设备，这些炉具只适用木质类燃料，不适合以秸秆生物质为原料的颗粒、块状、棒状成型燃料，其原因是秸秆生物质中含有较多的铝、钙、硅等元素，极易形成结渣而影响正常燃烧；秸秆生物质中还含有大量的氯、钾、钠等元素，在燃烧设备中燃烧一段时间就会产生沉积，大大降低换热效率，并对锅炉换热面造成严重腐蚀。

研究实践证明，我国生物质成型燃料产业发展必须把握好三个重要环节。一是原料存储，需要保证连续供给；二是成型设备，需要保证稳定连续运行；三是燃烧设备，要求结构合理造价低廉，以及高效节能环保。燃烧设备是生物质成型燃料的利用终端，是成型燃料利用好坏的检验标准。目前，国内在成型燃料燃烧设备利用方面存在两个方面的误区，一是对生物燃料的燃烧特性不十分了解，认为燃煤炉改造一下进料机构就可以燃烧成型燃料了，结果造成很大的浪费，出现很多问题，诸如锅炉出力不足、燃烧效率低、设备结渣沉积腐蚀严重等；二是没有对燃烧设备做工程型试验，国家也没有标准，在没有适合成型燃料设备工程参数的条件下，任意设计所谓生物质成型燃料燃烧设备，同样出现不少问题和事故。

为了解决上述问题，作者总结了多年的研究成果，也吸收了部分企业在生产实践中的经历、经验，包括需要吸取的教训，贡献给本书。本章主要内容包括：应用基础理论研究，如生物质燃烧结渣、沉积腐蚀机理，生物质燃烧特性等；技术集成创新，如两段式燃烧室设计，多级供风及自动控制等；生物质燃烧设备应用模式及市场化经营等。同时为了使读者能够找到真实的参照物，还增加了部分企业产品案例，这些内容都可以供生物质成型燃料燃烧设备创新设计参考。

7.1　生物质成型燃料燃烧动力学

7.1.1　生物质成型燃料燃烧特点

生物质成型燃料是经过生物质秸秆压缩而形成的颗粒、棒状或块状燃料，2010年5月我国农业部颁布了生物质成型燃料标准——《生物质固体成型燃料技术条件》，标准规定了其热值、密度、灰分、含水率等各种技术数据要求。各种形状的生物质成型燃料与生物质散料相比，热值、灰分没有明显变化，含水率会略有降低，但密度却大大增加，一般可达每立方米 1.0 t 左右，这一变化导致了其挥发分的溢出速度降低，由表面向内部燃烧速度缓慢，点火温度有所升高，点火性能比原生物质有所降低（刘圣勇等，2002）。

成型燃料燃烧过程中不同于煤的特点是，在 200℃左右挥发分开始析出，550℃左右绝大多数挥发分溢出和分解，燃烧处于动力区。随着挥发分燃烧逐渐进入过渡区与扩散区；挥发分燃烧后，剩余的焦炭骨架结构紧密，运动的气流不能使其解体，炭骨架保持层状燃烧，形成层状燃烧核心。这时炭的燃烧所需要的氧与静态渗透扩散的氧相当，燃烧状态稳定，炉温较高。在燃烧过程中可以清楚地看到炭燃烧时蓝色火焰包裹着明亮的炭块，燃烧时间明显延长。这种阶段式特点为我们解决成型燃料燃烧带来的几个重要问题，提供了可利用的空间。

研究实践证明，生物质成型燃料燃烧速度均匀适中，整个燃烧过程中的需氧量稳定，燃烧所需的氧量与外界渗透扩散的氧量能够较好地匹配，燃烧相对平稳，接近于型煤。

7.1.2　生物质成型燃料燃烧动力学特性

生物质成型燃料燃烧理论是研制生物质成型燃料燃烧设备的基础。生物质成型燃料的点火性能、燃烧机理、燃烧特性等是确定生物质成型燃料燃烧设备的热力参数的理论基础，是设计高效燃烧生物质成型燃料燃烧设备、实现较高的燃烧效率与产生较少污染的重要依据。

1. 生物质成型燃料点火性能

1）点火过程

生物质成型燃料的点火过程是指生物质成型燃料与点燃火种接触，局部温度升高，挥发分逐步析出，直至激烈的燃烧反应产生的过程。生物质成型燃料的点火要依次经过如下过程：在热源的作用下，局部水分逐渐被蒸发逸出生物质成型燃料表面→部分挥发性可燃气析出→温度升高到可燃气着火点，燃料表面局部着火燃烧→局部燃烧向周围和燃料内部扩展，使挥发分析出量迅速增加→激烈燃烧开始，点火阶段结束。

研究表明，点火过程与燃烧过程在机理上没有明显区别，仅是温度供给来源不同，点火开始的温度升高是外来热源，人为提供，空气也是控制供给。而维持燃烧是燃料自身供给的热量。

2）点火特性

影响点火的因素与影响正常燃烧的因素基本相同，有如下几项基本要素：温度；生物质燃料；空气供给；生物质成型密度；含水率；几何尺寸等。炉膛原温度越高，成型燃料的密度越小，燃料的挥发分释放越快，含水率越低，越容易点火（罗娟等，2010）。

生物质成型燃料的点火时间与挥发分大致呈线性关系，挥发分中含有大量 H_2、CH_4、不饱和烃（C_mH_n）、CO 等可燃气体，挥发分越高，点火时间越短。不同原料在不同的燃炉中燃烧，挥发分的含量比例不同。

生物质成型燃料的点火时间与含水率大致呈指数关系，含水率越高，点火时间越长。这是因为燃料中较高的含水率，会延长燃料干燥时间，减缓挥发分析出速度，从而使燃料所需的点火时间延长。当含水率超过一定数值，则无法点燃。

在生物质成型燃料中，其组织结构限定了挥发分由内向外的析出速度及热量由外向内的传递速度，同等质量的生物质成型燃料点火所需的氧气比原生物质有所减少。因此，生物质成型燃料的点火性能比原生物质有所降低，但仍然远远优于型煤的点火性能。从总体趋势来看，生物质成型燃料的点火特性更趋于生物质原料点火特性。

2. 生物质成型燃料燃烧机理

生物质成型燃料燃烧机理的实质属于静态渗透式扩散燃烧。燃烧过程从着火后开始。其过程同前节所述，不再重复。

生物质燃烧型燃料与普通散放生物质燃烧的不同点是生物质燃料的密度更大，燃烧过程有了明显的内外层之分，挥发分析出与燃烧、焦炭燃烧在时间层次上有所差别。

生物质成型燃料燃烧首先从表面可燃挥发物析出开始，接着气体、焦炭相继着火燃烧；燃烧过程很快进入过渡区；表面温度向燃料的内部逐层传导，使点火区的周围及内部接近层同样放出可燃挥发性气体，焦炭的燃烧产物 CO_2、CO、CH_4 等大量的挥发分由内部向外扩散，同时由于秸秆成型燃料内部受热膨胀，灰层中出现了微小的空隙或裂纹，使气体更易析出，氧气也更易进入，焦炭骨架更易形成，燃烧进入激烈氧化阶段。这一阶段温度较高、热量放出较多，是生物质燃烧设备最重要的阶段。

我们对成型燃料燃烧过程形成一种规律性认识：在成型燃料内层主要是随温度由表及里的传递，释放出可燃挥发性气体。在成型燃料表面主要进行 CO、CH_4 等气体的燃烧，内外层都会因焦炭燃烧产生少量氧化性气体，并形成残余物团骨架。

燃料内层物质基本燃尽，灰渣和不到 1％的残碳被排出炉外，至此完成了秸秆成型燃料的整个燃烧过程。燃烧过程详细描述如图 7.1 表示。

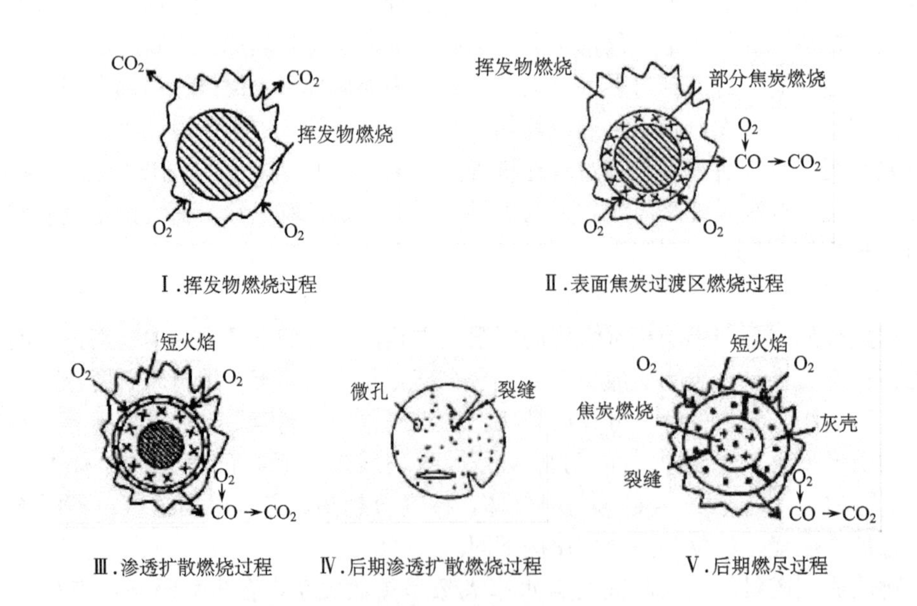

图 7.1　生物质成型燃料燃烧过程示意图

7.1.3　生物质成型燃料燃烧速率

生物质成型燃料的燃烧速率对设计燃烧设备有重要影响，这里将详细分析影响生物质成型燃料燃烧率度的各种因素，对设计燃烧设备具有指导作用。

生物质成型燃料的燃烧速率可理解为单位时间内，可燃物质完全燃烧的量，或燃烧完单位可燃物需要的时间。它是燃烧器设计的基本要素。影响燃烧速率的因素很多，主要包括：生物质原料的种类、燃烧温度、供风量、成型密度及成型燃料的几何尺寸等。这里主要研究对生物质影响最大的几个因素。

1. 原料种类对燃烧速率影响

通过试验对玉米秸秆、小麦秸秆和稻秆成型燃料燃烧速率进行研究。将直径、密度、质量相同或相近的3种成型燃料，分别放入马弗炉中计时燃烧，根据测出的不同燃烧阶段的烧失量 m，平均燃烧速率 v 及可燃物相对燃烧速率 v_t 如表7.1所示。

试验结果表明，不同原料的成型燃料具有不同的燃烧速率，但呈现相同的变化规律。即燃烧初期为引燃期，平均燃烧速率快，但总量不大。中期为过渡期，大量可燃气体和固定碳要在这段燃烧，燃烧释放热量占总能量的70%以上，诸多影响因素主要在这一段发生有效作用；后期为燃尽期，此时挥发性可燃气所剩不多，燃烧速率较慢但比较平稳。这是因为燃烧初期主要是挥发分的燃烧，此时挥发分浓度较大，且基本上没有灰壳的阻碍作用，因此燃烧速率较快。燃烧中期是挥发分和碳的混合燃烧。该阶段挥发分连续析出，灰壳逐渐形成加厚，阻碍挥发分向外快速溢出，燃烧速率相对变慢，后期主要是炭和少量残余挥发分的燃烧，不断加厚的灰层使氧气向内渗透和燃烧产物的向外扩散的速率明显受阻，降低了燃烧速率。在整个燃烧过程中，挥发分含量高的生物质燃烧速率衰减较快，灰分多的生物质灰层阻碍多于灰分少的生物质成型燃料，燃尽期的燃烧速率比较慢而平稳。

上述是理想燃烧分析，实际生产中没有这么明显的层次，因为不可能第一批燃料燃尽后再加第二批燃料，不至于使燃烧器内的温度不断发生变化，事实上是在前期挥发分快速燃烧，再进入后期燃烧前就开始加料，因此大多数情况下是交叉进行的。但有一点是肯定的，无论在哪个区新加进的生物质燃料都要在低温释放挥发分，然后在氧气供给适当时高温燃烧。而且挥发分燃烧的能量占绝大部分，这是我们设计生物质成型燃烧器的理论基础。

2. 燃烧温度对燃烧速率的影响

通过对3种直径、密度、质量相同或相近的秸秆成型燃料燃烧试验，测出不同燃烧阶段的烧失量 m，平均燃烧速率 v 及可燃物相对燃烧速率 v_t 列于表7.2。

温度是影响燃烧的三个主要因素之一，对任何燃料都一样，生物质成型燃料也不例外。燃烧初期，主要是依靠温度使生物质燃料内的有机物质分解，释放出高浓度的挥发分，实践中，可明显检测到在100℃左右就有挥发分析出，直到550℃左右，80%的挥发分都要析出来。同时，较大块状的燃料由外向里是需要温度梯度的，有了这个梯

表 7.1　不同种类秸秆成型燃料对燃烧速度的影响

原料	成型燃料		可燃物	第 1 个 5 min			第 2 个 5 min			第 3 个 5 min			第 4 个 5 min		
	密度/(g/cm³)	质量/g	质量/g	m/(g/min)	v/%	v_t/g	m/(g/min)	v/%	v_t/g	m/(g/min)	v/%	v_t/g	m/(g/min)	v/%	v_t/g
Y	1.113	63.2179	52.4159	26.7270	5.3454	50.96	16.95	3.39	32.32	2.40	0.48	3.80	1.30	0.26	2.48
M	1.063	59.7092	50.4364	28.2633	5.6527	56.04	13.00	2.60	25.78	1.50	0.30	2.97	0.50	0.10	0.99
D	1.110	59.2998	48.3100	24.1966	4.8393	40.80	13.40	2.68	27.74	2.50	0.50	5.17	0.90	0.18	1.86

注：Y. 玉米秆，M. 小麦秆，D. 稻秆。

表 7.2　温度对成型燃料燃烧速度的影响

原料	风档	温度/℃	成型燃料		可燃物	第 1 个 5 min			第 2 个 5 min			第 3 个 5 min			第 4 个 5 min		
			密度/(g/cm³)	质量/g	质量/g	m/(g/min)	v/%	v_t/g	m/(g/min)	v/%	v_t/g	m/(g/min)	v/%	v_t/g	m/(g/min)	v/%	v_t/g
玉米秸秆	Ⅰ	900	1.11	71.6084	59.4135	27.4776	5.4955	46.25	18.85	3.77	31.73	5.50	1.10	9.26	1.80	0.36	3.03
	Ⅰ	700		72.0709	59.7557	23.1383	4.6277	38.72	20.00	4.00	33.47	5.50	1.10	9.20	0.70	0.14	1.17
	Ⅱ	900		43.0833	35.7462	23.3395	4.6675	65.29	7.55	1.51	21.12	1.25	0.25	3.50	0.85	0.17	2.38
	Ⅱ	700		45.6777	37.8988	21.8802	4.3760	57.73	11.40	2.28	30.08	0.8	0.16	2.11	0.95	0.19	2.51
	Ⅲ	900		44.0042	36.51	26.0858	5.2172	71.45	5.81	1.16	15.91	0.39	0.08	1.07	/	/	/
	Ⅲ	700		43.7574	36.31	18.8538	3.7708	51.92	12.00	2.40	33.05	1.10	0.22	3.03	0.20	0.04	0.55
小麦秸秆	Ⅰ	900	0.94	54.3229	45.8900	25.2544	5.0509	55.04	8.70	1.74	18.96	2.40	0.48	5.23	0.60	0.12	1.31
	Ⅰ	700		53.0517	44.8128	21.4352	4.2870	47.83	9.10	1.82	20.31	2.70	0.54	6.03	0.70	0.14	1.56
	Ⅱ	900		52.8951	44.6800	31.1616	6.2323	69.74	5.30	1.04	11.64	2.20	0.44	4.92	0.70	0.14	1.57
	Ⅱ	700		52.1023	44.0142	21.4352	4.2870	47.83	9.10	1.82	20.31	2.70	0.54	6.03	0.70	0.14	1.56
	Ⅲ	900		47.9855	40.5335	26.7035	5.3407	65.88	5.50	1.10	13.57	1.10	0.22	2.71	1.00	0.20	2.45
	Ⅲ	700		48.9976	41.3883	22.7248	4.5450	54.91	6.90	1.38	16.67	1.10	0.22	2.66	0.9	0.18	2.17
稻秆	Ⅰ	900	0.94	67.8700	55.2937	28.1678	5.6336	50.94	14.80	2.96	26.77	3.30	0.66	5.97	0.60	0.12	1.09
	Ⅰ	700		69.7136	56.7956	21.0111	4.2020	36.99	16.00	3.20	28.19	4.85	0.97	8.54	0.65	0.13	1.15
	Ⅱ	900		48.3847	39.420	22.0915	4.4183	56.04	10.50	2.10	26.64	0.50	0.10	1.27	0.50	0.10	1.27
	Ⅱ	700		49.6692	40.4655	21.6773	4.3355	53.57	11.20	2.24	27.68	0.70	0.14	1.73	0.90	0.18	2.22
	Ⅲ	900		46.4262	37.8234	26.0895	5.2179	68.98	6.50	1.30	17.19	0.60	0.12	1.59	0.50	0.10	1.32
	Ⅲ	700		48.2625	39.3195	19.3621	3.8724	46.42	13.60	2.72	39.59	1.00	0.20	2.54	0.80	0.16	2.03

度，燃烧室内才能有可以自我控制的高温温度场，这是固体燃烧与液体燃烧最大不同点。可见，温度在这段燃烧中是生物质燃烧的基本条件；燃烧中期，成型燃料的燃烧同时受温度和挥发分浓度的影响，挥发分浓度成为控制燃烧速率的主要因素。在高温工况下，燃烧的平均燃烧速率明显大于低温工况下的平均燃烧速率。在燃尽期，可燃物基本上燃尽，高温与低温工况燃烧速率趋于一致。由上述分析可以看出，温度既是生物质燃烧的条件，也是燃烧追求的目标。

3. 供风量对燃烧速率的影响

通过对 3 种直径、密度、质量相同或相近的秸秆成型燃料的燃烧试验，测出不同燃烧阶段的烧失量 m，平均燃烧速率 v 及可燃物相对燃烧速率 v_t 列于表 7.3。

供风量实际讲的是供氧量，生物质本身含氧量多在 40%～50%，因此容易点燃，燃烧速率也快。根据生物质燃烧机理，燃烧过程中要求风量分级供给，燃烧初期主要是要求生物质挥发分的充分析出，温度不能太高，控制在 500℃以下就可以，这一段的进风量要严格控制，供风量不能太大；实践中为了便于控制，将这个温度段单独设计成一个区，根据温度的要求自动控制进风阀门；为了得到高温，必须使可燃气体充分燃烧，这就要根据挥发分的浓度自动调整供风量，使可燃气放出热量，生成 CO_2 排出。实践中是将挥发分引到另一高温区实现准确控制的。对于小的燃烧器来说，不便于分室但可以分级供风，所谓的二次，甚至三次进风，都是依据生物质的燃烧机理设计的。

4. 成型燃料密度对燃烧速率的影响

通过对直径相同、质量相近但密度不同的玉米秸秆、小麦秸秆、水稻秸秆成型燃料燃烧试验，测出不同燃烧阶段的烧失量 m，平均燃烧速率 v 及可燃物相对燃烧速率 v_t，数据列于表 7.4。

试验说明，随着成型燃料密度的增大，对成型燃料内部的挥发分溢出的阻力增加，在成型燃料的燃烧初期，相对燃烧速率与成型燃料的密度成反比，密度小的易于燃烧；但随着挥发分的析出，经过初期燃烧后，密度大的成型燃料内部可燃挥发分浓度升高，因此，在燃烧中期阶段的相对燃烧速率与成型燃料的密度呈正相关。最后燃尽阶段，密度小的成型燃料，挥发分浓度基本释放完毕，燃烧工况趋于稳定。总体而言，密度大的成型燃料在整个燃烧过程中的燃烧速率相对稳定，因此在大型燃烧设备上一般应用密度较大的成型燃料，它有利于使炉内温度相对稳定，保证生产上要求的热能供给，而家用生活燃炉以及小型热水炉等，尤其是断续燃烧的小型手烧炉，成型燃料密度不要求过大，一般 0.9 t/cm^3 左右就可以满足燃烧要求，不但有利于快速点火，升温速率也快，同时也可以节约加工成型燃料的能耗。

5. 成型燃料块径对燃烧速率的影响

通过对密度、质量相同但直径不同的玉米秸秆、小麦秸秆、水稻秸秆成型燃料进行燃烧试验后，测出不同燃烧阶段的烧失量 m，平均燃烧速率 v 及可燃物相对燃烧速率 v_t，数据见表 7.5。

表 7.3　供风量对成型燃料燃烧速率的影响

原料	风档	成型燃料 密度/(g/cm³)	成型燃料 质量/g	可燃物质量/g	第1个5 min m/(g/min)	第1个5 min v/%	第1个5 min v_t/g	第2个5 min m/(g/min)	第2个5 min v/%	第2个5 min v_t/g	第3个5 min m/(g/min)	第3个5 min v/%	第3个5 min v_t/g	第4个5 min m/(g/min)	第4个5 min v/%	第4个5 min v_t/g
玉米秆	Ⅰ	1.11	50.6851	42.05	23.506	4.7012	46.38	12.60	2.52	29.96	1.40	0.28	3.33	0.65	0.13	1.55
	Ⅱ		48.7261	40.43	22.7302	4.5460	46.65	11.70	2.34	24.01	1.46	0.29	3.00	0.79	0.16	1.95
	Ⅲ		50.3338	41.76	29.6733	5.9347	71.06	6.75	1.35	16.16	0.75	0.15	1.80	/	/	/
麦秆	Ⅰ	1.11	54.3229	45.89	25.2544	5.0509	55.04	8.70	1.74	18.96	2.40	0.48	5.23	0.60	0.12	1.31
	Ⅱ		52.8951	44.68	31.1616	6.2323	69.74	5.30	1.04	11.64	2.20	0.44	4.92	0.70	0.14	1.57
	Ⅲ		57.0448	48.19	30.1541	6.0308	62.58	5.40	1.08	9.47	1.30	0.26	2.70	1.10	0.22	2.28
稻秆	Ⅰ	1.11	59.5186	48.49	24.0237	4.8047	49.54	14.70	2.94	30.32	2.30	0.46	4.74	0.60	0.12	1.01
	Ⅱ		59.2998	48.31	24.1966	4.8393	40.80	13.40	2.68	27.74	2.50	0.50	5.17	0.90	0.18	1.86
	Ⅲ		61.9842	50.04	26.1005	5.2201	52.16	11.70	2.34	23.38	1.20	0.18	2.40	0.90	0.18	1.80

表 7.4　成型燃料密度对燃烧速率的影响

原料	成型燃料 密度/(g/cm³)	成型燃料 质量/g	可燃物质量/g	第1个5 min m/(g/min)	第1个5 min v/%	第1个5 min v_t/g	第2个5 min m/(g/min)	第2个5 min v/%	第2个5 min v_t/g	第3个5 min m/(g/min)	第3个5 min v/%	第3个5 min v_t/g	第4个5 min m/(g/min)	第4个5 min v/%	第4个5 min v_t/g
玉米秆	1.049	29.5466	24.5148	20.3767	4.0753	83.12	1.60	0.32	6.53	1.15	0.23	9.44	0.25	0.05	1.02
	1.113	30.4817	25.2907	19.5117	3.9023	77.15	3.06	0.62	12.16	0.24	0.05	0.93	/	/	/
	1.212	30.6065	25.3942	18.3331	3.6666	72.19	3.75	0.75	14.77	0.50	0.10	1.97	0.70	0.14	2.76
麦秆	0.742	52.8671	44.6568	34.8181	6.9636	77.97	3.46	1.73	7.76	0.92	0.18	2.05	0.46	0.09	1.03
	0.936	52.8951	44.680	31.1616	6.2323	69.74	5.30	1.04	11.64	2.20	0.44	4.92	0.70	0.14	1.57
	1.063	52.1063	44.0142	30.8171	6.1634	70.01	5.75	1.15	13.06	1.55	0.31	3.52	1.15	0.23	2.61
稻秆	0.687	47.2790	38.5182	2.8927	4.5785	59.43	9.50	1.90	24.66	1.10	0.22	2.86	1.10	0.58	2.86
	1.190	48.0251	39.1260	20.4936	4.0987	52.38	11.0	2.20	28.11	3.50	0.70	8.95	0.50	0.10	1.58
	1.308	44.8295	36.5226	16.0076	3.2015	43.83	13.7	2.74	37.51	1.48	0.30	4.04	1.25	0.25	1.96

表 7.5　成型燃料直径对燃烧速率的影响

原料	成型燃料			可燃物质量/g	第 1 个 5 min			第 2 个 5 min			第 3 个 5 min			第 4 个 5 min		
	直径/mm	密度/(g/cm^3)	质量/g		m/(g/min)	v/%	v_t/g	m/(g/min)	v/%	v_t/g	m/(g/min)	v/%	v_t/g	m/(g/min)	v/%	v_t/g
玉米秸秆	33	1.0492	67.206	55.7612	25.15	5.030	45.10	21.35	4.27	38.29	2.55	0.57	4.57	2.20	0.44	3.94
	44	1.2125	68.245	56.6230	19.63	3.926	34.67	16.10	3.22	28.43	11.0	2.20	19.43	1.30	0.26	2.30
	54	1.1138	68.137	56.5330	30.68	6.136	54.27	15.98	3.20	28.27	2.60	0.52	4.60	1.44	0.30	2.55
	64	1.1587	49.000	40.6553	30.00	6.000	73.79	12.50	2.50	30.75	1.50	0.30	3.69	0.10	0.02	0.25
	78	1.0591	195.00	161.792	60.00	12.00	37.08	30.00	6.00	18.54	20.0	4.00	12.36	10.0	2.00	6.18
	140	1.2694	640.00	531.008	165.00	33.00	31.07	75.00	15.0	14.12	115.0	23.0	21.66	55.0	11.0	10.36
小麦秸秆	44	1.0453	35.450	30.0209	18.42	3.684	61.36	6.00	1.20	19.99	0.75	0.15	2.50	0.35	0.07	1.17
	55	1.0634	35.834	30.2692	21.40	4.281	70.71	3.10	0.62	10.24	0.90	0.18	2.97	0.80	0.16	2.64
	60	1.0240	35.748	30.1959	24.09	4.817	79.76	1.50	0.30	4.97	1.35	0.27	4.47	0.65	0.13	2.15
	64	1.0356	155.00	130.929	35.00	7.000	26.73	30.0	6.00	22.91	15.0	3.00	11.46	10.00	2.00	7.64
	76	1.0575	260.00	219.622	50.00	10.00	22.77	35.0	7.00	15.94	40.0	8.00	18.21	25.00	5.00	11.4
稻秆	33	1.234	55.463	45.186	3.90	19.48	43.11	18.60	3.72	41.16	2.30	0.46	5.09	0.90	0.18	2.00
	44	1.3483	55.726	45.400	14.61	2.923	32.20	19.96	3.99	43.96	5.08	1.02	11.18	0.50	0.10	1.10
	54	1.190	54.343	44.274	18.85	3.770	42.57	16.30	3.26	36.82	0.80	0.16	1.81	0.70	0.14	1.58
	64	1.112	141.00	114.87	55.00	11.00	47.88	30.00	6.00	26.12	15.0	3.00	13.06	4.00	0.80	3.48

大量实验证明，整个燃烧过程中大直径的成型燃料的相对燃烧速率比小直径成型燃料的燃烧速率相对平稳。在成型燃料燃烧前期，其平均燃烧速率随成型燃料直径的增大有增大的趋势。这是因为，小直径的成型燃料燃烧过程短，提前燃至块径中心，结束单体块的燃烧，而大直径成型燃料燃烧层到达燃烧中心的时间长，释放热量多，维持燃炉内温度稳定能力大。

综上所述，生物质成型燃料的密度和燃料原料种类对燃烧速率的影响最为明显，燃烧速率与成型燃料密度、析出挥发分浓度的高低呈显著的正相关关系。因此，设计生物质成型燃料燃烧设备时，主要以成型燃料的原料种类和松弛密度等为依据，计算进料速度、空气量等各种参数。

7.2　生物质成型燃料燃烧过程的沉积与腐蚀

7.2.1　沉积特性

沉积是指在燃炉的受热面上黏敷含有碱金属、矿物质成分的飞灰颗粒及有机物粉尘的现象。沉积会随着生产时间的延长逐渐增厚，使换热效率逐步降低，严重时会造成换热管破坏，漏水，中断正常运行。这种现象出现的时间虽然有差别，但若处理不当几乎所有设备都会发生。

生物质（秸秆）成型燃料因含有较高的不利燃烧的元素，如钾、钙、钠、镁等碱金属氧化物和硅、氯、硫、氮等非金属元素，在燃烧过程中都是助成沉积的因素，因此，在受热面上形成的沉积与煤相比，程度更严重。生物质燃料具有光滑的表面和较小的孔隙度，它的黏结度和强度更高，也更难去除。图 7.2 是秸秆成型燃料燃烧时在锅炉过热器及炉墙表面沉积结垢的照片。

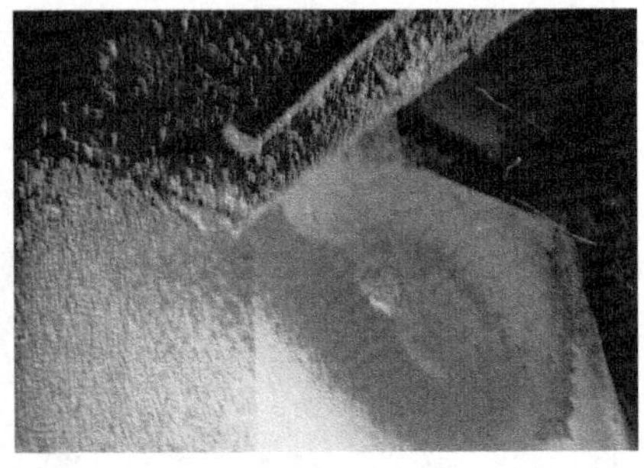

图 7.2　秸秆燃料在锅炉过热器及炉墙表面上的沉积照片

沉积的典型特征是它的形成物都来自高温的气相中，没有与未燃尽的成型原料混合胶结，这是沉积定义的主要物理依据。沉积是由生物质中易挥发物质（主要是碱金属）在高温下挥发进入气相后与烟气、飞灰一起在对流换热器、再热器、省煤器、空气预热器等受热面上凝结、黏附或者沉降的现象（唐艳玲，2004），这些部位的烟气温度低于飞灰的软化温度，沉积物大多以固态飞灰颗粒形式堆积形成，颗粒之间有清晰的界限，温度过高时，外表面会发生烧结，形成一个比较硬的壳（鲁文华，2002）。

7.2.2　沉积形成机理和过程

1. 沉积形成机理

沉积的形成主要是灰分在燃烧过程中的形态变化和输送作用的结果，生物质燃烧形成机理应从两个方面分析。

一是内因，就是秸秆等生物质中含有形成沉积的物质条件，如作物秸秆中几乎含有土壤和水分中所包含的各种元素，其中金属元素 K、Na、Ca、Mg，非金属元素 Cl、N、S 等，它们大都性质活泼，极易与碱金属元素形成 KCl、NaCl、NO_x、HCl 等。碱金属是形成沉积的物质基础，非金属元素 Cl 等有推动碱金属流动的能力，是不断供给沉积成型成长的运输工具。

二是外因，就是炉膛提供的温度及热动力条件，使挥发析出的碱金属以及在热空气中游动的矿物质、有机质颗粒具有到达受热面的推动力，具备进行热化学反应的温度条件。通过内、外因的有机配合形成沉积。

可见，生物质燃烧过程发生沉积有其形成的必然性和复杂性，只要有生物质燃烧就会发生沉积，因此，沉积是生物质燃烧设备运行过程中不可避免的；当然，不同的燃烧设备也没有完全相同的内、外因素，因此不同的燃烧设备产生沉积的状态及形成过程是不可能相同的。我们解决沉积的技术路线主要考虑以上分析的内外因素，需要采取破坏这两个形成因素的气氛与动力场，即采取反向技术措施，一是消减内因的基础，二是降低炉温及避免炉膛热动力的推动力过强作用，三要及时清除已经形成的沉积，从而达到减少、预防、铲除沉积，保证燃烧设备稳定可靠运行。

实践中发现，生物质，尤其是秸秆成型燃料的燃烧过程中，在炉膛内巨大气流的作用下，烟道气中粒径较大的颗粒由于惯性撞击受热面，撞击受热面的颗粒一部分被反弹回烟气中，另一部分粘贴在受热面上与烟气中酸性气体形成低熔化合物或低熔共晶体，这些沉淀物经长时间高温烟气烧结，形成致密结晶盐类沉积于受热面。

在高温对流烟气中，烟气温度一般高于 800℃，而受热面的壁面温度一般为 550～650℃。由于飞灰中碱金属离子（Na^+、K^+）在高温下处于气态，约 730℃发生凝结。当烟气进入对流烟道遇到低于 700℃的受热面时，碱金属离子就会在表面凝结，形成碱金属的化合物沉积于受热面，同时混有一些其他成分的灰粒一起被黏附在受热面。这些沉积经长期高温烟气酸化烧结，形成密实的积灰层。烟气温度越高，灰中碱金属越多，烧结时间越长，沉积就越厚，越难清除。

2. 沉积形成过程

根据观察和化验结果的分析，沉积主要是通过凝结和化学反应机制形成的。凝结是指由于换热面上温度低于周围气体的温度而使气体凝结在换热面上的过程。化学反应机制是指已经凝结的气体或沉积的飞灰颗粒与流过它的烟气中的气体发生反应。例如，凝结的 KCl 和 KOH 与气态的 SO_2 反应生成 K_2SO_4 等。试验发现，受热面沉积中硫的浓度很高，碱金属多以硫酸盐（Na_2SO_4、K_2SO_4、$Na_2Si_2O_5$）等低熔化合物或低熔共晶体的形式出现，而钾、钠多是以气态形式从燃料中挥发出来的，然后凝结在受热面上。

用 XRD 对沉积样进一步进行测试发现，秸秆燃烧过程氯是以 KCl 的形式凝结在沉积中的，是形成沉积的主要物相，根据 X 射线衍射仪对生物质原料的研究可知，生物质原样中的 XRD 图谱中没有 KCl。可见，KCl 是在燃烧过程中通过化学反应形成的。

试验过程发现，烟气进入低温受热面后，烟气中的水蒸气、酸雾等会吸附灰尘颗粒形成尾部积灰，进而发生沉积。沉积的表面上有部分颗粒较大的飞灰粒子，这主要是烟道气中的大颗粒撞击受热面后，粘贴在沉积的表面上，此时形成的沉积属于低温沉积，主要是飞灰粒子受含有酸雾的烟气影响而形成，具有较强的腐蚀性。温度较低的水冷壁表面及过热器尾部的沉积在形成过程中逐渐从液相转向固相。

研究结果表明：在秸秆燃烧过程中，碱金属在炉膛高温下挥发析出，然后凝结在受热面上，呈黏稠状熔融态，捕集气体中的固体颗粒，使得颗粒聚团，导致沉积的形成。另外，秸秆等生物质中含有较高的 Cl、K 等非金属元素，它们均以离子状态存在，很容易与碱金属形成稳定的化合物进而发生沉积，沉积物能够不断在较高的炉膛温度中将碱金属运往受热面，粘贴在受热面上形成沉积。其沉积过程可以用图 7.3 表示。

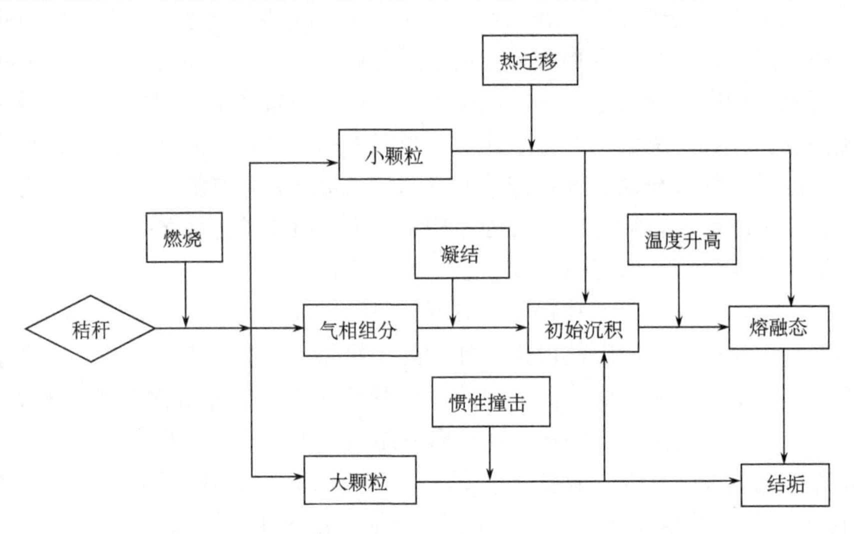

图 7.3　沉积过程示意图

形成沉积的受热面都是由直径大小不一的球状晶粒组成，这些晶粒排列混乱，部分动能较大的晶粒逃离了原来的位置与其他晶粒聚集在一起，在受热表面上形成一个凸面，而在原来的位置上形成了空位，犹如一个个洞穴，随着温度的升高，具有较大动能的晶粒在晶粒中的比例增加，洞穴的数量也随之增多，受热面的表面将更加凹凸不平（图 7.4）。凹陷部分具有接纳、保护沉积的作用，更易形成沉积。当高温烟气中飞灰颗粒遇到炽热的受热面时，大部分聚集在受热面表面的凹陷处（图 7.5），形成沉积；落在凸面上灰粒，一部分在重力、气流黏性剪切力及烟道中的飞灰颗粒的撞击力的作用下脱落，重新回到高温烟气中。另外，在沉积初始形成时，由于受热面表面上沉积的粒子少、壁面温度较低，粒子表面的黏度不足以捕获、黏住撞击壁面的大颗粒，所以主要以小颗粒为主。随着留在表面上的沉积越积增厚，黏性增加，当遇到高温烟气中大颗粒碰撞壁面或碱金属硫酸盐及氯化物凝结在壁面上时，二者就发生聚团现象，并逐步增大(图 7.6)。图 7.4～图 7.7 是利用扫描式电子显微镜拍摄到的灰粒沉积的图片。

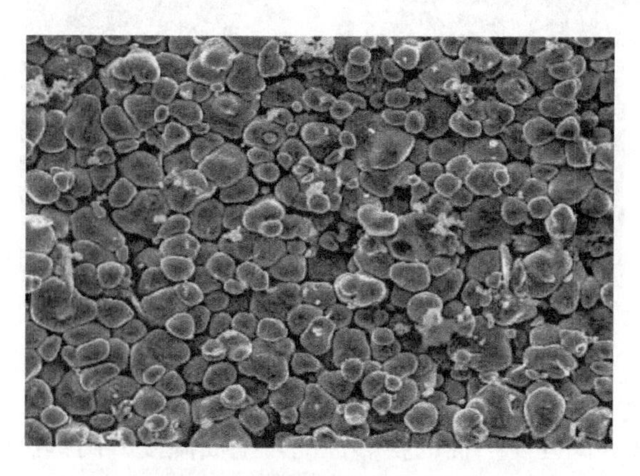

图 7.4　受热面表面的 SEM 图

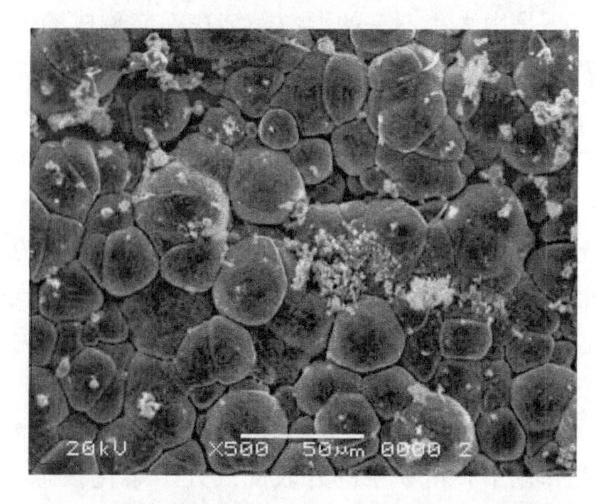

图 7.5　初始沉积层中粘贴、留在壁面上的灰粒

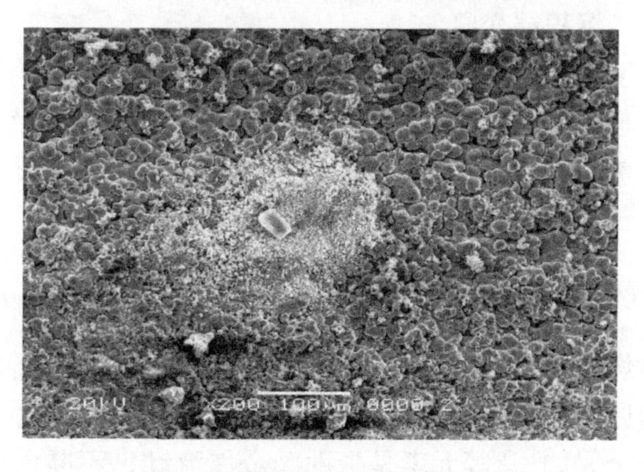

图 7.6　灰沉积聚团的 SEM 图

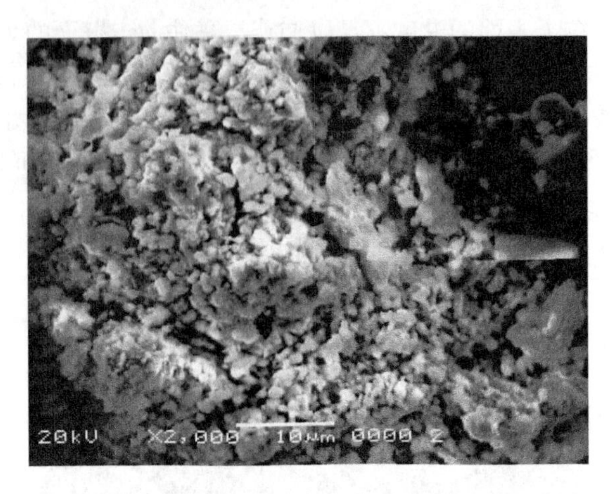

图 7.7 脱落灰块的 SEM 图

较多的沉积降低了此处受热面的换热性能，壁面温度升高，沉积表面熔化，黏性增加，黏结越来越多的飞灰颗粒，从而出现了沉积聚团现象。最终覆盖整个表面。

受热面上形成的沉积是由大小不一的颗粒黏结在一起形成的聚团，聚团之间有一些小孔，表面形状呈蜂窝状部分，聚团的颗粒表面出现熔化现象，黏性增加，为沉积的进一步增长提供了有利条件。当烟道气中的大颗粒遇到具有较大黏性的沉积面也会被捕获，图 7.7 为利用扫描式电子显微镜拍摄的图片。

具体来说，沉积的形成主要是秸秆中的灰分在燃烧过程中的形态变化和输送作用的结果，其形成过程可分为颗粒撞击、气体凝结、热迁移及化学反应四种。

秸秆成型燃料的燃烧过程中，在炉膛内气流的作用下，烟道气中粒径较大的颗粒由于惯性撞击受热面，撞击受热面的颗粒一部分被反弹回烟气中，另一部分粘贴在受热面上形成沉积。

随着壁温的增高及沉积滞留期的延长，沉积层出现了烧结和颗粒间结合力增强的现象。在较高的管壁温度作用下，沉积层的外表面灰处于熔化状态（Nielsen，1998），黏性增加，当烟道气气流转向时，具有较大惯性动量的灰粒离开气流而撞击到受热面的壁面上，被沉积层捕捉，沉积层变厚。

当重力、气流黏性剪切力以及飞灰颗粒对壁面上沉积的撞击力等破坏沉积形成的共同作用力超过了沉积与壁面的黏结力时，沉积块就从受热面上脱落，这种脱落的沉积块在锅炉上称为塌灰（垮渣），一般的塌灰将使炉内负压产生较大波动，严重塌灰将会造成锅炉灭火等事故。

7.2.3 影响沉积的因素

秸秆成型燃料燃烧过程中，原料的成分、形状及受热面温度等因素对沉积的形成有重要影响。这里所指原料的成分就是沉积形成的物质条件，高含量的碱金属存在是沉积形成的主要因素，非金属如 Cl 等元素是帮助碱金属流动、不断向沉积层补充碱金属的运载工具。温度是碱金属析出、迁移、流动的热动力。它们严重影响着沉积的形成状况，本节将扼要叙述。

1. 原料成分对沉积形成的影响

秸秆燃烧过程中，燃料成分是影响受热面上沉积形成的主要因素之一。与煤等化石燃料相比，秸秆中氧的含量较高，大量的含氧官能团为无机物质在燃料中驻留提供了可能的场所，对这一类物质的包容能力比较强，因此秸秆中内在固有无机物元素的含量一般较高，其中导致锅炉床料聚团、受热面上沉积的主要元素有 Cl、K、Ca、Si、Na、S、P、Mg、Fe 等，尤其是氯元素、碱金属和碱土金属。

燃烧过程中，碱金属和碱土金属在高温下以气体的形态挥发出来，然后与硫或氯元素结合以硫酸盐或氯化物的形式凝结在飞灰颗粒上，降低了飞灰的熔点，增加了飞灰表面的黏性，在炉膛气流的作用下，粘贴在受热面的表面上，形成沉积。很显然，没有这些碱金属的存在就不可能形成沉积。秸秆生物质比煤含有的碱金属高得多，因此比煤的沉积严重，相应带来的腐蚀等问题也多。一般秸秆中钾的含量是煤的 10 倍，氯的含量是煤的 20～40 倍，钙的含量也是煤的 2 倍多。而且 K、Cl、Na 在植物体中都是以离子状态存在的，具有很高的可移动性，并具有受热进入气相中的倾向性，为沉积创造了很好的物质条件。

表 7.6 列出了经实验分析得到的几种常见的秸秆及木料燃烧灰分中氯元素和主要碱金属氧化物成分。

表 7.6　部分秸秆与木材灰渣的主要成分

种类	灰中各元素含量/%								碱金属含量/(kg/GJ)
	Na_2O	MgO	SiO_2	Cl	K_2O	CaO	Fe_2O_3	P_2O_5	
麦秆	1.71	1.06	55.32	0.23	25.6	6.14	0.73	1.26	1.07
稻秆	0.53	1.66	77.45	0.58	11.66	2.18	0.19	1.41	1.64
玉米秆	0.49	5.67	84.16	0.779	0.9	4.49	0.19	2.72	0.16
杂交白杨	0.13	18.40	5.90	0.01	9.64	49.92	1.40	1.34	0.14
柳木	0.94	2.47	2.35	<0.01	15	41.20	0.73	7.4	0.14

从表 7.6 中可以看出在三种秸秆中，稻秆和麦秆内的碱金属含量远远高于木材燃料，其中麦秆灰渣中的钾含量达到 25.6%，稻秆灰渣中钾为 9.68%；三种秸秆共同的特点是氯的含量都较高，其中玉米秸秆中含量最高，达到 0.779%，而两种木质燃料中的氯含量均不超过 0.01%。这解释了燃烧秸秆比木材更易在受热面上形成沉积。

2. 炉膛温度对沉积形成的影响

炉膛温度的变化直接影响烟道气中飞灰颗粒和受热面的温度，从而影响受热面上沉积的形成。温度对沉积的影响主要表现在三个方面，一是影响碱金属的析出，温度越高，碱金属析出的量越大，且析出速度加快；二是形成炉膛高温环境，使析出的碱金属挥发分具有流动和热迁移的动力；三是受热面、沉积体上的热化学反应必须有相应的温度，温度低形不成熔融体，黏结力小，形成的沉积强度小容易脱落。根据试验，炉膛温度低于600℃左右时，受热面上的沉积呈现灰黑色，手感光滑，主要是未完全燃烧的炭黑融入了沉积体中；随着炉膛温度的升高，碱金属从燃料中逸出，逸出的碱金属凝结在飞灰上，从而降低了飞灰熔点，受热面上的沉积变为银灰色，表面呈玻璃状，有烧结现象（赵青玲，2007）。与此同时，沉积中 SiO_2 的含量也上升，使碱金属与 SiO_2 结合生成低熔点的共晶体，增加了沉积的强度。

3. 供风量对沉积形成的影响

供风速度影响炉膛内的空气动力场、改变烟气中飞灰颗粒的运动速度、方向，影响沉积量。风速增大时，烟气中的飞灰与受热面撞击百分比增加，沉积量上升，但当风速超过12 m/s时，烟气中含有较多气体组分的飞灰来不及与受热面接触，就随烟气排出；而初始粘在受热面上的颗粒在较大风速的作用下重新回到烟气中，受热面上的沉积量开始下降。

另外，供风速度对飞灰颗粒的沉积位置也有重要的影响，在燃烧秸秆成型燃料的锅炉中，沉积不仅在受热面上的迎风面形成，在风速产生的漩涡作用下，背风面上也经常出现沉积。

因此，在秸秆成型燃料燃烧过程中，合适的供风速度不但有利于燃料的燃烧，对受热面上沉积的形成及其成分也有重要的影响。

这里需要指出的是，供风量的大小对于氯、钾、钠释放没有太明显的影响，只有风量影响到温度时才产生作用。风动力和热动力共同形成了颗粒在空气动力场中流动的驱动力，没有了空气动力，粉尘、碱金属颗粒就没有足够的撞击力，沉积形成的数量和强度都会受影响。

这一特征提示我们，严格控制供风量，使碱金属析出后没有足够的移动动力，是减少沉积的重要技术手段。

4. 受热面温度对沉积形成的影响

受热面温度对飞灰沉积率的影响至今尚未深入探讨，这一参数一般取决于其他设计参数的考虑，如过热器和再热器温度控制范围，还涉及材料选用在内的经济因素（Jenkins and Baxter，1989）。

当受热面温度较低时，烟气中飞灰颗粒遇到温度较低的受热面会迅速凝结，形成沉积，使受热面上的沉积率升高；随着受热面温度的升高，若低熔点的飞灰仍处于气相状态，就会随烟气排出炉外，受热面上的沉积率会逐渐下降，如温度使初级沉积表面出现熔融态，烟道气中的颗粒物就会碰击后被黏接，使沉积层增厚。但是一旦黏性最大的沉积层全面形成后，受热面温度对沉积率的影响就会因导热率的下降而下降，最终随着沉积物的增长温度的影响力大大下降。

图7.8表示了受热面温度对沉积形成的影响，由图可以看出，温度在550℃以下是碱金属大量析出的过程，这一段在其他条件具备时很容易形成沉积，是值得我们研究、预防的温度段。随着受热面温度的提高，沉积率呈逐渐降低的趋势。这种趋势形成的原因很复杂，概括起来有三个方面，一是碱金属的挥发，氯化物的形成都不是温度越高越

多；二是在燃烧室空气场中供风量与原料燃烧温度是有最佳匹配关系的，风量对温度起决定作用，也就是说风量充足时温度最高，或者说，在这个范围内，温度最高时的风量最大，在这样的条件下，许多挥发物颗粒随高速空气流失，没有了沉积的机会，因此温度高不一定沉积多；三是当温度达到 600℃以后沉积层厚度就会逐渐加大，达到一定程度，受热面的温度对碱金属挥发物的影响就越来越小了。对沉积率的作用也是越来越微弱了。

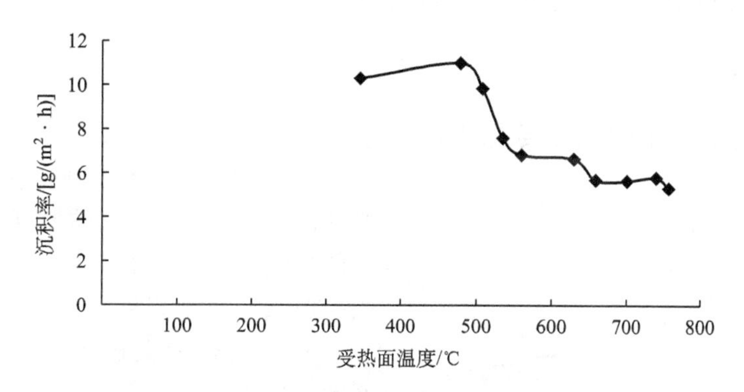

图 7.8　沉积率随受热面温度的变化

5. 燃料形状对沉积率形成的影响

图 7.9 是生物质（秸秆）成型燃料燃烧过程中沉积率随燃烧时间变化的关系。

在燃烧早期，秸秆成型燃料表层挥发分开始燃烧，在炉膛内气流的扰动下，表层松散的飞灰颗粒离开秸秆成型燃料进入烟道气，粘贴在受热面上，沉积率最大；表面挥发分燃烧完成后，温度向成型燃料内部传导，内部的可燃挥发物开始持续析出燃烧。但由于秸秆成型燃料结构密实，很快就形成结构紧密的焦炭骨架，运动的气流不能使骨架解体，飞灰颗粒减少，受热面上的沉积率逐渐下降，然后稳定在一定值。沉积的形成过程与燃料燃烧规律是吻合的。

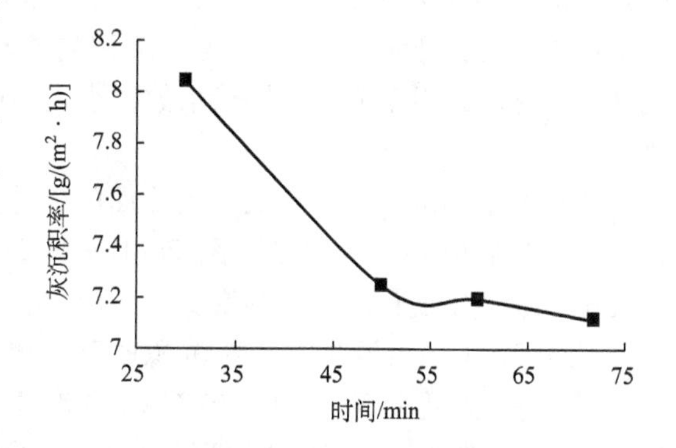

图 7.9　沉积率随燃烧时间的变化

未经成型的原生秸秆燃烧试验也证明符合这个递减规律。秸秆原料在燃烧过程中，由于炉膛内扰动气流的作用，燃烧后形成的松散的灰分很容易离开秸秆表面，进入炉膛烟道气中，在炉膛内高温下，粘贴在受热面上，随着燃烧的进行，飞灰颗粒减少，沉积也逐渐减少。由此得出沉积率早期最大，然后递减的规律的结论。

试验表明，生物质（秸秆）成型燃料燃烧过程中在受热面上形成的沉积率明显低于原生秸秆燃烧试验的结果（Heinzel et al.，1998）。主要因为：一是生物质成型燃料燃烧后形成了焦炭骨架，飞灰颗粒减少，从而降低了受热面上的沉积率；二是生物质压缩成型后，灰分的熔融特性发生了变化，生物质成型燃料飞灰的软化温度、流动温度均高于生物质原始原料直接燃烧时灰分的软化温度和流动温度，降低了熔融灰粒在飞灰中的比例，减少了碱金属和氯化物与灰粒黏结的概率，从而降低了粘贴在受热面上的飞灰颗粒的数量。

7.2.4　沉积的危害及降低沉积的措施

1. 沉积的危害

沉积对燃烧设备的危害主要表现在三个方面。

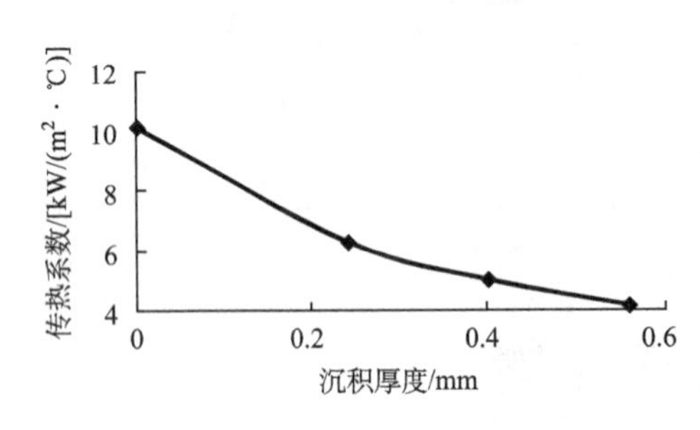

图 7.10　受热面的传热特性曲线

第一，在生物质成型燃料燃烧过程中，受热面上形成沉积带来的最直接的危害是锅炉的热效率下降。在受热面上沉积的导热系数一般只有金属管壁导热系数的 1/1000～1/400；当受热面上积灰 1 mm 厚时，导热系数降低为原来的 1/50 左右，所以锅炉受热面上的灰沉积将严重影响受热面内的热量传导及热效率。

图 7.10 显示了沉积厚度对传热系数的影响，传热系数随着沉积厚度的增大而降低。当沉积厚度从 0 mm 增加到 0.56 mm 时，受热面的传热系数就下降了 51%，而当受热面积有 3 mm 疏松灰或 10 mm 熔融渣时，可造成炉膛传热下降 40%。可见，沉积的传热性能很差。当水冷壁面积灰（或结渣）的状态变化时，由于灰渣的导热系数很小，即使灰渣层变化不大，传热系数的变化也相当大。

受热面上的沉积不但降低了受热面的换热能力，而且影响到排烟温度。图 7.11 是排烟温度随沉积厚度变化的变化关系。

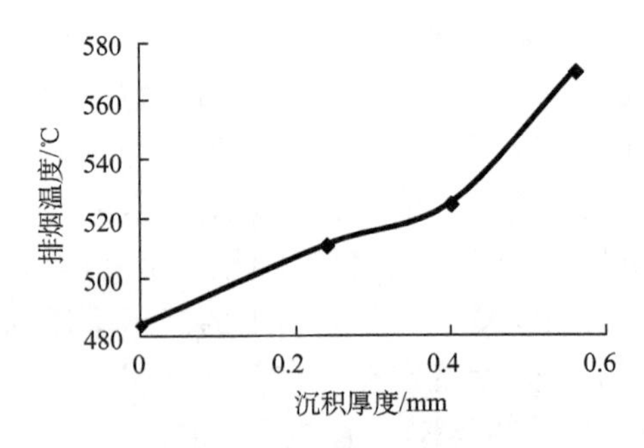

图 7.11　排烟温度随沉积厚度的变化关系曲线

从图 7.11 中可看出，随着沉积厚度的增加，排烟温度呈上升趋势。当沉积厚度由 0 mm上升到 0.56 mm 时，排烟温度从 480℃上升到 580℃。通常积灰沉积对能耗及出力的影响是恶性循环，首先，在燃料放热量不变的情况下，受热面上形成的沉积导致受热面的吸热量减少，排烟温度升高；其次，受热面上形成的沉积使受热面的吸热量下降，降低了锅炉出力，为了达到锅炉需要的负荷必须增加燃料量，这将造成排烟温度的进一步升高。

排烟温度的上升，意味着排烟造成的热损失增加，锅炉出力的降低。通常电厂为了维持正常的蒸汽温度，保证锅炉在满负荷下运行，只好增加燃料投放，因此会增加单位发电量的燃料消耗。随着燃料量的增加，炉膛出口温度进一步升高，使得飞灰更易黏结在屏式过热器和高温过热器上，加速这些部位沉积的形成，形成恶性循环。

第二，长期的沉积将对受热面造成严重的腐蚀。众所周知，煤的含氯量过高会引起锅炉受热面的腐蚀；在燃用生物质的锅炉中也发现了受热面严重腐蚀的问题，如当混合燃烧含氯高的生物质燃料为稻草时，当壁温高于 400℃ 时，将使受热面发生高温沉积腐蚀，同时酸性烟气也极易造成过热器端低温酸腐蚀。

由于生物质尤其是秸秆类生物质含有较多的氯元素，在燃烧过程中，原料中的氯在高温下将被释放到烟气中。研究发现，烟气中的含氯成分主要有 Cl_2、HCl、KCl 和 NaCl 等，其中 HCl 占优势，但在高温和缺少水分时还存在一定量的 Cl_2，在还原性气氛下 HCl 的热分解也会产生 Cl_2。释放出来的氯与烟气中的其他成分反应生成氯化物，凝结在飞灰颗粒上，当遇到温度较低的受热面时，就与飞灰一起沉积在受热面上，沉积中的氯化物就与受热面上的金属或金属氧化物反应，把铁元素置换出来形成盐等不稳定化合物，使受热面失去保护作用，从而逐渐腐蚀受热面。还有一部分酸性烟气在过热器侧遇水蒸气冷凝后形成酸性液体，附着在过热器表面，对其形成腐蚀。

表 7.7 是对玉米秸秆成型燃料燃烧灰渣与其在受热面上的沉积成分的分析结果。

表 7.7　沉积灰渣、秸秆原料灰及煤灰的成分

种类	成分含量/%						
	SiO_2	Fe_2O_3	CaO	MgO	Na_2O	K_2O	Cl
沉积	0.11	5.39	0.80	2.97	0.89	5.33	12.23
灰渣	84.16	0.19	4.49	5.67	0.49	0.15	0.78

从表 7.7 中可以看出沉积中氯含量达到 12.23%，几乎是燃料灰渣中氯含量的 16 倍。可见，氯在沉积中出现了明显的富集现象。因此，可以判断受热面上的沉积具有严重的腐蚀性。

第三，沉积的形成也会对锅炉的操作带来一定影响。随着锅炉的运行，受热面上的沉积物日益增厚，当重力、气流黏性剪切力以及飞灰颗粒对壁面上沉积的撞击力等破坏沉积形成的共同作用力超过了沉积与壁面的黏结力时，沉积渣块就从受热面上脱落，形成塌灰。锅炉塌灰严重影响锅炉正常燃烧、诱发运行事故、导致设备损坏，甚至造成人员伤亡。

当水冷壁表面上有大渣块形成时，在渣块自重和炉内压力波动或气流扰动的作用下，大渣块会突然掉落。脱落的渣块有可能损坏设备，引起水冷壁振动，引发更多的落渣。而且渣块形成时的温度很高，渣块的热容较大，短时间内大量炽热渣块落入炉底冷灰斗，蒸发大量的水蒸气，会导致炉内压力的大幅度波动。压力波动超过一定限制时，会引发燃烧保护系统误动，切断燃料投放，导致锅炉灭火或停炉。

2. 降低沉积的方法措施

目前，降低沉积的有效方法主要有以下几种。

1）掺混添加剂以减少沉积物形成

通过添加剂降低秸秆燃烧过程中受热面上的沉积物，就是将添加剂与秸秆混烧，生成高熔点的碱金属化合物，使碱金属固定在底灰中，从而降低受热面上的沉积腐蚀。经常采用的添加剂有煤、石灰石等。

秸秆成型燃料与煤混烧是解决单独燃用生物质燃料时在受热面上形成沉积腐蚀问题最简便、最有效的方法之一（张军等，2005）。其原理是煤中的氯、钾元素含量低，通过含氯、钾量较低的煤与含氯、钾量较高的秸秆燃料混烧，降低了氯、钾元素在形成沉积中的作用，从而降低了秸秆燃烧过程中在受热面上形成的沉积物。

许多国家都开展了秸秆与煤在现存锅炉中混烧技术的研究。在美国，秸秆与煤混烧技术已经在旋风炉、壁炉、煤粉炉等多种锅炉中得到了试验，结果表明：混合燃烧在一定程度上可以降低受热面上的沉积物，有利于秸秆直接燃烧技术的推广。华电国际十里泉发电厂将秸秆与煤以不同比例混烧发电，秸秆最大掺混比例达到 18%，燃烧过程中，锅炉受热面上并未有沉积物的出现。作者对郑州某学校食堂的 1.4 MW 链条炉及某饭店的 2.8 MW 链条炉上使用秸秆成型燃料与煤混烧的情况进行了对比试验。结果发现：在秸秆与煤以不同比例混烧的 1.4 MW 链条炉中，水冷壁表面上没有出现沉积物；而在完全燃烧秸秆成型燃料的 2.8 MW 链条炉中水冷壁表面上出现了闪着白光的沉积物。可见，煤与秸秆成型燃料混烧有助于降低受热面上的沉积物，但是混烧的确切比例还需要根据实际通过试验来进一步确定。

添加碱性添加剂混烧。我们知道，秸秆燃烧过程中，烟气中的氯化钾、氯化钠沉积在受热面上是导致受热面腐蚀的重要原因。将石灰石、高岭土、硅藻土、氢氧化铝等碱性添加剂与秸秆混合燃烧，通过添加剂的吸附作用除去秸秆中的碱金属和氯（Turns et al.，1998），降低它们在受热面上的沉积量，从而减轻沉积对受热面的腐蚀。经过在鼓泡床的床料中添加含铝添加剂（高岭土、矾土、粉煤灰）和石灰石燃烧生物质锅炉的试验，发现秸秆中的钾与添加剂中的铝和硅形成了碱金属铝硅酸盐，氯则与石灰石中的钙结合成氯化钙，进入飞灰中（Coda et al.，2001）。作者研究发现，高岭土、燃煤飞灰、硅藻土可与氯化钾气体发生反应，将氯以 HCl 气体的形式释放，从而减少沉积物中水溶性氯的质量比例，降低换热金属面的腐蚀速度（马孝琴等，2006）。其中，燃煤飞灰和高岭土不但可有效地降低沉积物中水溶性氯的质量分数。而且还可以使沉积物变得疏松，便于吹灰装置将其吹掉，可有效地解决沉积物带来的受热面的换热和腐蚀问题。

研究发现，利用石灰石等添加剂降低受热面上的沉积物和腐蚀仍存在较多的问题，如燃煤飞灰只能绑定秸秆中的一部分钾成分，这使得应用燃煤飞灰做添加剂时，用量要比采用其他添加剂时大得多，从而大大增加了灰的产出量；高龄土可以缓解过热器表面的腐蚀，但发现仍有坚硬的渣块黏附在炉擘上。另外，对高氯含量的生物质，要将烟气中的氯化钾浓度降到足够低，必须添加较多的添加剂，导致运行成本增加（马孝琴等，2006）。因此，利用添加剂解决秸秆燃烧过程中受热面上沉积问题还需要结合燃烧工况进行试验并优化相关参数，以期综合解决由碱金属引起的各种问题。

2）机械降低沉积物的形成

解决秸秆燃烧过程中受热面上的沉积腐蚀问题还可以通过在管壁上喷涂及吹灰等机械方式。

喷涂法是通过在受热面的表面上喷涂耐腐蚀材料、提高管壁的抗腐蚀能力从而降低沉积物对受热面腐蚀的一种方法。试验采用热喷射方法在受热面上喷涂一层由NiCrMoSiB合金组成的涂层，取得了较好效果。国内也采用对碳钢管渗铝的方法来降低沉积物对受热面的腐蚀度。采用喷涂方法增强受热面的抗腐蚀性是一种很有前景的方法，寻找合适的涂层材料是该技术的关键。

吹灰法是燃煤锅炉上降低水冷壁表面上沉积物的一种最通用的方法。通过吹灰可以防止飞灰颗粒积累，保持受热面清洁，使烟气分布、受热面吸热能力及蒸汽温度维持在设计水平。通常，吹灰后，水冷壁的吸热量增加 8%～10%，高温对流受热面的吸热量增加 6%～7%，低温对流受热面及省煤器的吸热量增加 2%～4%。

吹灰介质一般采用蒸汽，但对于硬焦，用蒸汽往往吹不掉，如果采用水力吹灰就很有效。但是水力吹灰必须设计好喷嘴的尺寸、角度、水压力、水流量、喷枪移动速度以及吹灰频率，以免对水冷壁和过热器造成热冲击。

根据经验，联合使用水、汽吹灰，效果更佳，即用水吹灰后再用蒸汽吹灰。但是无论是空气吹灰还是蒸汽吹灰都存在一定的问题：一方面要消耗大量的能量，如蒸汽吹灰，所耗蒸汽量占蒸汽总产量的 1%，加之蒸汽的热损失及其节流损失和排烟损失的增加，吹灰器的运行要消耗锅炉效率的 0.7%左右；另一方面，不适当的频繁吹灰也会因腐蚀和热应力对受热面造成损坏，缩短受热面的金属寿命，同时也增加了吹灰装置的维护费用。

尤为重要的是，秸秆燃烧过程中在锅炉受热面上形成的沉积物与燃煤锅炉内的沉积物不同，秸秆燃烧过程中在受热面上形成的沉积物具有光滑的表面和很小的孔隙度，是由碱土金属钾和钠以氧化物、氢氧化物、金属有机化合物的形式与二氧化硅一起形成的低温共熔物，其黏度和强度都比较高，具有玻璃的化学特性。因此比燃煤产生的沉积物更难去除，吹灰装置的效果及其改进措施还需要进一步探索。

刮板法去除受热面上的沉积物就是通过刮板在受热面表面上进行上下运动使得受热面上的沉积物脱离受热面，从而达到去除沉积物的目的。刮板法是去除沉积物的一种行之有效的方法，可以根据受热面上沉积的形成情况设置刮板的运动频率。

3）通过操作方式的变化降低受热面上沉积物

通过操作方式的改变降低受热面上的沉积物就是通过对锅炉运行中的参数的调整、改变锅炉布置及燃料燃烧方式等方法降低受热面上的沉积物。

风速对受热面上沉积物的形成具有重要的影响。当风速超过一定速度时，大部分飞灰来不及撞击受热面而随烟气排出，减少了飞灰颗粒与壁面的接触概率；与此同时，初始黏在受热面上的颗粒在较大风速的作用下也会重新回到烟气中，从而降低了受热面上的沉积物，因此，增大风速应该是降低水冷壁表面上沉积物的一种方法。但是较大的风速提高了排烟热损失，降低了锅炉效率，同时过大的风速可能吹灭锅炉。目前，对锅炉供风速度的调整一般是根据锅炉和燃料的类型而进行的。

较高的炉膛温度是影响沉积物形成的主要原因之一。较高的炉膛温度使得烟气中碱金属、氯化物含量较高的飞灰颗粒处于熔融状态，当遇到温度较低的受热面时就凝结在受热面上，形成沉积物。通过锅炉串联降低受热面上的沉积就是根据使用目的及燃料特点将两台锅炉串联起来，降低燃烧秸秆锅炉的炉膛温度，减少高温下熔融的飞灰颗粒，从而降低受热面上的沉积物。

锅炉串联可分为三种：第一种是将两台燃烧秸秆的热水锅炉进行串联。串联的方法是把第一台锅炉排出的烟气通入另一台锅炉，然后利用烟气的余热产生热水，从而有效地降低了烟气温度，使烟气中的飞灰颗粒处于固相状态，这种处理方式实际上就是烟气的余热利用。江苏盐城的一个浴池就是通过此种方式解决秸秆燃烧过程中受热面上的沉积问题的。第二种是燃秸秆的热水锅炉与燃煤蒸汽锅炉的串联。燃秸秆锅炉生产热水、炉膛温度较低，产生的热水通入燃煤蒸汽锅炉，燃煤蒸汽锅炉炉膛温度较高，将蒸汽继续加热到一定的温度和压力。通过热水锅炉与蒸汽锅炉的串联，降低了秸秆燃烧炉的温度，从而减少了秸秆燃烧过程中在受热面上形成的沉积物。第三种是将燃秸秆锅炉与燃木材锅炉进行串联。原理是秸秆中碱金属及氯的含量较高，燃烧过程中易在锅炉受热面上形成沉积物，而木材中碱金属及氯的含量较低，燃烧时不易在受热面上形成沉积物，将燃秸秆的锅炉产生的低温蒸汽通入燃木材的锅炉中进一步加热到所要求的温度和压力，通过这种方式，既降低了燃秸秆锅炉的炉膛温度，减少了受热面上的沉积物，又利用了秸秆等生物质能源。丹麦的 EV3 厂就是通过这种方式降低受热面上的沉积量及腐蚀率的，其工艺流程是将燃秸秆的锅炉产生的 470℃的蒸汽通入到燃木材的锅炉中，使温度提高到所需要的温度（542℃），此时，燃秸秆锅炉的炉膛温度维持在灰熔温度以下，降低了碱金属和氯的析出量，从而降低了飞灰在受热面上沉积率及氯对锅炉受热面的腐蚀率。

可见，根据燃料的特点将不同的锅炉串联起来，既解决了秸秆燃烧在锅炉受热面上产生的沉积腐蚀问题，又解决了化石燃料燃烧带来环境和资源问题，是秸秆热利用中比较有前途的一种发展方式。

低温热解也是降低在锅炉受热面上形成沉积物的一种非常有效的方法。其过程是首先将秸秆在低温下进行热解，然后将产生的热解气体通入一个独立的燃烧器里进行燃烧。由于热解温度低，还没有达到灰熔点，就已经析出挥发分并开始燃烧，在热解过程中碱金属、氯仍然保留在焦炭内，产生的热解气体中含有较少的氯、碱金属及飞灰颗粒，因此减少了受热面上的沉积物，从而降低了腐蚀率。必须指出，秸秆低温热解的确可以减少沉积物，但是低温热解也增加了焦油析出量，可能会引起管道堵塞、黏结烟尘的产生等问题。

7.2.5 生物质成型燃料燃烧过程的腐蚀

1. 腐蚀过程与机理

腐蚀就是物质表面与周围介质发生化学或电化学作用而受到破坏的现象。腐蚀可由沉积物引起，也可由酸碱性有害气体引起，腐蚀程度视沉积物累积或有害气体的浓度决定。

秸秆燃烧过程中受热面上的沉积物若不及时清理，不但会降低燃烧设备的换热效率，也会对受热面造成严重的腐蚀。另外，一般认为当燃料中氯或硫的含量超过一定数值时，在燃烧过程中形成的有害酸性气体在低温下（酸露点）冷凝，形成的强酸液体就会腐蚀燃烧设备，并且在设备运行过程中产生结皮和堵塞现象。与木材等其他燃料相比，秸秆作物中的氯含量过高。根据试验测定，中国的玉米秸秆中氯的含量为 0.5%～1%，燃烧过程中燃料释放出来的氯与烟气中的其他成分反应生成氯化物，然后与飞灰颗粒一起沉积在受热面上形成沉积物，其中的氯化物就与受热面上的铁发生化学反应，将管壁中的铁逐步转移到沉积物中，从而使管壁越来越薄，对管壁造成严重的腐蚀。在当前燃用生物质的锅炉中已经发现了受热面腐蚀的问题（Henriksen，2006）。

生物质成型燃料燃烧对设备造成的腐蚀通常分为四种情况：

（1）炉膛水冷壁高温腐蚀。主要由于生物质成型燃料中硫元素、氯元素的存在，以及燃烧过程缺氧气氛造成的。在缺氧气氛条件下，高温下的氧化铁会转化为亚铁（FeS、FeO 等）形式，熔点降低；同时，H_2S、HCl 及游离的 S 容易破坏金属表面原有的氧化层，而导致水冷壁发生腐蚀。

（2）高温对流受热面的腐蚀。主要由于碱金属形成的盐类在受热面沉积造成腐蚀。碱金属离子在 730℃左右就会凝结，然后与烟气中有害气体（SO_2、SO_3、HCl 等）形成低熔化合物或共晶体——复合硫酸盐及盐酸盐，在高温时黏结在受热面上并被烧结沉积，在 590℃左右具有较强腐蚀性，造成过热器及再热器管道腐蚀，研究发现，沉积造成的腐蚀在 550～730℃时比较严重。

（3）低温受热面腐蚀（低温腐蚀）。主要由于受热面壁温低于烟气中酸露点时，酸性气体形成酸雾冷凝在受热面形成腐蚀。根据酸性气体的多少及酸露点的高低影响腐蚀程度不一样，一般 300℃以下低温腐蚀就会发生，主要由酸雾形成的硫酸及盐酸对金属产生腐蚀。

（4）高温氧化腐蚀。烟气或者管内蒸汽的温度超过金属的氧化温度时，金属氧化层被高温破坏，造成高温氧化腐蚀。

根据腐蚀机理可以分为化学腐蚀和电化学腐蚀。

化学腐蚀是铁离子通过化学反应被逐步转移到沉积物当中。受热面原来致密的 Fe_2O_3 结构保护膜遭到破坏，一部分变成不稳定的亚铁离子存在于表面沉积物当中。随着时间的延长，沉积物越来越多，腐蚀程度不断加剧，越来越多的铁离子被转移到沉积物中，受热面逐渐变薄，直至出现漏洞。

试验证实，受热面上脱落的沉积块主要由三部分组成，一是表面没有沉积的受热面，其主要成分是铁，其次是氧；二是沉积的中心部分，氯、钾及钠含量最高。在沉积物中，铁的含量由中心向外是逐渐增加的。表 7.8 列出了沉积块上不同部位的元素分析结果。

表 7.8　脱落的沉积块上不同部位的 EDX 分析结果

取样部位	O	Na	Mg	Al	Si	S	Cl	K	Ca	Ti	Mn	Fe	总量
沉积表面	13.76	0	0	0	0.73	1.99	0	4.59	0.84	1.14	0	76.96	100
沉积中心	18.96	7.81	5.56	1.13	2.70	3.41	5.23	5.12	1.71	0.78	1.55	46.03	100
受热面	6.26	0	0	0	0	0.6	0	0	0	0	0	93.14	100

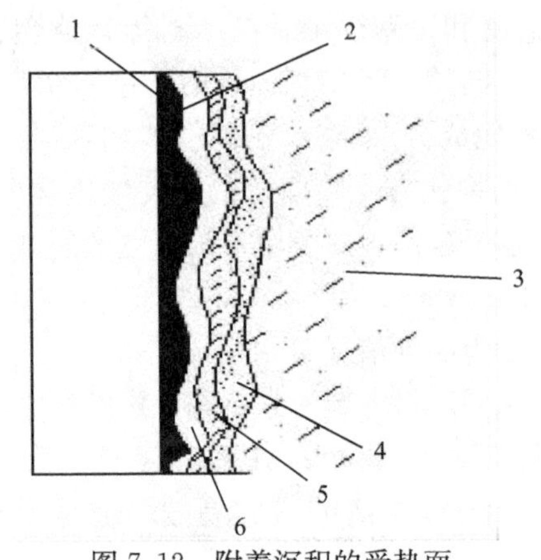

图 7.12　附着沉积的受热面
1. 管壁；2. 腐蚀面；3. 烟道气；
4. 沉积；5. 氧化层外层；6. 氧化层内层

电化学腐蚀在沉积腐蚀受热面的过程中扮演着重要角色。腐蚀面位于氧化层和管壁之间（图 7.12，表 7.9），主要是 $FeCl_3$ 扮演腐蚀作用。根据分析，腐蚀层中的 $FeCl_3$ 不是沉积与氧化层反应形成的，而是沉积中的氯化物穿过氧化层与管壁中的铁反应的产物。沉积层中的氯化物与管壁中的铁反应，不断地生成 $FeCl_3$，随后 $FeCl_3$ 被氧化，Cl_2 又被还原出来再次与铁反应，增加了 $FeCl_3$ 浓度。同时，沉积层中的硫酸盐与腐蚀层中的 $FeCl_3$ 反应生成 FeS，更多的管壁材料中的铁被反应丢失，加剧了腐蚀程度。

表 7.9　受热面上的腐蚀层及沉积的成分

烟道气的成分	N_2，CO_2，O_2，SO_2，SO_3，$MeCl_2$
沉积层	硫酸盐，氯化物，硅沉积
氧化层外层	灰，Fe_2O_3
氧化层内层	FeS，Fe_3O_4
腐蚀面	$FeCl_3$
管壁	低合金铁

图 7.13 是一台生物质锅炉过热器受热面金属在燃烧生物质不到一年时间内被腐蚀的实物照片，因为腐蚀严重，过热器管道已经开始漏水，不得不停炉并卸下此过热器，更换新的过热器。

图 7.13　生物质锅炉高温下过热器受热面金属腐蚀实物照片

如果以化学方程式的形式表示，沉积对受热面的腐蚀通常按照如下机制进行：

（1）沉积在金属表面上的 KCl 和 NaCl 可与烟气中的 SO_2 或 SO_3 反应，析出 Cl_2 和

HCl（张军等，2005）：

$$2KCl(s)+SO_2(g)+1/2O_2(g)+H_2O(g)\longrightarrow K_2SO_4(s)+2HCl(g) \quad (7\text{-}1)$$

$$2KCl(s)+SO_2(g)+O_2(g)\longrightarrow K_2SO_4(s)+Cl_2(g) \quad (7\text{-}2)$$

当温度低于 1000℃时，由于化学反应降低了受热面的温度，碱金属硫酸盐的形成速率高于碱金属氯化物的凝结速率。

同时，HCl 气体与氧化铁反应生成了还原性的亚铁化合物，也破坏了管道表面的氧化物保护膜，反应方程式如下：

$$2HCl+Fe_2O_3+CO=FeO+FeCl_2+H_2O+CO_2 \quad (7\text{-}3)$$

(2) 释放出 Cl_2。以上反应释放出的 Cl_2 一部分随烟气排出，另一部分穿过水冷壁的氧化层，落在与大气逐渐隔绝的管壁上，当管壁被污垢和灰覆盖时，Fe 和 Cl_2 反应：

$$2Fe+3Cl_2\longrightarrow 2FeCl_3 \quad (7\text{-}4)$$

(3) $FeCl_3$ 的融化温度较低（310℃），在金属表面形成较高的蒸气压。随着 $FeCl_3$ 蒸气压的升高，$FeCl_3$ 穿过氧化层，由于外层的氧的浓度较高，$FeCl_3$ 与 O_2 发生化学反应：

$$6FeCl_3+4O_2\longrightarrow 2Fe_3O_4+9Cl_2 \quad (7\text{-}5)$$

Cl_2 再次被释放出，一部分会重新回到腐蚀面，结果又开始了新一轮的化学反应。在循环过程中 Cl_2 扮演了把铁从管壁运输到外层的催化作用。由于气态氯可重复释放并与受热面发生反应，不断地将铁从壁面运输到外层，加速了腐蚀过程。

与氯化物相比，二氧化硫的反应路径明显更快些（Grabke and Reese，1995）。氧化层中的 Fe_2O_3 对 SO_2 的形成具有催化作用，在氧化层的外部，SO_2 与 $FeCl_3$ 发生如下反应：

$$4FeCl_3+O_2+SO_2\rightarrow Fe_3O_4+6Cl_2+FeS \quad (7\text{-}6)$$

可见，烟道气中的二氧化硫会增强腐蚀。

沉积对受热面的腐蚀率还受温度的影响。首先是随着温度的升高，$FeCl_3$ 蒸气压也增加。一般情况下，热水锅炉的壁温低于蒸汽锅炉受热面的温度 100～150℃，腐蚀率也较低，但根据对各种生物质燃烧器的腐蚀和结构层的分析，腐蚀过程仍在进行（Ingwald et al.，1997）。另外，随着受热面温度的升高，$FeCl_3$ 及 FeS 的分解加剧，气相腐蚀的作用增强（图 7.14）。

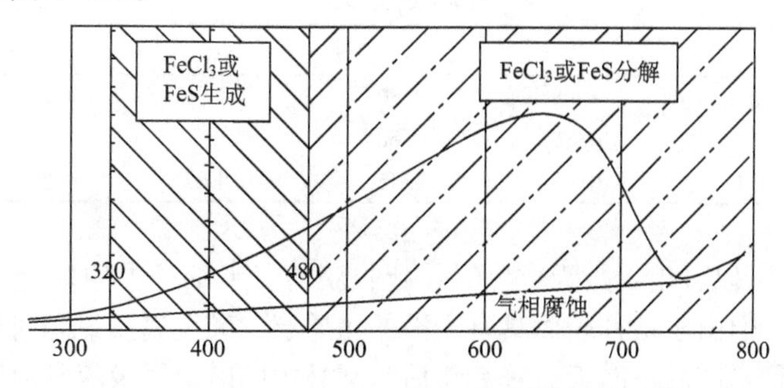

图 7.14　高温下金属腐蚀速率与金属表面温度的关系（东方锅炉厂提供）

2. 降低腐蚀的方法和措施

产生腐蚀的最主要根源是沉积形成的，因此从理论上分析，降低腐蚀首先要减少沉积，其方法措施已在本章前节做了叙述。其次是对原料进行预处理，减少碱金属及 Cl 的含量。最后是通过工艺和设计措施降低沉积形成，减少沉积造成的腐蚀程度，本节将对这几个内容作简要叙述。

(1) 水洗法脱除碱金属和氯。水洗法脱除秸秆中碱金属和氯，是一种预防沉积腐蚀非常有效的预处理方式。在秸秆成型燃料成型之前对秸秆进行处理，除去秸秆中所含的碱金属和氯，是减少秸秆成型燃料燃烧过程中在受热面上腐蚀的一种有效方法。一般采用水洗或自然放置一段时间便可减少碱金属和氯元素的含量。

对秸秆水洗实验发现，用水萃取可以除去 80％的钾和钠以及 90％的氯。采用预先热解的办法将生物质燃料制成焦炭，然后再对焦炭进行水洗，发现焦炭中 71％的钾、72％的氯和 98％的钠可以在 80℃左右的热水中被洗掉，但采用这种方法处理后还需进行干燥，成本较高。试验测得，收获粮食后，作物茎秆在田间经受过雨淋后，其碱金属和氯的含量会减少 70％以上。

值得一提的是，随着木质纤维素爆破等预处理技术的突破，生物质综合利用技术有了较快的发展。生物质预处理过程中，绝大部分碱金属及有腐蚀作用的氯元素等得到了脱除，也为生物质成型燃料直燃技术防腐蚀提供了极好的条件。例如，秸秆沼气化工程与纤维素乙醇技术预处理及发酵过程使用了大量的水洗处理，绝大部分碱金属和氯元素被洗出，发酵后剩余的木质素可以用来生产颗粒燃料，可以广泛用于生物质锅炉，其性能优于纯木质颗粒燃料，使结渣、沉积与腐蚀的危害性大大降低。

(2) 自然预处理法脱除碱金属和氯。这是降低秸秆中碱金属和氯的另外一种预处理方式。将收获的秸秆在大自然中自然露天放置，使氯及碱金属等流失，这种方法的指标是垂萎度，即存放时间与氯和碱金属的关联度，用％表示，垂萎度越低，碱金属和氯含量越低，越不易于产生腐蚀。

表 7.10 是露天放置及水洗两种条件下，新收获的玉米秸秆中的碱金属及氯含量的变化情况。其中表中露天放置的样品是每隔 10 天取一次样。

表 7.10 露天放置及水洗两种处理方式下秸秆中碱金属及氯的变化

成分	露天放置/天					水洗
	0	10	25	35	365（粉碎）	/
Cl	0.79	0.68	0.80	0.72	0.56	0.1
K	0.90	0.86	0.88	0.81	0.43	0.20
Na	0.49	0.38	0.45	0.42	0.21	0.10

从表 7.10 中可以看出，露天放置时，新收获的玉米秸秆中的碱金属及氯含量随时间的变化而降低，但由于秸秆表面具有光滑的角质层，碱金属及氯随时间变化的速度较慢；当将玉米秸秆粉碎后再露天放置一年后，秸秆中的碱金属及氯随时间大量流失，分别降为 0.432，0.214，0.562。

从表 7.10 中还可看到，水洗后，秸秆中的碱金属及氯的含量更低，因此，如果先将秸秆粉碎后进行水洗，然后露天放置进行自然干燥，最后入库存放，不但能减少其中的碱金属及氯的含量，降低秸秆燃烧在受热面上形成的沉积物及腐蚀，同时也降低了水洗后的干燥成本。但是这种方法也存在耗水量过大、干燥时间太长等问题。

(3) 通过结构与机理控制沉积及腐蚀产生。根据秸秆类生物质燃烧特性，合理设计生物质燃烧设备，主要通过结构设计：分段供风、分室燃烧以控制燃烧温度，不给沉积提供合适的温度及环境气氛。

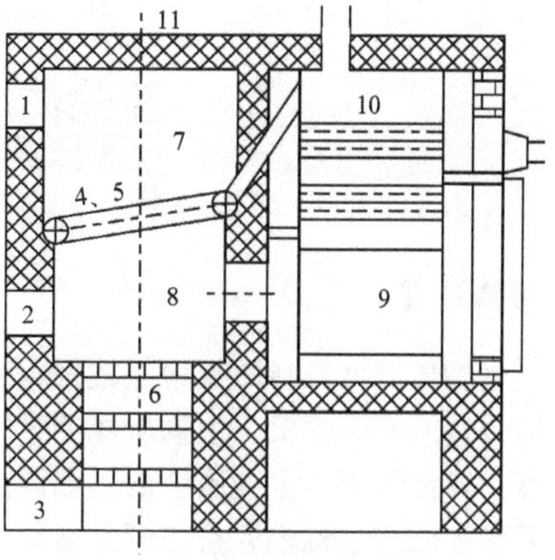

图 7.15　生物质成型燃料双层炉排锅炉结构简图

1. 上炉门；2. 中炉门；3. 下炉门；4. 上炉排；5. 辐射受热面；6. 下炉排；7. 风室；8. 炉膛；9. 降尘室；10. 对流受热面；11. 炉墙

图 7.15 是一款双层炉排生物质成型燃料锅炉结构简图，这是一种典型的生物质成型燃料燃烧设备的设计思路，充分结合生物质成型燃料的特点，集中采用了分段供风、分室燃烧的结构，而且采用双层炉排结构，低温裂解与高温燃烧分开进行，炉排进行低温裂解避免炉排结渣，可燃气在后部燃烧室高温燃烧提高效率；可燃物折返多流程燃烧，可保证较大灰粒以及提早沉降，减轻换热面沉积与腐蚀的程度。

运行过程可以描述如下：生物质成型燃料经上炉门加在上炉排上，点火后，引风机由此吸入空气与燃料混合部分开始燃烧，此时属于低温热解区（低于 500℃，沉积腐蚀程度低）；同时热解产生大量可燃挥发气体透过燃料层、低温热解层被引风机吸入燃烧室遇二次空气进行高温燃烧，多余可燃气经燃尽室再次燃烧（可燃气高温燃烧超过 900℃，碱金属离子 730℃凝结，因此没有碱金属沉积附着于受热面）。尤为关键的是，双层炉排的结构设计保证了在燃烧过程中较大的灰粒经过二次燃烧室及燃尽室进行两次沉降，剩余的小颗粒落入后部换热面沉积下来的可能性减少，因此沉积腐蚀减轻。

试验结果表明，通过双层炉排分燃烧室的结构设计，多段供风控制燃烧温度，多次沉降灰粒等过程，破坏沉积形成的气氛，能够达到减轻腐蚀程度的效果。

除以上介绍的锅炉燃烧过程发生的沉积腐蚀之外，空气预热器的低温腐蚀也常常影响燃烧设备正常运行，因此，需要采取必要的措施防止或减轻低温腐蚀程度。

对于减轻低温腐蚀，主要采用以下几种措施：一是提高空气预热器受热面的壁温，实践中常采用提高空气入口温度的方法来提高空气预热器受热面壁温；二是冷段受热面采用耐腐蚀材料，使用耐腐蚀的金属材料可以减缓腐蚀进程与程度，同时也会增加设备造价，需要根据要求进行设计使用；三是采用降低露点或抑制腐蚀的添加剂，一般采用石灰石添加剂以降低烟气中 SO_3 和 HCl 等浓度；四是降低过量空气系数和减少漏风，避免 SO_3 产生，减轻腐蚀。

利用混烧等降低沉积量或利用吹灰等机械方法清除沉积，也可以减少沉积对受热面的腐蚀，具体方法与措施与 7.2.4 一节所述相同，这里不再赘述。

7.3 生物质成型燃料燃烧过程结渣

7.3.1 结渣过程与机理

1. 结渣过程

生物质成型燃料的灰熔点较低，燃烧过程容易结渣，影响燃烧效率及锅炉出力，严重时会造成锅炉停机。生物质成型燃料易于结渣的根本原因在于碱金属元素能够降低灰熔点，导致结渣。生物质中的钙和镁元素通常会提高灰熔点，钾元素可以降低灰熔点，硅元素在燃烧过程中容易与钾元素形成低熔点化合物。农作物秸秆中钙元素含量较低，钾元素和硅元素含量较高，因此农作物秸秆的灰熔点较低，燃烧温度超过 700℃时即会引起聚团结渣，达到 1000℃以上将会严重结渣。

生物质成型燃料结渣的形成过程可以描述为三个阶段：

（1）灰粒软化具有黏性。成型燃料燃烧过程中，随着炉温的升高，局部达到了灰的软化温度，这时灰粒就会软化，灰中的钠、钙、钾以及少量硫酸盐就会形成一个黏性表面。

（2）灰粒熔融形成聚团。随着炉膛内温度的进一步升高，氧化层和还原层内温度超过了灰的软化温度，熔融的灰粒开始具有流动性，特别是在还原层内，燃料中的 Fe^{3+} 被还原成 Fe^{2+}，致使燃料的灰熔点降低，灰粒在还原层大都软化并相互吸附，形成一个大的流态共熔体。

（3）聚团冷却形成结渣。熔融态的灰粒聚团块温度逐渐降低，冷却后形成固体，黏附在炉排或水冷壁上形成结渣。

2. 结渣机理

生物质秸秆类燃料灰渣与木质燃料及煤炭灰渣相比，碱性氧化物含量高导致灰熔融温度低是其结渣的最主要原因。生物质燃料的灰渣组成主要有 SiO_2、Fe_2O_3、Al_2O_3、CaO、MgO、TiO_2、SO_3、K_2O、Na_2O、P_2O_5 等，其中钾、硫和氯元素在生物质燃烧过程对形成结渣起到关键作用。

钾元素是影响生物质成型燃料结渣的主要元素。在生物质燃料中钾元素以有机物的形式存在，在燃烧过程中汽化和分解，形成氧化物、氯化物和硫酸盐，这些化合物都表现为低熔点。当钾和其化合物凝结在灰粒上时，灰粒表面就会富含钾，这样就会使灰粒更具有黏性和低熔点。

实验表明，生物质燃烧过程中有机钾转化为不同形式的无机钾盐和不同的 K_2O-SiO_2 共晶化合物。聚团和不流化过程对于温度非常敏感，降低温度可以明显减少聚团和结渣。研究认为，生物质尤其是秸秆中富含钾和钠元素的化合物，与生物质燃料中混有砂土的 SiO_2 反应，生成低熔点的共晶体，渐渐聚团后形成大面积结渣。

反应方程式如下：

$$2SiO_2 + Na_2O \longrightarrow Na_2O \cdot 2SiO_2 \tag{7-7}$$

$$4SiO_2 + K_2O \longrightarrow K_2O \cdot 4SiO_2 \tag{7-8}$$

这两个反应可以形成熔点仅为 650～700℃的共晶化合物，正是这些熔融态的物质充当灰粒之间的黏合剂而引起了聚团和结渣。

硫元素在燃烧过程中，从燃料颗粒中挥发出来，与气相的碱金属元素发生化学反应生成碱金属类的硫化物，这些化合物将会凝结在灰粒或炉排上。在沉积物表面，含碱金属元素的凝结物还会继续与气相含硫物质发生反应生成稳定的硫酸盐，多数硫酸盐呈熔融状态，会增加沉积层表面的黏性，加剧结渣的程度。实践表明，单独燃烧钙、钾含量高，含硫量少的木质生物质时，积灰结渣程度低；而当燃烧秸秆类生物质成型燃料，尤其含硫高的稻草燃料时，则结渣就很严重，且沉积物中富含 K_2SO_4 和 $CaSO_4$。硫酸钙被认为是灰粒的黏合剂，能够加重结渣的程度。

氯元素在结渣中起着重要的作用。首先，在生物质燃烧时，氯元素起着传输作用，有助于碱金属元素从燃料内部迁移到表面与其他物质发生化学反应；其次，氯元素有助于碱金属元素的汽化。氯元素能与碱金属硅酸盐反应生成气态碱金属氯化物。这些氯化物蒸气是稳定的可挥发物质，与那些非氯化物的碱金属蒸气相比，它们更趋向于沉积在燃烧设备的下游；同时，氯元素还有助于增加许多无机化合物的流动性，特别是含钾元素的化合物。经验表明，决定生成碱金属蒸气总量的限制因素不是碱金属元素，而是氯元素。随着碱金属元素汽化程度的增加，沉积物数量和其黏性也增加。碱金属含量高而氯含量低的燃料，其积灰结渣程度要比两者含量都较高的燃料轻。氯可以和碱金属形成稳定且易挥发的碱金属化合物，氯的浓度决定了挥发相中碱金属的浓度。在多数情况下，氯起输送作用，将碱金属从燃料中带出。在 600℃以上，碱金属氯化物在高温下开始进入气相，是碱金属析出的一条最主要途径。

碱金属无论作为氧化物、氢氧化物、有机金属化合物都将与二氧化硅结合生成低熔点的共晶体。二氧化硅和碱金属氧化物是生物质灰的主要组成成分。二氧化硅的熔点为 1700℃，当 32％的氧化钾和 68％的二氧化硅混合时，混合物的熔点仅为 769℃。该比例非常接近含有 25％～35％碱金属氧化物的生物质灰的成分。

很显然，生物质尤其是秸秆类燃料燃烧过程结渣主要受碱金属和氯、硫元素的影响，碱金属和氯、硫元素的含量越高，越易于形成低熔点的共晶体，越易发生聚团结渣，影响正常燃烧工况。

7.3.2　生物质成型燃料结渣性能判断

燃料在炉排燃烧时，氧化层或还原层内局部温度达到灰的软化温度，这时灰粒就会软化，灰中的钠、钙、钾以及少量硫酸盐就会形成一个黏性表面，随着炉温继续升高，这些硫酸盐就形成一个较大共熔体，较大共熔体下落到下面的水冷壁就会很快冷却，形成团体大块而结附在水冷壁上形成结渣。通常可以根据灰成分综合比值判断结渣性能。

1. 硅比（*G*）

$$G = \frac{SiO_2 \times 100}{SiO_2 + CaO + MgO + Fe_2O_3} \tag{7-9}$$

式中

$$Fe_2O_3 = Fe_2O_3 + 1.11FeO + 1.43Fe \tag{7-10}$$

硅比中分母大多为助熔剂，SiO_2 较大意味着灰渣黏度和灰熔点较高，因而硅比越大，结渣倾向越小。

2. 铁钙比（Fe_2O_3/CaO）

由于玉米秸秆成型燃料燃烧时挥发分较高，与烟煤更相近，故按烟煤型灰判断。美国近年来用铁钙比作为判断烟煤型灰（$Fe_2O_3>CaO+MgO$）的结渣指标之一，推荐的界限值为

$Fe_2O_3/CaO<0.3$　　不结渣

Fe_2O_3/CaO 为 0.3～3　　中等或严重结渣

$Fe_2O_3/CaO>3.0$　　不结渣

计算可得出玉米秸秆成型燃料的 $Fe_2O_3/CaO\approx0.9$。由此判断，玉米秸秆成型燃料具有中等或严重结渣性。

3. 碱酸比（B/A）

$$\frac{B}{A} = \frac{Fe_2O_3 + CaO + MgO + Na_2O + K_2O}{SiO_2 + Al_2O_3 + TiO_2} \tag{7-11}$$

式中，B 为灰中碱性成分含量；A 为灰中酸性成分含量；Fe_2O_3、SiO_2 等分别为干燥基各种灰组分的质量百分数。

碱酸比中分子为碱性氧化物，分母为酸性氧化物。在高温下，灰中的这两种氧化物会互相影响、相互作用形成低熔点的共熔盐。这些共熔盐通常具有较为固定的组合形式。因此，当灰中酸性成分与碱性成分比值过高时，燃料的灰熔点增高。使用 B/A 来判断燃料结渣倾向时，推荐的界限值见表 7.11。

表 7.11　碱酸比判断结渣倾向界限值

碱酸比	中国	国外	结渣倾向
B/A	<0.2	<0.4	轻微
	0.2～0.4	0.4～0.7	中等
	>0.4	>0.7	严重

按国内标准判断，玉米秸秆成型燃料 $B/A\approx0.32$，具有中等结渣性；按国外标准则为轻微结渣性。

4. 碱性氧化物指数 AI

采用碱性氧化物指数判断结渣，即燃料中每吉焦（GJ）热量含有碱性氧化物（K_2O+Na_2O）的质量，来判别生物质燃料的结渣特性，该方法对多种生物质的判别结果与结渣试验结果吻合较好。

$$AI=\frac{K_2O+Na_2O}{Q_{ar,gr}}\times A_{ad} \tag{7-12}$$

式中，$Q_{ar,gr}$为燃料干燥基高位发热量，MJ/g；A_{ad}为燃料中灰分含量，%；K_2O，Na_2O为燃料灰中 K_2O，Na_2O 成分质量百分数，%。

当碱性氧化物指数值大于 0.34 kg/GJ 时，会出现显著的积灰或结渣现象。

7.3.3　形成结渣的主要因素

生物质成型燃料燃烧过程中，燃料层燃烧的温度高于灰的软化温度 t_2 是造成结渣的重要原因。在低于灰的变形温度 t_1 时，灰粒一般不会结渣，但燃烧温度高于 t_1 甚至达到软化温度 t_2 时，灰粒熔融的灰渣形成共熔体便黏在炉排或水冷壁上造成结渣。当然，如果锅炉设计的风速不合理，造成炉内火焰向一边偏斜，引起局部温度过高，使部分燃料层的温度升高达到灰熔点，冷却不及时也会造成结渣。另外，燃烧设备超负荷运行，或者炉膛层燃炉内的燃料直径、燃料层厚度较大等都会使层燃中心的局部温度过高，使燃料层的温度达到燃料的灰熔点，同样会造成结渣。在以下几种工况下可能具有形成结渣的条件。

1）*炉膛温度过高形成结渣*

作者通过对玉米秸秆成型燃料燃烧研究发现，玉米秸秆成型燃料结渣率随炉膛温度的增高而增大，在温度为 800～900℃时结渣增加缓慢，在温度达到 900～1000℃时结渣现象明显增加，在 $T>1000$℃以后结渣率逐渐增大。考虑到燃烧装置运行安全性，作者研究认为，炉膛温度过高较易形成炉排及换热面结渣，生物质成型燃料燃烧设备的炉膛温度在 900℃以下时，结渣率较低。

2）*燃料粒径及料层厚度过大形成结渣*

研究发现，随着生物质成型燃料粒径的增大，结渣率逐渐增大。这是因为随着粒径的增大，燃料燃烧中心温度升高，灰渣温度达到灰熔点，因而易发生结渣。

随着燃料层厚度的增大，结渣率增大。主要由于随着燃料层厚度的增大，燃烧层内氧化层与还原层的厚度增大，燃烧中心温度增高达到灰熔点，形成结渣。

3）*运行整体工况恶劣形成结渣*

运行工况影响炉内温度水平和灰粒所处气氛环境。炉内温度水平是由调整和控制炉内燃烧工况来实现的。若燃烧调整和供风控制不当，使炉内温度水平升高，易引起炉膛火焰中心区域受热面或过热面结渣。运行时，在保证充分燃烧和负荷要求的情况下，通过调整和控制燃烧风量、燃料量来降低炉内温度，防止或减轻结渣。

生物质燃烧装置通常过量空气系数在 1.5～2.0 运行。若过量空气系数过大或过小，则炉膛内烟气中含有的 CO 量增多，火焰中心的灰粒处于还原性气氛中，Fe^{3+} 还原成 Fe^{2+}，会引起灰粒的熔融特性降低，加大炉内结渣的倾向。运行时，应调整风速、风量，改善燃烧质量，将炉内烟气中还原性气氛降低，使结渣降低到最低水平。

7.3.4　减少结渣及消除结渣的措施

1. 控制燃烧温度抑制结渣形成

由于生物质成型燃料结渣的主要原因是灰熔点较低，在高温下易聚团结渣，因此可以通过供风与燃料量的配合调节，利用自动控制系统，让燃烧在温度状态下维持稳定的温度燃烧，保证不超过灰熔点温度，便不会形成结渣。目前生物质锅炉通常有采用水冷或空冷炉排的结构，结合自动控制系统来降低炉排的温度，实现生物质成型燃料在低于灰熔点温度下燃烧，控制结渣的生成。

图 7.16 是丹麦某生物质锅炉企业回用烟气风冷技术设计运行工况图，精确控制炉膛温度不高于 700℃，整个燃烧过程几乎没有结渣发生。炉排下的通风除了供给必需的空气量外，还有一部分是来自烟囱的低温烟气，烟气温度在 140℃以下。这样设计的好处是，利用烟气既起到冷却炉排的作用，又不至于输入过多的冷空气降低燃烧温度，增加热损失。

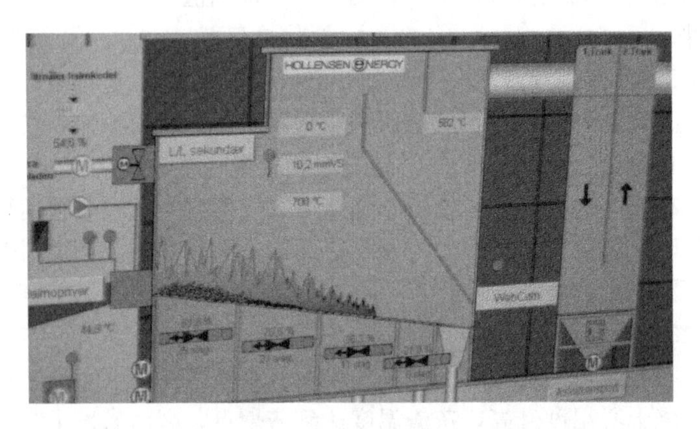

图 7.16　一种采用风冷技术控制炉排温度的生物质锅炉

图 7.17 是风冷活动炉排实物拍摄照片，由炉排中间风孔供给燃料氧气，既保证氧气量充分又有预热过程，从烟囱引出的低温烟气同样也由此风孔供给炉膛，同时起到平

图 7.17　采用风冷技术控制炉排温度的生物质锅炉炉排

衡空气量和降低燃烧温度的作用。

同样是欧洲的生物质锅炉技术，还有一些采用水冷炉排的设计方式。就是在炉排中间通入冷却水，起到冷却炉排的作用。典型水冷炉排代表是丹麦BWE公司的水冷振动炉排技术，实际应用案例比较多，中国的国能生物发电锅炉就是采用该技术进行设计加工的，目前在中国已有近40座生物质电站采用了该技术，运行效果表明该设计可以有效避免炉排结渣。

2. 机械除渣

现代生物质锅炉的设计，机械炉排除渣的应用也很普遍，其设计理念就是定时振动、转动、往复运动炉排，捶打或剪切等依靠外力破坏渣块聚团，避免结渣。如上所述的水冷振动炉排设计就是采用了炉排的振动来破坏渣块的形成和聚团。往复炉排应用于生物质锅炉的设计也相当普遍。

图7.18是生物质锅炉燃烧过程依靠炉排模块中心的活塞式推杆破渣的实物照片。该锅炉结构设计时，在炉排中心设计有活塞式破渣推杆，间歇式推动该推杆，破碎聚团的渣块，避免结渣。该推杆中心有通风孔与风机相连，兼有通风作用，既可提供燃料燃烧所需氧气，又具有吹去灰渣功能，避免灰渣堆积。

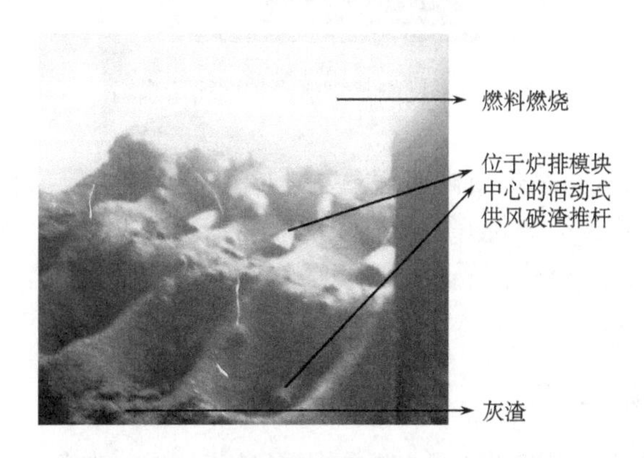

图7.18 生物质锅炉带破渣活塞推杆的炉排

3. 改善结构设计避免结渣

除了利用机械外力破除灰渣聚团和降低燃烧温度避免结渣产生的方法外，通过改善结构设计使燃烧温度降低也是有效避免结渣的措施。比较成熟的设计思路是生物质燃烧设备分段式燃烧理念的植入，首先在燃料输入阶段前端供给少量的空气，让生物质成型燃料进行热解过程，低温下（一般不高于650℃）挥发分在此阶段大量析出，并有部分在此燃烧，更多的可燃气体将在下一阶段在受热面区域与二次、三次空气接触燃烧，释放热量。

由于热解温度低于灰熔点，灰分形成后没有遇到高温区域，高温区几乎没有灰粒聚集，这样就不会在燃烧过程形成结渣，从结构设计上根本杜绝了结渣的可能。这种结构现已广泛用于生物质成型燃料中小锅炉，甚至一些炊事采暖炉也采用了这种设计，也有人把它叫做半气化燃烧。单炉排反烧结构（图 7.19）以及双炉排下燃式设计（图 7.15）就是采用的这个原理进行设计的，都能很好地解决生物质成型燃料燃烧结渣的问题。

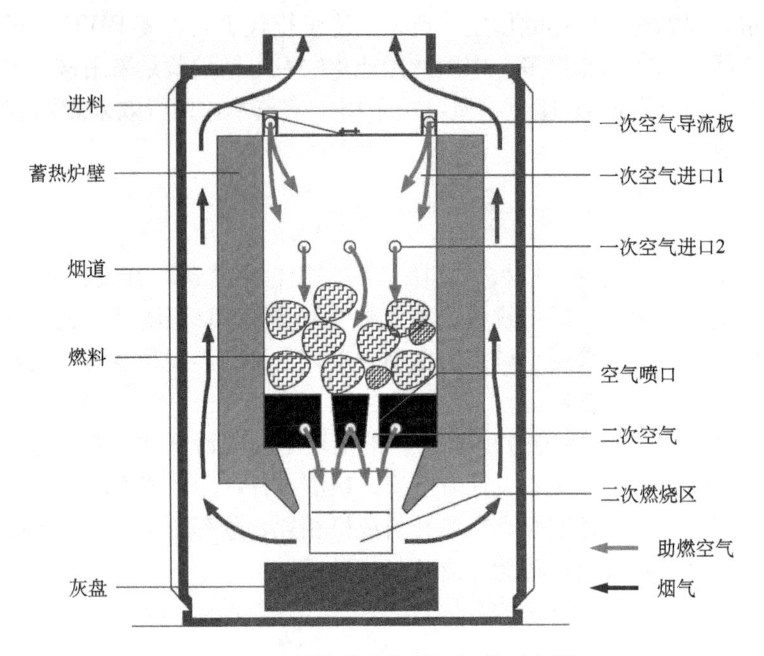

图 7.19 反烧蓄式热锅炉结构示意图

图 7.19 是反烧蓄式热锅炉结构示意图，其原理与双层炉排反烧结构相同，燃料由接触炉排的底层开始小部分燃烧并热解，上层燃料依次靠重力下沉至炉排，经热解后析出可燃气穿过炉排在二次燃烧区燃烧。图 7.15 所示的双层炉排结构也有利于避免结渣形成。

4. 加入添加剂混燃减少结渣

研究发现，生物质原料灰熔点低的主要因素是灰的成分中含有大量碱金属氧化物造成的，为了减少结渣，通过混合一些易于与碱金属氧化物反应并把碱金属固定下来的添加剂，可以起到减少和避免结渣的作用。

试验证明，添加剂可以使灰熔融现象基本消除，可以减少结渣的添加剂很多，通过试验验证，结合性价比来分析，原料易于采集的、比较理想的添加剂通常采用 $CaSO_4$、CaO、$CaCO_3$ 等。$CaSO_4$ 可以将钾以 K_2SO_4 的形式固定于灰渣中；CaO、$CaCO_3$ 能够促进系统中熔融态钾的转化析出，使底灰中钾的含量相对减少，底灰变得比较松软而不发生聚团。以上几种添加剂中，用得较多的添加剂是在生物质燃烧过程中定量添加 CaO，这项技术在丹麦等欧洲国家的生物质秸秆锅炉中已经得到普遍应用。

一定比例的生物质成型燃料与煤的混燃也会减少结渣，这里不做探讨。

7.4　生物质成型燃料燃烧设备设计与应用

7.4.1　基本原则要求与原则

随着生物质成型燃料的发展，符合燃料特点的燃烧设备也正在日渐成熟。各种类型的性能良好的成型燃料燃烧设备应满足下列要求：

（1）燃料和燃烧所需空气在炉内形成良好的空气动力场，燃料能够迅速稳定着火；

（2）及时合理供应空气，与燃料充分适时混合，使燃料在炉内达到完全燃烧；

（3）燃烧可靠、稳定、经济，炉内不沉积结焦、炉排不聚团结渣，保证燃烧设备安全经济运行；

（4）燃料适应能力强，适应燃料范围广，可满足成型燃料种类及负荷变化要求；

（5）换热充分，热效率高；

（6）维护、清理方便，材料使用性价比高；

（7）污染物排放满足环保要求。

为满足以上基本要求，与燃煤设备相比，生物质成型燃料燃烧设备主要在结构设计上进行改进和完善。

生物质成型燃料燃烧设备设计的基本原则是，在保证燃料高效燃烧及利用的前提下，避免或减少生物质燃烧形成沉积及结渣，减少沉积对燃烧设备的腐蚀，延长其使用寿命。由于生物质成型燃料比较规则，上料易于实现流动和自动控制，因此高端生物质成型燃料燃烧设备往往结合自动控制系统，实现供给空气与燃料燃烧速率精确匹配。具体设计时需要注意以下几点：

（1）科学合理分级、分阶段配风，以保证挥发分及固定炭充分燃烧；

（2）通过空气供给或自动控制等手段控制合适的燃烧温度，减少焦油形成；

（3）通过炉排改进设计等手段及时组织聚团结渣形成；

（4）采用防腐材料，减少沉积、结渣形成，减轻腐蚀程度。

生物质成型燃料燃烧设备的关键部件是炉排与炉膛，其设计也是以提高效率、减少结渣与沉积腐蚀为主要原则的。炉排的设计与进风量关系甚大，同时影响结渣的严重程度；炉膛的设计直接影响燃料的燃烧效率与污染物的排放，同时与沉积腐蚀的轻重关系密切。因此，生物质燃烧设备的结构设计与传统燃煤设备的不同主要体现在炉膛和炉排上。

7.4.2　结构设计

1. 生物质成型燃料燃烧设备的炉排结构设计

合理的炉排设计可以有效避免或阻止生物质成型燃料燃烧过程中灰粒聚团结渣，以及进行合理的空气匹配。为了有效地减少结渣的形成，在炉排设计方面，多采用活动式炉排，通过炉排上下前后的运动、振动、转动等产生的剪切力破坏结渣大块形成。较多采用的炉排结构主要有以下几种类型。

（1）往复炉排：从燃煤锅炉技术借鉴而来，结构原理相同，不赘述。目前多用于中小型生物质成型燃料燃烧设备，依靠液压、机械及手动摇柄定时或不定时摇动炉排，破坏结渣聚团。

（2）振动炉排：常用于大中型生物质锅炉。一般地，振动炉排的设计结合烟气冷却或水冷却系统共同保证生物质燃烧过程不结渣。由于工艺复杂，且加工制造成本偏高，小型生物质成型燃料燃烧设备不常采用。

（3）转动炉排：常见于中小型生物质颗粒燃料燃烧设备。炉排随电机转动带动颗粒燃料流动燃烧，空气分布与可燃物接触更加合理充分。主要利用颗粒燃料的均一性、流动性控制燃料的供给速率及燃烧速率，在燃烧过程中靠炉排转动的转弯处倾斜角度形成剪切力，破坏燃料聚团结渣的形成。

（4）双层炉排：中小型生物质成型燃料燃烧设备常采用此种炉排结构设计，尤其适用于压块或大粒径的棒状生物质成型燃料。主要采用分室原理，将生物质成型燃料与燃烧室分开，强迫燃烧分段进行。双层炉排把燃料、可燃固体物与可燃气体分为三部分，有利于空气合理分配，灰粒及时沉降，避免高温结渣。目前也有采用双层炉排变形设计的，把上下卧式双层炉排结构变成左右立式双层炉排结构，配合垂直折返高温烟气与换热面充分换热，更加有效降尘，使用效果也比较理想。

需要说明的是，无论采用哪种炉排结构设计，考虑到秸秆类生物质燃料的沉积与腐蚀特性，在生产制造炉排时必须注意使用耐摩擦、耐高温、耐腐蚀的材料，或者做必要的做防腐处理。

2. 生物质成型燃料燃烧设备的炉膛结构设计

合理设计炉膛结构可以提高燃烧效率及锅炉热利用效率，减轻对燃烧设备的沉积与腐蚀，减少烟尘排放浓度等。

生物质成型燃料燃烧设备的炉膛设计原则是采用双燃室或多燃室炉膛结构。通过增加燃室截面，降低出口烟速，减少飞灰量及飞灰粒度，从而减轻飞灰对锅炉换热面的冲刷磨损。炉膛内布置足够的换热面，使燃烧产生的烟气从炉膛排出时温度可以低于灰渣的变形温度，以防在换热面发生沉积，同时可以延长烟气在炉膛内的燃烧行程，增加烟气在炉膛内的滞留时间，提高换热效率。具体就是：

（1）设计高、低温分开的燃烧室，初级燃烧室进行成型燃料的缺氧、低温热解（一般在500℃以下，也称为半汽化），次级燃烧室进行可燃挥发分二次高温燃烧；

（2）延长燃烧行程，多段供风，保证可燃气有充分的燃烧与换热空间；

（3）多回程折返设计，既节约燃烧设备占地空间，又有利于灰粒沉降，减少烟尘排放；

（4）高档燃烧设备还可以考虑设计自动控制系统，最佳工况运行，提高效率；

（5）使用防腐材料或防腐处理炉膛换热器部件。

3. 关键参数及运行原理

生物质成型燃料燃烧设备设计的关键参数主要有过量空气系数、炉排面积、炉膛容积、炉排速度（单位时间的燃料供应量）等。

根据试验，小型生物质成型燃料炉具的过量空气系数一般要大于2，大中型燃烧设备的过量空气系数也必须大于1.5，自动控制、自动调节的生物质成型燃料燃烧设备的过量空气系数将是一个变量，根据烟气量是一个动态的参数。

炉排的运行速度，或者燃料的燃烧消耗速度要根据料层厚度、燃料特点、燃烧方式来确定，既要保证燃料充分燃烧，又要满足强度要求及经济合理。

对于生物质成型燃料，无论哪种形式的燃烧设备，绝大多数都是采用层状燃烧方式。具体体现在结构设计上，比较可靠的燃烧运行原理主要有以下几种。

分段燃烧，也称为半汽化燃烧。先热解汽化并部分低温下燃烧，析出的烟气被引入二次燃烧室再进行二次高温燃烧。

流动燃烧，生物质成型燃料随着炉排运动过程，由自动控制系统保证各项参数最佳匹配进行流动燃烧，类似于链条炉排锅炉的设计原理，主要适用于可以自动给料的生物质颗粒燃料。也有的燃烧设备设计为依靠成型燃料自身重力来形成流动的下燃式燃烧方式，在设备一侧设计了料箱，可以随时加料，下部燃料燃烧后，上部燃料自动下移，属于半流动，但可以适用于较大的压块或棒状燃料。

双炉排（单层炉排下吸式）燃烧，又称为反烧。上层炉排隔层既是燃料室，又是燃料热解及初级燃烧室，可以随时自动或手动由上部及侧部加料。燃料析出的可燃气透过炉排向下进入燃烧室，遇到二次空气剧烈燃烧，通常还在侧面或后部设计有二次燃烧室，以保证烟气燃烧换热充分。其实，这种燃烧方式也是采用了分段燃烧的原理。

7.4.3　案例

下面将结合实例分析，印证生物质成型燃料燃烧机理、沉积腐蚀及结渣消除方法与燃烧设备运行机理和结构设计思路相结合的典型案例。

1. 户用生物质成型燃料炊事炉

典型的生物质成型燃料炊事炉具，都是采用半汽化燃烧方式进行设计的（表7.12）。由于加料操作麻烦，且供风量不稳定导致效率低、污染严重，传统的边加料、边直接燃烧的炉具不适合使用高品质的生物质成型燃料已被逐渐淘汰。先汽化再利用管道输送到汽化灶燃烧的小型汽化炊事炉曾风靡一时，但也由于焦油的二次污染无法处理已被淘汰。

表7.12　典型生物质成型燃料炊事炉具

炊事炉具	结构设计	燃烧方式	适应燃料	进料方式	配风	代表企业	备注
颗粒燃料炊事炉	燃烧器与燃烧室分体设计	半汽化燃烧	木质颗粒燃料	螺旋下伺式连续进料	三次供风	北京老万炉业	需要进料电机与鼓风机，效率高，有结渣，造价高
直燃半汽化炊事炉	燃烧器与燃烧室分体设计	半汽化燃烧	各种块状生物质燃料	一次加料，燃尽再加新料	三次供风	山东多乐炉业、北京大蓄炉具	烟囱自然引风，二次加料麻烦，效率低，待改进

续表

炊事炉具	结构设计	燃烧方式	适应燃料	进料方式	配风	代表企业	备注
直燃上吸式半汽化炊事炉	燃烧室与汽化一体设计	逆流汽化燃烧	各类成型燃料	一次加料，燃尽再加新料	二次供风	河北光磊炉业、禹州河洛炉业、桑普炉具	有风机，或使用烟囱引风，二次加料麻烦，效率高，主流产品
纯汽化炊事炉	气化室分体设计	气化燃烧	各类生物质固体燃料	汽化发生器进料，采用汽化灶燃烧	二次供风	湖南三木能源、重庆良奇	焦油造成二次污染，整体结构复杂，已淘汰
直燃炊事炉	一体设计	直接燃烧	各类固体燃料	断续、批次加料	二次供风	属于传统炉具燃烧方式	燃烧效率低，燃料与供风不匹配，有污染，操作麻烦。渐淘汰

目前的主流成型燃料炉具主要采用“半汽化”燃烧方式或逆流式上吸式汽化燃烧方式进行设计的。值得注意的是，作为生物质成型燃料用于炊事炉，由于频繁熄火点火（一日三次）、换热器具散热不固定且频频漏风，从燃烧效率来说是不经济的，需要进一步研究“封火”技术，建议把成型燃料尽量用于效率更高的采暖设备，以更大程度发挥成型燃料的效能。

下面以作者设计的空心环胆多级供风生物质成型燃料炊事炉为例，分析介绍直燃上吸式“半汽化”炉，其结构如图 7.20 所示。

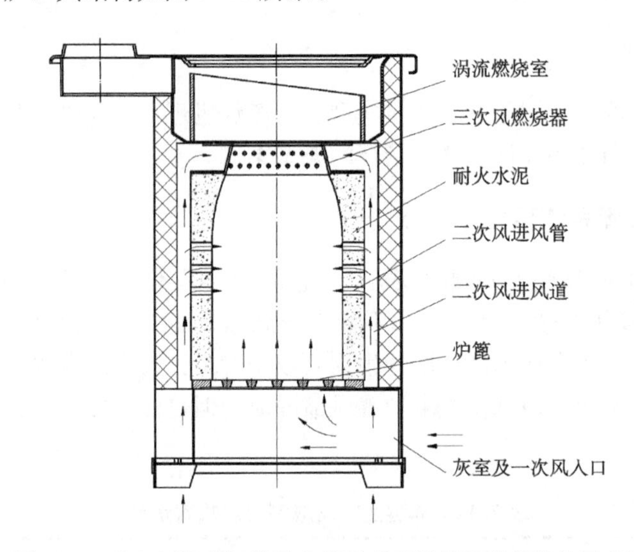

图 7.20　空心环胆多级供风生物质成型燃料炊事炉结构示意图

结构特点：①采用三级分段多点供风，风量分配更合理；②热解与燃烧分室“半汽化”燃烧；③设计挡火折流圈，形成涡流式燃烧，燃烧更充分；④设计预热空气风道，空气经预热后再参与二次、三次燃烧，减少热损失。该炉具适用燃料为直径大于12 mm的颗粒燃料、生物质棒状及压块燃料。

以上的结构设计，保证了运行过程的稳定性、高效性。三级供风保障了热解与燃烧的风量变化，保证稳定燃烧；多点配风满足配风均匀，氧气与可燃物混合充分；热解与燃烧分层进行可减少结渣对燃烧的影响；涡流室二次高温燃烧设计可以减轻沉积程度，预热空气可以提高燃烧效率。

实际运行时，该炊事炉采用上吸式逆流汽化燃烧。使用时一次加适量燃料，在上部加入引火柴，引燃后，燃料自上而下燃烧，灰渣层在最上层，依次向下是氧化层、还原层、干馏层、预热层。由底部炉排一次风供给少量空气穿过燃料层后参与热解，析出的可燃气体，在燃烧室及涡流处依赖二次、三次风进行充分燃烧。该炉具燃烧清洁、方便，另一最大特点是可以实现短时间封火，减少一天多次炊事时间引燃点火的麻烦。

该炊事炉由河北光磊炉业公司加工生产后，自 2006 年在北京郊区农村大量投入使用。目前，在此原理上改进发展起来的各式生物质成型燃料炊事炉遍布全国。

2. 中小型生物质成型燃料采暖设备

由于在国外产品技术基础上进行改进，我国生物质成型燃料采暖设备已经在短时间内发展相当成熟，不少企业结合中国用户及燃料特点开发出了适合我国生物质成型燃料的小型燃烧设备，普遍用于户用及小面积区域采暖。但是典型的燃烧原理基本是相同的，表 7.13 列出了一些典型产品。

表 7.13　典型生物质成型燃料小型采暖设备

典型采暖设备	主要除渣结构	主要防沉积措施	适应燃料	进料方式	配风与燃烧方式	代表炉型	备注
旋转炉排颗粒燃料采暖炉	滚动炉排	避免高碱金属燃料，及时扫除沉积	木质及低碱金属秸秆颗粒燃料	自动连续进料	三次供风，动态燃烧	北京老万炉业	微计算机控制，进料、燃烧、排烟全自动
多回程流动燃烧采暖炉	主燃室低温裂解避免聚团	准确温控，分室燃烧，重力降尘	各种块状生物质燃料	定时加料，重力流动	三次供风，半汽化燃烧	河北光磊炉业，北京老万炉业	烟囱自然引风，维护简单，三回程燃烧设计
双层炉排双燃室锅炉	主燃室低温裂解，无聚团	分室燃烧，多回程重力降尘	各类大粒径成型燃料	定时加料，重力流动	三次供风，下吸式汽化燃烧	河南农业大学、北京春来锅炉	人工间歇频繁加料，鼓引风系统排烟

图 7.21 是北京老万炉业公司设计的旋转炉排颗粒燃料锅炉结构图，该锅炉采用动态燃烧技术，主要原料采用木质生物质颗粒燃料或低碱金属含量的秸秆颗粒燃料。

从结构上分析，该锅炉主要特点：①设计带有转动炉排的滚动燃烧器，采用动态燃烧的方式，精确控制燃烧速率，既消除形成沉积的条件，又避免了聚团结渣的形成；②通过设计三级多点供风，风量的控制基本依据一次风 70%、二次风 20%、三次风 10%的比例进行分配，动态配送空气与可燃物混合均匀，保证燃烧具有稳定的温度及动力场；③设计折流板延长烟气燃烧流程，保证燃烧与换热充分，并依靠重力沉降较大灰粒；④设计自动控制系统优化配风与燃料流动速度，使锅炉可一直处于最佳燃烧工况。正常使用时，该锅炉可全自动运行，只需 24 h 添加一次燃料即可。

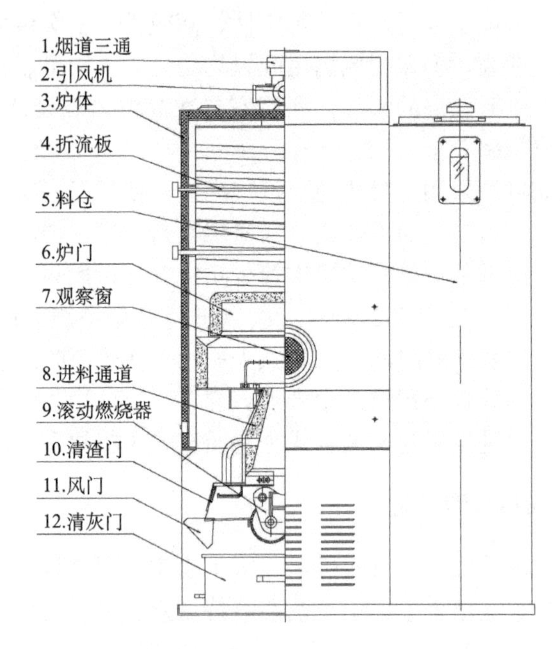

图 7.21　生物质颗粒燃料旋转炉排锅炉结构简图

滚动式燃烧器是燃烧装置的关键部件，主要是由滚动式炉排、燃烧器本体、火焰风室罩组成，滚动式炉排的转动依靠调速电机驱动链轮通过链条的连接进行旋转，旋转过程既是燃料流动动态燃烧过程，也是破渣过程，通过炉排的匀速转动，自动将进入燃烧器内的燃料进行边输送、边燃烧、边排渣。实际运行时，颗粒燃料经料仓由螺旋进料系统进入燃烧器，由电阻丝加热引燃颗粒燃料，同时匹配适当空气，燃料在滚动燃烧器上缓慢流动燃烧，灰渣及时随着燃烧器转动形成的倾角而破碎，高温烟气经折流板两次折流充分换热后由烟囱排出。二次风、三次风由火焰风室罩供给。

在长期使用过程中发现，该锅炉不可燃烧碱金属含量高的秸秆颗粒燃料，不适用于大粒径的压块或棒状燃料。特别适用于高档别墅及无集中供暖的商业区域取暖，以木质颗粒燃料为主要燃料。

图 7.22 是河北光磊炉业有限公司设计的三回程半汽化燃烧生物质成型燃料锅炉结构示意图，该锅炉的结构主要针对大粒径的块状或棒状生物质成型燃料进行设计。

为了达到高效燃烧和提高换热效率，避免结渣与沉积，该锅炉结构设计时特别注意以下几点：①采用活动炉排设计，通过不定时翻转或摇动炉排排除结渣；②采用多级多点配风，保证氧气与可燃气混合充分、燃烧状态稳定；③三回程多室燃烧设计，预燃裂解处于低温区，可燃气在高温区燃烧，避免结渣，消除沉积形成的条件；④设计反烧墙，延长烟气燃烧及换热流程，依靠重力沉降灰粒，减少换热面及烟囱高温沉积、腐蚀程度，提高换热效率；⑤设计定期吹灰空，清除沉积及结焦成分，保证锅炉经常处于最佳运行工况。

根据实际用户需求，该设备的结构还可以在烟囱出口处设计对流换热器以提高烟气余热的利用效率。该类型生物质成型燃料锅炉由于采用翻转或往复活动炉排，不适用于

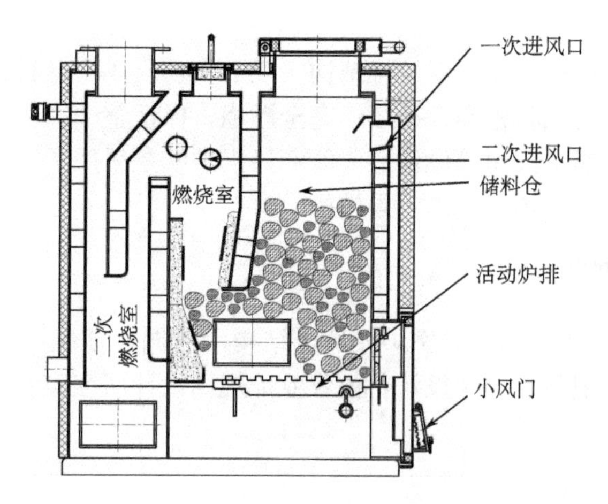

图 7.22　三回程生物质成型燃料采暖锅炉结构示意图

粒径较小的生物质颗粒燃料，仅适用于较大粒径的生物质棒状、块状成型燃料。

实际运行过程中，首先添加引燃柴料，点燃并形成底火后，添加燃料，调节风门风量，即可正常使用。正常燃烧时，加料室底部也是初级燃烧室、预燃热解室，从上至下依次是预热层、干馏层、还原层、氧化层，其底部为灰渣层。炉排底部供入一次空气满足热解及部分燃料燃烧所需氧气，二次燃烧室还有二次、三次空气等满足可燃气充分燃烧。依靠折返挡火板的方向转换以及燃烧涡流旋转力量等沉降灰粒，减少沉积腐蚀对锅炉的损坏。可以摇动随时活动炉排，方便除灰、清渣等，燃烧及清渣过程燃料随着重力向下流动。

该类型炉具的设计思路借鉴了欧洲生物质锅炉的设计工艺，结合中国用户及我国生物质成型燃料特点进行了升级优化。目前，河北光磊炉业公司、北京老万炉业公司等都设计生产此类锅炉设备产品。

图 7.15 所示是作者根据生物质成型燃料特点设计的一款双层炉排锅炉，该锅炉主要适用大粒径的各类生物质棒状、块状成型燃料。

主要参数如下：额定功率，87 kW；过量空气系数，1.7；热效率大于 74%，每小时棒状成型燃料消耗量约 30 kg；常压运行。

在消除沉积、预防腐蚀等技术方面，该锅炉在结构设计上突出了如下特点：①采用双层炉排结构，上下炉排与炉体形成三个独立空间。最上层是加料室及一次空气入口，同时也是初级燃烧及热解室；此处主要完成热解过程，燃烧温度较低，可有效减少燃料燃烧过程的灰分与燃料聚团结渣；②上下炉排中间构成二次燃烧室，下炉排是未燃尽燃料的再燃区，炉排下是灰渣室；③二次燃烧室与后方燃尽室相连，可燃物在此遇到二次空气发生剧烈高温燃烧，高温烟气经换热面进行热量交换后引入烟囱排出。

该锅炉正常燃烧时，上炉门作为添加燃料口及一次进风口，一般要处于敞开状态；中炉门用于掉落在下炉排上未燃尽燃料的燃烧，正常燃烧时处于关闭状态，点火及清渣时打开；下炉门用于排灰及二次空气供给的进口，根据燃烧情况适量打开。燃烧过程灰粒经过二次燃烧室及燃尽室两次沉降，因此后部换热面的沉积物大大减少，有利于减轻对换热面的腐蚀。

试验及实际运行过程发现，双炉排结构实现了生物质成型燃料的分段燃烧，多点匹配供风，使生物质成型燃料稳定、持续、完全燃烧，保证整个燃烧过程消烟除尘、不结渣。目前，北京春来锅炉公司等设计的节能环保锅炉既是采用了该双层炉排技术，目前又有所升级与改进，产品推广应用效果较好。

3. 大中型生物质成型燃料采暖设备

图 7.23 是一款无炉排双燃烧室炉体部分结构示意图，该燃烧设备采用双燃烧室半汽化涡流燃烧技术，锅与炉分体设计，由农业部规划设计研究院农村能源与环保研究所设计。

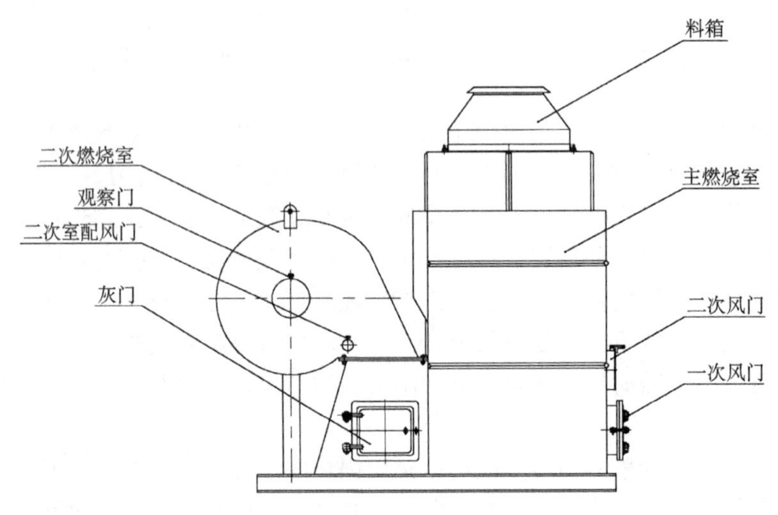

图 7.23　无炉排双燃烧室锅炉炉体结构示意图

该锅炉设计额定功率 0.35 MW，常压运行，效率大于 65%，可燃烧散料秸秆原料，每小时消耗燃料约 125 kg。

为了适应不同种类的生物质燃料的燃烧，该燃烧设备特别设计为无炉排结构。①无炉排的结构设计，使得灰渣自然沉于底层，方便定时清理；另外，无炉排结构可以适用多种生物质燃料品种，秸秆、木材、颗粒燃料、压块及大粒径棒状燃料等均可使用；②为了避免生物质的高碱金属沉积影响，该锅炉进行主次两段燃烧室设计，分燃烧室单独多段多点供风，主燃室主要维持燃料热解所需温度，并完成部分可燃气及炭粒低温燃烧，同时不断析出可燃气被引入二次燃烧室与二次空气进行高温燃烧；③二次涡流燃烧室结构设计主要是延长可燃气的燃烧流程（图 7.24），并靠涡流沉降灰粒，燃烧后的高温烟气更加清洁地被引入后部的换热器部分；④该装置采用锅与炉分体设计，前部相当于单独的燃烧器，易于控制燃烧状况，并处理所产生的灰粒净化烟气成分，减少后部换热器的沉积腐蚀长度，同时，该装置可以结合生物质燃料特点加大或缩小料仓及初级燃烧室容积。

图 7.24　可燃气二次涡流燃烧状况

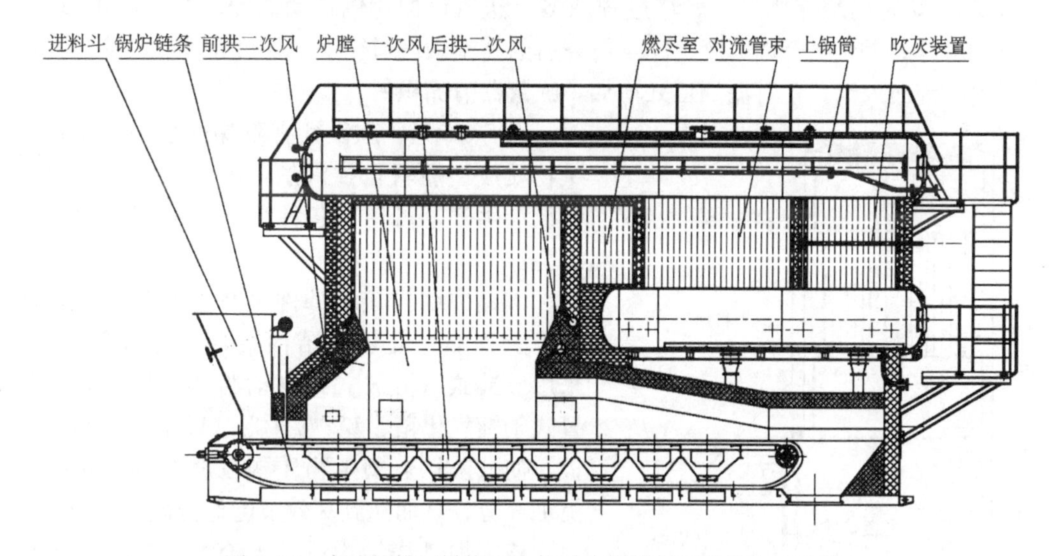

图 7.25　变速炉排双燃烧室生物质成型燃料锅炉结构示意图

图 7.25 是一款变速链条炉排双燃烧室生物质成型燃料锅炉结构示意图，由郑州德润锅炉有限公司设计生产。该锅炉采用变速炉排双燃烧室结构设计。与上述其他产品思路相同，该锅炉采用炉排变速运动带动燃料燃烧，可实现燃料与风量风速的最佳匹配，避免结渣；双燃室结构的设计可有效减少沉积腐蚀。

该锅炉主要设计参数如下。

额定蒸发量：15 t/h

额定工作压力：1.25 MPa

额定饱和蒸汽温度：193℃

排烟温度：168℃

设计效率：81.1%

锅炉水容量：21.5 m^3

过量空气系数：1.65

该锅炉的具体结构具有如下几个显著特点：①多燃烧室设计，设置裂解燃烧室、高温气（固）相燃烧室、二次燃尽室；②前后分段多次结合燃料匹配供风、梯次配氧系统，保证燃烧最优化工况；③添加吹灰机构，及时清除沉积物，避免结焦产生深度腐蚀；④采用炉排变速运动，随时根据燃料及工况调整运行速度。根据炉排设计要求，该锅炉适合各种生物质原料压缩的块状、棒状成型燃料等。

实际运行时，生物质成型燃料从上料机构均匀地进入高温裂解燃烧室，着火后，燃料中的挥发分快速析出，火焰向内燃烧，在气（固）相燃烧室内迅速形成高温区，为连续稳定着火创造条件；裂解区内的成型燃料在高温缺氧的条件下不断地快速分解为可燃气体，并被送往气相燃烧室内进行可燃气的燃烧；在气相燃烧的同时，90%以上挥发分被析出，剩余的固定碳骨架在固相燃烧室内进行固相燃烧，完全燃尽后的灰渣排往渣池或灰坑；在输送过程中，一小部分小颗粒燃料和未燃尽的微粒在风力的作用下在气（固）相燃烧室内悬浮燃烧；燃烧过程从多个送风口按比例自动调配、补充所需氧气，为炉膛出口的可燃气燃烧助燃，完全燃烧后的高温烟气通往锅炉受热面被吸收换热，再经除尘后排向大气。在对流烟道处增加了吹灰器清除积灰。

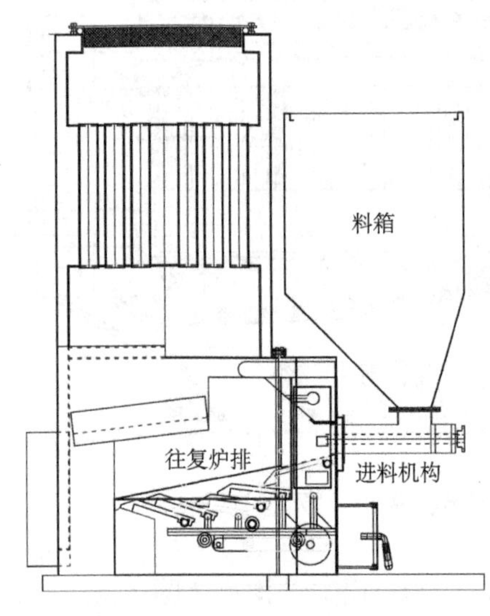

图 7.26　阶梯往复炉排生物质自控锅炉关键结构示意图

图 7.26 是一款设计有阶梯往复炉排结构的生物质成型燃料自控锅炉，由山东多乐炉业公司设计生产，可使用各种生物质成型燃料进行燃烧。

该锅炉结构核心部件也是主要特点是，使用了阶梯形往复炉排结构结合一体式复合拱，采用脉冲式（方波式）自动给料装置，配备预置式干馏气化箱、双“V”形（U形）布料引火板，使低灰熔点型生物质颗粒燃料的气化燃烧更加充分，从而达到高效节能低排放。

该锅炉燃烧结构设计上充分体现了：①燃烧区域温度维持在燃料的着火温度之上；②适当的空气分级供给燃料，使燃料和空气充分接触；③提供燃料燃烧的足够空间和时间。

实际运行过程中，在燃料的供给上采取脉冲式（方波式）自动给料装置，精确供给燃料的速度和数量，料箱燃料与预置式干馏气化箱设计有隔绝机构，避免回火；依靠预置式干馏气化箱的双“V”形（U形）布料引火板结构，使生物质成型燃料在预置式干馏气化箱完成干燥、干馏的过程，并形成初步稳定的缺氧汽化燃烧状态。在点燃初期，引火板有效地将热量围在干馏汽化箱内，对燃料的进一步干馏汽化起到一定的促进作用，在燃烧正常时，能阻挡多余的热量对干馏汽化箱的辐射，保证干馏汽化箱内的燃料既完成干燥干馏的过程，又不会导致燃料出现黏结。同时，干馏汽化箱设置一次风多级预热风道，风道外围设置了壳体保温层，因而使预置式干馏汽化箱始终保持稳定的温度场，为生物质成型燃料进入燃烧器后稳定燃烧创造条件。

该锅炉设计功率 0.2 MW。经测试，锅炉热负荷满足设计要求，实际运行热效率达到 81.3%，烟尘浓度 47 mg/Nm^3，NO_x81 mg/Nm^3；各项指标均达到或超过国家标准要求。

为了避免结渣，该锅炉采用阶梯形往复推动炉排结构，增加炉排下的冷却速度，降低燃料层的温度；阶梯形往复推动炉排可以使燃料松动，形成一个相对运动的状态，加强炉排通风，保证燃料与空气的有效接触面积。阶梯形往复炉排采用高低结合的炉排形式，动排断层高度能形成一个高的阶差，推动力明显，将软化的渣层错开，使渣层形成一个小粒度的渣块，使渣层中固定碳与空气接触，减少固体不完全燃烧热损失。

一体式复合拱以及四级燃烧室加大了燃烧空间，是保证挥发分充分燃烧的关键部件，同时也对减少沉积、沉降灰粒起着重要的作用。

以上实例仅仅是我国该行业优秀设备的一部分，还有诸如吉林华光公司生产的颗粒燃料气化锅炉等，都针对生物质成型燃料进行了专门设计，并开始推广应用。

可以看出，根据生物质成型燃料特点设计的生物质成型燃料采暖设备，都具备多级匹配供风、多室分相燃烧的模块，并且都采用燃烧过程进行降尘除灰，依靠炉排及炉膛结构设计及优化燃烧工况来减少结渣与腐蚀程度。

必须承认，我国研究应用生物质成型燃料燃烧设备的工作刚刚开展，用户使用时间还不是太长，还有各种各样的问题没有被发现。面对问题，我们一定会积极应对解决，许多适合中国成型燃料的新思路、新技术正在探索过程中。随着研究和应用技术工程化的深入，相信不久的将来会有更加出色的生物质成型燃料燃烧设备贡献于社会，造福于人们的美好生活。

参考文献

刘圣勇，赵迎芳，张百良. 2002. 生物质成型燃料燃烧理论分析. 能源研究与利用，6：26-28.

鲁文华. 2002. 电站锅炉受热面积灰、结渣在线监测的研究与应用. 华北电力大学

罗娟，侯书林，赵立欣，等. 2010. 典型生物质颗粒燃料燃烧特性试验，农业工程学报，26 (5)：220-226

马孝琴，骆仲泱，方梦祥，等. 2006. 添加剂对秸秆燃烧过程中碱金属行为的影响. 浙江大学学报（工学版），40 (4)：599-604

马孝琴. 2010. 稻秆与煤混烧床料聚团的试验研究. 河南科技学院学报，38 (2)：113-118

唐艳玲. 2004. 稻秸热解过程中碱金属析出的试验研究. 浙江大学

张军，盛昌栋，魏启东. 2005. 生物质燃烧过程中受热面的腐蚀性机理和防范措施. 能源技术，26 (增刊)：124-127

赵青玲. 2007. 秸秆成型燃料燃烧过程中沉积腐蚀问题的试验研究. 河南农业大学

Coda B, Aho M, Berger R, et al. 2001. Behavior of chlorine and enrichment of risky elements in bubbling fluidized bed combustion of biomass and waste assisted by additives. Energy and Fuels, 15 (3): 680-690

Grabke H, Reese E. 1995. Queiegel M. Corrosion science. 37: 1023

Heinzel T, Siegle V, Spliethoff H, et al. 1998. Investigation of slagging in pulverized fuel co-combustion of biomass and coal at a pilot-scale test facility. Fuel Processing Technology, 54: 109-125

Henriksen N, Larsen O H. 1997. Materials at High Temperatures. 14 (3): 227

Ingwald O, Friedrich B, Walter W, et al. 1997. Concentrations of inorganic elements in biomass fuels and recovery in the different ash fractions. Biomass and Bioenergy, 3 (12): 211-224

Jenkins B M, Baxter L L. 1989. Combustion properties of biomass. Fuel Processing Technology, 54 (8): 17-46

Lin W, Jensen A D, Lohnsson J E, et al. 2003. Proceedings of the International Conference on Fluidized Bed Combustion. 945

Nielsen H P. 1998. Deposit and high-temperature corrosion in biomass-fired boilers. Department of Chemical Engineering, Technical University of Denmark

Turns Q, Kinoshita C M, Ishimura D M, et al. 1998. A review of sorbent materials for fixed bed alkali getter systems in biomass gasifier combined cycle power generation applications. Journal of the Institute of Energy, 71: 163-177

第 8 章　生物质成型燃料评价及标准

8.1　生物质成型燃料评价

8.1.1　技术经济评价

技术经济评价是项目可行性研究的重要组成部分，是在工程规模、厂址选择、工艺技术等项目工程技术方案比选的基础上，计算项目预期投入的费用和产生的效益，用于从多方案中选优，以及对单一方案的经济可行性进行评价。图 8.1 显示了财务分析和可行性研究各个环节的关系。技术经济评价包括财务评价和国民经济评价。通常，一个项目的财务评价和国民经济评价均可行，属于可以通过的项目，否则不能通过。一个项目如果财务评价可行，而国民经济评价不可行，一般也不能通过。

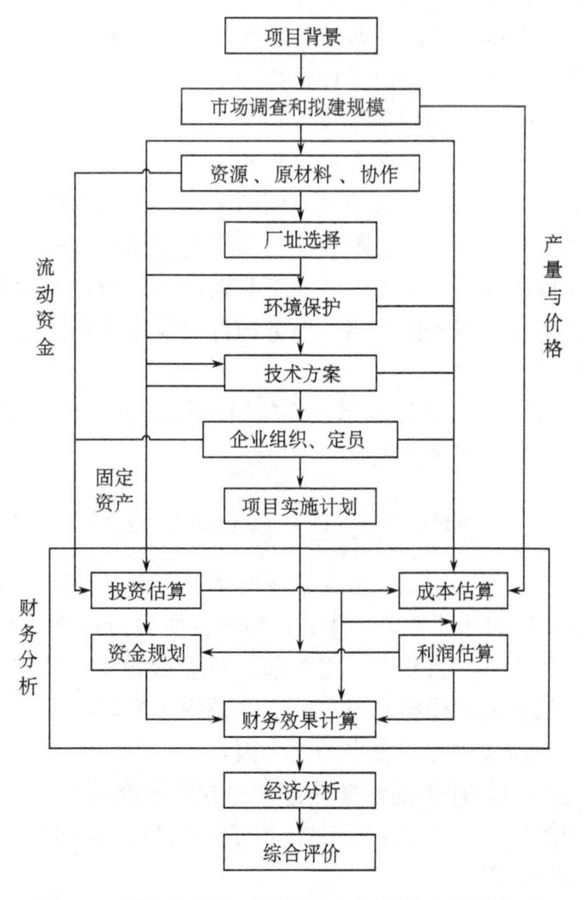

图 8.1　财务分析和可行性研究各环节之间的关系

1. 财务评价

财务评价是根据国家现行财税制度和价格体系，分析、计算项目直接发生的财务效益和费用，编制财务报表，计算评价指标，考察项目的盈利能力、清偿能力以及外汇平衡等财务状况，据以判别项目的财务可行性。

财务评价应坚持以下几项原则：

（1）必须符合国家的国民经济发展规划及产业政策，符合经济建设的方针、政策及有关法规；

（2）财务评价必须建立在项目技术可靠可行的基础上；

（3）正确识别项目的财务效益和费用，只计算项目本身的直接费用和直接效益，即项目的内部效果；

（4）财务评价以动态分析为主，以静态分析为辅；

（5）财务评价的内容、深度及计算指标，应能满足审批项目建议书和可行性研究报告时对项目财务评价的要求。

财务评价通常包含以下 3 项内容：

（1）选取财务评价基础数据与参数、计算销售（营业）收入、估算成本费用；

（2）编制财务评价报表、计算财务评价指标；

（3）进行不确定性分析、编写财务评价报告。

由于各种财务评价报表涉及许多专业性概念和内容，本章不做专门介绍，读者可参阅技术经济学方面的专业书籍。本章重点介绍财务评价的几个重要指标。财务评价的指标有财务内部收益率、投资回收期、财务净现值、财务净现值率、投资利润率和投资利税率等，其中主要评价指标是财务内部收益率和财务净现值，其他指标可以根据需要作为辅助指标。下面重点介绍财务净现值、财务内部收益率和动态投资回收期。

1）财务净现值（FNPV）

FNPV 是项目按其行业基准收益率，将项目计算期各年的净现金流量折算到项目建设期初的现值之和，其计算公式见式（8-1）。

$$\mathrm{FNPV}=\sum_{t=0}^{n}(\mathrm{CI}-\mathrm{CO})_t(1+i_c)^{-t} \tag{8-1}$$

式中，CI 为现金流入量，万元；CO 为现金流出量，万元；$(\mathrm{CI}-\mathrm{CO})_t$ 为第 t 年的净现金流量，万元；n 为项目的计算年限，年；i_c 为项目所属行业基准收益率。

基准收益率，也称为基准折现率，是企业或行业或投资者以动态的观点所确定的、可接受的投资项目最低标准的受益水平。基准收益率主要取决于资金来源的构成、投资的机会成本、项目风险以及通货膨胀率等几个因素。

采用 FNPV 对项目进行评价的标准是：单一方案评价时，当 FNPV≥0 时，项目可以接受，反之，应予拒绝；多方案比选时，FNPV 值越大表明项目盈利能力越强，因此，取最大值所对应的方案。

2）财务内部收益率（FIRR）

FIRR 是指在项目计算期内，各年净现金流量现值累计等于零时的折现率，是衡量项目在财务上是否可行的主要评价指标，其计算公式如式（8-2）所示。

$$\sum_{t=0}^{n}(\mathrm{CI}-\mathrm{CO})_t(1+\mathrm{FIRR})^{-t}=0 \tag{8-2}$$

FIRR 的求解公式是一个高次方程，无法直接求解，通常使用试算内插法求其近似解。求解方法是：先给出一个折现率 i_1，计算得到 FNPV（i_1），如果 FNPV（i_1）>0，说明要求的 FIRR$>i_1$，反之，则说明要求的 FIRR$<i_1$，根据计算信息，将折现率修正为 i_2，并求 FNPV（i_2）的值，如此反复计算，逐步逼近，最终得到两个比较接近的折现率 i_m 和 i_n，使得 FNPV（i_m）>0，FNPV（i_n）<0，最后利用式（8-3）所示的插值公式求出 FIRR 的近似值。

$$\mathrm{FIRR}=i_m+\frac{\mathrm{FNPV}(i_m)\cdot(i_n-i_m)}{\mathrm{FNPV}(i_m)+|\mathrm{NPV}(i_n)|} \tag{8-3}$$

采用 FIRR 对项目进行评价的标准是：当 FIRR 大于或等于项目的基准收益率时，表明项目可行，反之项目不可行。

通常，FIRR 反映了投资的使用效率，被普遍认为是项目投资的盈利率，实际经济工作者更愿意采用该指标对项目进行财务评价。该指标的另外一个突出优点是在其计算过程中，不需要事先给定基准收益率（基准收益率的确定是一个既困难又易引起争论的问题），因此，当基准收益率不易确定为一个定值而是一个小区间，且 FIRR 又落在了该区间外时，根据上述利用 FIRR 对项目评价的标准，就很容易对项目做出取舍。

3）*动态投资回收期*（P_t）

P_t 是项目净现金流量累计现值等于零时的年份。是一个兼有经济性和风险性测评功能的指标，其计算公式见式（8-4）。

$$P_t=\text{累计净现值出现正值的年份数}-1+\frac{\text{上年累计净现金流量折现值的绝对值}}{\text{当年净现金流量折现值}} \tag{8-4}$$

利用 P_t 对项目判断的标准是：当计算出的 P_t 小于投资者愿意接受的动态投资回收期时，项目可以接受，否则应予拒绝。

2. 国民经济评价

国民经济分析是在合理配置国家资源的前提下，从国家整体的角度分析计算项目对国民经济的净贡献，以考察项目的经济合理性。本章重点介绍经济净现值和经济内部收益率两个评价指标。

1）*经济净现值*（ENPV）

ENPV 是指用社会折现率将项目计算期内各年净效益流量折算到项目建设期初的现值之和，是反映项目对国民经济净贡献的绝对指标，其计算公式见式（8-5）。

$$\mathrm{ENPV}=\sum_{t=0}^{n}(\mathrm{CI}-\mathrm{CO})_t(1+i_s)^{-t} \tag{8-5}$$

式中，CI 为按影子价格计算的现金流入量，万元；CO 为按影子价格计算的现金流出量，万元；$(\mathrm{CI}-\mathrm{CO})_t$ 为按影子价格计算的第 t 年的净现金流量，万元；i_s 为社会折现率。

社会折现率是社会对资金时间价值的估算，是整个国民经济角度所要求的资金投资收益率标准，代表占用社会资金所应获得的最低收益率。社会折现率由国家统一制定发布。

采用 ENPV 对项目进行评价的标准是：ENPV⩾0 时，项目可以接受；反之，应予拒绝。

2）经济内部收益率（EIRR）

EIRR 是指在项目计算期内，ENPV 累计等于零时的折现率，反映项目对国民经济的贡献，其计算公式为式（8-6）。

$$\sum_{t=0}^{n}(\mathrm{CI}-\mathrm{CO})_t(1+\mathrm{EIRR})^{-t}=0 \tag{8-6}$$

式中，各符号的意义同式（8-5）。

采用 EIRR 对项目进行评价的标准是：当 EIRR 大于或等于社会折现率时，项目可行，反之不可行。

3. 不确定性分析

技术经济分析是建立在对未来事件所做的预测和判断基础之上的，而影响项目方案经济效果的政治、经济形势和资源条件等诸多因素在未来的变化具有不确定性，加上预测方法和工作条件的局限，因此，在项目方案经济效果评价过程中使用的基础数据的估算与预测结果不可避免地会有误差，使得项目方案的经济效果在将来的实际值偏离其预期值。通过不确定性分析可以尽量弄清和减少不确定性因素对经济效益的影响，预测项目投资对某些不可预见的政治与经济风险的抗冲击能力，从而证明项目投资的可靠性和稳定性，避免投产后不能获得预期的利润和收益，以致使企业亏损。

不确定性分析方法主要有盈亏平衡分析、敏感性分析和概率分析等。本节简要介绍前两种方法。

1）盈亏平衡分析

盈亏平衡分析是通过盈亏平衡点（BEP）分析项目成本与收益的平衡关系的一种方法。目的在于通过分析产品产量、成本与方案盈利能力之间的关系，寻找到项目盈利与亏损在产量、产品价格、单位产品成本等方面的临界值，即盈亏平衡点，从而判断投资方案对不确定性因素变化的承受能力，为决策提供依据。

设 Q_0 代表项目年设计生产能力，Q 代表项目年产量或销量，P 代表项目所产单位产品售价，F 代表年固定成本，V 代表单位变动成本，t 代表单位产品销售税金，则可建立以下方程：

$$\text{总收入方程：}\mathrm{TR}=P\cdot Q \tag{8-7}$$

$$\text{总成本支出方程：}\mathrm{TC}=F+V\cdot Q+t\cdot Q \tag{8-8}$$

$$\text{所以，利润方程为 }B=\mathrm{TR}-\mathrm{TC}=(P-V-t)\cdot Q-F \tag{8-9}$$

令 $B=0$，则得到项目盈亏平衡时所对应的产量。

$$\mathrm{BEP}(Q)=\frac{F}{P-V-t} \tag{8-10}$$

进而解出以生产能力利用率表示的盈亏平衡点 BEP（f）：

$$\mathrm{BEP}(f)=\frac{\mathrm{BEP}(Q)}{Q_0}\times 100\%$$

经验安全率 BEP（S）为

$$\mathrm{BEP(S)}=1-\mathrm{BEP}(Q)$$

盈亏平衡点的生产能力利用率一般不应大于 75%，该值越大表示项目抗风险能力越差，反之抗风险能力越大；经营安全率一般不应小于 25%，该值越大表示抗风险能力越大，反之抗风险能力越小。

2）敏感性分析

敏感性分析是在确定性分析的基础上，进一步分析不确定性因素对投资项目的最终经济效果指标的影响及影响程度。敏感性分析是通过测定一个或多个不确定因素的变化所导致的 FIRR、FNPV 等敏感性评价指标的变化幅度，从而对外部条件发生不利变化时投资方案的承受能力作出判断。不确定性因素可选择主要参数，如销售收入、经营成本、生产能力、初始投资、寿命期、建设期、达产期等，进行分析。若某参数的小幅度变化能导致经济效果指标的较大变化，则称此参数为敏感性因素，反之则称其为非敏感性因素。敏感性分析包括单因素敏感性分析和多因素敏感性分析。

4. 案例分析

下面以建设一个年产 1 万 t 生物质固体成型燃料的加工厂为例，对其开展技术经济评价。项目预计总投资 408 万元，其中，固定资产投资 308 万元，流动资金投资 100 万元。项目固定资产投资内容及投资额见表 8.1，项目预期销售收入及各种成本费用组成情况见表 8.2。

表 8.1　生物质固体成型燃料项目固定资产投资估算表

投资项目	单位	数量	投资额/万元
1 设备投资			
1.1 成型机组	套	6	120
1.2 前处理设备	套	2	8
1.3 电力设备	套	1	20
1.4 装卸设备	套	1	6
1.5 输送设备等	套	1	4
小计			158
2 基础设施建设投资			
2.1 厂房	m^2	2000	40
2.2 库房	m^2	2000	60
2.3 办公室	m^2	300	18
2.4 地面硬化	m^2	2000	20
2.5 消防设施	套	1	2
2.6 其他设施			10
小计			150
合计			308

表 8.2　项目预期销售收入及各种成本费用组成

序号	项目	金额/万元	备注
1	销售收入	600	成型燃料单价平均按 600 元/t 计
2	秸秆能源化利用补贴	150	
3	销售成本	420	
4	固定资产折旧	27	设备按 8 年，厂房按 10 年计提折旧
5	场地租赁费用	6	每亩按 1600 元/年计
6	管理费用	30	吨产品按 30 元计
7	税金	30	按销售收入的 5%计
8	不可预见费用	37	吨产品按 37 元计

根据上述基础数据利用财务评价对该项目进行技术经济评价。取项目计算期为 10 年，项目建设期为 1 年，编制项目现金流量表，见表 8.3。

表 8.3　项目现金流量表

序号	项目	1	2	3	4	5	6	7	8	9	10
1	现金流入	0	750	750	750	750	750	750	750	750	888
1.1	销售收入	0	600	600	600	600	600	600	600	600	600
1.2	回收固定资产余值	0	0	0	0	0	0	0	0	0	38
1.3	回收流动资金	0	0	0	0	0	0	0	0	0	100
1.4	其他收入	0	150	150	150	150	150	150	150	150	150
2	现金流出	308	623	523	523	523	523	523	523	523	523
2.1	固定资产投资	308	0	0	0	0	0	0	0	0	0
2.2	流动资金	0	100	0	0	0	0	0	0	0	0
2.3	经营成本	0	493	493	493	493	493	493	493	493	493
2.4	税金	0	30	30	30	30	30	30	30	30	30
3	净现金流量	−308	127	227	227	227	227	227	227	227	365

取行业基准收益率 $i_c=15\%$，则根据上述现金流量表，并利用前面所述 FNPV、FIRR 和 P_t 的计算方法，可求得这些评价指标的值为 FNPV＝727.4 万元；FIRR＝60.78%；$P_t=3.17$ 年。根据这些指标来判断，该项目在经济上是可行的。

8.1.2　生命周期评价

生命周期评价（life cycle assessment，LCA）起源于 1969 年美国中西部研究所受可口可乐委托对饮料容器从原材料采掘到废弃物最终处理的全过程进行的跟踪与定量分析。国际标准化组织对生命周期评价所作的定义是：汇总和评价一个产品（或服务）系统在其整个生命周期间的所有投入与产出造成的和潜在的影响的方法。

具体包括互相联系、不断重复进行的四个步骤：目的与范围的确定、清单分析、影响评价和结果解释。

1. 生物燃料生命周期评价

生物燃料的生命周期由前后关联的几个阶段组成：生物质的生产、收集运输、生物燃料加工、生物燃料配送以及最终的应用。除此以外，生物质生产过程中所使用的肥料、农药和种子的生产工艺过程也应考虑在内。对生物燃料生命周期的评价包括：能量平衡、温室气体、排放物、其他环境影响、生物燃料成本、社会经济影响。

对生物燃料评价的环境标准主要包括能量平衡和温室气体排放。生物燃料整个生命周期的能量平衡和温室气体排放情况见图 8.2。

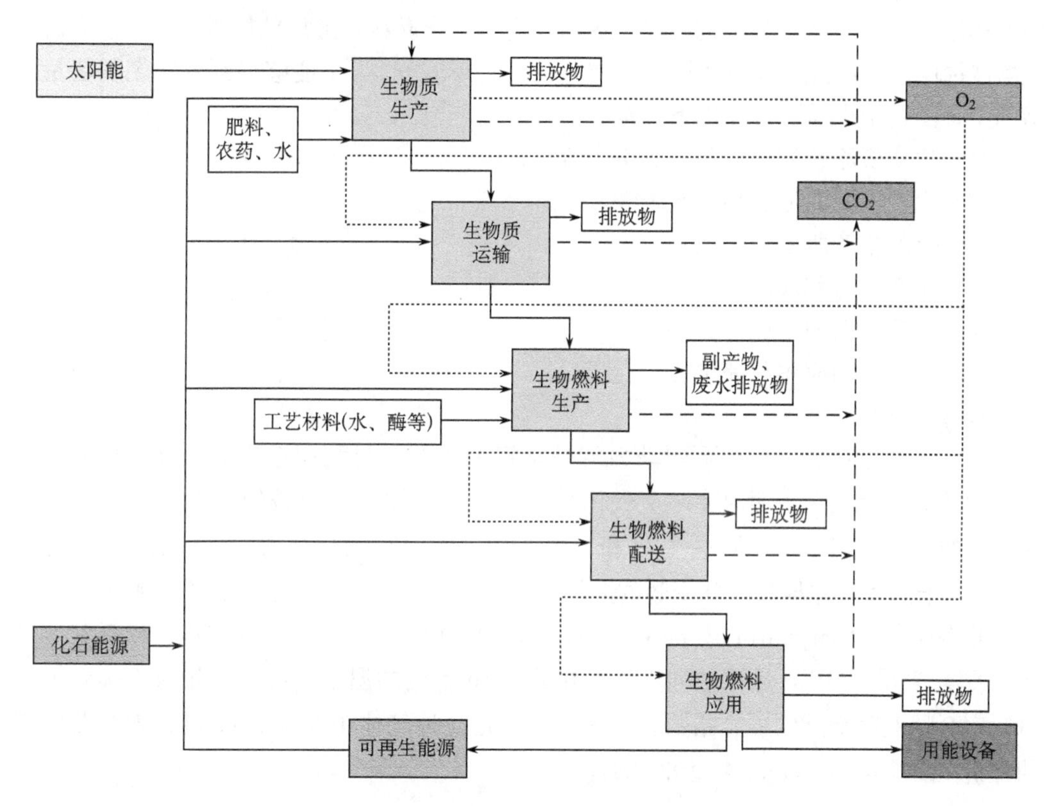

图 8.2　生物燃料生命周期能量平衡和温室气体排放

1）能量平衡方法

对生物燃料生产过程能量特性的评价有两个基本的方法，即能量平衡和能量效率。

能量平衡是指生产得到的生物燃料所具有的能量与生产过程投入的能量的比率，能量投入只计算化石能源的投入，而包括生物质原料自身在内的生物质能的投入不计算在内。能量平衡的比率可以大于 1。这一指标可以用来评价生物燃料减缓气候变化速度的能力。

能量效率是生产得到的生物燃料所具有的能量与生产过程投入的所有能量的比率，投入能量的计算既包括化石能源，也包括生物能源和其他可再生能源。因为生物质转化为生物燃料过程中存在能量损失，因此能量效率小于 1。

从评价发展生物燃料替代化石燃料能力角度分析，能量平衡是一个有用的标准。从提高生物燃料的社会和生态功能角度考虑，降低生物燃料生产过程中化石能源的投入是有利的。车用化石燃料的能量平衡指标为 0.8～0.9，由小麦、甜菜和玉米生产燃料乙醇的能量平衡比率为1～2.5，有报道说甘蔗生产燃料乙醇的能量平衡比率大约为8。这些数据表明所有的生物燃料的能量平衡比率均优于化石燃料。

现在评价能量平衡的难题在于系统边界的界定。例如，是否将处理和加工原料的工人所消耗的能量包含在系统内仍存在争议。另外，关于伴生物的价值如何评价的意见也不一致。在一些研究案例中留在田地里的副产物起到保护土壤免受侵蚀和增加土壤有机质的作用，而在另外一些案例中，一些副产物被用作燃料乙醇厂的燃料。由于没有解决土壤侵蚀问题，因此需要投入肥料（能源的一种形式）。为了能够得到生物燃料能量平衡的全景图，至少需要考虑以下变量。

（1）生物质原料的种类和农业生产流程；

（2）生产区域的地理和气候条件；

（3）燃料生产所采用的技术；

（4）生产能力和规模；

（5）工艺用能的来源；

（6）副产物的应用和评价。

2）排放物

发展生物燃料的一个主要驱动力就是缓解由化石燃料利用造成的全球气候变暖问题。大量的科学证据表明温室效应气体是导致全球气候加速变暖的原因。虽然 CO_2 是最主要的温室效应气体，但是 N_2O 和 CH_4 以及几种其他的化合物的温室效应要远高于 CO_2。由于这些气体导致全球变暖的潜能差别非常大，通常的做法是根据这些气体的全球变暖潜能（global warming potentials，GWP）称量其100年的排放量，然后集中转化为 CO_2 当量。GWP是评估向大气中排放1 kg特定的温室效应气体相对于排放1 kg CO_2 对全球变暖贡献的一个指数。表8.4所示是几种气体100年的GWP。对生物燃料的评价主要应考虑 CO_2、N_2O 和 CH_4。

表8.4 几种温室效应气体相对于 CO_2 的100年的GWP

温室气体	GWP
CO_2	1
CH_4	23
N_2O	296
HFC-23	12 000
HFC-125	3 400
HFC-134a	4 300
HFC-152a	120
HFC-227ea	3 500
HFC-236fa	9 400
CF_4	5 700
C_2F_6	11 900
SF_6	22 200

资料来源：IPCC，2001。

生物燃料的燃烧利用虽然也排放CO_2，但是由于植物在生长过程中通过光合作用吸收CO_2，由此实现了碳的封闭循环，因此，单从生物燃料的直接燃烧角度分析，生物燃料属于碳中性燃料。但是从生物燃料的生命周期分析，在原料生产、运输、转化和配送等各个环节存在大量的间接排放，而且排放量最大的过程在原料生产环节。同样，化石燃料的整个生命周期中燃料生产过程也会排放大量的温室效应气体。

生物燃料直接燃烧利用虽然不会导致大气中CO_2浓度的增加，但是燃烧过程会产生对人体有害的一些排放物，如颗粒物（PM）、挥发性有机化合物（VOC），包括碳氢化合物（HC）、氮氧化物（NO_x）、一氧化碳（CO），以及其他有毒空气污染物。

在生物燃料生命周期评价过程中，不仅要考虑化石能源的应用对环境造成的影响，还要考虑其他因素的影响，如原料生产过程中化肥、农药的使用，土地灌溉和耕作方式，其中对环境影响最为显著的是化肥的应用。化肥，尤其是氮肥的生产过程需要消耗大量的天然气，而且，施肥还会产生直接的温室气体排放问题。

生物燃料对气候的影响关键在于原料的种类，取决于单位土地的能量产出、化肥的使用量、土壤封存的碳量，同时还要考虑这些种植能源植物的土地原来的功能，如果原来的土地是草原或森林，那么改种能源植物后，排放的温室气体就有可能会增加。如果种植能源植物的土地原来是不能种植作物的荒地，那么种植能源植物后就会显著降低温室气体的排放。此外，用能源作物替代普通作物也可能降低温室气体的排放，在这方面，多年生能源作物优于一年生能源作物。最后，用农林废弃物作为生产生物燃料的原料对降低温室气体排放也是有利的。

总之，在从生产原料土地的变化到燃料的燃烧产生的排放，决定了生物燃料生命周期对气候的影响。在对这一复杂计算建模时，评估变化非常大。边界条件的设定、关键参数的取值、各种参数权重的设定对温室气体的净排放量的评估方法和计算有显著影响。

2. 生物质成型燃料生命周期评价案例

为了加深读者对生物质成型燃料生命周期评价的认识，本章选取了 Francesco Fantozzi 和 Cinzia Buratti 发表在 *Biomass and Bioenergy* 上的文章 *Life cycle assessment of biomass chains: Wood pellet from short rotation coppice using data measured on a real plant* 为例对生命周期评价在生物质成型燃料方面的应用加以介绍。

1）目的与范围的确定

分析的目的是评价一个生命周期范围内，采用颗粒燃料生产热能所产生的环境影响。清单分析和影响评价的功能单位按产生 1 MJ 的热能计算。清单中所有的能量流和物质流被统一成功能单位。

图 8.3 给出了该研究拟采用的方案的总体系统边界：来自短期轮作矮林（SRC）的木屑的生产，木屑到颗粒生产厂的运输，颗粒燃料的生产加工，颗粒燃料至终端用户的配送，颗粒燃料在小型家用锅炉（22 kW）内的燃烧和灰分的处理。能源作物的生产考虑采用具有如下特点的种植：种植密度为每公顷 10 000 株；栽培周期为 8 年，采伐频率为 2 年。

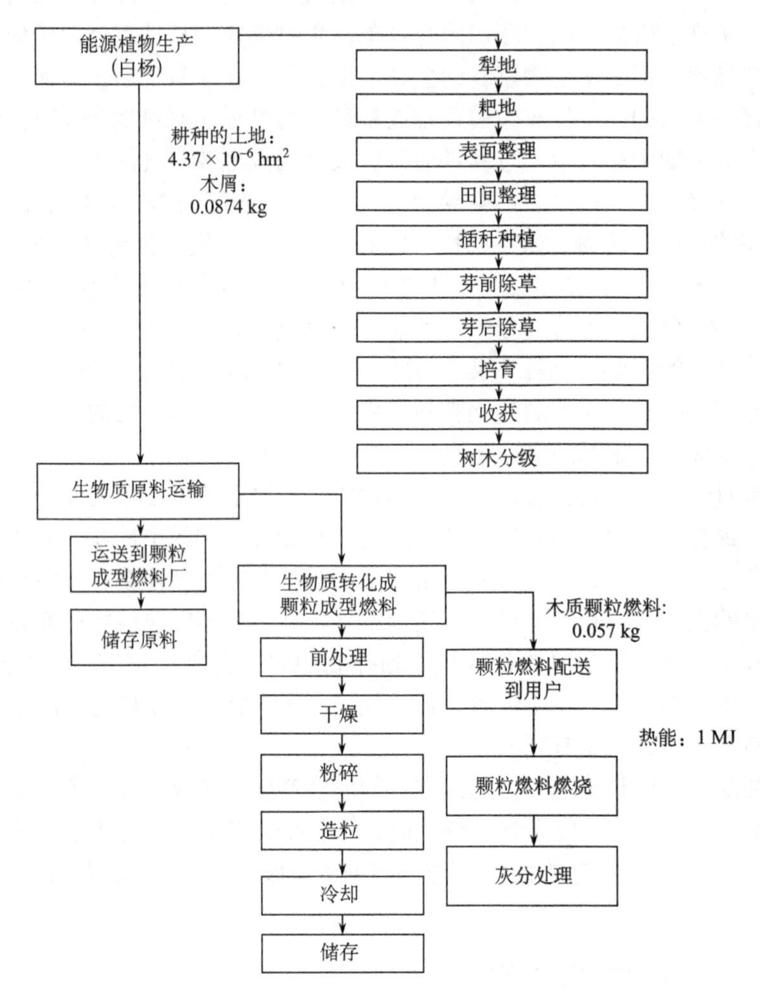

图 8.3 颗粒燃料燃烧生产热能（数据基于功能单位 1MJ）

2）清单分析

A. 种植

8 年种植周期内杨木的生物质产率为每年每公顷 20 t（干基）。因此耕种过程被看成一个标准年，一年内每种农业作业按 8 年平均值的倍数计算。假设数据取自文献，则对于每一个过程考虑以下量：某种操作所需机器数、农机的燃料消耗量、使用的肥料和农药的量、由柴油机产生的大气排放物、由轮胎磨损产生的重金属排放物、由肥料使用产生的 NH_3、N_2O 和 NO_x 的排放以及含磷废水的排放、杀虫剂使用产生的挥发性有机化合物（VOC）对空气的污染和杀虫剂在土壤中残留产生的土壤污染。机械类型、燃料消耗、所用材料和工作时数见表 8.5。由于部分收获的材料要用于下一轮种植，所以不计算修剪的能量消耗。

表 8.5　杨木种植农业操作数据汇总

农业操作	机械	燃料/(kg/hm²)	材料/(kg/hm²)	时间/(h/hm²)
犁地	拖拉机（80 kW）＋双铧犁	41.55	—	2.340
耙地	拖拉机（80 kW）＋春天犁地齿	41.2	—	0.790
表面整理	拖拉机（51 kW）＋播肥机	1.79	NPK 肥料（8-24-24）：500	0.160
土地整理	拖拉机（51 kW）＋播肥机	5.03	尿素：218	0.450
种植	拖拉机（51 kW）＋双行种植机	67.28	—	6.050
芽前除草	拖拉机（51 kW）＋大田喷雾器	1.79	灭多草：1.7；利谷隆：0.5；消草氨：0.8	0.160
芽后除草	拖拉机（51 kW）＋大田喷雾器	13.53	达草特：1.1；精稳杀得原药：0.6	1.210
培育	拖拉机（51 kW）＋旋转耙	7.81	—	0.700
收获	拖拉机（130 kW）＋SRF 收获机	109.15	—	1.590
树木分级	拖拉机（80 kW）＋春天犁地齿	240.4	—	13.36

B. 运输和储存

第二阶段是木屑到颗粒厂的运输，假定采用载重 28 t 的卡车，平均运输距离为 80 km，负载因子（定义为车辆实际运输负载量与车辆最大负载量的质量比）为 47%。由于轮胎磨损产生的大气、土壤和水污染排放和燃料消耗量按文献“Spielmann M，Kägi T，Stadler P，Tietje O. Life cycle inventories of transport services，report ecoinvent No. 14. Dübendorf：Swiss Centre for Life Cycle Inventories，2003.”计算。该计算也包括了车辆制造过程中的污染排放。

下一过程是原材料在颗粒加工厂的储存：假设原材料在储存区内的移动由功率 155 kW，负载量 5 m³ 的滑移式装载机完成。燃料消耗量的计算引用非公开数据，包括从原材料装载到卸载整个周期内的燃料消耗，数据如下：往返距离 300 m，平均速度 10 km/h，装载或卸载的平均时间为 10 s。这种机械生产过程的排放清单数据无法获取，因此生产一辆滑移式装载机的耗电量按 110 kW 计。

C. 颗粒燃料生产

木质生物质生产颗粒燃料的一些数据，特别是针对单一造粒过程时的数据来自 3 篇文献：Magelli F，Boucher K，Bi HT，Melin S，Bonoli A. An environmental impact assessment of exported wood pellets from Canada to Europe. Biomass Bioenerg，2009，33：434-441；Mani S，Sokhansanj S，Bi X，Turhollow A. Economics of producing fuel pellets from biomass. Appl Eng Agric，2006，22：421 -426；Mani S. Life cycle analysis of biomass pelleting technology. Salt Lake City，USA：AIChE Annual Conference；2007。为了弥补数据的不足，联系了意大利一家生物质颗粒燃料厂对不同阶段的质量流和能量流进行评价。这家工厂的生产能力是 2 t/h。表 8.6 是这家工厂不同单元过程的描述和能源消耗量数据。

表 8.6　被测颗粒燃料厂的特征和测量的耗电量（数据基于功能单位）

单元过程	装机功率/kW	耗电量/(Wh/kg) 颗粒燃料	材料/能源
预处理	10.27	1.87	
装罐	5.5	1	
振动筛	2.2	0.4	
磁力分选机	0.37	0.07	
杯式升降机	2.2	0.4	
干燥	100.9	18.76	天然气：0.72 Wh/kg 颗粒燃料
送料槽	7.5	1.4	
转筒	10	1.86	
排气扇	75	14	
星形阀	2.2	0.4	
杯式升降机	2.2	0.4	
螺旋输送器	4	0.7	
粉碎	202	37.71	
2 台螺旋挤压机	3.6	0.67	
2 台螺旋输送机	4.4	0.82	
2 台锤式粉碎机	150	28	
2 台容积泵	44	8.22	
造粒	16	2.99	柴油：9.9 g/kg 颗粒燃料玉米淀粉：10 g/kg 颗粒燃料
2 个进料斗	4.4	0.82	
2 个调节器	8	1.5	
2 台挤压机	—	—	
2 台螺旋输送机	3.6	0.67	
冷却	4.8	0.9	
螺旋旋出器	1.8	0.34	
冷却器	3	0.56	
储存	2.95	0.6	
振动筛	0.75	0.15	
杯式升降机	2.2	0.45	

机器的电耗直接通过 Multiver 3SN Dossena 数据采集系统进行评价，该系统通过模拟输入，转化为电流计的电流，然后直接转化为电压进行能量测量。每种操作根据机器的实际负荷进行不同时期的监测，得到的能量用作过程量的参考。

工厂主要基础设施的建造发生的能量消耗最后计算，只考虑主要材料和组装产生的废弃物的能量消耗。表 8.7 给出了主要的基础设施、材料和使用年限。

评价颗粒燃料占用土地的影响，包括颗粒燃料生产厂占用的 1 hm^2 土地，8 年中用作树木种植的土地面积 0.0437 $m^2/(a \cdot MJ)$，以及未知用途的土地被转化为森林种植的土地面积 0.005 46 m^2。

D. 输送至终端用户

储存在仓库中的颗粒燃料通过卡车成批配送到用户，每批总重量为 40 t，负荷因子为 46%，距离 80 km，卸载采用将颗粒燃料从卡车上吹入用户储藏室的方法。能量流和质量流的计算参照“运输和储存”部分。

表 8.7　颗粒厂生命周期评价分析中基础设施的特性和使用年限

单元过程	基础设施类型	材料	寿命/年
预处理	振动筛	铝：107.5 kg；低合金钢：107.5 kg	50
	杯式升降机，磁力分选机	低合金钢：700 kg	50
干燥	旋转筒	锻造合金铝：640 kg；轧制铝板材：640 kg	10
	排气扇	铝：1000 kg；低合金钢：1000 kg	50
	天然气锅炉	耐火材料：70 kg；铸铁：4200 kg；铬钢：230 kg 低合金钢：190 kg；岩棉：40 kg	20
	杯式升降机，螺旋输送机	低合金钢：700 kg	50
粉碎	2 台锤式粉碎机	螺纹钢：2500 kg；轧制钢板：2500 kg	10
	2 个进料螺旋，两台螺旋挤压机	低合金钢：700 kg	50
造粒	2 台挤压机	低合金钢：4000 kg；轧制薄板：4000 kg	10
	2 个喂料斗，2 台螺旋输送机	低合金钢：700 kg	50
冷却	冷却机	低合金钢：200 kg	15
	螺旋旋出器	低合金钢：210 kg	50
储存	振动筛	铝：107.5 kg；低合金钢：107.5 kg	50
	筒仓（100 m^3）	玻璃纤维：3800 kg；铸铁：500 kg；螺纹钢：500 kg	25
	杯式升降机	低合金钢：350 kg	50

E. 燃烧

颗粒燃料燃烧过程考虑采用一台 22 kW 颗粒燃料锅炉，计算能量流和质量流时考虑锅炉制造、建筑物内热量分配管道、热量蓄积、储存仓和颗粒抽取系统的能量消耗。不计算各项装配的能量需求。

表 8.8 给出了燃烧过程中的假设因素和总的材料量，以及颗粒燃料燃烧产生的大气污染物的排放量。水循环泵和螺杆颗粒成型机的电耗假定为 230 W，相当于 0.0027 (kW·h) /MJ 的消耗量。

表 8.8　颗粒燃料燃烧阶段输入的数据

材料	数量	类别	数量
岩棉	5 kg	使用时间	1600 h
铸铁	12 kg	效率	82%
铜	5.6 kg	锅炉寿命	20 年
低合金钢	500 kg	颗粒消耗量	8.8 t/a
聚乙烯	1.2 kg	筒仓供应	2/y
混凝土	3.4 m^3	筒仓容积	6.8 m^3
物质		mg/MJ 热能	
CO		146.34	
TOC		3.66	
CH_4		0.67	
PAH		0.07	
Particulate		19.51	
NO_x		85.37	
NMVOC		0.49	

F. 灰分处置

最后考虑的过程是灰分的处置，假定灰分含量为 2%，即每功能单位燃料产生 1.05 mg 灰分。灰分按开发成钾肥副产品考虑，钾肥可直接用于农田。副产品的环境负荷的计算常采用替代法，即初级产品总的环境负荷减去由于副产品替代初级产品后减少的环境负荷的量。整个研究过程中不考虑机器和基础设施的报废和回收利用。

3）影响评价

影响评价采用 EcoIndicator 99，EPS 2000 和 EDIP 三种方法：EcoIndicator 99 是一种损害性方法，基于不同影响种类产生的损害所占的权重进行评价。EPS 2000 是基于支付意愿原则对损害确定一个经济价值从而获得一个参数来评价影响。它包括鉴定和加权阶段，但是没有标准化，特别是当它核查污染物对人类健康的影响时。EDIP 是一种折中的方法，它是在丹麦政府或国际条约设定的环境目标的基础上运用加权因子进行计算的。

4）结果和讨论

按下述方案进行生命周期评价分析：

（1）来自颗粒燃料厂的数据，用 EcoIndicator 99、EPS 2000 和 EDIP 进行分析；

（2）来自颗粒燃料厂和文献的数据用 EcoIndicator 99 进行生命周期评价分析；

（3）用 EcoIndicator 99 进行生命周期评价分析，计算最后的积分中包含以及不包含机器和基础设施两种情况下对环境的贡献；

（4）用 EcoIndicator 99 进行生命周期评价，对比分析短期轮作矮林颗粒燃料链供热和天然气燃烧供热的环境影响。

分析结果如下所述。

A. EcoIndicator 99、EPS 2000 和 EDIP 的分析对比

（1）EcoIndicator 99。

表 8.9 给出了全球的生态分数 3.19 mPt（million point）和每种操作的影响分数。可以注意到环境对人类健康的影响比对生态系统的质量和资源的影响重要得多。另外，更为相关的影响是无机物和化石燃料排放对呼吸系统的影响（表 8.10），影响分别由颗粒燃料锅炉和颗粒成型机排放的颗粒物和 NO_x，拖拉机和造粒机消耗的柴油，以及锅炉和氮肥生产消耗的天然气等造成。

表 8.9 颗粒燃料链损害类型分析结果（EcoIndicator 99）

损害类型	生物质栽培/mPt	木屑运输/mPt	颗粒燃料运输/mPt	造粒/mPt	颗粒燃烧/mPt	总计/mPt
人类健康	0.436	0.063	0.018	0.400	0.524	1.440
生态系统质量	0.519	0.013	0.005	0.188	0.051	0.776
资源	0.546	0.100	0.044	0.259	0.020	0.970
总计	1.501	0.176	0.067	0.847	0.594	3.186

表 8.10　颗粒燃料链影响类型结果（EcoIndicator 99）

影响类型	生物质种植/μPt	木屑运输/μPt	颗粒燃料运输/μPt	造粒/μPt	颗粒燃烧/μPt	总计/μPt
致癌物	130.0	2.8	1.5	19	18.0	171.3
有机物对呼吸系统损害	0.15	0.07	0.02	0.35	0.12	0.7
无机物对呼吸系统损害	270.0	54.0	14.0	360.0	500	1198
气候变化	35.0	6.3	2.6	15.0	5.5	64.4
辐射	0.40	0.02	0.01	1.3	0.75	2.5
臭氧层破坏	0.0190	0.0044	0.002	0.011	0.0003	0.0367
生态毒性	28.0	3.6	1.7	17.0	11.0	61.3
酸化/富营养化	110.0	8.5	2.4	50.0	39.0	209.9
土地占用	380.00	0.93	0.40	120.0	0.77	502.1
矿产资源	12.00	0.65	0.35	9.0	20.0	42.0
化石资源	540.0	100.0	44.0	250.0	−0.85	933.2
总计	1505.57	176.87	66.98	841.66	594.32	3185.40

颗粒燃料燃烧的贡献同化石燃料各操作过程的环境贡献是相反的，由于灰是被避免产生的产品，因此含钾化肥的生产对环境造成的影响从木质颗粒燃料产生的全球负荷中被扣除。

通过不同宏观过程中生态分数分布的观察，可以知道环境影响主要由生物质种植（占总影响的 47%）和木屑的颗粒化（占 26.6%）产生。农业生产过程中，来自土地使用产生的影响特别显著，而其他过程中，主要的贡献是地表的整理（占能源作物生产影响的 37.7%）和土地整理（占 20.8%），因为化肥生产消耗了化石燃料以及尿素生产排放了 NO_x。木材转化成颗粒时最重要的贡献是颗粒化，主要是因为这个过程消耗了柴油和玉米淀粉。

（2）EPS 2000。

EPS 2000 的单一分值是 26.4 mPt（表 8.11），这主要由非生物资源的危害和资源消耗相关的损害造成（15.6 mPt），尤其是杨木种植和颗粒燃料燃烧设备的生产使用的金属（镍）占了较高的权重。与人类平均寿命相关的高分值（8.76 mPt）主要与颗粒燃料燃烧有关，特别是多环芳烃化合物在大气排放中占有较高的权重。如果考虑宏观过程，对单一分值贡献较大的是颗粒燃料燃烧（44.5%）和杨木种植（30.3%），特别是化肥生产中矿物和金属的消耗。此外，如果从单一分值的评价中扣除机器和基础设施的分值，可以得到 15.7 mPt 的值（约 40.5%）。

表 8.11　颗粒链中各操作过程损害类型结果（EPS2000）

损害类型	生物质种植/μPt	木屑运输/μPt	颗粒燃料运输/μPt	颗粒燃料加工/μPt	颗粒燃料燃烧/μPt	总计/μPt
人类健康	1 800.00	340.00	1 800.00	110.00	6 700.00	10 750.00
生态系统生产能力	−40.00	−2.70	−8.50	−1.10	−4.20	−56.50
非生物储备资源	6 200.00	410.00	3 800.00	200.00	5 100.00	15 710.00
生物多样性	16.00	2.40	19.00	0.98	2.80	41.18
总计	7 976.00	749.70	5 610.50	309.88	11 798.60	26 444.68

（3）EDIP。

由 EDIP 得到的结果（表 8.12）不太可靠，原因是机器和基础设施的生产占了较高的权重；出现 2.31 mPt 和 0.41 mPt 的值是由于钢生产过程中铁的大气排放占了较高的权重。因此，最重要的影响类型是土壤的人类毒性（87.1%），而具有高环境影响的宏观过程是木材转化为颗粒燃料（占 35.9%）和颗粒燃料的燃烧（占 39.3%）。

表 8.12　颗粒燃料链影响类型结果（EDIP）

影响类型	生物质种植/μPt	木屑运输/μPt	颗粒燃料运输/μPt	颗粒燃料加工/μPt	颗粒燃料燃烧/μPt	总计/μPt
全球变暖	1.30	0.23	0.57	0.10	0.22	2.42
臭氧层消耗	0.08	0.01	0.04	0.01	0.00	0.14
酸化	2.00	0.16	0.90	0.05	0.67	3.78
富营养化	2.40	0.10	0.77	0.03	0.49	3.79
光化学烟雾	0.04	0.01	0.08	0.00	0.28	0.42
水体生态系统慢性毒性	44.00	9.70	35.00	4.40	27.00	120.10
水生态系统急性毒性	36.00	7.90	21.00	3.60	6.60	75.10
土壤生态系统慢性毒性	9.10	0.55	8.80	0.26	6.10	24.81
人类毒性（空气）	0.99	0.27	2.10	0.11	2.00	5.47
人类毒性（水体）	23.00	2.30	11.00	1.10	26.00	63.40
人类毒性（土壤）	310.00	70.00	750.00	34.00	840.00	2004.00
巨大垃圾	—	—	—	—	—	—
危险废物	—	—	—	—	—	—
放射性废物	—	—	—	—	—	—
灰渣/灰	—	—	—	—	—	—
总计	428.91	91.24	830.26	43.65	909.36	2303.42

B. 意大利颗粒厂数据和文献数据的对比分析

来自意大利颗粒厂实测数据和 Magelli 等（2009）报道的数据，采用 EcoIndicator 99 和对比分析两种评价方法，得出了颗粒化过程的全球环境影响。Magelli 等（2009）中描述的致密过程由干燥、粉碎和颗粒化三个单元的操作组成：首先，湿锯末在天然气做燃料的旋转干燥器中干燥，这个过程中输入的是电、天然气和柴油，而输出的是大气污染物（如 CO_2、CO、NO_x、SO_x、CH_4 和 VOC 等）。结果表明采用颗粒厂数据分析，该过程的单一分值是 0.85 mPt，而如果采用 Magelli 等（2009）中的数据进行分析，得到的分值却是 1.05 mPt。

文献中工艺过程的环境负荷主要由天然气消耗和不同种类的化石燃料燃烧引起，占整个环境影响的 83%。另外，实际的颗粒化过程的值主要由影响呼吸系统的无机物（43%由 NO_x 和颗粒排放物引起）和化石燃料（29.5%）引起。

C. 基础设施的贡献对最终分数的影响

颗粒链的环境影响，不考虑整个过程所用的机器和基础设施的影响，也采用 EcoIndicator 99 进行评价，得到的单一分值等于 3.13 mPt（考虑机器和基础设施的影响时值为 3.19 mPt），表明机器和基础设施对全球环境的影响大约占 2%，主要是颗粒化过程中机器的使用造成的。

D. 与采用天然气供暖的对比

本节将颗粒燃料供热与天然气供热的环境影响进行了对照，参考 EcoInvent 图书馆文献 Faist Emmenegger M，Heck T，Jungbluth N. Erdgas，final report ecoinvent 2000 No. 6-V. Dübendorf：Paul Scherrer Institut Villigen，Swiss Centre for Life Cycle Inventories；2003 假定了下述过程：

（1）假定天然气的抽取和生产来自德国、阿尔及利亚、荷兰和俄罗斯的远近海岸；

（2）这些天然气经管线送到意大利；

（3）然后经当地管网分配到用户；

（4）在小于 100 kW 的锅炉中燃烧。

结果表明，天然气供热组（6.74 mPt）比颗粒燃料供热组（3.19 mPt）的环境影响高，主要原因是消耗了化石资源。

用 EPS 2000 计算的采用天然气链的单一分值是 37.5 mPt，主要由不同类别资源消耗产生的影响导致，这个值比采用生物能源链的环境影响高 30%。

用 EDIP 计算的采用天然气链的对比结果表明：生物能源链的单一分值为 2.31 mPt，比化石燃料链的 0.87 mPt 高。

最后，考虑能源效率的情况下进行对比分析，能源效率用能量回收率（ERR，energy return ratio）表示，定义为分析过程中生产的总有用能与操作过程中自身所消耗的总能量的比值。

结果表明，天然气链的 ERR 指数是 6，而生物质链是 3.25，任何情况下都比 ERR=1的盈亏平衡点高。对能量消耗贡献较大的过程是杨木种植（占总能耗的 42.1%）和木屑造粒（占 37.9%）。

8.2　生物质成型燃料标准体系建设

生物质成型燃料产业发展迅速，2009 年，欧盟生物质成型燃料的消费量已经达到 496.68 万 t，产量已达 452.85 万 t。中国在《生物质能源中长期发展规划》中指出，从 2010～2020 年生物质成型燃料的产量将由 100 万 t 增加到 5000 万 t。欧洲生物质成型燃料产业的发展得益于其成熟的标准体系，而中国的生物质成型燃料要在 10 年内增加 50 倍也必须依靠生物质成型燃料标准体系来规范成型燃料市场，提高成型燃料生产质量，保护燃料生产者和消费者利益，为生产商、用户之间建立起一个互相链接的平台，从而减少生产商与用户之间的法律纠纷，促进生物质成型燃料产业和市场的迅速发展，达到国家中长期发展规划的目标。欧盟和美国在生物质成型燃料标准体系建设方面走在世界的前列，而我国在这方面刚刚起步。

8.2.1　世界生物质成型燃料标准体系建设现状

欧洲很多国家，如瑞典、德国、意大利等国家建立有生物质成型燃料的相关标准，欧洲标准化委员会（CEN）也于 2000 年设立了生物质固体燃料技术委员会（CEN/

TC335），并委托瑞典标准委员会开始建立涉及生物质成型燃料生产、样品测试、产品储存和销售及质量保证的30个技术条件的固体生物质标准体系，并在欧洲各国试行。

美国材料与试验协会（ASTM）在1985年成立E48生物技术委员会，其中的E48.05生物转化子委员会制定了包含生物质水分、灰分、挥发分、元素分析、堆积密度等特性测试和分析方法的9个标准；美国农业和生物工程协会制定了生物质产品收割、收集、储运、加工、转化、应用术语和定义标准（ANSI/ASAB E593：2006）；颗粒燃料研究所（PFI）制定了产品标准，将产品分优级和Ⅰ、Ⅱ两级，产品指标主要包含外形、堆积密度、耐磨性、灰分以及氯含量等，这些标准形成了美国生物质成型燃料标准体系（赵立欣等，2011）。

1. 欧洲生物质成型燃料标准体系

欧洲生物质燃料标准体系的建立始于2000年，由欧洲标准化委员会委托瑞典标准委员会制定，荷兰、德国等国家参与了该标准体系的制定。欧盟的生物质燃料包含生物质成型颗粒和压块、木屑、薪柴等固体生物质燃料，其生物质固体燃料的含义远远超出中国对生物质固体成型燃料的定义范围。欧盟生物质固体燃料技术委员会（CEN/TC335）识别并挑选了一系列需要建立的固体生物质燃料技术规范，在欧盟内部开始试行，并由试行国家提出相应的改进意见。目前，CEN/TC335已经制定了30个技术规范，分别涉及生物质成型燃料的术语；产品规格、分类和质量保证；产品的取样和样品制备；成型燃料的热值、水分、灰分、挥发分等物理的或燃料的堆积密度、颗粒密度、机械强度等机械的试验方法；成型燃料中C、N、H及S、Cl等各种微量化学元素的化学分析测试方法等5个方面。除了生物质固体燃料的相关标准，欧盟还制定了生物质燃料的燃烧设备标准，涉及生物质固体燃料颗粒或压块的燃烧器、加热器，及以生物质固体燃料为燃料的锅炉、民用炊事炉灶、采暖装置及蓄热式炉的相关要求和测试方法等（田宜水等，2010）。欧盟生物质固体燃料标准体系的具体构成见表8.13a和8.13b。

欧盟固体生物质燃料标准体系包含了原料的分类、燃料产品的质量保证和试验标准体系、燃烧设备标准体系，但该标准体系还缺乏原料的收集、储藏、运输及燃料的储藏、运输以及生物质成型设备的相关标准和生产过程中的安全卫生环境等方面的标准。

2. 美国生物质成型燃料标准体系

美国材料与试验协会ASTM于1985年成立了E48生物技术委员会，下设E48.05生物转化子委员会，该委员会已制订了9项关于生物质固体燃料的标准，形成了美国的生物质固体燃料标准体系（Eija Alakangas et al.，2006），这些标准涉及生物质水分、灰分、挥发分、元素分析、堆积密度等特性的分析和测试方法，美国的生物质固体燃料标准体系具体见表8.14。

表 8.13a　欧盟生物质成型燃料标准体系

	标准涉及领域	标准号	标准主要内容
固体生物质燃料相关标准	固体生物质燃料产业中术语	CEN/TS14588：2003	固体生物质燃料的术语、定义及说明
	固体生物质燃料的规格、分类和质量保证	CEN/TS14961：2005	固体生物质燃料——燃料规格和分类
		CEN/TS15234：2006	固体生物质燃料质量保证
	生物质成型燃料在进行机械、物理和化学测试与分析时的取样和样品的制备方法	CEN/TS14779：2005	样品准备计划和样品保证准备方法
		CEN/TS14778—1：2005	固定和移动两种方式下固体生物质成型燃料取样方法
		CEN/TS14778—2：2005	卡车运输的颗粒燃料取样方法
		CEN/TS14780：2005	固体生物质成型燃料样品制备方法
	固体生物质燃料的物理（或机械）试验测试方法	CEN/TS14918：2005	固体生物质燃料热值测试方法
		CEN/TS15103：2005	固体生物质燃料堆积密度的测试方法
		CEN/TS14774—1：2004	固体生物质燃料烘干法测试含水量第 1 部分（精度高）
		CEN/TS14774—2：2004	固体生物质燃料烘干法测试含水量第 2 部分（精度较低）
		CEN/TS14774—3：2004	固体生物质燃料烘干法测试含水量第 3 部分（普通样品分析）
		CEN/TS14775：2004	固体生物质燃料灰分含量的试验方法
		CEN/TS15210—1：2005	固体颗粒生物质燃料机械强度试验方法
		CEN/TS15210—2：2005	固体块状生物质燃料机械强度试验方法
		CEN/TS15150：2005	固体生物质燃料颗粒密度测试方法
		CEN/TS15149—1：2006	固体生物质燃料颗粒尺寸分布测试方法第 1 部分
		CEN/TS15149—2：2006	固体生物质燃料颗粒尺寸分布测试方法第 2 部分
		CEN/TS15149—3：2006	固体生物质燃料颗粒尺寸分布测试方法第 3 部分
	燃料化学试验测试方法	CEN/TS15148：2005	固体生物质燃料挥发分的测试方法
		CEN/TS15370：2006	灰熔点的测定
		CEN/TS15104：2005	固体生物质燃料中 C、N、H 总含量测试方法
		CEN/TS15289：2006	固体生物质燃料中 S、Cl 含量测试方法
		CEN/TS15105：2005	固体生物质燃料中可溶解的 Cl、Na、K 含量测试方法
		CEN/TS15290：2006	固体生物质燃料中主要元素（Al、Si、K、Na、Ca、Mg、Fe、P 和 Ti）含量的测试方法
		CEN/TS15297：2006	固体生物质燃料中微量元素（As、Ba、Be、Cd、Co、Cr、Cu、Hg、Mo、Mn、Ni、Pb、Se、Te、V 和 Zn）含量的测试方法
		CEN/TS15296：2006	固体生物质燃料不同单位制度间的换算关系

表 8.13b 欧盟生物质成型燃料标准体系

标准涉及领域	标准号	标准主要内容
燃烧设备相关标准	EN303—5：1999	木质颗粒和压块等固体燃料的加热锅炉第 5 部分：热输出小于 300 kW的手动或自动炉排锅炉的定义、要求、测试和销售
	EN12593—12：2003	适用于以生物质固体燃料等为燃料的火管锅炉从料仓至灰室的炉排系统要求
	EN12809/A1：2004	热输出小于 50 kW 的民用独立式手动或自动生物质固体燃料锅炉的要求和测试方法
	EN12815/A1：2004	民用炊事和采暖炉灶的设计、制造、安装、性能（效率和污染物排放）、安全、操作指南、标示的要求及测试方法
	CEN/TC57：正在制定	生物质颗粒燃料燃烧器的定义、要求、测试和标示
	EN13420/A2：2004	生物质固体燃料的房间加热器的要求和测试方法
	EN13229/A2：2004	室内采暖或提供热水的固体燃料燃烧装置的定义、要求和测试方法
	EN14785：正在制定	以木质颗粒为燃料的民用采暖装置的设计、制造、安装、性能(效率和污染物排放)、安全、操作指南、标示的要求及测试方法

表 8.14 美国生物质固体燃料标准体系

标准号	标准内容
E870	木质燃料分析测试方法
E871	锯末、颗粒、木屑、木段及其他最大体积为 16.39 cm³ 的木质颗粒燃料中全水分试验方法
E872	木质颗粒燃料挥发分试验方法
E873	最大体积为 16.39 cm³ 的生物质颗粒成型燃料堆积密度的试验方法
E1358	木质颗粒燃料全水分试验方法——微波法
E1534	木质颗粒燃料灰分试验方法
E1755	硬木、软木、草本作物（如柳枝稷等）、农业剩余物（如玉米秸、稻草和蔗渣）、废纸等生物质中灰分的测试方法
E1757	生物质分析样品制备方法
E1509	球形颗粒燃料室内加热炉分析测试方法

从美国的生物质固体燃料标准体系可以看出，该标准体系只是涉及了生物质固体燃料中灰分、水分、挥发分、堆积密度及样品的制备，其系统性远远比不上欧盟的标准体系，但是，该标准体系对美国的生物质固体燃料产业的健康发展起到了积极的促进作用。

8.2.2 中国生物质成型燃料标准体系建设现状

中国目前没有成熟和系统的生物质成型燃料标准体系，但是，2007 年后，农业部制定了 13 项生物质固体成型燃料相关的农业部行业标准，并于 2010 年 5 月 20 日发布实施，这些行业标准名称如表 8.15 所示。

表 8.15　中国已经发布实施的农业部生物质成型燃料行业标准

标准号	标准名称
NY/T1878—2010	生物质固体成型燃料技术条件
NY/T1879—2010	生物质固体成型燃料采样方法
NY/T1880—2010	生物质固体成型燃料样品制备方法
NY/T 1881.1—2010	生物质固体成型燃料试验方法第 1 部分：通则
NY/T 1881.2—2010	生物质固体成型燃料试验方法第 2 部分：全水分
NY/T 1881.3—2010	生物质固体成型燃料试验方法第 3 部分：一般分析样品水分
NY/T 1881.4—2010	生物质固体成型燃料试验方法第 4 部分：挥发分
NY/T 1881.5—2010	生物质固体成型燃料试验方法第 5 部分：灰分
NY/T 1881.6—2010	生物质固体成型燃料试验方法第 6 部分：堆积密度
NY/T 1881.7—2010	生物质固体成型燃料试验方法第 7 部分：密度
NY/T 1881.8—2010	生物质固体成型燃料试验方法第 8 部分：机械耐久性
NY/T 1882—2010	生物质固体成型燃料成型设备技术条件
NY/T 1883—2010	生物质固体成型燃料成型设备试验方法

虽然，农业部已经发布实施了 13 项生物质固体成型燃料行业标准，但是这些标准只涉及了生物质固体成型燃料生产过程中的部分技术要求，未涉及成型燃料原料的收集、储存、运输、燃料生产过程的环境保障等方面的内容，还远未形成系统的成型燃料标准体系，因此，结合中国的特色，中国应该建设有中国特色的生物质固体成型燃料标准体系。

8.3　成型燃料及成型、燃烧设备标准

目前欧洲国家、美国均已建成了成型燃料及燃烧设备标准，中国也已建成了农业部生物质成型燃料及成型设备的行业标准，但关于生物质成型燃料燃烧设备的相关标准则刚刚通过审核，还未正式发布实施。

8.3.1　世界生物质成型燃料相关标准及内容分析

欧洲很多国家早已建立了固体生物质燃料的相关标准，这些标准促进了本国的生物质成型燃料产业的发展，表 8.16 是欧洲一些国家建立的生物质固体成型燃料的技术条件（Brigitte et al.，2005）。

从表 8.16 可以看出，奥地利、瑞典、德国、意大利、英国等国家早已建立了固体生物质成型燃料技术条件标准，这些技术条件包含燃料的尺寸、密度、堆积密度、水分含量、灰分含量、热值、硫含量、氯含量、氮含量、添加剂、机械强度等关系到生物质固体燃料质量的特性标准，尤其是德国，其成型燃料标准中除了上述诸项要求外，还对一些微量金属元素含量进行了限定，如要求钙、铜、锌、镁等元素含量分别小于 0.5 mg/kg、5 mg/kg、0.05 mg/kg、100 mg/kg。这些标准的建立为生物质成型燃料的健康发展提供了有力的保障。但随着 2000 年欧盟标准的建立，这些国家逐渐开始采用欧盟标准，或以欧盟标准为主，本国标准作为辅助标准出现。而一些没有相关标准的国

表 8.16 欧洲各国已建立的生物质成型燃料标准中的技术条件

项目	奥地利 ONORM M7135	瑞士 SS181720	德国 EIN51731	意大利 CTI－R04/5	英国
尺寸	颗粒：直径 4～20 mm，长度≤100 mm；压块：直径 20～120 mm，长度≤ 400 mm	颗粒直径 1 类：≤4 mm 2 类：≤5 mm 3 类：≤6 mm	HP1：直径＞100 mm，长度＞300 mm；HP2：直径 60～100 mm，长度 150～300 mm HP3：直径 30～70 mm，长度 100～150mm；HP4：直径 10～40 mm，长度＜100 mm；HP5：直径4～10 mm，长度＜50 mm	颗粒直径/mm：A（无添加剂）：6、8；A：6、8；B：6、8；C：10～25	Ⅰ类：4～20mm；Ⅱ类：10～20mm
密度/(kg/m³)		1 类：≥600；2 类：≥500；3 类：≥500		A、B：620～720；C：≥550	Ⅰ类：≥600 Ⅱ类：≥500
堆积密度/(kg/m³)	≥1000		1000～1400		
水分/%	颗粒：≤12；压块：≤18	1 类：≤10；2 类：≤10；3 类：≤12	＜12	A、B：≤10；C：≤15	≤10
灰分/%	颗粒：≤0.5；压块：≤6（干基）	1 类：≤0.7；2 类：≤1.5；3 类：＞1.5	＜1.5	A：≤0.7；B：≤1.5；C：标示实际值	＜1、＜3 或＜6
热值/(MJ/kg)	≥18.0（干基）	≥16.9	17.5～19.5（无水分和灰分）	A：≥16.9；B：≥16.2；C：标示实际值	≥16.9
硫含量/%	颗粒：≤0.04；压块：≤0.08（干基）	≤0.08	＜0.08	A、B：≤0.05；C：标示实际值	＜300 ppm
氯含量/%	颗粒：≤0.02；压块：≤0.04（干基）	≤0.03	＜0.03	A：≤0.03；B、C：标示实际值	＜800 ppm
氮含量/%	颗粒：≤0.3；压块：≤0.6（干基）		＜0.3	A、B：≤0.3；C：标示实际值	
添加剂	＜2%的天然物	标明		标明	
灰熔点		标明灰熔点温度			
机械耐久性/%				A：≥97.7；B：≥95.0；C：≥90.0	

注：HP1、HP2、HP3、HP4、HP5 为德国标准中提到的 5 种外型尺寸燃料的名称。

家，更是等待着欧盟标准的实施，欧盟建立的生物质固体燃料的技术条件相关标准很多，涉及燃料的分类、样品制备、物理特性、元素含量的分析和测试等方面内容，表8.17为欧盟的生物质颗粒燃料技术条件标准（Eija Alakangas et al.，2006）。

表8.17　欧盟生物质颗粒燃料技术条件标准

通用技术要求					
直径（*D*）/mm和长度/（*L*）	D06≤6±0.5；*L*≤5*D*	D08≤8±0.5；*L*≤4*D*	D10≤10±0.5；*L*≤4*D*	D12≤12±1；*L*≤4*D*	D25≤25±1；*L*≤4*D*
水分含量/%	M10≤10%	M15≤15%	M20≤20%		
灰分/%	M0.7≤0.7%	M1.5≤1.5%	M3.0≤3.0%	M6.0≤6.0%	M6.0+>6.0%（标示实际值）
硫含量/%	S0.05≤0.05%	S0.08≤0.08%	S0.10≤0.10%	S0.20+>0.20%（标示实际值）	
机械耐久性/%	DU97.5≥97.5	DU95.0≥95.0	DU90.0≥90.0		
<3.15mm微粒所占比例	F1.0<1.0%	F2.0<2.0%	F2.0+>2.0%（标示实际值）		
添加剂/%	添加的黏结剂、抗氧化剂或其他类型的添加剂需要说明，并标示				
氮含量/%	N0.3≤0.3%	N0.5≤0.5%	N1.0≤1.0%	N3.0≤3.0%	N3.0＋＞3.0%（标示实际值）
信息性技术要求：					
低热值/（MJ/kg）或能量密度/（kW·h/m³）（松散状态）			应该由零售商标识到产品上		
堆积密度/（kg/m³）（松散状态）			如果以体积为基准销售时应标识到产品上		
氯含量/%（干基）			应该以下列形式标识到产品上：Cl 0.03；Cl 0.07；Cl 0.10；Cl 0.10＋（如果氯含量高于0.1%应标示出真实值）		

注：根据CEN/TS 14961：2004制作，原料包含：木质生物质、草本生物质、水果类生物质和各种混合生物质。

从表8.17可以看出，欧盟在颗粒燃料标准中，对燃料的所有特性多不加以限制，而将特性分为通用性和信息性，并根据数值范围将燃料分成几个类别，如根据燃料的直径，将燃料分为D06、D08、D10、D12和D15 5个等级；根据水分含量将燃料分为M10、M15、M20 3个等级；根据灰分含量将燃料分为A0.7、A1.5、A3.0、A6.0、A6.0+5个等级等；而对于热值、堆积密度、氯含量等特性的要求不像奥地利、德国等国有一个严格的限制，只是要求零售商将其实际含量标示到产品上，使消费者在购买时对燃料的特性有清晰明确的了解即可，这种看似宽松的标准，实质是给了生产者和消费者更多的空间，生产者可以生产系列产品，而消费者可以根据自己的需求选择合适的产品进行消费。

虽然，欧盟制定系列生物质固体燃料的标准，但是还没有制定出一部关于生物质成型燃料成型设备方面的标准。

美国颗粒燃料标准协会制定有美国颗粒燃料标准（Pellet Fuel Institute（PFI）standards），该标准提出了家用和商品生物质成型燃料技术条件，具体参数见表8.18（Jaya Shankar et al.，2003）。

表 8.18 适用于家庭和商业成型燃料的 PFI 标准

燃料性能	PFI 标准
规范性指标（强制性）	
空间体积密度/(kg/m^3)	608.8～737
直径/mm	5.84～7.25
颗粒燃料耐久性指标 pellet durability index (PDI)	≥95.0
颗粒破碎度（以粉末计）percent fines (at the mill gate)	≤1.0
无机灰分/%	≤2.0
长度/m	≤1.0
水分含量/%	≤10.0
氯化物/ppm	≤300
信息性指标（非强制）	
灰分熔融点	不限
热值	不限

8.3.2 中国生物质成型燃料与成型设备标准

作者于 2006 年接受农业部委托，牵头制定了农业部行业标准《生物质固体成型燃料技术条件 NY/T1878—2010》和《生物质固体成型燃料成型设备技术条件 NY/T 1882—2010》，这两项标准于 2008 年获得审批，2010 年 5 月开始实施；农业部规划设计研究院制定了若干项与这两项标准相匹配的关系到成型燃料样品制备、物性分析，以及成型设备试验分析等方面的农业部行业标准，详见表 8.15。中国的生物质固体成型燃料标准考虑到中国成型燃料的原料、生产和使用的国情，其内容和结构与欧、美有所不同。

1. 中国生物质成型燃料标准内容及分析

中国农业部行业标准 NY/T1878—2010 内容分为以下内容。

（1）标准结构，依据 GB/T1.1—2000 的规定，分为范围、规范性引用文件、术语和定义、产品分类、生物质成型燃料规格和质量要求指标、生物质成型燃料产品性能试验方法、生物质成型燃料性能检验规则、固体生物质成型燃料产品的标识、包装、运输及储存，共 8 部分；

（2）适用范围；

（3）术语和定义，规定了生物质固体成型燃料、颗粒燃料、水分、破碎率等术语和定义；

（4）产品分类和标示方法；

（5）规范性性能指标参数和范围，具体内容如表 8.19 所示；辅助性性能指标和范围，具体内容如表 8.20 所示。

表 8.19　中国生物质固体成型燃料规范性性能要求

项 目	颗粒状燃料		棒（块）状燃料	
	主要原料为草本类	主要原料为木本类	主要原料为草本类	主要原料为木本类
直径或横截面最大尺寸 D/mm		≤25		>25
长度/mm		≤4D		≤4D
成型燃料密度/(kg/m³)		≥1000		≥800
含水率/%		≤13		≤16
灰分含量/%	≤10	≤6	≤12	≤6
低位发热量/(MJ/kg)	≥13.4	≥16.9	≥13.4	≥16.9
破碎率/%			≤5	

表 8.20　生物质固体成型燃料辅助性能指标要求

项 目	性能要求
硫含量/%	≤0.2
钾含量/%	≤1
氯含量/%	≤0.8
添加剂含量/%	≤2（无毒、无味、无害）

由表 8.19 和表 8.20 可以看出，中国生物质成型燃料技术条件标准参照欧盟 CEN/TC 335 将生物质成型燃料的性能指标根据指标的重要性分为规范性性能要求和资料性性能要求。其中，规范性性能指标要求必须达到，严格按要求执行，相当于强制性指标；资料性性能指标则要求生产或销售在产品性能中标识出来，不一定必须达到标准要求的指标，但必须在产品包装单中说明实际的测试值，相当于给使用者一个知道这些性能参数的知情权。

中国农业部的生物质成型燃料技术条件行业标准中的规范性性能指标参数和范围参照了欧盟、意大利、德国、奥地利等国家和地区的有关标准和中国关于煤质量分类的有关国家标准，将生物质成型燃料的尺寸规格、密度、含水率、灰分含量、热值作为规范性性能指标，这是因为含水率、灰分含量会影响燃料的热值、燃烧、储存性能，所以设定为规范性性能指标。成型燃料的尺寸规格、密度反映了成型燃料的外形尺寸和质量，考虑到我国生物质成型燃料的实际生产状况，规定截面最大尺寸在 25 mm 以下（包含 25 mm)的为颗粒状燃料，而尺寸在 25～120 mm 的为棒（块）状燃料。各种燃料的最大尺寸均为 4D，只要燃料尺寸≤4D 均满足本标准要求。而奥地利规定颗粒状直径为 4～20 mm，长度<100 mm；棒状直径为 20～20 mm、长度<400 mm；瑞典颗粒状直径为 4～6 mm；德国颗粒状直径为 5～30 mm，并将其分为 5 类，每类有对应的直径和长度范围；意大利根据原料类型不同分为 4 种直径，三种情况下的直径均为 6 mm、长度均为 8 mm，最后一种规定直径为 10～25 mm；欧盟将颗粒状燃料分为 6 mm、8 mm、10 mm、12 mm、25mm 5 个等级，每级要求长度均小于 4D；棒状燃料亦分为

25 mm≤D≤40 mm、≤50 mm、≤60 mm、≤80 mm、≤100 mm、≤125 mm 和≥125 mm 7个等级，对应的长度分别为≤50 mm、≤100 mm、≤200 mm、≤300 mm、≤400 mm、≥400 mm。由国外的标准来看，堆积密度和成型燃料密度并不在标准中同时出现，奥地利和德国标准中颗粒状成型燃料密度要求≥1000 kg/m^3，欧盟则需标注出；奥地利棒（块）状成型燃料密度要求≥1000 kg/m^3，欧盟则为 800～1200 kg/m^3 以上，中国标准则要求颗粒状为 1000 kg/m^3 以上，棒（块）状为 800 kg/m^3 以上。

各国固体生物成型燃料标准中含水率均以干基为基准，颗粒状成型燃料要求含水率范围为≤10%～≤20%、棒状要求范围亦为≤10%～≤20%；考虑到我国生物质成型燃料原料主要为草本类植物，所以标准中要求颗粒状燃料含水率≤13%、棒（块）状含水率≤16%。

已有的国外固体生物燃料标准中灰分含量也是以干基为基准，除欧盟外，各国对颗粒状燃料要求的灰分含量均≤1.5%、欧盟则要求灰分含量从 0.7%～2.0%，甚至可以>2.0%，只要在产品外包装上标出即可；棒（块）状要求的灰分含量，奥地利为≤6.0%,欧盟要求为≤0.7%～≤10.0%。中国农业部行业标准根据草本和木本类植物中灰分含量的不同，要求颗粒状和棒（块）状的灰分含量按生产原料来分类，以草本类为原料的颗粒状燃料的灰分含量要求≤10%、以木本类为原料的则要求≤6%；棒（块）状燃料，以草本类为原料的要求≤12%、以木本类为原料的要求≤6%。

热值反映了燃料的燃烧价值，中国农业部行业标准以低热值作为要求的标准。欧盟生物质成型燃料要求对热值进行注明，其他国家对于不同的生物质成型燃料均有热值的最低限，如对于颗粒状燃料，意大利标准要求燃料的热值>16.2 MJ/kg，德国为 17.5～19.5 MJ/kg，瑞典为≥16.9 MJ/kg，奥地利为≥18 MJ/kg；对于棒（块）状燃料，奥地利要求≥18 MJ/kg。中国的生物质成型燃料多以草本类物质为原料，因此，中国标准按原料对成型燃料热值进行了要求，而不考虑燃料尺寸的影响，因此对于颗粒和棒（块）状燃料，草本类原料的热值要求≥13.38 MJ/kg、木本类原料的则要求≥16.9 MJ/kg。

硫、钾和氯含量影响成型燃料燃烧时有毒物质的释放、颗粒物的排放、燃烧沉积物在燃烧设备上的沉积和积累以及对燃烧设备的腐蚀情况，因此，中国标准选择这三个物质作为资料性性能指标，并有一极限值，该要求与欧盟等国际标准不同，更为严格，这些指标如果不能满足表 8.20 中的要求，则需要生产厂家在产品上标注实际测试值，以帮助用户辨别是否使用该燃料。根据有关文献测试数据，秸秆类原料的生物质成型燃料中的硫、氯和钾含量远远高于木质类原料的生物质成型燃料，木质类原料中各种元素含量为，硫 0.02%～0.1%、氯 0.01%～0.03%、钾 0.04%～0.3%；禾草类原料中各种元素含量为，硫 0.1%～0.3%、氯 0.1%～0.8%、钾 0.5%～1%，各测试值均以干基为基准。中国标准中三种元素以湿基为基准，考虑到我国生物质成型燃料的实际原料类型和特性，规定三种元素的含量分别为，硫≤0.2%、氯≤0.8%、钾≤1%。

某些生物质成型燃料在成型过程中需要添加添加剂才能成型，而添加剂在燃烧过程中对环境和用户会带来一定的影响。因此，考虑到环境因素和对用户的安全，中国标准要求添加剂为无毒、无味、无害的物质，其含量不得大于 2%，如果不能满足，需要标注出实际使用的添加剂和添加的量。

破碎率反映燃料保持自身形状的能力，国外标准中的破碎率以 3.15 mm 为基准，除欧盟外，各国要求燃料的破碎率在 1.5%以下，欧盟则要求破碎率可以大于 2.0%，但要在产品上标注出实际值。中国成型燃料以禾草类生物质为原料，与欧美等国家以木质类生物质为原料不同，更容易破碎，因此，中国标准中规定其破碎率≤5%均为合格。

2. 成型设备相关标准及内容分析

中国生物质成型设备标准是中国生物质成型燃料标准系列中的创新，在国外的标准系列中还未发现该方面的类似标准。中国多数颗粒、块状燃料生产设备是利用饲料加工设备改制的，设备材料、工艺等没有实质性变化，不适合对含水率要求严格、加工密度高、原料含有纤维状物质和金属氧化物较多的秸秆成型燃料使用，设备磨损快，维修成本高，没有严格的生产监督、检查制度、技术培训、售后服务，用户购买设备后出现故障时得不到及时维修，严重影响了消费者的利益。因此，中国制定了生物质成型燃料成型设备标准，该标准能适用于以生物质（草本植物、木本植物及农、林、建筑、食品等加工产业的废弃物）为主要原料生产固体生物燃料的成型设备，经过机械挤压或冲压（液压活塞、机械活塞、环模、平模、螺旋杆）加工生产棒状、颗粒状或块状生物质成型燃料。

中国农业部行业标准 NY/T 1882—2010 内容主要有：①生物质成型燃料成型设备的分类、要求、检验规则、标志、包装、运输及储存，适用于以生物质为原料生产成型燃料的加工设备，螺旋挤压式加工设备成型机参照本标准执行；②术语和定义，规定了生物质固体成型燃料加工设备、设备维修周期、成型率等术语和定义；③规定了成型设备的分类和标示方法；④规定了设备性能要求和设备运行、工作环境的粉尘和噪声要求，具体内容见表 8.21。

表 8.21　NY/T 1882—2010 设备工作性能要求

项 目	单 位	产品外形分类符号	指 标
		L	≤90
成型设备能耗	kW·h/t	B	≤70
		K	≤60
设备维修周期	h	L、K	>500
		B	>1500
产 量	t/h	L、K	≥设计值
		B	≥设计值
成型率	%		>90
安全防护装置		运动部件和加热器设置安全防护装置	

从表 8.21 可以看出，中国成型设备标准要求成型设备满足燃料能耗、生产率、成型率、设备维修周期、设备安全防护装置等方面的要求；同时成型设备工作时噪声和粉尘浓度应该满足国家标准，否则会对操作人员身体造成伤害，因此，标准要求生物质成型设备运行时噪声要求≤85 dB，粉尘要求≤10 mg/m^3。

8.3.3　生物质成型燃料燃烧设备相关标准及内容分析

美国制定有生物质成型燃料燃烧设备标准，生物质颗粒燃料室内加热炉分析测试方法（ASTM E1509）；欧盟制订定生物质锅炉、民用炉灶、民用加热炉、生物质燃烧器等方面的生物质成型燃料燃烧设备标准；2011 年中国农业部制定的行业标准《户用生物质炊事炉具通用技术条件》、《民用生物质固体成型燃料采暖炉具通用技术条件》和《民用生物质固体成型燃料采暖炉具试验方法》通过审核，标志着中国生物质成型燃料燃烧设备标准开始建立和实施。

1. 世界生物质成型燃料燃烧设备相关标准及内容分析

美国生物质颗粒燃料室内燃烧炉标准包含颗粒燃料室内燃烧炉、自动上料机构的测试方法、操作特性等内容。

欧洲生物质燃烧设备标准有：EN303—5，欧盟于 1999 年发布实施了木质颗粒和压块等固体燃料的加热锅炉标准的第 5 部分，在热输出小于 30 kW 的手动或自动炉排锅炉的定义、要求、测试和销售标准中，欧盟对锅炉的排放作了严格的规定，而欧洲的德国、瑞典等国家在与之相应的生物质颗粒燃炉的标准中作出了更为严格的规定，详见表 8.22。

表 8.22　欧洲对于输出小于 30 kW 的生物质燃料燃烧设备的工作噪声和粉尘要求

标准	型号	输出能/kW	气体排放物限制/(mg/m^3) 含有 10%O_2 的干空气		
			CO	气态有机碳	粉尘
欧盟 EN303—5	M	<50	5000	150	150
	A	<50	3000	100	
德国	M/A	<50	250（一般要求）/500（最低要求）	—	50
瑞典	M/A	<15	2000	150/250	100

欧盟于 2003 年编制的 EN12593—12 标准中，对生物质固体燃料火管锅炉从料仓至灰室的炉排系统进行了要求；在 2004 年发布的 EN12809/A1 标准中对于热输出小于 50 kW的民用独立式手动或自动生物质固体燃料锅炉性能进行了要求并提出了相应的测试方法；在 2004 发布的 EN12815/A1 标准中，对民用炊事和采暖炉灶的设计、制造、安装、性能（效率和污染物排放）、安全性能进行了要求，并提出了操作指南，对炉具的标识及相应性能的测试方法提出了规定；正在制定的 CEN/TC57 标准中则对生物质颗粒燃料燃烧器的定义、要求、测试方法和产品标识进行了限定；在 2004 年实施的 EN13420/A2 的标准中利用生物质固体燃料来加热的房间加热器的性能和测试方法进行了要求和规定；在 2004 年实施的 EN13229/A2 标准中，对室内采暖或提供热水的生物质固体燃料燃烧装置进行了定义，对其性能参数和测试方法进行了标准限定；在正在制定的 EN14785 标准中对木质颗粒为燃料的民用采暖装置的设计、制造、安装、性能（效率和污染物排放）、安全、操作指南、标识的要求及测试方法进行了限定；欧盟正在

制定的 EN15250 标准则对固体燃料蓄热式炉的设计、制造、安装、性能（效率和污染物排放）、安全、操作指南、产品标识的要求及测试方法进行了标准限定。

2. 中国生物质成型燃料燃烧设备相关标准及内容分析

中国农业部和国家能源局委托有关单位制定了生物质炊事炉具和成型燃料采暖炉具的相关标准，其中《（NY/T—）户用生物质炊事炉具通用技术条件》处于送审阶段；《（NY/T— ）户用生物质炊事炉具性能试验方法》、《（NB/T—）民用生物质固体成型燃料采暖炉具通用技术条件》、《（NB/T— ）民用生物质固体成型燃料采暖炉具试验方法》处于报批阶段（赵立欣等，2011）。

在农业部行业标准《户用生物质炊事炉具通用技术条件》中规定了户用生物质炊事炉具的技术、制造、安全使用要求、检验方法和检验规则等，适用于燃用生物质及其成型燃料，以炊事功能为主的户用生物质炉具，标准中规定炊事火力强度要≥2 kW，炊事热效率≥35％；排气中 CO≤0.2％、SO_2≤30 mg/m^3、NO_x≤150 mg/m^3、烟尘≤50 mg/m^3、林格曼黑度≤1 级。

农业部行业标准《户用生物质炊事炉具性能试验方法》则规定了户用生物质炊事炉具的热性能和环保性能试验方法，适用于燃用生物质固体燃料，以炊事功能为主或兼有生活热水等余热利用功能的户用生物质炊事炉具，标准中还规定了蒸发铝锅规格、水量及生物质燃料用量。国家能源局行业标准《民用生物质固体成型燃料采暖炉具通用技术条件》中规定了民用生物质固体成型燃料采暖炉具的型号、表示方法、技术要求、检验方法和检验规则等，适用于燃用生物质固体成型燃料，以水为介质，额定热功率小于 50 kW，额定工作压力为常压，循环系统最高高度不超过 10 m，出口水温不高于 85℃的民用采暖炉具。该标准还规定了炉具的大气排放标准，具体见表 8.23。

表 8.23　国家能源局行业标准民用生物质固体成型燃料采暖炉具大气污染物排放指标

污染物	指标
烟尘/(mg/m^3)	≤50
二氧化硫/(mg/m^3)	≤30
氮氧化物/(mg/m^3)	≤150
一氧化碳/％	≤0.2
林格曼烟气黑度/级	≤1

国家能源局行业标准《民用生物质固体成型燃料采暖炉具试验方法》规定了民用生物质固体成型燃料采暖炉具的热性能和环保性能试验方法，适用于燃用生物质固体成型燃料，以水为介质，额定热功率小于 50 kW，额定工作压力为常压、循环系统最高高度不超过 10 m、出口水温不高于 85℃的生物质采暖炉具，燃用其他生物质燃料的生物质采暖炉具可参照执行。

8.4　生物质成型燃料燃烧环境质量监测方法及标准

燃料燃烧时会排放出废气和不完全燃烧的颗粒排放物，这些废气和颗粒排放物是造成环境污染的主要原因，因此，生物质成型燃料燃烧时应该监测这些环境指标。目前，对于燃用煤、油、天然气等化石燃料的工业炉窑和家用热水器，国家有相应的排放标准进行限定，除了民用生物质固体成型燃料炊事炉具和采暖炉具的环境质量监测标准已经在审批阶段（参见 8.3 节）外，中国还未制定燃用生物质成型燃料锅炉的排放和检测方法的标准，本节将讨论生物质固体成型燃料燃烧时的环境质量监测指标、监测方法及相应的标准。

8.4.1　生物质成型燃料燃烧环境质量检测指标

燃料燃烧时会排出 SO_2、NO_x、NO_2、CO、未燃烧的碳氢化合物及碳粒、尘粒、可吸入颗粒物、灰渣等污染物，这些物质会污染空气、水源、土壤等，影响人们生存的环境，如 SO_2、NO_x、NO_2、CO 会溶于水形成酸雨，影响人的健康和植物生长，造成对自然资源以及建筑物等的破坏；碳粒、尘粒、可吸入颗粒物等会影响空气质量，甚至可以被吸入肺内，造成呼吸系统疾病，影响人们的身体健康。因此，生物质成型燃料燃烧时，其燃烧环境质量检测指标应该包含以下内容：

SO_2 排放浓度和排放速度。生物质燃料中的含硫量远远低于煤炭等化石燃料的含硫量，但生物质还是含有一定的硫量，应该检测该项指标。

NO_x 排放浓度和排放速度。NO_x 种类很多，造成大气污染的主要是 NO 和 NO_2，环境学中的 NO_x 一般是指这二者的总称。城市大气中 NO_x 大多来自于燃料燃烧，NO_x 能与空气中的水结合转化成硝酸和硝酸盐，会形成酸雨，同时，它还会与其他污染物在一定条件下产生光化学烟雾污染。NO_x 可刺激肺部，使人较难抵抗感冒之类的呼吸系统疾病，对儿童来说，NO_x 可能会造成肺部发育受损；NO_2 则对人体的心脏、肝脏、肾脏的影响更为严重，尤其会严重危害人体的呼吸系统和造血系统。因此，需要监测生物质成型燃料燃烧时 NO_x 的排放浓度和排放速度。

烟尘浓度和黑度（林格曼级数）。燃料在燃烧过程中除放出热量外，还会产生烟气。烟气是气相物质和固相物质的混合物。气相物质主要为 SO_2、NO_x、NO_2、CO、CO_2、N_2、O_2、碳氢化合物等，固相物质即为烟尘。“烟”是指烟炱，即烟气中可燃气体不完全燃烧时在高温下还原产生的极细微的、粒径小于 1 μm 的炭粒，在空中形成的黑烟；“尘”是指在燃烧过程中，由高温烟气带出的飞灰和一部分未燃尽的炭粒，其粒度较大，为 1～100 μm。烟尘不仅妨碍植物的光合作用，影响气候和危害健康，还使人类的心血管疾病、呼吸道疾病和肺癌的发病率与死亡率增加，现在，大气中可吸入微粒的控制已成为各个国家的研究重点。

CO 浓度和排放速率。CO 是燃料不完全燃烧的产物，CO 的产生不仅会损失一半的热量，而且其毒性很强，会危害人体的血液和神经。中国家用燃气快速热水器和燃气采暖热水炉环保认证技术规范规定了热负荷不大于 70 kW 的热水器和采暖炉的 CO 排放标准：烟道式、强排式热水器在无风状态下，燃烧烟气中 CO 含量≤0.03%；平衡式、强制平衡式、室外型热水器在无风状态下，燃烧烟气中 CO 含量≤0.05%。采暖炉在燃烧工况特殊条件下，燃烧产物中的 CO 含量浓度应小于 0.10%，而要求热水器和采暖炉燃烧烟气中 NO_x 含量≤0.009%（燃气种类：天然气和人工煤气）。生物质燃料如果作为热水器和采暖炉燃料，则至少应该满足以上要求。

HCl 的浓度和排放速率。燃料中的氯在燃烧时大部分生成了 KCl 和 NaCl，主要起危害作用的是 KCl，因为其溶于水即为刺激性和腐蚀性均较强的盐酸，从而危害人体健康。草本类植物的氯含量很高，为煤炭含量的 5～10 倍，虽然研究发现可以通过水洗去除部分氯，但依然有氯的存在，因此，HCl 的排放浓度和排放速率依然应该作为一个燃烧环境监测指标。

8.4.2　国际生物质成型燃料燃烧环境质量检测方法及相关标准

目前，国际上发达国家对固定污染源排放的氮氧化物、颗粒物、一氧化碳、二氧化碳等物质的测试方法有相关的标准，这些标准并不完全是针对生物质成型燃料的，但生物质成型燃料燃烧排放可以借鉴这些测试方法进行检测和分析，这些标准的名称和检测物质具体见表 8.24。

表 8.24　国际上燃烧排放物检测方法标准

标准名称	国别
BS EN 14902—2005 环境空气质量．悬浮颗粒物质的 PM10 部分中 Pb、Cd、As 和 Ni 的标准测量方法	英国
ISO 10396—2007 固定源排放．固定安装的监测系统自动测定气体排放浓度的抽样	国际
BS DD CEN/TS 15883—2009 家用固体燃料燃烧器．排放试验法	英国
CEN/TS 15883—2009 住宅固体燃料燃烧设备．排放试验方法	欧盟
NF X43—003—1966 大气污染．燃烧气带有的固体颗粒物的重量测定方法	法国
BS ISO 10396—2007 固定源排放．永久安装监测系统自动测量气体排放浓度的抽样	英国
NF X43—553—2007 固定源排放物．永久安装的监测系统自动测定气体排放浓度的取样	法国
JIS Z7151—2000 固定源散发：燃气烟道中颗粒物质浓度和质量流率的测定．人工重量分析法	日本
DIN EN 13284—2—2004 固定源辐射．粉尘的小范围质量浓度的测定．第 2 部分：自动测量系统	德国
BS ISO 12141—2002 固定污染源的排放．在低浓度时颗粒物质（灰尘）的质量浓度的测定．手工重量分析法	英国
ISO 12141—2002 固定污染源的排放．在低浓度时颗粒物质（粉尘）的质量浓度的测定．手工重量分析法	国际
ISO 7996—1985 环境空气．氮氧化物质量浓度的测定．化学发光法	国际
ISO 11564—1998 固定源排放．氮氧化物质量浓度的测定．萘乙二胺分光光度法	国际
NF X43—339—2000 固定源排放．氮氧化物质量浓度的测定．萘乙二胺分光光度法	法国
DIN EN 14792—2006 固定源排放．测定氮氧化物的质量浓度．参照法	德国
BS EN 14211—2005 环境空气质量．利用化学发光测量二氧化氮和一氧化氮浓度的标准方法	英国
NF X43—061—2005 环境空气质量．利用化学发光测量二氧化氮和一氧化氮浓度的标准方法	法国
DIN 51864—1986 气体燃料和其他气体的试验．一氧化氮含量的测定．萨尔茨蔓（Salzman）法	德国
DIN 33962—1997 排放气体测量．一次测量一氧化氮和二氧化氮的自动测量装置	德国
JIS K0098—1998 烟道气体中一氧化碳含量的测定方法	日本
ISO 12039—2001 固定源排放．一氧化碳、二氧化碳和氧气的测定．自动测量系统的性能特征和校准	国际
BS EN 15058—2006 固定源辐射．一氧化碳质量浓度的测定（CO）．参照法：非分散红外光谱法	英国
DIN EN 15058—2006 固定源辐射．一氧化碳质量浓度的测定（CO）．参照法：非分散红外光谱法	德国
NF X43—374—2006 固定源辐射．一氧化碳质量浓度测试（CO）．标准方法：非色散红外线光谱测定法	法国

从表 8.24 可以发现，国际 ISO 标准和世界各国对于固定污染源或锅炉排放的燃气中的颗粒排放物的浓度和排放速率、烟气中氮氧化物（主要为 NO 和 NO_2）、CO、CO_2

等物质有相关的检测标准。虽然，不同国家的标准名称和标准号可能不同，但对同一种物质所采用的方法却可能是相同的，均是参照国际 ISO 标准方法进行测试，但自己国家又颁布了相应的标准。例如，ISO 标准中，利用萘乙二胺分光光度法测定固定污染源排放物中的氮氧化物的质量浓度，而法国在 2000 年颁布的氮氧化物测试标准中采用的也是萘乙二胺分光光度法，而这种方法在我国的国家环境保护总局颁布的 HJ/T43—1999《固定污染源排气中氮氧化物的测定盐酸萘乙二胺分光光度法》标准中也被采纳。

8.4.3 中国生物质成型燃料燃烧环境质量检测方法及相关标准

中国国家标准 GB13271—2001 规定使用甘蔗渣、锯末、稻壳、树皮等生物质燃料的锅炉，可以参照该标准中燃煤锅炉污染物的最高允许排放浓度执行，限定了该类生物质锅炉烟气中 SO_2、NO_x、烟尘排放浓度和烟气黑度的排放限值，具体如表 8.25 所示。

表 8.25 GB13271 中燃煤锅炉的污染物最高允许排放浓度

锅炉规格	烟尘排放浓度/(mg/m^3)		烟气黑度/林格曼黑度级	SO_2 排放浓度/(mg/m^3)	NO_x 排放浓度/(mg/m^3)
	2000 年 12 月 31 日前建造的锅炉	2011 年 1 月 1 日后建造的锅炉			
自然通风锅炉(<0.7MW (1 t/h)	150	120	1.0	1200	—
其他锅炉	350	250	1.0	900	—

目前，中国有多项关于煤、液化石油等燃料燃烧环境质量监测指标检测方法的相关国家标准和环保标准，还没有生物质固体成型燃料排放环保指标测试方法的相关标准。因此，成型燃料燃烧环境质量检测方法和标准可以借鉴现存的用于测试固定污染源排放物的相关测试标准进行测试，这些标准见表 8.26。

表 8.26 中国固定污染源排放环保指标测试标准

标准号	测试的环保指标	测试方法
HJ/T56—2005	SO_2 排放浓度和排放速度	碘量法
HJ/T57—2000	SO_2 排放浓度和排放速度	定电位电解法
HJ/T57—2000	NO_x 排放浓度和排放速度	紫外分光光度法
HJ/T43—1999	NO_x 排放浓度和排放速度	盐酸萘乙二胺分光光度法
GB/T15436—1999	NO_x 排放浓度和排放速度	环境空气 氮氧化物的测定萨尔茨蔓(Saltzman)法
GB/T15435—1995	NO_2 的测定	环境空气 二氧化氮的测定萨尔茨蔓(Saltzman)法
HJ/T76—2007	烟尘浓度、NO_2、SO_2 的测定	仪器检测法、检测装置的安装
GB5468—91	烟尘的温度、湿度和成分及烟气排放浓度和排放速度的测试方法	烟尘测点位置、测孔规格、测点数目
GB/T16157—1996	《固定污染源排气中颗粒物测定与气态污染物采样方法》	

续表

标准号	测试的环保指标	测试方法
代替 6912—86 的正在制定的国家标准	可吸入颗粒物的测定	测定环境空气中可吸入颗粒物浓度（PM10）的重量法
GB/T15432—1995	总悬浮颗粒物的测定	重量法
HJ/T398—2007	固定污染源排放烟气黑度的测定	林格曼烟气黑度图法
GB16410—1996	燃烧排放 CO 分析	规定了灶具干烟气中 CO 含量的检测方法
HJ/T 27—1999	燃烧排放 HCl 分析检测	硫氰酸汞分光光度法

8.5　中国生物质成型燃料标准体系建设

虽然，中国已经制订了部分生物质成型燃料方面的标准，但这些标准还远未构成标准体系，为了解决固体生物质成型燃料在中国产业化进程中存在的问题，减少生产商与用户之间的法律纠纷，促进固体生物质成型燃料产业和市场的健康发展，中国有必要建立自己的生物质成型燃料标准体系。

8.5.1　中国生物质成型燃料标准体系建设原则

构建中国固体生物质成型燃料标准体系应注意到：在中国，很少有大型农场，土地主要由家庭农户承包使用，分散的农户土地种植使作物秸秆收集、加工困难，同时由于中国农机产业较为落后，秸秆收集和运输已经成为制约成型燃料产业迅速发展的一个重要因素。

构建中国固体生物质成型燃料标准体系时应依据中国国情和中国目前固体生物质成型燃料生产技术现状与中国的基本国策，以促进生物质成型燃料产业在中国健康发展、达到国际先进水平、满足人民生产和生活需要。

中国生物质成型燃料标准体系的设计原则如下所述。

1）先进性原则

坚持标准体系服务于生产、促进产业发展的先进性。构建标准体系的目的是促进生物质成型燃料产业在中国的发展，使之达到国际先进水平，因此，要求标准体系中的标准应尽可能与国际标准保持一致。进入 21 世纪以来，发达国家的成型燃料技术基本没有创新，各国标准参数都比较稳定，生产量也在 400 万～500 万 t/年徘徊。因此，为使中国固体成型燃料产品与国际市场接轨，中国固体生物质成型燃料标准体系应具备先进性。

2）系统性原则

标准体系的建立是要保证和促进整个产业的健康发展，体系应包含涉及整个产业发展的各个方面的标准，保证其系统性才能充分发挥标准体系在整个产业发展中的作用。

3）前瞻性原则

标准体系不仅要反映固体生物质成型燃料在国内的发展状况，同时要能反映出未来一段时期内该行业在技术、经济和产业方面的发展状况，只有这样，标准体系才能跟上时代发展的脚步、指导该行业健康有序地发展。

4）可行性原则

制定中国的固体生物质成型燃料标准要考虑中国的生产原料主要为秸秆、稻壳、杂草等纤维素含量高的物质，而国外生物质的生产原料主要是木质素含量高的生物质，如木屑、林木加工废弃物等，原料的不同造成原料收集、原料加工、燃料产品性能及使用范围的很多不同；同时，中国成型燃料的主要市场在农村，而国外农村中没有使用成型燃料的，使用对象的不同会造成对产品性能要求和使用设施要求不同，因此，必须制定出切实可行的标准才能真正起到指导性作用。

5）符合国情原则

考虑到中国原料的多样性和复杂性，在制定标准体系中的具体参数指标时要充分结合国情，既不能参照国外的参数设置过高标准，使生产者无法满足标准的要求，阻碍该项产业的发展；也不能将标准设置得过低，不能很好保护消费者的利益。坚持符合国情的合理参数指标设置是编制该标准体系的一个重要原则。

8.5.2 中国生物质成型燃料标准体系构成

标准体系中应该包含若干标准，每个标准都是在一定范围内获得的最佳工作秩序，对活动或其结果规定共同能重复使用的规则、导则或特性的文件，也是处理技术活动纠纷的依据。

中国生物质成型燃料标准体系应该由技术条件标准、测试、试验标准和公用标准系列组成，该标准体系应该在规划期内分步实施、分段完成，该标准体系具体内容见表 8.27。

1. 中外固体生物质成型燃料产业状况比较

国外固体生物质成型燃料产业已有 20 余年历史，基本上都以木料加工残余物或林材加工剩余物作为原料，木质素的含量和热值较高；中国固体生物质成型燃料则主要以秸秆为原料，堆积密度低、灰分含量高、热值低。虽然瑞典、芬兰、丹麦等北欧国家也有以秸秆作为燃料原料的，但这些国家主要以大型农场为原料基地，农事耕作、加工已实现了全过程机械化，具有与成型燃料加工配套的收集、运输、储存设备。中国农村实行的是家庭承包责任制，主要农作物的机械化水平只有 40%左右，全国机械化程度很不均衡，这种落后的农机（技）水平（包括生物质收集、运输、储存）与自动化水平较高的成型燃料加工设备经常出现配合方面的矛盾，生产系统经常出现问题。

国外生产的成型设备成本高、价格贵，相同加工能力的设备是中国价格的 5～8 倍，利用该技术进行产业化生产已经 20 年；而中国的成型设备还存在一些技术上的问题，依然处于工程化的阶段。

表 8.27　中国固体生物质成型燃料标准体系构成和内容

	中国固体生物质成型燃料标准体系		
	技术条件	测试、试验标准	公用标准
标准名称	(1) 玉米、高粱、谷物、甘蔗、芝麻秸秆收集设备技术条件	(1) 各种生物质原料收集设备可靠性试验标准	(1) 生物质原料灰分测定
	(2) 小麦秸秆收集设备技术条件	(2) 生物质原料粉碎机试验方法	(2) 生物质原料水分含量测定
	(3) 豆类、茎类秸秆收集设备技术条件	(3) 生物质原料粉碎粒度测定法	(3) 生物质原料热值测定
	(4) 有机垃圾收集设备技术条件	(4) 有机垃圾储存卫生条件	(4) 生物质原料挥发分测定
	(5) 树枝、树杈、树皮及木材加工剩余物收集设备技术条件	(5) 生物质原料散储卫生条件	(5) 生物质原料中硫含量测定
	(6) 生物质原料粉碎设备技术条件	(6) 生物质原料青贮卫生条件	(6) 生物质原料中氮含量测定
	(7) 生物质原料散储技术条件	(7) 生物质原料捆储及包储卫生条件	(7) 生物质原料中镁含量测定
	(8) 生物质原料捆储及包储技术条件	(8) 生物质原料储存、运输规则	(8) 生物质原料中氯含量测定
	(9) 生物质原料青贮技术条件	(9) 生物质原料储存、运输标志	(9) 生物质原料中钾含量测定
	(10) 生物质原料散储设施技术条件	(10) 生物质成型燃料运输设备可靠性试验条件	(10) 生物质成型燃料灰分测定
	(11) 生物质原料捆储及包储设施技术条件	(11) 生物质成型燃料添加剂含量测试条件	(11) 生物质成型燃料水分含量测定
	(12) 生物质原料青贮设施技术条件	(12) 生物质成型燃料密度测试方法	(12) 生物质成型燃料热值测定
	(13) 生物质原料运输设备技术条件	(13) 生物质成型燃料几何尺寸测试方法	(13) 生物质成型燃料挥发分测定
	(14) 固体生物质成型燃料技术条件	(14) 生物质成型燃料破碎率测试方法	(14) 生物质成型燃料中硫含量测定
	(15) 固体生物质燃料加工设备技术条件	(15) 生物质成型燃料抽样方法	(15) 生物质成型燃料中氮含量测定
	(16) 户用炊事生物质成型燃料炉具技术条件	(16) 生物质成型设备能耗试验方法	(16) 生物质成型燃料中镁含量测定
	(17) 户用炊事及取暖生物质成型燃料炉具技术条件	(17) 生物质成型设备生产率试验方法	(17) 生物质成型燃料中氯含量测定
	(18) 户用取暖生物质成型燃料炉具技术条件	(18) 生物质成型设备运行噪声试验方法	(18) 生物质成型燃料中钾含量测定
	(19) 小型热水、热风成型燃料炉具技术条件	(19) 生物质成型设备运行可靠性试验方法	(19) 设备安全性能试验方法
	(20) 成型燃料锅炉技术条件	(20) 生物质成型设备操作车间粉尘浓度试验方法	(20) 生产及使用过程中环保性能试验方法
		(21) 民用炊事生物质成型燃料炉具热性能试验方法	(21) 生物质原料样品制备
		(22) 民用取暖生物质成型燃料炉具热性能试验方法	(22) 生物质成型燃料样品制备
		(23) 小型热水、热风成型燃料炉具热性能试验方法	(23) 户用成型燃料炉具安全试验方法
		(24) 成型燃料锅炉热性能试验方法	(24) 成型燃料锅炉安全性能试验条件

2. 中国固体生物质成型燃料标准体系构成

考虑到中国固体生物质成型燃料的具体生产和销售情况，借鉴国外已有的标准体系，建议中国固体生物质成型燃料标准体系由以下三部分构成：

(1) 技术条件。应包括原料及产品的收集、储存、加工及运输过程中的工艺和设备的技术条件标准，此外，还应包括与固体生物质成型燃料配套的燃具、炉具的技术条件标准。

(2) 检测技术条件的测试、试验标准。每个技术条件应该有相应的检测标准。没有统一的测试标准，技术条件将起不到指导和标准的作用。

(3) 公用标准。原料或产品的化学成分、所含微量元素含量、粉尘、水分、热值及样品的制备等标准为公用标准，这些标准将在整个标准体系中重复提到或使用。

标准体系中每部分包含若干具体标准，总体构成中国固体生物质成型燃料标准体系，表 8.27 为本章建议的中国固体生物质成型燃料标准体系的构成和内容。

3. 中国固体生物质成型燃料标准体系内容分析

中国固体生物质成型燃料标准体系的构成和内容见表 8.27。由表 8.27 可知，中国固体生物质成型燃料标准体系中，技术条件是核心内容，不仅包含原料收集、粉碎、运输及储存设施和设备的标准，同时还包含产品本身、制造产品的设备以及产品应用设备或设施的技术条件标准。这些标准涉及固体生物质成型燃料的原料收集、处理、运输，产品的生产、运输、销售及产品的应用，将指导固体生物质成型燃料整个产业链健康、有序地发展。对应于技术条件的检验、测试标准及公用标准都是为技术条件标准服务的，它们的制定是技术条件标准顺利实施的保障。由于生物原料种类复杂、分布范围广，任何一个参数值都不能反映各类生物质的内含数值大小，因此标准体系中参数应该分类、分级设置数值，以使参数数值能反映不同地区主要生物质资源的实际情况。

1）技术条件标准分析

技术条件标准内容主要包括：

（1）原料收集设备的技术条件。固体生物质成型燃料的原料包含作物秸秆、有机垃圾、树木的枝和叶及木材加工剩余物。针对不同的原料，对应有不同的收集设备，所以，在该标准中包含不同形式原料的收集设备的技术条件。

（2）原料储存设施及工艺技术条件。原料的热值在储存过程中会降低，而灰分则可能升高。对应于不同的原料，应根据试验确定标准的储存工艺和设施，使其热值和灰分在储存过程中的变化最小。

（3）原料的粉碎情况会影响产品的生产工艺及生产过程的能耗，对应于不同的产品要求、不同的原料应设置不同的原料粉碎技术参数，这样将有利于节能和产品的生产。

（4）固体生物质原料运输设备技术条件。生物质原料的运输是影响固体生物质成型燃料连续生产的一个关键因素，结合实地考察和分析，在节约能源、保证原料正常供给的前提下，对不同生物质原料运输设备的技术条件进行标准限定将有利于该行业的健康发展。

（5）固体生物质成型燃料技术条件。该标准是为了保证产品质量而制定的标准，该标准的实施将有利于保护消费者的合法权益，促进企业间的公平竞争。目前，国外现有的标准体系中都包含着燃料质量标准，这些标准为成型燃料产品在国际、国内市场的顺利流通提供技术保障。在制定该标准中的具体参数时，应参照欧美已有标准，将中国标准与欧美标准接轨。目前，农业部已制定出了该行业标准，处于待实施状态。从国外相关标准可以看到，世界已有的固体生物质成型燃料标准均非常重视产品中灰分，挥发分，热值，水分，硫、氯、钾、铬、钙、铜等微量元素及有机卤、添加剂、杂质等的含量；同时重视产品的外形尺寸、密度、含水率、机械强度及添加剂含量等。在制定农业部固体生物质成型燃料技术条件行业标准时，已充分考虑到中国主要以秸秆为原料这一客观事实，将产品标准中有关技术指标参数分为木质原料和草本类原料的指标，以满足中国实际生产的需要。

(6) 固体生物质成型燃料加工设备技术条件。国外没有该项标准，主要是由于成型燃料加工设备在国外已是一成熟产业，而成型燃料加工设备的生产在国内则仅处于工程化阶段，还存在磨损、维修周期短等不足，需要标准对其进行限定，以引导该生产过程健康发展。作者领导的课题组已完成了农业部该行业标准的制定，并通过了审核。

(7) 生物质成型燃料运输设备技术条件。成型燃料运输设备会影响到产品的热值、含水率及机械强度等性能，为了保证消费者的权益，提供统一的运输设备标准将有利于产品销售。

(8) 生物质成型燃料燃用设施或设备的技术条件。由于生物质成型燃料在国内应用主要以农村炊事为主，少量富裕农户作为炊事和取暖两用；而对于城市用户，炉具的主要作用是供暖、供热水或供热风。此外，一些城市饭店、澡堂也利用生物质成型燃料小型锅炉提供热水和供暖，因此，针对不同的用户、不同的用途、不同的用量，成型燃料燃用设备应该有相应的标准加以限制，以保证炉具使用的安全性和高效性。

2) 技术条件测试、试验标准分析

针对技术条件，要有相应的测试试验标准，因为所有的技术条件中都含有要测试的参数，如成型燃料技术条件中需要测试产品中所含的化学成分、产品的热值、灰分等参数；成型燃料加工设备技术条件中需要测试设备的维修周期、设备的燃料能耗、生产率等；生物质原料的储存工艺和设施技术条件中，需要对原料的热值、灰分等参数进行测试；成型燃料燃用炉具、锅炉技术条件中需要测试炉具和锅炉的热效率等参数；成型燃料运输设备技术条件中需要测试燃料的破碎率、尺寸和密度等参数。虽然公用标准可以提供一些共用参数的测试、试验标准，但对于一些特定的参数则需要有相应的测试试验标准。例如，产品的尺寸、破碎率、密度、设备的燃料能耗、生产率、成型燃料燃烧设备的热效率等必须有特定的测试、试验标准。所以，除公用标准能提供的测试、试验标准外，技术条件标准中出现的其他需要测试的参数，都应逐一制定其测试、试验标准。

3) 公用标准分析

公用标准包含在整个标准体系中经常使用到的一些试验或检测方法，具体有：

(1) 测试方法标准。原料或成型燃料中的灰分、热值、含水率、挥发分及其所含碱金属 S、K、Na、Mg 及 N、Cl 等元素含量以及一些微量元素含量的测试方法需要有通用标准。国外的固体生物质成型燃料体系中有针对这些参数而制定的测试标准，中国的煤炭、活性炭等燃料标准体系中也有相应的测试标准，但是，固体生物质与传统能源有很大不同，其测试方法也应有很大的区别。因此，针对这些参数，应该设置相应的测试标准。

(2) 生产及使用过程中环保性能的测试试验方法。在成型燃料的整个生产及使用过程中会随时遇到环境保护问题，需要相应的环保性能测试方法，因此，应该制定相应的标准。

(3) 设备安全操作性能测试标准。在固体生物质成型燃料标准体系中多处涉及设备，设备的安全操作性能关系到操作人员的生命和健康，因此，制定设备安全操作性能测试标准将有利于保护该产业工作人员的人身健康。

(4) 原料及样品的制备方法。无论在化学成分测试过程中，还是在原料和产品的其他技术参数测试过程中，都离不开测试样品的制备。因此，标准的样品制备方法，才能保证测试结果的一致性和可信度，为生产商、消费者提供切实可信的测试数据。

参考文献

傅家骥，仝允恒．1996．工业技术经济学（第三版）．北京：清华大学出版社

田宜水，赵立欣，孟海波，等．2010．中国生物质固体成型燃料标准体系的研究．可再生能源，28（1）：1-4

张百良，任天宝，徐桂转，等．2010．中国固体生物质成型燃料标准体系．农业工程学报，(2)：257-262

赵立欣，孟海波，姚宗路，等．2011．中国生物质固体成型燃料技术和产业．中国工程科学，13（2）：78-81

中国农业部/美国能源部 项目专家组．1999．中国生物质能技术商业化策略设计．北京：中国环境科学出版社

Christian Langheinrich，Martin Kaltschmitt. 2006. Implementation and application of quality assurance systems. Biomass and Bioenergy，30：915-922

Dipl. -Ing. Dominik Rutz M. Sc.，Dr. Rainer Janssen. 2008. Biofuel Technology Handbook，WIP Renewable Energies

Eija Alakangas，Jouni Valtanen，Jan-Erik Levlin. 2006. CEN technical specification for solid biofuels—Fuel specification and classes. Biomass and Bioenergy，30：908-914

Francesco Fantozzi，Cinzia Buratti. 2010. Life cycle assessment of biomass chains：wood pellet from short rotation coppice using data measured on a real plant. Biomass and Bioenergy，34：1796-1084

Jaya Shankar Tumuluru，Christopher T. Wright，Kevin L. Kenney，J. Richard Hess. 2010. A review on biomass densification technologies for energy application. Idaho National Laboratory，Biofuels and Renewable Energies Technologies Department，Energy Systems and Technologies Division，Idaho Falls，Idaho 83415. http：//www.pelletheat. org/2/StandardSpecificationWithCopyright%20. pdf

Magelli F，Boucher K，Bi H T，et al. 2009. An environmental impact assessment of exported wood pellets from Canada to Europe. Biomass Bioenerg，33：434-441

Satu Helynen. 2004. Bioenergy policy in Finland. Energy for Sustainable Development，8（1）：36-46

WWI（World Watch Institute），Biofuels for Transportation，Global Potential and Implications for Sustainable Agriculture and Energy in the 21st Century. - Submitted Report prepared for BMELV in cooperation with GTZ and FNR. 2006.

第9章　生物质成型燃料科技发展战略研究

9.1　对生物质成型燃料进行战略研究的重要意义

（1）对一项产业和技术是否需要进行战略规划主要取决于两个方面的因素，一是资源，二是在未来国民经济发展中的地位。由本书第3章知道，我国每年生物质总实物量约20亿t，可用量约12亿t，其中大约76%是来自农林收获后剩余物。据实际调研，中国的秸秆一般用于燃料、还田、丢弃焚烧的比例为60%左右，饲料和工业用40%左右。据在美国、奥地利、巴西、日本的实际考察，他们的规划中，生物质用于能源的比例都在25%左右，中国若取30%规划，就是利用了目前户用生活燃料和丢弃焚烧两部分之和，秸秆大约2.5亿t，林业废弃物1亿t左右，共3.5亿t左右，目前生物质能源的实际用量，包括农户散烧在内是1.3亿t，除了400万t加工成成型燃料外，其余都是直接燃烧。按目前成型燃料加工所占比例较低分析，2020年前中国每年可供深度加工的可靠生物质资源量约为3.5亿t。目前全国每年用于能源加工的生物质资源量不到500万t，只占0.75%左右的比例，这既为实现能源多元化提供了资源潜力，也对生物质资源的深度加工利用提出了迫切要求。

（2）风电和光伏发展的经验教训。看起来风电、光伏是高科技，听起来很有概念，结果是国内加工生产的绿色产品出口到国外，保护了外国的生态环境，生产过程所产生的大量污染却留在了国内，而美国机器制造商通过销售生产设备将低碳美元回流到美国。在风电和光伏产品的加工过程中，中国部分充当了“加工基地”的角色。

光伏发电方面。2001年，中国只有峨嵋半导体厂和洛阳单晶硅厂两家企业生产多晶硅，年产值80t左右。到了2009年6月底，我国已经有19家企业的多晶硅项目投产，产能达到3万t/年，而且还有10多家企业正在建设当中。2008年我国多晶硅的总需求只有1.7万t，规划产能若全部实现，将超过全球需求量的2倍以上。世界其他国家多晶硅的工厂大概仅七八家，而中国就有20多家，已造成了几百亿、几千亿的浪费；生产过程中，除了进口原材料硅外，甚至还进口硅废料，成本高、污染高。

风力发电方面。2004年开始，中国的风力发电就走上了低水平扩张之路，风机制造企业2004年仅6家，现在变成了70多家，企业数量增长10倍以上，而世界范围内，其他国家风电整机厂商也不过10家。在我国，很多根本不懂技术的地产商也在搞风电，从国外购进了很多技术不过关或者是技术落后的高价设备，中国风力发电机械的故障率高达20%。现在的七八十家风电企业里有70家利用买来的图纸做项目。

风电和太阳能电池都是将来中国要发展的高新技术产业，因缺少国家层面的战略规划，就出现了目前的局面，造成巨大的浪费。生物质能产业涉及面更广，产业品种更多，如果国家不做长远的战略规划，就会走更多的弯路，不能健康有序发展，因此要吸取发展其他新能源的经验教训，尽快制定国家发展战略规划。

(3) 生物质成型燃料的战略地位。战略性首先是指时间的长期性和功能的优越性，不是权宜之计。生物质成型燃料的作用是替代煤炭。它有许多煤炭不可比的优点：它的资源遍布全球，可以再生；开发成本很低；单位体积热值与中质煤相当，能投比（能量投入产出效益）虽然比煤低，但是在生物质能转换技术中是最高的；燃烧排放远低于煤。是所有新能源中唯一可以以固体形式储存、运输的能源，适用于锅炉、热水炉、热风炉、户用取暖和炊事炉的代煤燃料。

国际上近3年有快速发展趋势，2005年前，全球每年投入市场的生物质成型燃料为500万t左右，2010年生产能力发展到7043万t，且有向规模化发展的趋势，原料以木质原料为主，生产能力较大，规模化生产主要在发达国家，仅10万吨以上厂家，加拿大就有10个，美国14个，欧盟8个，德国10个，瑞典8个，中国2个。中国5年前的年产量15万t左右，现在达到400万t左右，其中户用15万～20万t，小锅炉250万～300万t，机制成型木炭90万～100万t。国内产量提高的主要原因是社会需求增大，国际油价节节攀升，煤炭价格飙升，环保要求标准提高，政府对大气污染管理具体化、法制化等。这些因素都导致生物质成型燃料产业受宠，快速发展。目前中国已成为世界上生产量最大的国家，且潜力巨大。

前述中国有比较丰富的生物质资源，每年用于能源方面的可供量3.5亿t左右。在中国能够规模化消费农林生物质资源比较成熟的能源技术主要有：以供热为主的生物质成型燃料技术；发电或热电联供的生物质直燃和混燃技术；供气和发电应用的热解汽化技术；以生产车用生物天然气为主的大中型沼气技术。受原料供给的约束，这些技术的服务对象主要是距资源产地较近的农村、乡镇及小城市，这部分人口在中国成为中等发达国家以后也不会少于8亿。按每人每年平均3t标准煤的能量供给，也需要20亿～25亿t标准煤，相当于全国能源消耗的一半。从理论上讲，能源是社会经济发展的基础，国家应保证其供给，但对于将来可能要增长到16亿人口的高耗能国家来说，中国能源供给必须坚持多渠道、多元化的方针。多渠道是指资源供给来源，国内开采，国外购买，可再生能源转化，能源节约等，多元化是指能源品种多元化，化石能源有煤、油、气，可再生能源有生物质能、风能、太阳能、水能等。现代化的能源供给没有品种的划分，不管哪种品种，都要求在生产、转化、应用方面采用现代化的手段，适应现代化社会的要求。因此生物质成型燃料这种能源品种和供能形式就是到了现代化阶段，也会保留并得到充分应用。从已实现现代化的美国、德国、意大利等国今天的实际供能状况看，生物质成型燃料仍然是他们提供热源的主要能源之一。因为人类永远需要温暖，生物质成型燃料是最能持续、安全、经济提供热能的洁净能源。

中国是个高耗能量的大国，必须坚持“自主、安全、多渠道、多元化”的能源供给方针。生物质成型燃料是能够靠得住的、保证持续供给的战略性资源，不可等闲视之。成型燃料已具备了作战略规划的价值，制定国家层面的发展战略和路线图，已是国家现实长远利益的紧迫要求，本研究就是适应这种需求展开工作的。

9.2　战略规划原则

（1）农业生物质资源可以有多种开发前景，但从国家战略角度考虑我国应以能源化利用为主进行规划，虽然目前它只能提供有限的能源供给，但它可以给我们带来解决能源问题的前途和希望。同时，要重视研究生物质资源综合利用技术，大幅度提高加工产品的附加值，特别是生物化工产品的生物技术。生物质能利用技术与现代工业技术和现代化生活兼容性最强，对常规能源替代能力巨大。农用生物质资源中，农作物秸秆对农村经济和环境影响面最广，因此在近中期内，我国农业生物质资源利用的重点应是农作物秸秆及农产品初加工剩余物。

（2）生物质成型燃料项目研究重点是促进农村产业化发展和农业生物质资源的规模化能源利用率，为农村城镇化和新农村建设乃至农村现代化能源供给服务，促进农村经济、环境、能源发展，增加农民收入。

（3）生物质成型燃料发展战略研究及规划，必须服从国家农村社会和经济总体发展战略，统筹考虑生物质资源的数量、分布、生态环境、多种需求、能源和经济的投入效益。

9.3　总 体 目 标

生物质成型燃料科技发展战略规划的总体目标是：为国家未来生物质资源可持续利用，为规划期生物质成型燃料产业和生物质经济的发展提供科技支撑；使中国成型燃料产业在国际农业生物质资源工程化利用领域占据优势地位；使其成为我国农村能源持续发展的一项技术支柱；成为普惠面积最广、新技术显现度最高，农民得到实惠最多，能够持续、稳定地为农村社会提供经济、环保、安全的能源资源的新兴产业。

9.4　具 体 目 标

（1）经预测，我国 2020 年和 2030 年，农村能源消费需求总量中，有 52%和 39%左右需要通过可再生能源获得。其中生物质资源要占 50%以上，因此在确保农业生态良性发展，农业和农村环境有较大改善的前提下，2020 年要有效利用以秸秆为主的农业生物质资源 1.5 亿 t 左右，约占当年生产的农业生物质资源总量的 22%；基本消除荒烧和废弃现象；2030 年有效利用 2.0 亿 t 左右，约占当时农业生物质资源量的 26%。

（2）2020 年、2030 年生物质成型燃料年生产能力达到 2000 万 t 和 3000 万 t。每年需提供单位产率 0.5～1 t/h 的成型机 2 万套和 3 万套。每吨生产能力初始建设费用约为 30 万元，2020 年前需投入 60 亿元，2030 年需投入 90 亿元。

（3）为农村及乡镇农户在 2020 年前家庭供暖、生活供热设备的更新换代以及现代生活环境的改善提供技术支撑；到 2030 年，农村家庭生活用能实现以电力、生物燃气和生物质成型燃料等多能互补的供给结构，基本实现农村生活用能现代化。

(4) 生物质资源的收集、运输、湿储存技术和装备能满足新兴生物质科技产业发展的需要。

9.5　重大战略措施

1. 农村家庭生活用能现代化建设技术

家庭生活现代化水平是国家或地区经济和社会发展水平的终端标志。用农业生产的生物质资源解决部分农民家庭现代化生活用能问题将是一场具有中国特色的能源革命。已经实现了现代化的国家，其农民家庭炊事和取暖设备大体经过了 3 个阶段：原始阶段，以生物质直燃为主；新技术阶段，即石油、煤和生物燃料混合使用阶段；现代化阶段，主要是天然气和电，取暖辅以木块和生物质成型燃料。我国农村，已经走过了原始阶段。1983 年国务院大力推广了省柴节煤灶，近几年又推广小沼气，现在多数农民家庭做饭有 4 种炉灶，省柴灶、蜂窝煤炉、沼气灶、液化气灶或成型燃料炉。目前，除北方寒冷地区外，我国农村家庭基本没有取暖设施，且环境脏乱差现象严重，这种状态与党中央多次提出的农村城镇化和现代化建设目标十分不匹配。要实现中国农村生活用能及设备现代化建设，需重点研究六项技术：

(1) 生物质成型燃料及半汽化燃烧技术；

(2) 生物质汽化与煤汽化相结合的共燃技术及装备；

(3) 沼气高值化利用技术，重点是沼气提纯和罐装配送技术；

(4) 远离电网农村的沼气发电以及农业生物质燃气发电技术和装备；

(5) 生物质成型燃料与其他新能源技术的偶合匹配技术；

(6) 农业生物质资源化利用与新农村环境整治成套技术与装备。

上述技术主要能源资源应是生物质成型燃料，包括汽化发电技术，成型燃料比一般散料的气体热值要高出 30%左右，因此采用中密度成型燃料发电可以提高发电效率。

2020 年前要使这些技术的关键环节得到解决，并进行低碳家庭和低碳村示范，2030 年广泛推广，届时生物质成型燃料仍然是主要能源之一，中国工程院在《我国可再生能源发展战略研究》中指出：目前我国生物质致密成型燃料产业处于发展初期阶段，应通过研制先进高效技术装备项目，推动致密成型燃料开发应用，到 2020 年、2030 年和 2050 年分别发展到 2000 万 t、3000 万 t、5000 万 t。

2. 大力发展生物质成型燃料装备制造业

目前全国生产成型机和生物质燃炉的专业厂家较少，80%是个体小作坊，没有技术改造和创新的能力，一半以上是组装厂。按照发展目标，我国 2020 年前每年必须向市场提供 2000 台以上生产率为 1 t/h 的成套成型设备，包括成型机和粉碎机。生物质燃炉列入能源消费系列。这样，北方 10 省市每省需建设一个年生产 200 台套成型机的机械制造企业。考虑生物质成型燃料设备的快速磨损特点，国内还需建 1 或 2 个生产环模、平模模具及活塞冲压套筒的专业化企业，专门生产标准化耐磨成型部件，向全国提供标准成型部件总成。

3. 建设以企业为主体，产学研相结合的生物质成型燃料技术研究平台

2020 年以前重点研究解决以下几个方面的技术问题：

（1）研究解决秸秆成型燃料成型机快速磨损问题的材料、工艺；

（2）设计符合生物质成型燃料燃烧特性，能消除燃烧结渣、沉积、腐蚀问题的燃烧设备；

（3）平模、环模模具及活塞冲模套筒标准化、系列设计；

（4）中国五大作物（玉米、水稻、小麦、大豆、棉花）秸秆成型燃料技术及工程化系统研究（含收集、储存、成型、燃烧）；

（5）生物质成型燃料与煤及其他生物燃料能量、经济效益比较研究；

（6）生物质成型燃料产业化模式研究。

目前国内本行业各企业几乎没有科研能力，国家在这方面投资也很少，这是生物质成型燃料产业发展缓慢的重要原因。面对产业发展规划，2020 年前国家要扶持建立两个方面的工程技术试验平台，一是成型燃料设备技术性能试验，包括生物特性方面的试验和检验，二是生物质燃烧特性方面的试验和检验。

4. 激励政策、法规标准制定

我国生物质成型燃料目前年产量不到 400 万 t，2020 年要达到 2000 万 t 以上需要提高产量 5 倍左右，这是一个很大的工程。实现目标的关键在政策，若不在目前基础上加强和创新，规划目标很难实现。生物质成型燃料生产链很长，涉及农业、机械制造业、商业，每个行业都有自己的传统政策和法规，要使成型燃料的激励政策通关难度很大，如秸秆原料和成型燃料的价格体系就很复杂，与农民、成型燃料应用企业、工商管理部门、税收等部门的利益和规定密切相关，而且种类繁多，质量各异，如何确定价格体系确实很难，但不解决市场就无法规范，生产者的积极性就不能调动起来；成型燃料产品市场也很混乱，利益分配不公，“生产者没多得，中间商没少得，消费者没少出”的问题就无法解决；激励政策的另外一个问题是国家补贴方法，要研究解决目前补贴产生的副作用问题，使国家的补助经费能用到提高企业生产能力上来，使有基本条件的企业在国家扶持下逐渐提高水平，成为骨干企业，2020 年国家能培育 3～5 个中型骨干企业，就会成为我国成型燃料的技术支撑，同时在国际上的竞争力也会大大加强。

要加强我国成型燃料标准体系建设，在 2020 年前建立起中国标准体系框架。内容包括三大部分：第一部分是原料的预处理标准，如原料的质量评价，原料的收集设备，原料的储存、原料的粉碎等；第二部分是成型燃料的加工标准，如国内主要成型机技术条件，成型机磨损部件的系列设计及标准等；第三部分是生物质成型燃料的应用，如生物质锅炉（4～6 t）、热水炉、热风炉、家用取暖炉、户用炊事炉、公用大灶、户用炊事灶等。

国家须建立通管全局的法规。主要是有效合理应用生物质资源的法规；生物质能源利用中洁净生产、保护环境的法规；生物质能源利用及生物基制品综合利用的法规；国家对生物质能源利用企业进行扶持和激励的法规等。

9.6　政策性建议

（1）2020 年前在有条件的企业建立 1 或 2 个以成型燃料为主的生物质能源综合试验站，加强工程化技术研究，提高技术开发和创新能力。国家扶持引导，企业投资建设，产学研相结合，向地区或全国开放。

（2）制定规范性政府补贴政策，国家资金主要用于引导企业搞基本建设，拿到补贴的单位，必须接受国家补贴后验收。并承担政府安排的成型燃料生产任务。

（3）组织高校、科研院所、相关企业在 2020 年前突破生物质成型燃料成型和燃烧设备的三项核心技术：成型机快速磨损材料及工艺；生物质燃烧的结渣和沉积清理；生物质原料的湿储存。

（4）国家确定一个部门为总负责单位，解决多头管理的问题。同时成立技术咨询专家组，负责研究国家技术路线及发展过程中的重要技术问题。

附　　录

附录1　秸秆灰分含量

表1　主要农作物秸秆的灰分含量　　(单位:%)

作物种类	灰分均值	标准差	范围
甘薯	19. 9	6.2	11.1～25.3
小麦	9	2.2	5.4～12.6
水稻	14.9	3.4	9.9～21.6
花生	11.5	3.1	8.1～15.6
苜蓿	10.8	—	—
小米	10	—	—
竹笋	20.2	—	—
谷子	8.4	—	—
油菜	7.3	4.8	4.4～16.5
玉米	6.95	2.27	2.8～10.4
高粱	6.56	3.53	3.4～16.7
大豆	6.49	1.87	4.4～10.6
向日葵	6.49	1.83	4.8～9.4
芝麻	7.16	—	—
毛豆	7.15	—	—
豌豆	7.15	—	—
黑豆	4.44	—	—
棉花	3.66	0.95	2.3～5.2

资料来源：庄会永等，《生物质电厂灰渣成分及利用前景分析》。

附录2　秸秆灰渣成分组成及含量

表2　几种作物秸秆灰渣成分及含量　　(单位:%)

灰渣成分	秸秆类型	均值	标准差	范围
SiO_2	小麦	57.19	0.93	56.22～58.07
	玉米	44.04	11.32	23.22～59.6
	棉花	13.86	10.03	4.9～24.7
	油菜	5.67	3.37	3.28～8.05
	树枝树皮	8.5	5.78	2.1～16.04
Al_2O_3	小麦	1.53	0.76	0.87～2.36
	玉米	2.65	1.53	0.93～5.97
	棉花	3.07	1.45	1.81～4.66

续表

灰渣成分	秸秆类型	均值	标准差	范围
Fe_2O_3	油菜	1.34	0.48	1～1.68
	树枝树皮	2.27	1.24	0.73～3.76
	小麦	0.97	0.86	0.19～1.9
	玉米	1.14	0.71	0.21～2.54
	棉花	1.3	0.44	0.88～1.75
CaO	油菜	0.64	0.48	0.3～0.98
	树枝树皮	2.23	2	0.26～5.02
	小麦	5.5	0.16	5.34～5.66
	玉米	8.92	1.99	5.16～11.12
	棉花	23.7	6.02	18.35～30.22
MgO	油菜	28.25	8.33	22.36～34.14
	树枝树皮	50.35	4.97	45.6～57.28
	小麦	2.86	0.69	2.28～3.62
	玉米	11.11	3.06	6.69～16.92
	棉花	7.93	3.44	5.06～11.74
TiO_2	油菜	4.53	1.12	3.74～5.32
	树枝树皮	7.49	3.74	4.92～12.98
	小麦	0.13	0.11	0.04～0.25
	玉米	0.14	0.11	0～0.39
	棉花	0.23	0.13	0.08～0.33
SO_3	油菜	0.04	0.06	0～0.08
	树枝树皮	0.13	0.08	0.05～0.25
	小麦	2.56	0.51	2.01～3.02
	玉米	1.25	0.39	0.76～1.78
	棉花	3.88	0.79	3～4.52
P_2O_5	油菜	10.97	0.12	10.88～11.05
	树枝树皮	0.77	0.82	0.15～1.98
	小麦	1.43	0.22	1.25～1.67
	玉米	4.56	1.32	3.1～7.36
	棉花	8.61	2.01	6.82～10.78
K_2O	油菜	2.63	1.39	1.64～3.61
	树枝树皮	5.15	2.81	1～7.13
	小麦	21.09	5.17	17.02～26.91
	玉米	21.11	9.13	10.94～37.13
	棉花	25.18	4.78	20.35～29.9
Na_2O	油菜	10.71	1.87	9.38～12.03
	树枝树皮	9.25	2.7	6.46～12.52
	小麦	0.56	0.15	0.44～0.73
	玉米	0.66	0.51	0.16～1.65
	棉花	2.68	1.01	1.61～3.62
	油菜	16.03	4.39	12.92～19.13
	树枝树皮	1.82	2.58	0.34～5.69

资料来源：庄会永等，《生物质电厂灰渣成分及利用前景分析》。

附录 3　生物质与化石燃料能源及环保特性对比

表 3　常用石化、生物燃料能量密度、生产能耗、碳含量比率、碳释放量、碳减排量比较

燃料	来源	能量密度 /(MJ/kg)	生产能耗 /(MJ/MJfuel)	碳含量比率 /(kg/kgfuel)	生产和使用过程碳释放量/(kgCO_2/MJ)		碳排放减少量 /(kg CO_2/MJ)
低硫柴油	原油	48.6	0.26	0.86	0.065	0.082	0.000
柴油	原油	48.6	0.20	0.86	0.065	0.078	0.000
无铅汽油	原油	51.6	0.19	0.86	0.061	0.072	0.000
可燃油	原油	54.2	0.19	0.86	0.058	0.069	0.000
无烟煤	煤	31.0	0.10	0.92	0.109	0.120	0.000
甲醇	天然气	22.4	0.20	0.51	0.083	0.100	0.000
乙醇	原油	35.0	0.20	0.52	0.050	0.070	0.000
油菜籽油	油菜	43.0	0.29	0.55	0.047	0.061	0.061
生物柴油	油菜	43.7	0.44	0.61	0.051	0.074	0.074
	回收菜籽油		0.19	0.61	0.051	0.061	0.061
甲醇	木材热解	25.0	1.00	0.51	0.075	0.150	0.150
生物乙醇	小麦		0.46	0.52	0.054	0.080	0.080
	玉米		0.29			0.070	0.070
	甘蔗/甜菜	35.0	0.50			0.082	0.082
	木屑		0.57			0.086	0.086
	秸秆		0.57			0.086	0.086
木炭	木材	29.0	1.00	1.00	0.126	0.253	0.253

资料来源：刘瑾，邬建国．2008. 生物燃料的发展现状与前景．生态学报，28 (4)：1339-1352.

附录 4　生物质的元素组成和热值

表 4　几种主要生物质的元素组成和热值

种 类	元素分析结果*					HHV_{daf} /(kJ/kg)	LHV_{daf} /(kJ/kg)
	C_{daf}	H_{daf}	O_{daf}	N_{daf}	S_{daf}		
玉米秸	49.30	6.00	43.60	0.70	0.11	19 065	17 746
玉米芯	47.20	6.00	46.10	0.48	0.01	19 029	17 730
麦秸	49.60	6.20	43.40	0.61	0.07	19 876	18 532
稻草	48.30	5.30	42.20	0.81	0.09	18 803	17 636
稻壳	49.40	6.20	43.70	0.30	0.40	17 370	16 017
花生壳	54.90	6.70	36.90	1.37	0.10	22 869	21 417

续表

种 类	元素分析结果*					HHV_{daf} /(kJ/kg)	LHV_{daf} /(kJ/kg)
	C_{daf}	H_{daf}	O_{daf}	N_{daf}	S_{daf}		
棉秸	49.80	5.70	43.10	0.69	0.22	19 325	18 089
杉木	51.40	6.00	42.30	0.06	0.03	20 504	19 194
榉木	49.70	6.20	43.80	0.28	0.01	19 432	18 077
松木	51.00	6.00	42.90	0.08	0.00	20 353	19 045
红木	50.80	6.00	43.00	0.05	0.03	20 795	19 485
杨木	51.60	6.00	41.70	0.60	0.02	19 239	17 933
柳木	49.50	5.9	44.10	0.42	0.04	19 921	18 625
桦木	49.00	6.10	44.80	0.10	0.00	19 739	18 413
枫木	51.30	6.10	42.30	0.25	0.00	20 233	18 902
稻壳	46.20	6.10	45.00	2.58	0.14		

* 系指无水（干基）、无灰分生物质成分。

资料来源：杨勇平，董长青，张俊姣．2007. 生物质发电技术．北京：中国水利水电出版社。

附录 5　生物质工业分析

表 5　几种主要生物质的工业分析　　(单位:%)

种 类	水分	灰分	挥发分	固定碳含量
豆 秸	5.10	3.13	74.65	17.12
稻 草	4.97	13.86	65.11	16.06
玉米秸	4.87	5.93	71.95	17.75
高粱秸	4.71	8.91	68.90	17.48
谷 草	5.33	8.95	66.93	18.79
麦 秸	4.93	8.90	67.36	19.35
棉花秸	6.78	3.97	68.54	20.71
杂 草	5.43	9.46	68.71	16.40
杂树叶	11.82	10.12	61.73	16.33
杨树叶	2.34	13.65	67.59	16.42
桦木（黑龙江）	9.06	2.36	74.90	13.68
柳木（安徽）	6.72	3.67	77.17	12.44
杨木（安徽）	6.26	3.50	73.68	16.56
水杉木（安徽）	7.38	2.20	74.30	16.12
松木（安徽）	6.25	0.76	78.95	14.04
稻壳		15.8	69.30	

资料来源：杨勇平，董长青，张俊姣．2007. 生物质发电技术．北京：中国水利水电出版社。

附录 6　世界生物质成型燃料生产企业及产能

表 6　世界生物质成型燃料生产企业及产能一览表

代码	公司/地址	产能/(t/a)	产量/t	产能/(t/a)
	NORTH AMERICA CANADA	2009	2009	2010
CAP02	Pinnacle Pellet Inc，Quesnel BC	90 000	—	90 000
CAP03	Premium Pellet，Vanderhoof BC	150 000	110 000	150 000
CAP04	Princeton Co-Gen，Princeton BC	90 000	60 000	90 000
CAP05	Prinnacle Pellet Armstrong，Armstrong BC	60 000	—	60 000
CAP06	Pacific Bioenergy Corp，Prince George BC	210 000	131 000	210 000
CAP07	Vanderwell-Dansons，Slave Lake AB	70 000	20 000	70 000
CAP08	Energex Pellet Fuel，Lac-Magentic PQ	120 000	120 000	120 000
CAP10	Shaw Resources，Shubenacadie NS	50 000	—	50 000
CAP11	Enligna，Upper Musquodoboit NS	120 000	85 000	120 000
CAP12	Lauzon Recycled Wood Energy，Papineauville PQ	30 000	—	30 000
CAP13	Lauzon Recycled Wood Energy，St Paulin PQ	30 000	—	30 000
CAP14	Pinnacle Pellet Wl Inc，Williams Lake BC	200 000	—	200 000
CAP15	Westwood Fibre，Westbank BC	50 000	—	50 000
CAP16	Houston Pellet Inc，Williams Lake BC	180 000	—	180 000
CAP17	Foothills，Grande Cache AB	25 000	—	25 000
CAP18	La Crete Premium Pellets，La Crete AB	75 000	65 000	75 000
CAP20	Lakewood Pellets，Ear Falls ON	8 000	CLOSED	—
CAP24	Lg Granule，St Felicien PQ	50 000	—	50 000
CAP25	Ecoflamme，Ville-Marie PQ	35 000	CONSTR，	—
CAP28	Marwood，Fredericton NB	10 000	—	10 000
CAP31	Pinnacle Pellet Meadowbank，Strathnaver BC	220 000	—	220 000
CAP32	Cottles Wood Pellets，Summerford NL	—	—	12 000
CAP33	Shaw Resources，Belledune	75 000	—	100 000
CAP35	Nashwaak Valley Wood Energy，Cardigan NB	15 000	—	15 000
CAP36	Tp Downey，Hillsborough NB	40 000	—	40 000
CAP40	Groupe Savoie，St-Quentin NB	55 000	CONSTR，	55 000
CAP42	Dansons/Sundance，Edson AB	30 000	CONSTR，	30 000
CAP43	Atikokan Renewable Fuel，Atikokan ON	140 000	CONSTR，	—
CAP44	Houston Forest Products，Roddickton NL	—	—	66 000
CAP45	Exploits Pelletizing Inc，Bishop's Falls NL	15 000	—	15 000
CAP46	Pinnacle Pellet Inc，Burns Lake BC			400 000
CAP48	Woodville Pellet，Kirkfield，Ontario			120 000
CAP49	Trebio，GF Energy，Portage-du-fort，Québec			130 000
CAP51	SBC Firemasrter International			30 000
CAP52	Boreal Pellet，Amos QC			50 000
CAP53	Crabbe Lumber，Bristol			40 000

续表

代码	公司/地址	产能/(t/a)	产量/t	产能/(t/a)
SUM		2 243 000	591 000	2 843 000
	USA			
USP01	New England Woodpellets，Jaffrey NH	85 000	72 000	85 000
USP02	New England Woodpellets，Schuyler NY	90 000	80 000	85 000
USP03	Green Circle (JCE Group)，Cottondale FL	500 000	400 000	500 000
USP05	Fram，Appling County，GE	130 000	130 000	130 000
USP07	GLRE，Great Lakes Renewable Energy，Hayward Wl			50 000
USP08	Corinth Wood Pellets，Corinth ME	75 000	50 000	60 000
USP09	Allegheny Pellet，Youngsville PA	68 000	—	68 000
USP12	Barefoot Pellet，Company，Troy PA	30 000	—	30 000
USP13	Dry Creek Products，Arcade NY	23 000	—	23 000
USP14	Energex Pellet Fuel，Garards Fort PA	72 000	72 000	72 000
USP16	Greene Team Pellet Fuel，Garards Fort PA	22 000	—	22 000
USP17	Hamer Pellet Fule，Kenova MV	41 000	—	40 000
USP18	Hassell & Hughes Lumber Company，Collinewood TN	18 000	—	18 000
USP20	Lignetics Of West Virginia，Glenville WV	59 000	—	140 000
USP26	Pa Pellets，Ulysses PA	80 000	50 000	80 000
USP29	Potomac Supply Corporation，Kinsale VA	18 000	—	18 000
USP31	Turman Hardwood Pellets，Louisville KY	14 000	—	14 000
USP32	Wood Pellets Co，Sunnerhill PA	29 000	—	29 000
USP34	Anderson Hardwood Pellets，Louisville AR	18 000	—	18 000
USP36	CKS Energy，Amory MS，(Enviva，Amory)	45 000	—	100 000
USP38	Fiber Resources，Pine Bluff AR	60 000	—	60 000
USP43	Rock Wood Products，The Rock GA	18 000	—	18 000
USP44	Somerset Hardwood Flooring，Somerset KY	46 000	—	46 000
USP49	American Wood Fibers，Circleville OH	—	—	23 000
USP50	Bay Lakes Companies，Oconto Falls WI	18 000	—	15 000
USP53	Dejno's Inc，Kenosha WI			40 000
USP55	Fiber By-Products，White Pigeon MI	41 000	—	65 000
USP57	Heartland Pellets (Neiman)，Spearfish SD	24 000	—	24 000
USP59	Maeder Brothers Quality Wood Pellets，Weidman MI	23 000	—	23 000
USP60	Marth Wood Shaving Supply，Marathon WI	68 000	40 000	60 000
USP61	Michigan Wood Pellet Fuel，Holland MI	45 000	—	50 000
USP62	Michigan Wood Pellet，Grayling MI	45 000	—	45 000
USP64	Northcutt Woodworks，Crockett TX	14 000	—	14 000
USP66	Ozark Hardwood Products，Seynour MO	68 000	—	70 000
USP67	Patterson Wood Products，Nacogsochees TX	18 000	—	18 000
USP71	Vulcan Wood Products，Vulcan MI	45 000	—	45 000
USP73	Bear Mountain Forest Prod，Cascade Locks OR	25 000	21 000	25 000
USP75	Enchantment Biomass Prod，Ruidoso Downs NM	14 000	—	14 000
USP76	Eureka Pellet Mills，Eureka MT	50 000	35 000	50 000
USP77	Forest Energy，Show Low AZ	60 000	60 000	60 000

续表

代码	公司/地址	产能/(t/a)	产量/t	产能/(t/a)
USP78	Lignetics，Sandpoint ID	63 000	—	140 000
USP79	Southwest Forest Products，Pheonix AZ	23 000	—	23 000
USP81	West Oregon Wood Products，Columbiacity OR	50 000	45 000	50 000
USP83	West Oregon Wood Products，Banks OR	30 000	20 000	30 000
USP84	Bear Mountain Forest Products，Brownsville OR	90 000	85 000	105 000
USP85	Bayou Pellets，Monroe LA	60 000	54 000	60 000
USP86	Maine Wood Pellets，Athens ME	100 000	75 000	100 000
USP88	Piney Woods Pellets，Perkinston MS	100 000	40 000	50 000
USP94	Briar Creek，Sylvania GA	25 000	25 000	25 000
USP95	Confluence Energy，Kremmling CO	63 000	—	63 000
USP96	Lee Energy，Crossville AL	168 000	CONSTR，	160 000
USP97	Marth Peshtigo Pellet Company，Peshtigo WI	68 000	40 000	60 000
USP98	Eureka Pellet Mills，Superior MT	50 000	35 000	50 000
USP99	Indeck，Ladysmith WI	90 000	—	90 000
USP101	O'Malley Wood Pellets，Tappahannock VA	32 000	—	32 000
USP102	Hamer Pellet Fule，Garden Grounds WV	41 000	—	40 000
USP103	Rocky Mountain Pellet Company，Walden CO	150 000	—	150 000
USP104	Geneva Wood Fuels，Strong ME	23 000	RECONSTR	23 000
USP105	Treecycle，Nazareth PA	20 000	—	20 000
USP106	International Woodfuels，Burpass，VA			100 000
USP107	Carolina Wood Pellets，Macon County NC	68 000	—	68 000
USP110	Magnolia Biopower，Waynesville GA	1 000 000	CONSTR，	1 000 000
USP113	New England Wood Pellet，Deposit NY	100 000	CONSTR，	100 000
USP114	Woodgain Millwork，Prineville OR	10 000	—	10 000
USP115	Manke Lumber，Lyons OR	20 000	—	20 000
USP116	Blue Mountain Lumber，Pendleton OR			20 000
USP117	North Idaho Pellet Co，Moyie Springs ID			10 000
USP120	Frank Lumber，Tacoma WA	10 000	—	40 000
USP121	Couer D'Alene Fiber Fuels，Hauser ID	60 000	—	60 000
USP122	Couer D'Alene Fiber ，Omak WA	25 000	—	25 000
USP123	Couer D'Alene Fiber ，Sheldon WA	60 000	—	60 000
USP124	Vermont Wood Pellet，North Clarendon VT	10 000	—	10 000
USP125	Lakes Region Pellet，Center Barnstead NH	10 000	—	10 000
USP126	Inferno，E Providence，RI	20 000	—	20 000
USP127	Instantheat，Addison NY	10 000	—	10 000
USP129	Northeast Pellet，Ashland ME	25 000	RECONSTR	25 000
USP130	Enligna，West Sacramento CA	170 000	CONSTR，	—
USP131	Curran，Massena，NY	100 000	—	100 000
USP137	Besr Mountain Forest Products，John Day，OR			15 000
USP138	Envia，Pellets Wiggins，Perkinston			50 000
USP140	Pacific Pellet，Redmond Oregon			80 000
USP143	Lignetics，Kenbridge Virginia			100 000

续表

代码	公司/地址	产能/(t/a)	产量/t	产能/(t/a)
USP144	Nature's Earth Pellet Enaergy, Laurinburg NC			100 000
USP145	SIH Southern Indiana Hardwoods, St. Anthony, IN			30 000
USP148	Appalachian Wood Pellets, Kingwood, WV			50 000
USP149	Georgia Biomass , Waycross GA			750 000
SUM		5 043 000	1 429 000	5 306 000
	SOUTH AMERICA			
	BRAZIL			
BRP02	Maderireira Madersul Ltda.	40 000	3 000	40 000
SUM		40 000	3 000	40 000
	CHILE			
CLP01	Andes Biopellets, Santa Barbara	50 000	—	50 000
CLP02	Ecopellets, Pudahuel	40 000	—	40 000
CLP03	Ecomass, Los Angeles	10 000	—	10 000
SUM		100 000	0	100 000
	EUROPE			
	AUSTRIA			
ATP01	Binder, Fügen	85 000	75 000	90 000
ATP03	Glechner, Mattighofen	35 000	35 000	60 000
ATP06	Hasslacher, Preding	70 000		70 000
ATP07	Pabst, Zeltweg	65 000	—	65 000
ATP09	HTS, Stainsch	20 000	—	40 000
ATP10	Pfeifer, Kundl	150 000	100 000	150 000
ATP11	Seppele, Feistritz An Der Drau	25 000	—	25 000
ATP13	RZ, Ybbs	80 000	—	80 000
ATP14	Mayr-Meinhof, Leoben	40 000	40 000	40 000
ATP15	Seppele (Hasslacher), Sachsenburg	65 000	—	65 000
ATP16	Pellex, Lieserbrucke	40 000	—	40 000
ATP17	Firestixx, Abtenau	46 000	—	46 000
ATP18	Ländal Pellets, Dornbirn			9 000
ATP19	Achösswendter, Saalfelden	40 000	22 000	25 000
ATP21	Hasslacher, Hermagor	40 000	23 000	40 000
ATP22	Holz&Warme Pelle, Althofen	20 000	CLOSED	10 000
ATP23	MAK, Griffen	24 000	24 000	24 000
ATP24	Haupl, Vochlamarkt	100 000	CONSTR,	—
ATP25	Binder, Jenbach	40 000	35 000	40 000
ATP26	Binder, St Georgen	10 000	7 000	8 000
ATP27	Glechner, Oberweis	35 000	35 000	35 000
ATP31	RZ-Bioenergie Gaishorn, Gaishorn	20 000	—	20 000
ATP33	Pfeifer, Lmst	25 000	20 000	25 000
ATP34	RZ, Leiben Bei Melk	40 000	—	40 000
ATP35	Ökowärme, Reichraming	30 000	—	30 000
ATP38	RZ, Bad St Leonhart	80 000	—	80 000

续表

代码	公司/地址	产能/(t/a)	产量/t	产能/(t/a)
ATP39	Eigi，Rastenfeld/Zwlett	30 000	—	30 000
SUM		1 455 000	416 000	118 7000
	BELARUS			
BYP01	Bionovus/Gomel，Gomel	24 000	—	24 000
BYP03	Fiona Limited Liability Company，Orsha	15 000	12 000	15 000
BYP04	Biovtorresure，Gomel	9 600	9 600	—
BYP05	Pinskdrev-DSP，Pinsk	13 200	12 000	13 200
BYP06	Ekogran，Bobruisk	9 600	6 000	—
BYP07	Quant，Vitebsk	8 400	4 800	—
BYP08	Biotoplivo，Minsk	19 200	9 600	19 200
SUM		99 000	54 000	71 400
	BELGIUM			
BEP01	Recybois，Virton	40 000	—	40 000
BEP02	Granubois，Bievre	15 000	—	15 000
BEP03	Pellets Mandi，Fleurus	30 000	25 000	30 000
BEP04	Delhez Bois，Dison	55 000	—	55 000
BEP05	Erda，Bertrix	130 000	96 000	130 000
BEP06	IBV，Burtonville	150 000	—	150 000
BEP10	Wonterspan，Deinze	22 000	22 000	22 000
BEP12	AMEL 4Biocoal，Amel	42 000	3 000	40 000
BEP13	Enviva，Thimister-Clermont	60 000	—	50 000
SUM		544 000	146 000	532 000
	BOSNIA I HERCEGOVINA			
BAP01	Vitales (Istrabenz)，Nova Bila	45 000	—	40 000
BAP02	Vitales (Istrabenz)，Bihac	35 000	—	—
BAP03	Panefin，d. o. o. (Sava，Panefin)，Srbac	40 000	—	40 000
BAP04	Enernovi，d. o. o. Novi Grad	20 000	—	20 000
BAP05	Swisseco Pellets RS，Zvornik	12 000	—	12 000
BAP08	EU Pal d. o. o.，Pale			12 000
BAP10	Uji ca Terni，d. o. o.，Ujica，Tomislavgrad			40 000
SUM		152 000	0	164 000
	BULGARIA			
BGP02	Erato Holding，Haskovo	1 500	500	—
BGP03	Tehart Comers，Mizia	—	—	20 000
BGP04	Ecoflam，Velingrad	—	—	—
BGP05	Ecokalor，Velingrad	—	—	28 850
BGP08	Ahira，Plovdiv	—	—	10 500
BGP09	Sredna Gora，Stara Zagora	—	—	—
BGP11	Biopellets Bulgaria，Plovdiv	—	—	—
BGP16	Wiwa Agrotex，Alfatar			20 000
BGP17	Kandurini Brothers，Rakitovo	—	—	—
BGP18	Technowood，Razlog	—	—	—

续表

代码	公司/地址	产能/(t/a)	产量/t	产能/(t/a)
BGP19	Sokola，Peshtera	—	—	10 000
BGP20	Progetto ecologia，Razlog			30 000
SUM		1 500	500	119 350
	CROATIA			
HRP01	Spacva，Vinkovci	50 000	50 000	50 000
HRP02	Finvestcorp，Cabar	21 000	21 000	21 000
HRP04	Energy Pellets，Delnice	30 000	30 000	30 000
HRP05	Visevicacomp，Perusic	25 000	24 000	25 000
HRP06	Adriadrvo，Gradec	10 000	10 000	10 000
HRP07	Drvenjaca，Fuzine	7 500	7 500	—
HRP09	Famauf，Poljana	30 000	30 000	30 000
SUM		17 3500	17 2500	16 6000
	CZECH REPULIC			
CZP03	Enbiterm，Zdirec	5 000	—	5 000
CZP04	Jesenik Biofuels，Opava	6 000	—	6 000
CZP05	Leitinger，Paskov	100 000	—	65 000
CZP06	Braznice U Pisku，Pisek	4 000	—	4 000
CZP07	Chodova Plana，Tachov	6 000	—	6 000
CZP08	Chanobice，Horovice	50 000	40 000	50 000
CZP09	Preifer，Holzindustrie Donau，Trhanov			30 000
CAP11	Europelet Group，Milin			18 000
SUM		17 1000	40 000	184 000
	DENMARK			
DKP01	Vapo AS，Vidbjerg	90 000	0	120 000
DKP03	Vattenfall，Biopillefabrik A/S，Köge	150 000	80 000	150 000
DKP04	Bodilsen Traepillefabrikken，Nyköbing	20 000	—	20 000
DKP05	Skandinavisk Biobrändsel Industri，Assens	20 000	—	—
DKP06	DLG Service，Års	60 000	—	75 000
DKP09	Dansk Träembakkage，Ribe	50 000	45 000	55 000
DKP10	Dan-Traepiller，Vinderup	20 000	—	20 000
DKP11	Genfa Traepiller，Vinderup	18 000	—	32 500
DKP12	Srteens Biobraendsel，Kjellerup	40 000	30 000	20 000
DKP13	Rodekro Biofabrik A/S	30 000	—	—
SUM		498 000	155 000	492 500
	ESTONIA			
EEP01	Graanul Invest，Helme Graanul，Patkula	100 000	—	105 000
EEP02	As Flex Heat，Rakvere	100 000	95 000	105 000
EEP03	Graanul Invest，Delcotec，Lmavere，Paide	40 000	36 500	50 000
EEP04	Vapo Oy，Tootsi Turvas，Pärnu	15 000	CLOSED	—
EEP05	Graanul Invest，Imavere，Paide	105 000	92 500	105 000
EEP06	Graanul Invest，As Pellets，Rakverse	10 000	9 000	12 000
EEP09	Cellufuel，Pärnu	40 000	35 000	40 000

续表

代码	公司/地址	产能/(t/a)	产量/t	产能/(t/a)
SUM		410 000	268 000	417 000
	FINLAND			
FIP01	Parkanon Pellets，Parkano	10 000	—	10 000
FIP02	Vapo Oy，Turengin Pellettitehdas，Turenki	70 000	42 000	70 000
FIP03	Vöyri Pellet Factory，Vapo Oy	30 000	CLOSED	—
FIP04	Vapo Oy，Kaskinen，Syvässtamantie	35 000	23 000	35 000
FIP05	Vapo，Haminan Puunjalostus Oy	15 000	CLOSED	—
FIP06	Vapo Oy，Llomantsin，Savitantie	70 000	26 000	70 000
FIP07	Vapo Lapin Ekolämpö Oy，Keminmaa	36 000	—	30 000
FIP08	Vapo Oy. Kärsämäki	24 000	18 000	30 000
FIP09	Vapo Oy. Haukinervan，Peräsernäjoli	60 000	56 000	60 000
FIP10	Paahtopuu Oy，Korkeakoski	20 000	—	—
FIP11	Vapo Oy，Ylistaro，Kylänpää	40 000	23 000	40 000
FIP12	Nordic Pellett，Soini	40 000	—	40 000
FIP15	Savon Bioenergia	10 000	—	10 000
FIP18	Formados Oy，Kuusamo	10 000	—	10 000
FIP19	Vapo Oy，Haapavesi	65 000	—	60 000
FIP24	Vapo Oy，Vilppula	100 000	82 000	100 000
FIP25	Versowood Oy，Vierumäki，Heinola	60 000	—	60 000
FIP26	Paahtopuu Oy，Juupajoli	20 000	—	20 000
FIP27	L&T Biowatti，Luumaki	20 000	—	—
SUM		735 000	270 000	645 000
	FRANCE			
FRP01	Cogra，Mende	16 000	14 000	15 000
FRP03	SCA De La Haute Seine，Baigneux Les Juifs	10 000	4 000	10 000
FRP04	Savoie Pan，Tournon	30 000	25 000	30 000
FRP05	Sofag，Arc Sous Cicon	10 000	7 000	—
FRP07	Archimbaud Scierie，Secondigne Sur Belle	80 000	35 000	80 000
FRP08	Alpha Luzerne，Pratz	30 000	4 000	30 000
FRP09	Eurodesi，Pauvres	30 000	15 000	—
FRP10	Sodem，Marchezais	40 000	30 00	40 000
FRP11	Vert Deshy，Meximieux	40 000	25 000	40 000
FRP12	Alsace Pellets，Alsace	10 000	CLOSED	—
FRP13	Biowood，Challans	20 000	8 000	20 000
FRP14	Natural Energie Deshydrome，Le Grand Serre	40 000	20 000	40 000
FRP15	Grasa，Sainte Sabine En Born	10 000	5 500	10 000
FRP17	Sundeshy，Noirlieu	15 000	8 000	15 000
FRP22	Piveteau，Sainte Florence	20 000	10 000	20 000
FRP23	Sicsa Stivab，Vlevilliers	15 000	1 000	15 000
FRP26	Aswood，Bolleville	30 000	20 000	30 000
FRP27	EO2，Herment	80 000	40 000	80 000
FRP31	Ragt，Alby	20 000	1 500	—

续表

代码	公司/地址	产能/(t/a)	产量/t	产能/(t/a)
FRP33	Ofab，Coop Le Gouessant，Lamballe	10 000	5 000	10 000
FRP35	Haut Doubs Pellet，Levier	70 000	25 000	70 000
FRP40	Cogra，Auvergne	50 000	28 000	50 000
FRP41	Socofag，Pontivy	20 000	1 000	20 000
FRP48	Interval/Eurofourrage，Arc Les Gray	20 000	5 000	20 000
FRP49	SCA Arcis，Ormes	15 000	3 000	—
FRP51	Boisup，Engenville	20 000	8 000	20 000
FRP52	Wood Pellet Industry，Saint Loup，Auvergne	—		—
FRP65	SGA，Arianc	40 000	6 000	40 000
FRP67	Alpes Energie Bois，Le Cheylas	50 000	4 000	50 000
FRP72	Haute-Saône Granulés，Noidans Les Vesoul	15 000	2 000	15 000
FRP76	Servary，St Vincent De Tyrosse	10 000	4 000	10 000
FRP81	EO2 Sud Quest，Mimizan			150 000
FRP82	Moulin Energie Bois			90 000
FRP83	Scierie Farges，Limousin，Egletons			40 000
SUM		866 000	337 000	1 060 000
	GERMANY			
DEP04	Westerwälder Holzpellets，Langenbach	40 000	—	40 000
DEP05	Landw. Trocknungsgenossenschart，Neuhof An Der Zenn	10 000	—	10 000
DEP06	Enviva (Compac Tec)，Straubing	120 000	90 000	120 000
DEP07	Drechslerei Spiegelhauer Ohg Pellinos，Hallbach	15 000	CLOSED	—
DEP09	Ante-Holz，Bromskirchen-Somplar	50 000	40 000	50 000
DEP17	Gregor Ziegler，Plössberg	120 000	110 000	120 000
DEP20	BSVG，Klix	20 000	10 000	20 000
DEP21	Allspan，Karlsruhe	10 000	5 000	10 000
DEP23	Biopell，Empfingen	60 000	55 000	60 000
DEP24	EVS，Sägewerk Schwaiger，Hengerberg	100 000	90 000	100 000
DEP25	In-Energie/GEE Energy，Grossmehring	30 000	30 000	30 000
DEP26	Visnova，Holzkontor&Pelletierwerk Schwedt	120 000	100 000	120 000
DEP27	WEAG & Mohr，Trier	15 000	—	15 000
DEP30	Binderholz Deutschland，Kösching	140 000	110 000	140 000
DEP31	German Pellets，Wismar	256 000	210 000	256 000
DEP33	Haas Holzprodukte，Falkenberg	12 000	—	12 000
DEP35	Pfeifer，Anton Heggenstaller，Unterbernbach	180 000	950 00	150 000
DEP36	Bio-Energy Mudau，Mudau	40 000	—	40 000
DEP37	Franken Pellets，Stadtsteinach	15 000	—	15 000
DEP38	German Pellets，Ettenheim	128 000	110 000	128 000
DEP39	German Pellets，Herbrechtingen	256 000	210 000	256 000
DEP40	Bayerwald Pellet (Holz Schiller)，Regen	30 000	26 000	30 000
DEP45	Energiepellets (Westerwälder)，Oberhonnefeld	30 000	—	30 000
DEP46	Energiepellets Hosenfeld，Hosenfeld	40 000	—	40 000
DEP16	Schellinger Weingarten，Buchenbach	60 000	—	60 000

续表

代码	公司/地址	产能/(t/a)	产量/t	产能/(t/a)
DEP48	Ec Bioenergie Heidelberg，Kehl	50 000	40 000	—
DEP51	Vertriebskontor Reichardt，Schleswig-Holstern	110 000	—	—
DEP52	German Pellets，Torgau	150 000	105 000	150 000
DEP53	Email Steidle，Sigmaringen	30 000	—	30 000
DEP55	Schellinger，Krauchenwies	40 000	—	40 000
DEP61	Holzpellets Wustenroth Gmbh & Co，KG	30 000	—	—
DEP62	Firestixx Hartlietner，Ziertheim	10 000	—	10 000
DEP63	Glechner，Praffkirchen	20 000	15 000	30 000
DEP64	B&B Bioenergie，Calau	90 000	—	90 000
DEP65	BEN Bioenergie Niedersachsen，Buchholz	43 000	—	43 000
DEP66	Fehrbellin Naturholz，Fehrbellin	45 000	40 000	45 000
DEP68	IWO Pellet Rhein-Main，Offenbach	25 000	—	25 000
DEP70	Stawag Energie，Aachen	40 000	—	40 000
DEP74	Woodox，Leipzig-Wiederitzsch	180 000	—	180 000
DEP77	Baust Holzbertriebs，Eslohe	10 000	—	10 000
DEP78	Monnheimer Holzwerk，Grasellenbach	10 000		10 000
DEP80	BK Bioenergie Brennstoffwerk Kehl，Heidelberg	50 000	—	50 000
DEP83	NRW Pellets（German Pellets/Rwe），Erndtebrück	120 000	—	120 000
DEP94	Howee Pellet Plant，Eberswalde，Branderburg	50 000	50 000	50 000
DEP95	Holzwerke Pröbstl Gmbh，Asch	50 000	40 000	50 000
DEP19	Neue Energie Gesellschaft，Grossenhain	30 000	CLOSED	—
SUM		308 0000	158 1000	282 5000
	GREECE			
GRP01	Bioenergy Hellas，Larisa	10 000	9 000	10 000
GRP02	Sakkas，Karditsa	20 000	—	20 000
SUM		30 000	9 000	30 000
	HUNGARY			
HUP07	Pannon Pellet Kft，Belezna	9 500	6 000	10 000
HUP13	Wood Pellet，Cegled	10 000	10 000	60 000
HUP14	Raklap Es Tüzep，Lajosmize	105 000	65 000	
HUP17	Fantazia Agrofa，Cegléd			10 000
HUP20	Kelet-Európai Bioenergetika，Tuzsér			7 000
SUM		124 500	81 000	87 000
	IRELAND			
RIP01	D Pellet Ltd，Kilkenny	70 000	25 000	70 000
RIP02	Irish Woodpellets Ltd，Galway	2 500	—	2 500
SUM		72 500	25 000	72 500
	ITALY			
ITP01	Sitta，San Giovanni Al Natisone，Friuli Benezia Giulia Ud	30 000	30 000	80 000
ITP02	Biocalor，Romans D'Lsonzo，Friuli Venezia Giulia	20 000	—	—
ITP04	Segatifriuli，Percoto，Friuli Venezia Giulia Ud	25 000	15 000	—
ITP06	La Tiesse，S Michele De Piave Di Cimadolmo，Veneto TV	40 000	40 000	80 000

续表

代码	公司/地址	产能/(t/a)	产量/t	产能/(t/a)
ITP07	IITruciolo，Ganda，Veneto	25 000	CLOSED	—
ITP19	Del Curto，Verderio Inferiore，Lombardia LC	25 000	20 000	—
ITP22	Amga Energia，Emilla Romagna			—
ITP29	Tagliabosschi，Frosinone			—
ITP33	Rossikol，Sambuceto	30 000	—	—
ITP39	Ecologic Fire，Molice IS	15 000	15 000	15 000
ITP43	Friul Pellet，Captiva Del Friuli，Friuli Venezia Giulia GO	40 000	—	40 000
ITP44	BINI Fernando. Cremona，Lombardia			—
ITP45	Braga，Casalmaggiore，Lombaridia	23 000	—	—
ITP47	It-Fire，Sassocorvaro，Marche PU	40 000	15 000	40 000
ITP49	Mondial Focus，Gazzo Veronese，Veneto			10 000
ITP50	Produttori Sementi Berona，Caldiero，Veneto VR	25 000	15 000	20 000
ITP51	Priant，Vazzola，Veneto TV	15 000	15 000	20 000
ITP52	Elle-Bi，Cerreto Guidi	30 000	—	30 000
ITP53	Energy Pellets，Veneto TV	100 000	100 000	60 000
ITP54	Mallarni，Liguria SV	10 000	10 000	20 000
ITP55	Pe. Pe.，Azzana Decimo，Friui Venezia Giulia	30 000	20 000	40 000
ITP56	Bordignon Giuseppe，Selva Del Montello，Veneto	15 000	—	—
ITP58	Geminati，Lombardia BS	15 000	15 000	50 000
ITP59	Imola Legno，Emilia Romagna BO	15 000	10 000	20 000
ITP60	Oitaltruciolo，Emilia Romagna MO	30 000	30 000	—
ITP61	Melinka Italia，Veneto VR	15 000	10 000	20 000
ITP62	PSD la Pedemontana ，Veneto			10 000
ITP63	CRC Power Srl，Campania			—
ITP64	Eurocom Srl，Emilia Romagna			—
ITP65	ltalwood Srl，Veneto			20 000
ITP66	ltaliana pellets SpA，Pavia，Lombardia			120 000
ITP67	Palma SpA，Friuli Venezia Giulia			—
ITP68	S. i. e. r. Snc，Piemonte			20 000
SUM		613 000	360 000	715 000
	LATVIA			
LVP01	Lantmännen Agroenergi (Sbe Latvia)，Talsi	70 000	60 000	70 000
LVP02	Bbg，Zemgales Granulas，Lecava	25 000	CLOSED	
LVP03	Latgranula/Incukalna，Riga	24 000	24 000	24 000
LVP04	Ced，Katrinkains，Cesu	12 000	8 000	12 000
LVP05	Eastern Biofuel，Sia Marama，Liepaja	48 000	—	—
LVP06	BBG，Gaujas Franulas，Riga	84 000	CLOSED	—
LVP07	BBG，Videzemes Granulas，Cesvaine	12 000	CLOSED	—
LVP08	Kurzemes Granulas，Ventspils	45 000	—	70 000
LVP09	Graanul Invest，Launkalne	120 000	86 000	120 000
LVP10	Latgran，Jaunjelgava	76 000	76 000	76 000
LVP11	Latgran，Jekabpils	135 000	135 000	155 000

续表

代码	公司/地址	产能/(t/a)	产量/t	产能/(t/a)
LVP13	Nordic Bioenergy, Riga	15 000	CLOSED	—
LVP14	Remars Granula, Riga	6 000	CLOSED	—
LVP15	Gulbene	17 000	CLOSED	—
LVP17	AT Ekogran (Formerly Dekmeri), Baldone	12 000	5 000	12 000
LVP19	Ekosource, Aluksne	12 000	12 000	12 000
LVP20	Frix, Valmiera	24 000	CLOSED	24 000
LVP21	Kokagentura, Lecava	30 000	24 000	30 000
LVP25	Nelss, Aizkraukle	84 000	—	—
LVP27	Priedaines, Varaklani	12 000	8 000	12 000
LVP30	Latgran Kraslava			140 000
LVP31	Graanul invest incukalns			const.
SUM		863 000	438 000	757 000
	LITHUANIA			
LTP07	Graanul Invest, Alytus	70 000	58 000	70 000
LTP08	Granulita, Baisogala	25 000	—	25 000
LTP10	Baltwood, Vilnius	12 000	12 000	12 000
LTP15	Biogra, Utenos RAJ	8 000	7 000	8 000
SUM		11 5000	77 000	115 000
	MOLDAVIA			
MOP01	Vektra-jakic, Pljevlje			
	NORWAY			
NOP01	Norsk Pellets, Vestmarka	40 000	CLOSED	25 000
NOP02	Pemco Trepellets, Brumunddal	20 000	15000	30 000
NOP05	Vi-Tre, Røros	11 000	—	15 000
NOP06	More Biovarme, Sunnmore	8 000	—	—
NOP08	Rendalen Biobrensel AS	12 000	—	12 000
NOP09	Forforedling Ba, Levanger	10 000	3 000	10 000
NOP11	Hallingdal Trepellets, ÅI	50 000	50 000	50 000
NOP12	Merpellets A/S, Meraker	CONSTR	CONSTR	—
NOP13	Biowood, Averøy	CONSTR	CONSTR	450 000
SUM		151 000	68 000	592 000
	POLAND			
PLP01	Arno-Eko, Szczecin	50 000	50 000	67 000
PLP02	Barlinek, Barlinek	135 000	135 000	135 000
PLP04	Wapo, Slubice	80 000	32 000	80 000
PLP06	Task, Kiszkowo	20 000	—	13 000
PLP07	Vapo, Brzezinki	10 000	CLOSED	—
PLP13	Sylva, Koscierzyna, Wiele	12 000	—	12 000
PLP14	Pelety Kozienice, Kozienice	12 000	—	—
PLP19	Furel, Bialy Bor	24 000	—	24 000
PLP21	Pellet-Art, Torzym	60 000	CLOSED	—
PLP25	Eko-Orneta, Orneta	30 000	—	30 000

续表

代码	公司/地址	产能/(t/a)	产量/t	产能/(t/a)
PLP27	E. M. G，Szepietowo，Bialystok	50 000	—	50 000
PLP29	Libero，Kuczbork	18 000	—	18 000
PLP30	Stelmet，Zielona Gora	140 000	60 000	140 000
PLP35	Tartak Olczyk	54 000	54 000	54 000
PLP37	Pbh Zalubski，Helcz Laskowice	36 000	—	36 000
PLP38	Biopall，Szczecin	60 000	60 000	60 000
PLP41	Grenerg，Czestochowa			78 000
PLP42	Max Parkiet，Uromin	24 000	24 000	—
PLP45	Ekoplex，Dzialdowo			18 000
PLP47	Saleko，Busko Zdroj	—	—	—
PLP50	Fabich，Drawsko Pomorskie			36 000
PLP51	Swedwood，Resko	50 000	50 000	50 000
PLP52	Safari，Sztum			20 000
PLP53	EMG，Bialystok			50 000
SUM		865 000	465 000	971 000
	PORTUGAL			
PTP01	Biomad-Energias Renováveis，Lousada			10 000
PTP04	Enermontijo，Pegoes	100 000	—	85 000
PTP05	Gesfinu Group，Pellets Power，Viseu	100 000	85 000	100 000
PTP06	Gesfinu Group，Junglepower，Lousasa	95 000	80 000	90 000
PTP07	Gesfinu Group，Pellets Power 2，Setubal	105 000	60 000	105 000
PTP14	Visabeira Group，Pinewells，Arganil	120 000	100 000	110 000
PTP15	(JAF Group)，Novalenha，Oleiros	60 000	40 000	60 000
PTP16	Enerpellets，Pedrogao Grande	150 000	40 000	150 000
PTP17	Grupo Alcides Branco，Biobranco-Cetroliva，Vila Velha Rodao	60 000	—	60 000
PTP18	Prodef Group，Stellep，Chaves	30 000	—	30 000
PTP19	Biodao，Pellefire，Santa Comba Dao	10 000	—	10 000
PTP20	Lusoparquete，Oliveira De Azemeis	25 000	—	25 000
PTP21	Grupo Alcides Branco，Tomsil，Ferreira Do Alentejo	30 000	CONSTR	30 000
PTP28	Melpellets			10 000
SUM		885 000	405 000	865 000
	ROMANIA			
ROP01	Transylpellet，Cluj-Napoca	—	—	
ROP03	Holzindustrie Schweighofer，Sebes	80 000	75 000	100 000
ROP04	Eco Energ Lemn，Campulung La Tisa	60 000	—	60 000
ROP05	Ecolemn Products，Caransebes	40 000	20 000	40 000
SUM		180 000	95 000	200 000
	RUSSIA			
RUP01	Ecotech，Podporozhie，Leningrad Region	12 000	4 800	—
RUP02	Rospolitekhles，St Petersburg	48 000	30 000	—
RUP06	Biotek，Nevskaya Dubrovka，Leningrad	12 000	4 800	18 000
RUP10	Brilit，Veliky Novgorod			24 000

续表

代码	公司/地址	产能/(t/a)	产量/t	产能/(t/a)
RUP14	Voligda Bioexport，Vologda	36 000	36 000	50 000
RUP16	Interteplo，Moscow	12 000	12 000	12 000
RUP17	Biotop，Valday，Novgorod	24 000	9 600	24 000
RUP18	Biom，Arkhangelskaya	40 000	36 000	40 000
RUP28	Lesprom，Cherepovez，Vologda Region	18 000	12 000	24 000
RUP30	Algir Pellets，Noschul	14 400	9 600	renovation
RUP31	Euro Techno/Pellemaks，Vologda Region	84 000	14 400	—
RUP32	EuroMAB，Moscow Region	14 400	6 000	—
RUP34	Topgran，Galich，Kostroma Region	12 000	12 000	12 000
RUP36	Ekoles，Kallinin Tver Region	30 000	24 000	30 000
RUP37	Ecopel，Kirovsk，Leningrad Region	72 000	12 000	24 000
RUP43	Biomag Ecotechnology，Petrozavodsk，Karelia Republic	12 000	9 600	12 000
RUP46	Grinlat，Rostov-Na-Dony	120 000	96 000	—
RUP47	Degtyarev CP，Kropotkin，Krasnodar Region	12 000	9 600	12 000
RUP49	Enisey，Krasnoyarsky Region	48 000	30 000	130 000
RUP52	Kosmoenterprise，Lrkhutsk	12 000	12 000	—
RUP53	Lesnye Technology，Tver Region	12 000	12 000	12 000
RUP56	Plussky，Leningrad Region	12 000	7 200	—
RUP57	Reley，Kostroma Region	12 000	8 400	—
RUP59	Stod，Tver Region	60 000	36 000	80 000
RUP63	Ems-Dnepr，Smolensk	14 000	12 000	14 000
RUP64	Biogran，Karelia	30 000	18 000	40 000
RUP68	Granula，Moscow Region	24 000	2 400	24 000
RUP69	Green Power，Leningrad Region	24 000	24 000	30 000
RUP73	Plk，Pskov Region	10 000	4 800	12 000
RUP75	Rushimprom，Perm Region	24 000	18 000	24 000
RUP76	VEEK+Salotti，Lodeinoe Pole	48 000	42 000	—
RUP77	VEEK+Salotti，Lo，Lomonosov	12 000	6 000	24 000
RUP87	DOT Salon Parketa，Bryansk	12 000	12 000	18 000
RUP88	Stora Enso Nebolchi，Novgorod	25 000	12 000	25 000
RUP89	Stora Enso Lmpilahti，Impilakhti	25 000	12 000	25 000
RUP90	Swedwood Tihvin	75 000	new	75 000
RUP94	Voronezhmelservice，Voronezh Region	18 000	18 000	—
RUP96	Biotopresurs，Saint-Petersburg	14 400	18 000	—
RUP97	Lesimpeks，Perm Region	12 000	7 200	12 000
RUP99	Biotopresurs，Sverdlov Region	12 000	8 400	12 000
RUP104	Argoinvest，Gruppa，Nizhniy Novgorod	12 000	12 000	—
RUP107	Biocalorian，Leningrad Region	18 000	14 400	18 000
RUP108	Bioresurs，Novgorod Region	24 000	18 000	—
RUP110	Lespromsever，Vologda Region	30 000	12 000	30 000
RUP117	Oyat，Leningrad Region	24 000	6 000	60 000
RUP118	Altbiot，Krasnodar Region	12 000	6 000	60 000

续表

代码	公司/地址	产能/(t/a)	产量/t	产能/(t/a)
RUP119	Green Energy, Pestovo, Novgorod Region	24 000	4 800	24 000
RUP120	Surgutmebel, Khanti-Mansyisk	24 000	12 000	18 000
RUP124	Platan, Novgorod Region	12 000	1 200	12 000
RUP149	Ecobor, Novgord Region	12 000	—	12 000
RUP126	Valtiyskiy Lesopromyshlennyi Holding, Leningrad Region	24 000	12 000	24 000
RUP128	Yakovlev Ip, Maryi Ei Republik	12 000	1 000	12 000
RUP129	Legada Holding, Nizhniy Novgorod Republik	12 000	1 800	12 000
RUP130	Pellets-Trading, Nizhny Novgorod	28 000	12 000	30 000
RUP133	Ekotop, Kirov Region			18 000
RUP136	LZK Capital, Kostroma Region	48 000		48 000
RUP137	Vyatbiotech, Kirov Region	12 000	6 000	12 000
RUP138	Forest, Novgorod Region	12 000	—	12 000
RUP142	Pelletnoye Teplo, Sverdlov Region	18 000	—	18 000
RUP145	Vyborgskay Cellose, Leningrad Region, Pos. Sovetsky	500 000	CONSTR	900 000
RUP146	Novoeniseysky LKhK, krasnoyarsk Kray			40 000
RUP147	Sawmill25, Titan, Arkhanglsk			50 000
RUP149	Bioexport (Eco Term)			18 000
RUP150	Lesozavod 25, Arkhangelskaya			130 000
RUP151	Eco-Biotoplivo, Kirov Region			12 000
RUP154	Serevozapadny Holding, Leningrad region			50 000
RUP155	Biotekh, Leninrgad Rigion			60 000
RUP156	Mir Granul, Leningrad Region, Tikhvin			30 000
RUP157	Ekoles-Pizhma, Nizhny Novgorod			24 000
RUP157	Plyssky DOK, Pskov Region			12 000
RUP158	Lesko Impeks (DOK Lesko), Bryansk Region			12 000
RUP159	Medesa , Tver Region			12 000
RUP160	Bioenergeticheskaya Toplivnaya Companya, Vologda			50 000
RUP161	Biokhimzavod , Kirov Redion			12 000
RUP162	Tumenprodresurs, Tumen Region			12 000
RUP163	Ug Rusi, Rostov-on-Done			130 000
RUP164	EFKO, Belgorod Region			80 000
RUP165	Soya Center, Krasnodar Region			20 000
RUP166	PavlovskAgroproduct, Voronezh region			16 000
RUP167	Cheshiminkoye, Bashkortostan			24 000
RUP168	Yantanoye, Saratov Region			70 000
RUP169	Bunge SNG, Moscow and Belgorod Region			70 000
SUM		1 966 200	778 000	3 093 000
	SERBIA			
SPP01	Bio Energy Point, Boljevac	35 000	—	35 000
SPP02	Bio-Therm, Vuckovica	40 000	—	35 000
SPP03	Varotech, Novi Sad	12 000	CLOSED	12 000
SPP04	Zelena Drina, Bajina Basta	—	—	—

续表

代码	公司/地址	产能/(t/a)	产量/t	产能/(t/a)
SPP05	O3，Bajina Basta	10 000	CLOSED	—
SPP07	Forest Enterprise	—	—	30 000
SUM		97 000	0	112 000
	SLOVAKIA			
SKP01	Drevomax，Rajecke Teplis	—	—	—
SKP07	Biomasa，Kysucky Lieskovec	12 000	10 560	12 000
SKP08	Amico Drevo，Oravsk Podzamok	10 000	—	10 000
SKP09	Avs Plus，Bratislava	—	—	—
SKP10	Bimpex，Ltd. Pre OV	10 000	—	10 000
SKP12	Pfa，Lozorno	14 000	—	14 000
SKP13	Ecodrim，Kosice	10 000	—	10 000
SKP15	Italian Design，Trencin	12 000	10 000	12 000
SKP16	Jugi，Poltar	4 000	—	—
SKP17	KT Service，Banska Bystrica	15 000	—	15 000
SKP19	Bioenergia，Liptovsky Mikulas	12 000	3 500	12 000
SKP20	Palienergy，Sladkovicovo	10 000	—	10 000
SKP21	Ekordim，Kosice	10 000	2 000	10 000
SKP22	New Energy Pelet，Sladkovicovo	12 000	—	12000
SKP23	Pelletherm，Kamenica Nad Cirochou	14 000	—	14 000
SKP24	Selmani，Bardejov	12 000	2 000	12 000
SUM		157 000	28 060	153 000
	SLOVENIA			
SIP02	Profiles，Hrusevje	15 000	—	10 000
SIP03	Ggp，D. O. O.，Pe Enerles，Pivka	50 000	48 000	50 000
SIP04	M. A. D. J.，Cerknica	24 000	—	24 000
SIP05	Mizarstvo Kova d. o. o.，Mozirje	—	—	—
SUM		89 000	48 000	84 000
	SPAIN			
ESP01	Ecoforest，Toledo	40 000	—	40 000
ESP02	Caryse，Villaseca De La Sagra	48 000	39 000	48 000
ESP03	Ecowarm De Galicia，A Coruna	25 000	25 000	25 000
ESP05	Rebrot I Paistatge，Barcelona	25 000	5 000	25 000
ESP08	Enerpell，Tresmasa，Salamanca	56 000	new	56 000
ESP09	Empasa，Navarra	30 000	18 000	30 000
ESP11	Grans Del Llucanes，Sant Marti D'Albars	10 000	—	9 600
ESP13	Enerpellet，Muxika	25 000	15 000	25 000
ESP14	Energia Oriental 1，Granada	20 000	14 000	20 000
ESP16	Natural 21/Farpla，Lleida	50 000	—	48 000
ESP17	Pellets Asturias，Asturias	42 000	—	30 000
ESP18	Erta，Albacete	32 000	—	22 000
ESP19	Rebi，Soria	25 000	—	—
ESP20	Enerpellet，Vittoria，Basque Country	15 000	—	15 000

续表

代码	公司/地址	产能/(t/a)	产量/t	产能/(t/a)
ESP21	Enerpellet，Cordoba	15 000	—	15 000
ESP22	Reciclados Lucena，Lucena	10 000	5 000	10 000
ESP23	Biogar，Legutio-Alava	15 000	—	—
ESP25	Amatex S. A.，Soria	30 000	10 000	33 000
ESP26	Mosquera Villavidal，Galicia	14 000	8 600	—
ESP27	Magina Energie，Jaén	30 000	8 000	35 000
ESP28	Pelets Combustible De La Mancha，Ciudad Real	20 000	—	20 000
ESP30	Ecowarm De Galicia，Brion			25 000
ESP31	Enterpellet Salamanca			30 000
ESP32	Renovables Biocazorla，Cazorla			300 000
ESP34	Serpaa，Villazopeque Burgos			10 000
ESP35	Biotema，Sangüesa			24 000
ESP37	PelletCam，Canbre - La Coruña			12 000
ESP38	Mosquera Villavidal SL，Ramirás			14 000
SUM		577 000	147 600	921 600
	SWEDEN			
SEP01	Pajaka Bioenergi，Pajala	18 000	11 000	18 000
SEP02	Bioenergi I Luleå，Luleå	97 000	81 000	105 000
SEP03	MBAB Energi，Robertsfors	45 000	28 000	45 000
SEP04	Skellefteå Kraft，Hedensbyn，Skellefteå	130 000	—	130 000
SEP05	SCA Biomorr，Härnösand	160 000	160 000	160 000
SEP06	Neova，Ljusne	400 00	37 000	40 000
SEP09	Neova，Främlingshem，Valbo	65 000	64 000	65 000
SEP10	Pemco Träpellets，Säffle	40 000	32 000	35 000
SEP11	Laxå Pellets，Laxå	100 000	92 000	100 000
SEP12	Boo Forssjö，Katrineholm	53 000	53 000	53 000
SEP14	Neova，Forsnäs，Österbymo	90 000	71 000	90 000
SEP15	Neova，Vaggeryd	12 0000	91 000	120 000
SEP16	Lantmännen Agroenergi，Malmbäck	90 000	65 000	90 000
SEP17	Lantmännen Agroenergi，Norberg	90 000	80 000	90 000
SEP18	Lantmännen Agroenergi，Ulricehamn	90 000	80 000	90 000
SEP19	Lantmännen Agroenergi，Sölvesborg	50 000	20 000	50 000
SEP20	Södra Skogsenergi，Mönsterås	40 000	40 000	40 000
SEP21	Vida Pellets，Wisswood，Hok	55 000	55 000	55 000
SEP22	Helsinge Pellets，Edsbyn	50 000	15 000	60 000
SEP23	Burea Pellets，Burea	20 000	—	—
SEP24	Mockfjäds Biobränsle，Mockfjärd	30 000	15 000	30 000
SEP26	SCA Biomnorr，Stugun	20 000	20 000	20 000
SEP31	V-Pellets，Grums	30 000	5 000	30 000
SEP33	Derome Bioenergi，Veddinge	55 000	40 000	55 000
SEP34	Smålandspellets，Korsberga	50 000	25 000	50 000
SEP35	HMAB，Sveg	65 000	15 000	65 000

续表

代码	公司/地址	产能/(t/a)	产量/t	产能/(t/a)
SEP37	Skellefteå Kraft, Biostor, Storuman	105 000	—	105 000
SEP38	Rindi Älvdalen AB	70 000	—	70 000
SEP39	Södra Skogsenergi, Långasjoö Emmaboda	20 000	20 000	20 000
SEP41	Rindi, Västerdala AB, Vansbro	56 000	52 000	85 000
SEP43	Stora Enso, Grums	100 000	1 000	100 000
SEP44	Fågelfors Hyvleri, Fågelfors	25 000	25 000	25 000
SEP45	Norrlands Trä, Härnösand	14 000	80 00	14 000
SEP46	Stora Enso Timber Ab, Norrsundet	160 000	—	160 000
SEP48	Ystad Pellets AB			90 000
SUM		2 243 000	1 301 000	2 355 000
	SWITZERLAND			
CHP01	Burli Trcknungsankage, Willisau	12 000	6 000	12 000
CHP02	Tschopp Holzindustrie Ag, Buttisholz	50 000	35 000	50 000
CHP03	AEK Pellet, Solothurn	60 000	—	60 000
CHP05	Bartholdi Pellets, Schmidshof	10 000	3 500	19 000
CHP08	Pelletwerk Mittelland, Schoftland	24 000	—	24 000
CHP14	Muhle Scherz, Scherz	25 000	—	25 000
CHP15	Beniwood, Gossau	12 000	6 000	12 000
CHP16	Valpellets SA, Uvrier/Sion			20 000
CHP17	Tecnopellet SA, Giornico TI			24 000
CHP18	Enerbois SA, Rueyres			14 000
SUM		193 000	50 500	260 000
	THE NETHERLANDS			
NLP01	Energu Pellets Noerdijk, Moerdijk	100 000	100 000	100 000
NLP03	Plospan Bio-Energy BV, Waardenburg			35 000
NLP04	Topell Energy, RWE, Duiven			60 000
SUM		100 000	100 000	195 000
	UK			
UKP01	Welsh Biofuels, Bridgend, Wales	35 000	CLOSED	40 000
UKP02	Balcau Brites, Enniskillen, Northern Lreland	55 000	55 000	55 000
NKP04	Clifford Jones Timber, Ruthin, Wales	30 000	30 000	30 000
NKP13	Dalkia BioEnergy, Chilton			30 000
NKP14	Balcas Brites, Lnvergordon, Scotland	100 000	25 000	100 000
NKP15	Puffin Pellets, Boyndie	15 000	5 000	45 000
NKP21	Duffield Wood Pellets, Futureenergy	12 000	—	20 000
NKP22	Biojoule Ltd, Warwickshire	10 000	—	—
NKP23	Agripellets Ltd, Warwickshire	25 000	10 000	—
NKP26	Drax, Yorkshire	100 000	30 000	100 000
NKP28	Charles Jackson & Co Ltd, Northants	—	—	—
NKP29	Energi Randers, Grangemouth, Scotland	55 000	—	55 000
NKP30	Energi Randers, Andover, Southern England	55 000	constr,	55 000
NKP31	Silvigen, Yorkshire			80 000

续表

代码	公司/地址	产能/(t/a)	产量/t	产能/(t/a)
SUM		492 000	155 000	610 000
	UKRAINE			
UAP02	Barlinek，Vinnica	24 000	20 000	24 000
UAP04	Barlinek，Lvano Frankovsk，Kalvsji	24 000	—	24 000
UAP06	Pellet Energy Ukraine，Enelchino，Zhytomyrski			50 000
UAP08	Dneprosnabupakovka	4 000	—	10 000
UAP08	(S. I. V. Holdings) Ecobio-Top，Lvano Frankivsk	10 000	4 000	—
UAP09	Vista-Dnepr，Volynskyi Region	9 600	5 500	—
UAP10	Novoteh，Cherkassy	36 000	13 000	36 000
UAP11	MAK，Dnepropetrovsk And Poltava	12 000	12 000	12 000
UAP12	Biotek-Ukraina，Poltava Region	18 000	4 800	18 000
UAP13	Zaporozhskiy Maslozhirkombinat，Zaporozhie	24 000	20 000	24 000
UAP14	Woodmaster Ukraine，Odessa Region	24 000	9 600	24 000
UAP15	Mironovskiy Hpk，Donetsk Region	38 400	38 400	38 400
UAP16	Intersors，Hzakarpatskay Area	60 000	—	60 000
UAP17	Skala Energy Kereskedelmi，Técs			35 000
SUM		28 4000	12 7300	35 5400
	SOUTH AMERICA			
SAP05	Zabra Pellets (GF Energy)，Stabie	78 000	10 000	78 000
SAP06	Biotech Fuels/GF Energy，Howick	65 000	—	65 000
SUM		143 000	10 000	143 000
	INDIA			
INP01	Rahi Agro Industries	—	—	—
INP02	Selco，Hyherabad	—	—	—
INP03	Ankit，Tumkur			20 000
SUM		0	0	20 000
	INDONESIA			
IDP01	MDL. Metra Duta Lestari，Merauke	100 000		100 000
SUM		100 000	0	100 000
	OCEANIA			
	AUSTRALIA			
AUP01	Pellet Heaters Australia，New South Wales	6 000	3 000	6 000
AUP02	Plantation Energy/GF Energy，Albany	250 000	40 000	250 000
SUM		256 000	43 000	256 000
	NEW ZEALAND			
NZP01	Nature Flame，Solid Energy Renewable Fuels Rotorua	50 000	—	50 000
NZP02	Nature Flame，Solid Fuls，Rolleston Christchurch	10 000	—	10 000
NZP03	Nature Flame，Solid Fuls，Tuopo	60 000	constr	50 000
NZP04	Wood Pellet Fuel			—
SUM		120 000	0	110 000
	ASIA			
	CHINA			

续表

代码	公司/地址	产能/(t/a)	产量/t	产能/(t/a)
CNP01	Jilin Shaper, Jilin, Siping	3 000	3 000	—
CNP02	Longda, Kuandian, Liaoning	—	9 000	—
CNP03	Xianhu, Shenyang, Liaoning	100 000		100 000
CNP04	Huafeng agr. bietechn. , Yangzhong, Jiangsu	120 000		120 000
CNP05	Shengchang Biotechn S&T, Beijing	20 000	12 000	50 000
CNP06	Baolv biotechnology, Dongguan, Guangdong	30 000	10 000	30 000
CNP07	Lvneng Bioenergy, Anji, Zhejiang	40 000	10 000	20 000
CNP08	Zhongsen Bioenergy, Foshan, Guangdong			50 000
CNP09	Xiongxian Niubao Straw Proc. , Baoding, Hebei			60 000
CNP10	Jinshi Bioenergy, Nankang, Jiangxi			12 000
CNP11	Hongri Newfuel Tech, Jiangshan, Zhejiang			—
CNP12	Xintiandi Bioenergy, Feicheng, Shandong			—
CNP13	Baohua Bioenergy, Nankang, jiangxi			—
CNP14	Bo'en Bioenergy, Guangzhou, Guangdong			20 000
CNP15	Keli Bioenergy, Guangde, Anhui			20 000
CNP16	Xinwantuo Energy Tech, Guangde, Anhui			60 000
CNP17	Dingliang Bioenergy, Guangde, Anhui			60 000
CNP18	Herui Bioenergy, Wuhan, Hubei			60 000
CNP19	Ainengjie New Energy, Jiangyan, Jiangsu			20 000
CNP20	Ganxin Manufactory, Dongguan, Guangdong			40 000
CNP21	Jiangneng Bioenergy, Yangzhou , Jiangsu			30 000
SUM		310 3000	44 000	752 000
	JAPAN			
JPP01	Meiken Lamwood	15 000	15 000	25 000
JPP02	Forest Energy Hita (Mitsubishi), Hita	25 000	—	25 000
JPP03	Forest Energy Kadokawa (Mitsubishi), Kadokawa	25 000	—	25 000
JPP04	Biomass Recycling Center			20 000
SUM		65 000	15 000	95 000
	SOUTH KOREA			
KRP01	Drying Engineering, Gunsan	12 000	4 000	closed
KRP03	National Forest Coop Federation, Yeoju	12 500	6 000	12 500
KRP04	SK Forest, Hwasun-Gun	15 000	3 500	15 000
KRP06	Yangpyeong Forestry Cooperrative, Yangpyeong	12 500	—	12 500
KRP07	Danyang Forestry Cooperative, Danyang	12 500	—	12 500
KRP08	Shinyoung E&P, Cheongwon	12 500	—	12 500
KRP09	Greeneko Co, Ltd, Pyeongtaek-Si			7 200
KRP10	Punglim Corp, Goesan-Gun			12 000
KRP11	WooJooGreen Industrial Co, Ltd, Jeongseon			24 000
SUM		77 000	13 500	108 200
SUM		26 582 200	10 346 960	29 469 950

注：资料来源《THE WORLD PELLETS MAP》，樊峰鸣整理。